高等学校教材

计算机应用

中间件技术原理与应用

张云勇 张智江 刘锦德 刘韵洁 编著

博嘉科技 审

清华大学出版社

北京

内容提要

中间件技术由于自身的互操作性、强大的服务功能、快速的开发能力等特性，目前已经成为诸如金融、电信等大型核心业务系统的支撑平台。围绕中间件的各种相关技术近几年来也成为研究热点。本书是目前该技术领域国内较为系统的专著。结合作者多年研究和实践的经验，从开放系统发展动力到中间件产生，从面向过程中间件到面向对象、面向智能代理的中间件，从普通的网络中间件到无线/移动中间件，从通用中间件到专用的实时/嵌入式中间件、具有服务质量保证的中间件、反射中间件，从中间件理论和应用开发到中间件的典型应用以及中间件未来发展方向的展望，都进行了系统的论述。

本书在编写过程中，既做到内容全面、叙述清楚，又注意一些最新的协议、规范及学术界、工业界研究进展，同时还非常注重实用性。本书既适用于本科高年级和研究生的教材，也可供工程技术人员自学参考之用。

图书在版编目(CIP)数据

中间件技术原理与应用/张云勇等编著．—北京：清华大学出版社，2004.10（2021.8重印）

（高等学校教材·计算机应用）

ISBN 978-7-302-09399-2

I. 中… II. 张… III. 系统软件 IV. TP31

中国版本图书馆 CIP 数据核字(2004)第 089593 号

责任编辑：冯志强
封面设计：王　永
责任印制：刘海龙

出版发行：清华大学出版社
网　址：http://www.tup.com.cn，http://www.wqbook.com
地　址：北京清华大学学研大厦 A 座　　邮　编：100084
社 总 机：010-62770175　　邮　购：010-83470235
投稿与读者服务：010-62776969，c-service@tup.tsinghua.edu.cn
质 量 反 馈：010-62772015，zhiliang@tup.tsinghua.edu.cn

印 装 者：三河市铭诚印务有限公司
经　销：全国新华书店
开　本：185mm×260mm　　印　张：22　　字　数：542 千字
版　次：2004 年 10 月第 1 版　　印　次：2021 年 8 月第 18 次印刷
印　数：30601～32600
定　价：59.00 元

产品编号：010052-05

高等学校教材·计算机
编审委员会成员

（按地区排序）

南京航空航天大学	秦小麟　教授
南京理工大学	张功萱　教授
南京邮电学院	朱秀昌　教授
苏州大学	龚声蓉　教授
江苏大学	宋余庆　教授
武汉大学	何炎祥　教授
华中科技大学	刘乐善　教授
中南财经政法大学	刘腾红　教授
华中师范大学	王林平　副教授
	魏开平　教授
武汉理工大学	李中年　教授
国防科技大学	赵克佳　教授
	肖　侬　副教授
中南大学	陈松乔　教授
湖南大学	林亚平　教授
	邹北骥　教授
西安交通大学	沈钧毅　教授
	齐　勇　教授
西北大学	周明全　教授
长安大学	巨永峰　教授
西安石油学院	方　明　教授
西安邮电学院	陈莉君　副教授
哈尔滨工业大学	郭茂祖　教授
吉林大学	徐一平　教授
	毕　强　教授
长春工程学院	沙胜贤　教授
山东大学	孟祥旭　教授
	郝兴伟　教授
山东科技大学	郑永果　教授
中山大学	潘小轰　教授
厦门大学	冯少荣　教授
福州大学	林世平　副教授
云南大学	刘惟一　教授
重庆邮电学院	王国胤　教授
西南交通大学	杨　燕　副教授

出版说明

改革开放以来，特别是党的十五大以来，我国教育事业取得了举世瞩目的辉煌成就，高等教育实现了历史性的跨越，已由精英教育阶段进入国际公认的大众化教育阶段。在质量不断提高的基础上，高等教育规模取得如此快速的发展，创造了世界教育发展史上的奇迹。当前，教育工作既面临着千载难逢的良好机遇，同时也面临着前所未有的严峻挑战。社会不断增长的高等教育需求同教育供给特别是优质教育供给不足的矛盾，是现阶段教育发展面临的基本矛盾。

教育部一直十分重视高等教育质量工作。2001 年 8 月，教育部下发了《关于加强高等学校本科教学工作，提高教学质量的若干意见》，提出了十二条加强本科教学工作提高教学质量的措施和意见。2003 年 6 月和 2004 年 2 月，教育部分别下发了《关于启动高等学校教学质量与教学改革工程精品课程建设工作的通知》和《教育部实施精品课程建设提高高校教学质量和人才培养质量》文件，指出“高等学校教学质量和教学改革工程”是教育部正在制订的《2003—2007 年教育振兴行动计划》的重要组成部分，精品课程建设是“质量工程”的重要内容之一。教育部计划用五年时间(2003—2007 年)建设 1500 门国家级精品课程，利用现代化的教育信息技术手段将精品课程的相关内容上网并免费开放，以实现优质教学资源共享，提高高等学校教学质量和人才培养质量。

为了深入贯彻落实教育部《关于加强高等学校本科教学工作，提高教学质量的若干意见》精神，紧密配合教育部已经启动的“高等学校教学质量与教学改革工程精品课程建设工作”，在有关专家、教授的倡议和有关部门的大力支持下，我们组织并成立了“清华大学出版社教材编审委员会”(以下简称“编委会”)，旨在配合教育部制定精品课程教材的出版规划，讨论并实施精品课程教材的编写与出版工作。“编委会”成员皆来自全国各类高等学校教学与科研第一线的骨干教师，其中许多教师为各校相关院、系主管教学的院长或系主任。

按照教育部的要求，“编委会”一致认为，精品课程的建设工作从开始就要坚持高标准、严要求，处于一个比较高的起点上；精品课程教材应该能够反映各高校教学改革与课程建设的需要，要有特色风格、有创新性(新体系、新内容、新手段、新思路，教材的内容体系有较高的科学创新、技术创新和理念创新的含量)、先进性(对原有的学科体系有实质性的改革和发展、顺应并符合新世纪教学发展的规律、代表并引领课程发展的趋势和方向)、示范性(教材所体现的课程体系具有较广泛的辐射性和示范性)和一定的前瞻性。教材由个人申报或各校推荐(通过所在高校的“编委会”成员推荐)，经“编委会”认真评审，最后由清华大学出版社审定出版。

目前，针对计算机类和电子信息类相关专业成立了两个“编委会”，即“清华大学出版社计算机教材编审委员会”和“清华大学出版社电子信息教材编审委员会”。首批推出的特色精品教材包括：

（1）高等学校教材 · 计算机应用——高等学校各类专业，特别是非计算机专业的计算机应用类教材。

（2）高等学校教材 · 计算机科学与技术——高等学校计算机相关专业的教材。

（3）高等学校教材 · 电子信息——高等学校电子信息相关专业的教材。

（4）高等学校教材 · 软件工程——高等学校软件工程相关专业的教材。

（5）高等学校教材 · 信息管理与信息系统

清华大学出版社经过近 20 年的努力，在教材尤其是计算机和电子信息类专业教材出版方面树立了权威品牌，为我国的高等教育事业做出了重要贡献。清华版教材经过 20 多年的精雕细刻，形成了技术准确、内容严谨的独特风格，这种风格将延续并反映在特色精品教材的建设中。

清华大学出版社教材编审委员会

E-mail：dingl@tup. tsinghua. edu. cn

序

随着网络技术的发展，未来网络将是以IP协议为基础，以数据为中心的综合网。为了有效地利用这种网络，更迅速地进行业务开发和部署已迫在眉睫。依靠中间件作为解决这一局面的有效方案，正得到广泛的认同，并将得到进一步的推动。

由于国防建设的需要，电子科技大学微机所中间件技术及其应用研究室，自20世纪90年代早期就开始从事中间件技术的研究，通过近10年的研究和实践，在中间件方面有了许多技术积累。

该研究室中以刘锦德教授为首的梯队，“九五”期间为军方成功地开发了实用的互操作中间件。同时，还为民营企业研发了以下中间件产品：(1)基于CORBA2.3的事务处理中间件，现已成功地用于电信产品的开发中；(2)基于Minimum CORBA规范的嵌入式中间件，现已开始被用于军品和民品的开发中；(3)基于无线 CORBA 规范的无线中间件；(4)用于即插即用的中间件；(5)实时中间件。此外，还以移动代理技术为基础开发出了一种新型的协作信息系统中间件及用于移动环境的移动中间件。

在此基础上，梯队编写了《中间件技术原理与应用》一书，梯队以极大的热忱、倾注了大量的精力，完成了本书的写作。本书系统总结了与中间件相关的研究与发展现状，从基本机理和理论基础上对各种协议、接口技术进行了翔实的阐述。本书涵盖了中间件技术基础知识、基本协议、若干核心技术、业务开发及一些高级议题，内容既有广度又有深度。

梯队老中青结合，教授、博士众多，作者们既具有实际经验，又紧跟中间件相关标准与规范的最新前沿发展，因而对该项技术把握得比较准确，论述比较流畅，使得本书不仅技术性强，而且具有易读性和实用性。

前　言

中间件是 20 世纪 80 年代末 90 年代初发展起来的基础软件，近几年来逐渐成为构建网络分布式应用系统的重要支撑工具。它能够解决网络分布计算环境中多种异构数据资源的互联共享问题，实现多种应用软件的协同工作。如今，中间件已与操作系统、数据库、前端应用软件一起，跻身于软件业发展的重点之列，在互联网带来的日新月异的变革中，中间件技术所扮演的角色会更加无可替代。

利用中间件，可大幅度提高应用软件系统的开发效率，增强系统稳定性，使系统便于维护管理，同时具有良好的伸缩性与可扩展性，充分保护用户投资、降低系统投资风险。因此，中间件已成为分布式应用的关键性软件，可广泛适用于政府部门、银行、证券、保险、电力、电信、交通与军事等关键性的网络分布应用。

中间件的意义不仅仅在于它自身解决的关键技术问题，而且它对于软件的产业化有着极其重要的作用。因为，中间件产品往往并不仅仅是一种软件产品，它更多倡导的是一种计算模型与标准，在中间件提供的一个良好的网络分布应用开发平台上，会有大量第三方开发的适于各种领域应用的软件产生，从而带动软件产业的发展，形成产业规模效应。

本书力图给读者介绍全面、系统而深入的中间件技术相关知识。综观全书，本书有如下特点：

入门要求低　本书介绍了中间件技术最基本的知识，读者只需基本的网络知识即可。

完整性　从开放系统发展动力到中间件产生，从面向过程的中间件到面向对象、面向智能代理的中间件，从普通的网络中间件到无线/移动中间件，从通用中间件到专用的实时/嵌入式中间件、具有服务质量保证的中间件、反射中间件，从中间件理论和应用开发到中间件的典型应用以及中间件未来的展望，都进行了论述。在附录中列出了常见网址和一些中间件平台，这对读者的学习将有很大的帮助。

概括性　本书每章的标题就是对该章内容的高度概括，在接下来的内容中对其进行的解释尽可能做到准确、翔实。

实用性　本书紧密结合应用，对若干典型的应用以及利用中间件的开发步骤都做了较详细的介绍。

新颖性　本书对中间件相关的最新的技术、规范和国内外研究进展都进行了介绍，并对中间件技术的未来发展进行了展望。

本书在编写过程中，得到博嘉科技资讯有限公司王松先生的热情帮助，在此表示感谢。感谢刘锦德教授的学术指导，博士期间的研究工作奠定了我们未来人生道路上学习、工作、研究的基础。感谢电子科技大学中间件研究室，能够在国内较早研究中间件的专门学术机构从事了 5 年多的研究，是我们不可多得的一笔财富。感谢中国科学院计算技术研究所所长李国杰院士提出的若干宝贵意见，感谢中国科学院计算技术研究所信息网络研究室主任李忠诚研究员和谢高岗副研究员的大力支持。感谢中国联合通信有限公司技术部齐力焕女士、技术开发处处长王明会博士、裴小燕博士、杨征先生以及中国联通博士后科研工作站所有博士与作者的技术交流与讨论。

感谢郭维娜在编写过程中所给予的启发和鼓舞。

在本书编写过程中，引用了部分材料，在此一并表示感谢。

本书由张云勇、张智江、刘锦德和刘韵洁担任主要编写工作。

具体章节编写工作的人员如下表所示。

章节	作者
第 1 章 中间件产生背景及分布式计算环境	刘锦德 张云勇
第 2 章 面向对象中间件 ODP	刘锦德 张云勇 骆志刚 谭浩 徐波 苏森 唐雪飞
第 3 章 COM 相关技术	曹晓阳 张云勇 刘锦德
第 4 章 J2EE 技术	张云勇 刘锦德 曹晓阳
第 5 章 CORBA 初步	张云勇 刘锦德 骆志刚 胡磊
第 6 章 CORBA 服务	张云勇 骆志刚 刘锦德 董鹏 周世杰 何洪伟 俞岭 刘崇威
第 7 章 中间件中的事务处理	杨涛 曹晓阳 张云勇 刘锦德 郭乐深
第 8 章 CORBA 高级技术	彭舰 张云勇 骆志刚 郭乐深 杨思忠 刘锦德 廖军
第 9 章 无线、移动中间件	张云勇 刘锦德 胡健 彭春林
第 10 章 反射中间件	杨思忠 张云勇 刘锦德 骆志刚
第 11 章 网络即插即用中间件	李廷元 刘锦德 杨思忠 张云勇
第 12 章 Web 服务	张智江 张云勇 刘韵洁 刘锦德
第 13 章 其他中间件技术	刘韵洁 张智江 张云勇 张向刚 秦志光 彭 舰 张险峰 张峰
第 14 章 中间件的典型应用	张智江 刘韵洁 张云勇 刘锦德 谭浩 廖军
附录 1 常见中间件平台比较	韩真真 韦雅
附录 2 名词术语	张云勇 刘锦德
附录 3 常用资源链接	张云勇 刘锦德

参与本书编排的人员还有：王安贵、陈郭宜、程小英、谭小丽、卢丽娟、刘育志、吴淬砺、赵明星、贺洪俊、李小平、史利、张燕秋、刘青松、周林英、黄茂英、李力、李小琼、李修华、田茂敏、苏萍、巫文斌、邹勤、粟德容、童芳、李中全、蒋敏、刘华菊、袁媛、李建康等，在此一并感谢。

由于编写时间仓促，书中疏漏之处在所难免，欢迎广大读者和同行批评指正。

延伸服务：如果读者愿意参加“中间件技术原理与应用”的学习培训，或是在学习过程中发现问题，或有更好的建议，欢迎致函。同时，我们也非常愿意随时同中间件技术原理与应用高手保持经常的联系，我们的 E-mail：bojiakeji@163.net，网址：http://www.bojia.net，我们将认真、负责地对待每位读者的来信。

主要作者简介

张云勇　博士后，中国人工智能学会智能控制与智能管理专业委员会委员，中国人工智能学会可拓工程专业委员会委员。曾作为主研参与了总装备部项目、教育部博士点基金、国家 863 项目、国家科技部项目的研究。另外还主研了证券监管系统，并获国家级鉴定。目前在中国联合通信有限公司(总部)技术部从事下一代电信网络与下一代互联网的研究。在核心刊物以上级别的刊物上发表了近 40 篇学术论文，出版两部论著，还向国际组织递交了 10 篇国际文稿。

张智江　博士后，教授级高级工程师，国家 863 信息安全委员会专家组成员，长期从事我国电信网络的规划、建设、运营管理工作。现任中国联合通信有限公司(总部)技术部总经理。对国内外互联网技术发展现状、趋势以及主要核心技术有着深厚的研究。

刘锦德　教授、博导，享受国务院特殊津贴专家、U.C.Berkeley EECS 客座研究员。1952 年毕业于上海交通大学电机系电信专业，1957 年至今一直从事计算机领域的教学和科研工作，曾为中国电子工业的发展，特别是在微处理器、UNIX 系统和工程工作站的开发方面做出过杰出的贡献。20 世纪 90 年代至今，一直为军方从事开放系统技术的中间件技术的研究和开发。历任国务院学位委员会计算机科学与技术评议组成员、四川省政府科技顾问团成员、四川省首批学术带头人。现任中国计算机学会常务理事和四川省计算机学会副理事长、四川省软件行业协会理事长，且是国际 UNIX 用户协会(UNIFORUM)高级会员。曾被授予全国电子工业劳动模范(1987 年)，四川省优秀博士生导师(2001 年)，全国优秀科技工作者(2001 年)等称号。主持过多项“六五”、“七五”、“八五”和“九五”国家、国防重点科技攻关项目，先后 3 次获国家科技进步奖，并且还荣获电子工业部和四川省科技进步奖 5 次，国防科技进步奖 1 次；出版著作 7 本，其中《计算机网络》获电子工业部优秀教材一等奖，1985 年以来在国内外学术刊物和学术会议上发表论文 200 余篇。

刘韵洁　教授级高级工程师，中国互联网应用与信息服务委员会主任，长期从事电信网络的规划、建设与运营管理工作。曾担任数据所所长、中国电信总局数据局局长、中国联合通信有限公司副总裁等职务，为中国电信行业，尤其是对互联网等数据网络技术的发展做出杰出的贡献。在任中国电信总局副局长兼数据通信局局长期间，领导组织了我国公用数据网、计算机互联网、高速宽带网的网络建设、经营与管理工作，被业界称为“中国互联网之父”。

目 录

第1章　中间件产生背景及分布式计算环境

知识点：

- ❖ 开放系统
- ❖ 互操作性
- ❖ 中间件
- ❖ 远地过程调用及其增强
- ❖ 分布式计算环境

本章概述：

本章介绍了中间件的起源、概念、组成、分类、体系结构等内容。通过本章的学习，读者应该知道软件中间件的产生背景、核心技术及由中间件组成的分布式计算环境。

1.1　开放系统与互操作性概述

1.1.1　开放系统概述

随着计算机软硬件技术的飞速发展，网络技术的普及、客户端/服务器技术、分布式技术和高性能 RISC 计算机的广泛应用，使得 PC 技术不断向高端领域发展，用户的应用环境变得异常复杂，许多组织有着种类繁多的硬件系统，它包括：PC、各种类型的工作站、可能还有各种类型的大中型机，以及近几年迅速出现的各式各样的嵌入式设备；同时，在这些硬件系统上，还运行着不同的操作系统和应用软件，依靠不同的网络结构，然而在很多情况下却要求在这些异种平台之间协同地完成工作。用户环境的复杂性、多样性和多变性，导致了开放系统技术的出现。

在开放系统环境中，往往存在着许多不同的结点、资源和应用，地理上分布着的结点可互连、互通和互操作，以实现应用的合作处理和信息的共享互用，为用户提供形式多样的应用和服务。随着各个企事业所用的计算机系统的规模不断发展，越来越多的计算机系统被连在一起，表现为规模庞大的开放式分布结构。

因为将信息处理系统互连的需求不断地增长，分布式系统也就显得十分重要。这种需求产生的原因是，组织方面的发展趋势，如规模小型化(downsizing)，要求一个组织内的部门之间以及合作组织之间进行信息互换。

为了管理和利用系统分布，作为一个组织必须能够处理好系统分布所面临的若干特有问题。

- 远程性：一个分布式系统的组件可以在空间上分散地存在；它们之间的交互可以是本地的，也可以是远程的。
- 并发性：分布式系统中任意一个组件可能与任何其他组件并发执行。
- 无全局状态：一个分布式系统的全局状态不可能精确地确定。
- 部分失败：分布式系统中任意一个组件都可以失败，而与任何其他组件独立无关。
- 异步性：通信和处理活动并非是由单个全局性时钟所驱动。一个分布式系统中的相关变化不可能被认为是在一个瞬间的时刻上发生。
- 异质性：开放系统环境的组成复杂，无法保证这样的系统中的组件都用同样的技术构建，而且这样的多种技术的集合还必然会随时间而变化。异质性会出现在多种地方：硬件、操作系统、通信网络和协议、编程语言、应用等。开放系统要将这些分布在不同平台上，采用不同技术的应用集成在一起，协同工作。
- 自主性：一个开放系统环境可能分布在若干个自主管理或控制当局，而并不存在一个单独的控制点。自主性的程度指明了处理资源和相关设备(打印机、存储设备、图形显示器、音频设备等)受各个分离的组织实体所控制的状况。
- 联合性：一个开放系统可能跨越多个自主实体，而为了完成一个目标，不同管理域、技术域通常需要联合起来。
- 伸缩性：一个开放系统在规模上是可伸缩的。
- 发展性：在工作生命期间，开放系统环境通常必须面对许多变化，这些变化是由技术进步所推动，因为它能带来更好的性价比；也可能是由于新目标的战略性决策和应用的新类型所驱动。
- 移动性：信息源、处理结点和用户都可能在物理位置上移动。程序和数据也可能在结点间移动，如为了实现性能的优化。

构建这样的系统并不容易，它需要一个灵活的体系结构。而且，因为单个厂商不具有所有的答案，所以很关键的是将这个体系结构和实现它的任何功能都定义成一个标准集，由此而构建出一个开放系统的轮廓。由此构建的开放系统环境具备以下的属性：

- 是开放的——提供可移植性(组件能在不同的处理结点上执行而不必修改)和协同工作(驻留在不同系统上的组件之间能实现有意义的交互)。
- 是集成的——将各种不同的系统和资源结成为一个整体，而不必花费昂贵的特定开发费用。这可能涉及具有不同体系结构系统和具有不同性能的各种资源。集成性有助于对付异质性。
- 是灵活的——能够发展，且能够让原有的系统存在和继续运行。一个开放式分布系统应当能够面对运行中的变化——例如它应当能够动态地重配置以适应变化的环境。灵活性有助于对付移动性。
- 是模块化的——允许一个系统中的一些部分是自治的，但是是相关联的。模块化是灵活性的基础。
- 是可联合的——允许一个系统与来自不同管理域或技术域的系统相组合，以完成一个目标。
- 是可管理的——允许一个系统的资源被监视、控制和管理，以支持配置、QoS 和记账策略。

- 满足服务质量需要——提供诸如在远程资源和交互的环境中的及时性、可用性和可靠性的对策，和在发生部分失败的情况下，允许一个分布式系统的剩余部分继续工作的容错对策。
- 是安全的——保证系统设施和数据受到保护，以防止非授权访问。由于交互的远程性，系统和系统用户的一部分移动性，满足安全性的需求是十分困难的。
- 提供透明性——对应用屏蔽掉细节和机制上差异，以克服分布所造成的问题。这是一个为了方便构建分布式应用的需要所引起的需求。应当被屏蔽的分布着的各个方面包括：支撑软件和硬件的异质性，组件的位置和移动性，在面临失败时获得 QoS 所需级别的机制(如复制、迁移、检测等)。

1.1.2　开放系统轮廓及互操作性概述

开放系统已经成为当前计算机界中的一个流行名词，尽管它不存在精确的定义，但却存在着公认的“必具特征”，它们是：

- 具有可移植性(Portability)。
- 具有可互操作性(Interoperability)。
- 具有可伸缩性(Scalability)。
- 具有易获得性(Availability)。

开放系统技术在信息技术领域已经得到了广泛应用。应用开放系统技术可以方便地开发、集成、升级和维护各种应用系统，大大降低了构建应用系统的代价，并极大地提高生产效率。

那么如何组建自己单位即将构造的开放系统？其目前的研究成果可简明归纳如下。

- 一个开放系统可以用其“轮廓(Profile)”来勾划。
- 轮廓由七个成分所组成，它们是：系统管理(A)、用户界面(U)、安全性(S)、编程服务(P)、互操作服务(I)、通信服务(C)、信息实体(E)。七者可用“AUSPICE”一词概括、简称。
- 在构造系统时对其轮廓的七成分均采用适当的标准，其结果将形成开放系统。

多年的实践使人们认识到现有的开放系统与过去的专用系统并非 1 与 0 的关系，如表 1-1 所示，现实的开放系统在开放程度上大体处于 1 与 0 之间。一个实际系统若能对 AUSPICE 七个成分都选用适当的标准，将使此正在建设的系统有可能成为高层次的开放系统(即开放程度接近 1)；反之，胸无成竹地选用标准，有可能使未来推出的系统成为低档次的开放系统(即开放系统接近 0)。同时，由表 1-1 也认识到互操作性在开放系统中具有十分重要的地位，它是高层次开放系统的标志。实际上现实的系统在扩充和发展之际(经常体现为规模变得更大和组成成分变得更为丰富和复杂)，系统中必然会出现异质成分，若此时缺少了互操作性功能，则这一系统的升级将面临极大的困难，甚至不可能高效和经济地实现。

表 1-1 开放系统开放程度表

开放程度		A	U	S	P	I	C	E	功能
0	封闭								
↑	低			√					①(应用移植性)
			√	√					①+②(终端用户移植性)
X	中等		√		√		√	√	①+②+③ (互联性)
			√		√		√	√	①+②+③+④ (信息共享)
		√	√		√		√	√	①+②+③+④+⑤ (系统管理)
↓		√	√	√	√		√		①+②+③+④+⑤+⑥(安全性)
1	全开放	√	√	√	√	√	√	√	①+②+③+④+⑤+⑥+⑦(互操作性)

由于互操作性在开放系统中的重要性，人们较早就开始对其实现作了试探性的研究，但对其作较系统的理论性研究则是 20 世纪 90 年代中期的事。成功地抽象出了开放系统中的本质，即“从异质环境(异种体系结构、异种操作系统、异种网络等)中获得资源的透明动用能力”。并从资源动用的透明性的角度，对互操作性给出了一个科学的工作定义如下：

在一个由异质实体构成的网络环境中，当应用在网络的结点上运行时，它可以透明地动用网中其他结点上的资源，并借助这些资源与本结点上的资源共同来完成某个或某组任务，这种能力被称为互操作性。

由于掌握了本质，使得可以合理地对互操作性进行分类。根据透明动用资源的不同，可将互操作性分为面向计算资源的互操作性和面向信息资源的互操作性(如数据库互操作性)。在历史上，技术界首先关注的是第一类互操作性，实现这一互操作性要借助于互操作中间件。

互操作性内涵丰富，具有几个不同的层次，如表 1-2 所示。

表 1-2 互操作性层次

互操作层次	功能
Application- Collaboration- Application	提供应用语义的兼容。这一合作的程度是最难实现的，不仅仅是在物理上将分离的实体连在一起，更重要的是这些分离的实体之间能相互合作
Transparency-Inter-operability-Transparency	能提供诸如迁移透明性、复制透明性等更多的透明性和诸如安全、服务质量的保证
RPC-Inter-communication- RPC	根据对话结构，提供一种在信息上相互沟通的方式。例如：RPC 提供了访问透明性
Comms-Inter-Connection- Comms	实现基本数据传输

1.2　中间件概述

1.2.1　中间件的定义

中间件这一技术名词在国外出现在 20 世纪 90 年代初，当时用来指一种软件，把它放在系统软件(操作系统和网络软件)与应用软件之间。有了这层处于中间的软件，就能使远距离相隔的应用软件可协同工作(互操作)，如图 1-1 所示。这样在应用层就可以实现分布式处理。

为了避免混淆，国外学术界开始明确地给出了它的定义：中间件是一种软件，它能使处于应用层中的各应用成分之间实现跨网络的协同工作(也就是互操作)，这时允许各应用成分之下所涉及的“系统结构、操作系统、通信协议、数据库和其他应用服务”各不相同。这一定义可形象地表示成如图 1-2 所示。

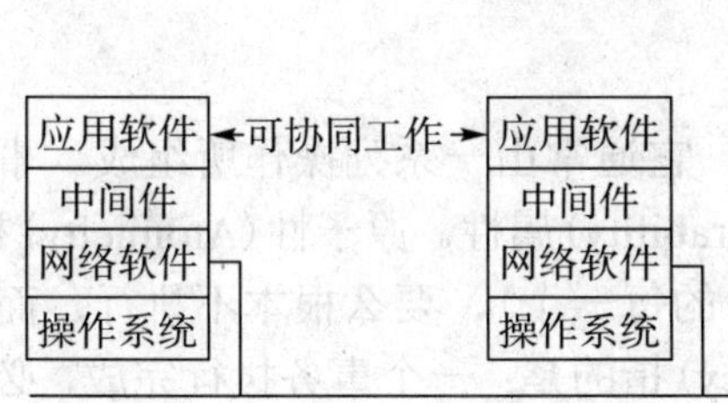

图 1-1　应用软件、中间件和系统软件

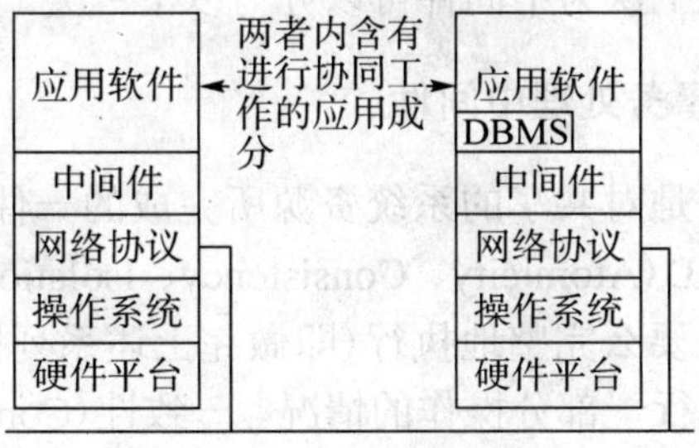

图 1-2　中间件的定义

作为一个中间件，它应该具有以下两个部分。

1. 执行环境(Execution Environment)软件(以下简称 EE 软件)

如果一个网络的各个结点上安装了 EE 软件，各结点上的应用软件之间就可以实现相互合作。这时允许各结点为不同的机器和操作系统，如 UNIX 系统、 Windows NT 系统、VMS 系统等。通过 EE 软件使各结点下层的设备对应用软件来说变成了透明的，所以 EE 软件是实现可互操作功能的关键，是中间件中的主体部分。

2. 应用开发(Application Development)工具(以下简称 AD 工具)

应用软件要能透明地动用远方合作者的资源，该软件中应有作出此种透明动用的相应指示。为此必定要有一组工具，它可以用来帮助开发内含“透明动用对方”成分的应用软件，或改造原有的无透明动用能力的应用软件。这组 AD 工具含有一些专用语言(如界面定义语言等)和有关的编译器。有了它，用户(特别是应用软件开发人员)将得到极大的方便，所以 AD 工具是一个完善的中间件所必备的部分。

中间件对于应用之间的协同工作的真正贡献，在于以下两点。

- 提供了合作对象透明设施（图 1-3 中的 T1）：有了它，合作一方不必知道合作的另一方是谁和它在何处，只要说明自己需要怎样的服务，T1 就能为其物色到一个合适的合作方。
- 提供了下层设备透明设施（图 1-3 中的 T2）：有了它，合作一方不必关心合作的另一方所用的结点设备（机器和操作系统）与本结点的差异。

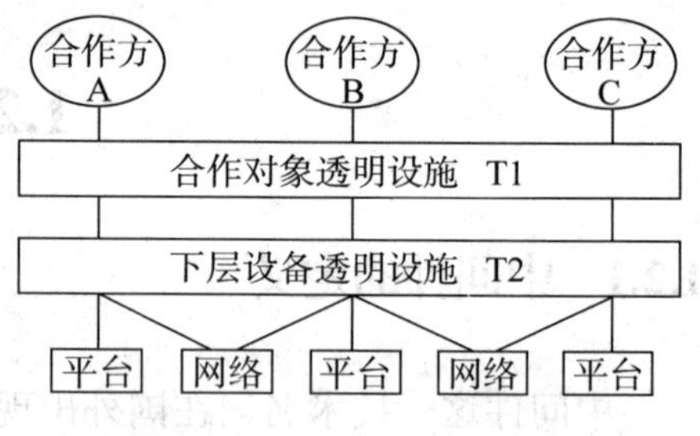

图 1-3 中间件的层次结构

实践证明，实现 T1 的难度比实现 T2 的难度大得多，因为实现 T1 需要引入智能型措施。所以在决定总体方案时，要考虑的核心问题是，如何在已存在的技术中找到能恰到好处地实现 T1 者。

1.2.2 中间件的分类

传统上认为中间件可以分为以下三类。

1. 事务处理中间件

事务是对共享的系统资源所完成的一件工作，它通常由一系列操作所组成。事务必须具有 ACID（Atomicity、Consistency、Isolation、Durability）属性。原子性（Atomicity）指的是：一个事务要么完整地执行（即做完上述系列操作中的每一个），要么根本不执行，而绝不会出现只执行一部分操作的情况。一致性（Consistency）指的是：一个事务执行完成，必定进入某个稳定状态，若进入的是另一个不一致的状态，则这一事件将被丢弃而不予执行。隔离性（Isolation）指的是：一个事务与另一事务并行作用于一个共享资源上时，前一个事务的进行与后一事务的进行是完全地隔离开的。耐久性（Durability）指的是：当一个事务完成时，即使系统或共享资源发生崩溃，该事务执行的结果也不会因此而丢失。事务处理监视器则是为维护事务的 ACID 属性而设计的软件进程。根据 X/Open DTP 模型，本地的事务管理可由数据库系统（内含事务处理功能的）来完成，事务处理中间件则主要用于对分布式计算环境中产生的事务进行监控和管理。这是因为数据库虽然对本地的事务管理已可应付，但通过一个广域网进行分布式事务管理并不是数据库的强项，特别是一笔事务处理涉及异构数据库时更是如此。事务处理中间件把自己的事务管理功能和数据库已有的事务管理能力有机地结合在一起，实现对分布式事务处理的全局管理。

2. 消息中间件

在不同的网络硬件平台、不同的操作系统乃至不同的网络协议上的应用程序之间有时需要传送消息，这时应用程序对传送的要求是所传消息的内容可靠和可恢复（若发生意外），而并不要求消息的即时即刻传递到达对方。因此，需要一种面向消息的中间件（Message-Oriented Middleware，MOM），简称消息中间件。这种中间件根据要交换的消息在应用之间建立连接，它既允许各应用运行在不同的结点机上，又允许不必标准化的消息格式。中间件能确保把消息不重复地传送到适当的目的地。消息中间件有两种基本的工作模型：消息队列(Message Queuing)和发布-预定(Publish-and-Subscribe)。在前一种模型里，消息被发送到一个队列里，收件人可以在任何时候查看该队列。消息队列类似于运行得很好的电子邮件系统：传输质量得到保证，但并不知道收件人是否阅读到该消息。发布-预定模型则把消息广播到多个收件人，并且常常使用多址广播作为基本传输手段。发送方将消息发送到一个特定队列，客户机可以对该队列作预定，并从中取得消息。

3. 分布式中间件

分布式中间件实现了真正的通用软件总线，具有优良的互操作性和应用程序集成能力。这些应用程序可以位于网络的任何地方，彼此实现透明协作，即使是向不同供应商购买的产品也可以协同工作。分布式中间件可以采用的标准和规范有：DEC 的 DCE，ISO、IEC 和 ITU-T 联合制定的国际标准 RM-ODP 和 OMG 制订的规范 CORBA，非规范的有 Microsoft 公司的 DCOM 和 SUN 公司的 J2EE。就目前从实际应用的情况看，RM-ODP 主要对其他规范有指导作用，起着元标准(即标准的标准)的角色。CORBA 在市场的占有率最高，究其原因是技术较为成熟、支持的厂商多和用户易于为自己的平台找到使用的产品。DCOM 则主要在 Windows 平台上使用较多，这些分布式中间件下层的基础都为远程过程调用。

1.2.3 中间件的优点

从企业应用来说，使用中间件的企业可以获得以下好处。

◆ 缩短应用开发周期

The Standish Group 分析了一百个关键应用系统中的业务逻辑程序、应用逻辑程序及基础程序所占的比例，发现了一个有趣的平均百分比：其中，业务逻辑程序和应用逻辑程序仅占总程序量的 30%，而基础程序却占了 70%！若是以新一代的中间件系列产品来组合应用，则可大大缩短应用的开发周期，同时节约大量的人力和资金投入。

◆ 减少项目开发风险

The Standish Group 对项目失败的定义是：项目中途夭折、费用远远超过预算、无法准时完成项目和偏离既定的目标。研究表明，没有使用标准商业中间件的关键应用系统开发项目的失败率高于 90%。而且，企业自己开发内置的基础(中间件)软件是得不偿失的，项目总的开支至少要翻一倍，甚至会达到十几倍。借助标准的商业中间件，企业可以很容易地在现有或遗留系统之上以及之外增加新的功能模块，并将它们与原有系统无缝集成起来。

◆ 应用系统质量及可维护性

基于企业自我建造的基础软件平台上的应用系统，每增加一个新的模块，就要相应地在基础软件之上进行改进。The Standish Group 在调研过程中，曾在某个企业中的一个应用系统里，发现了有多达 17000 多个模块接口，而标准的中间件在接口方面都是清晰和规范的，可以有效地保证应用系统质量及减少新旧系统维护开支。同时，由于使用中间件，企业应用系统的维护在很大程度上只是对自己企业业务逻辑的维护，从而很大程度上增加了整个系统的可维护性。

◆ 增加产品吸引力

中间件技术代表了一种新的应用模型，企业采用中间件技术不仅可以节约人力物力，还可在当今信息时代中使自己处于领先地位，使自己的应用系统更加完善出众。

从应用程序来说，利用中间件可以获得如下优点。

◆ 透明地同其他应用程序交互

由于中间件提供了一套统一的接口，基于它的应用程序可以在任何运行该中间件的平台上运行，它不必考虑自己的物理位置、硬件平台等。

◆ 与运行平台提供的网络通信服务无关

中间件解决不同网络协议之间的转换，应用程序不必关心下层网络协议可能出现的差异。

◆ 具有良好的可靠性和可用性

中间件提供相应的措施来确保应用通信的可靠性及安全性。此外，中间件还可以采用合适的技术来增加系统的容错性，以保证整个应用的可用性。

◆ 具有良好的可扩展性

应用可以在保持原有的功能上方便地进行扩展。

1.3 远程过程调用及其增强

1.3.1 RPC 基本功能

RPC 基本功能可理解如下。

- 从语义的角度讲，RPC 适用过程调用实现远程通信，它在传统的过程化程序设计语言环境中，有类似于本地过程调用的语义，因此向应用层和用户提供良好的接口。
- 从应用的角度讲，RPC 基于过程的远程通信特点，为网络和分布式系统的应用提供了灵活方便的通信功能。
- RPC 机制的实质是实现网络七层协议中会话层的功能——在两个试图进行通信的进程之间建立一条逻辑信道，并利用该信道交换信息，当不再使用时，负责释放所建立的信道。

1.3.2 RPC 的通信

1．模型

RPC 通信模型如图 1-4 所示。

服务方侦听客户请求，当客户请求到达后，调用指定的过程进行处理，并把执行结果返回给客户端。

2．执行

RPC 执行过程如图 1-5 所示，其中各阶段的操作如下。

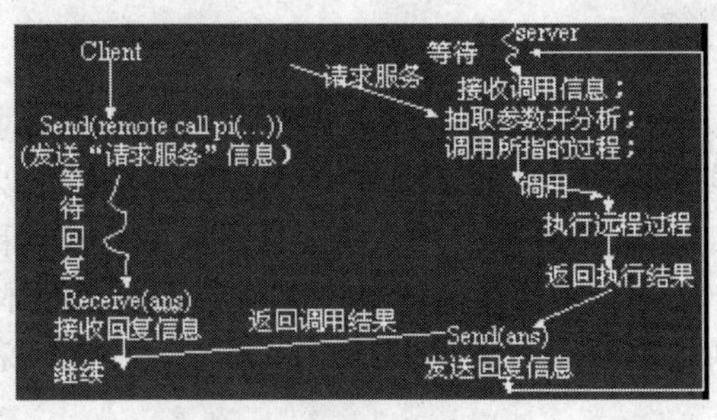

图 1-4　RPC 通信模型

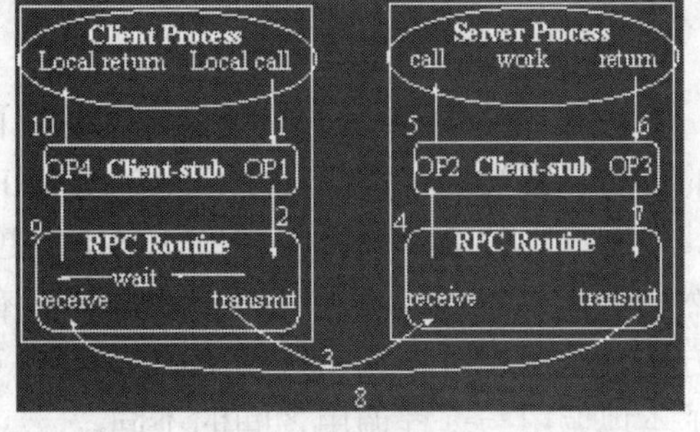

图 1-5　RPC 执行过程

- OP1：marshal 参数，产生 RPC id，设置应答时钟。
- OP2：unmarshal 参数，识别 RPC id。
- OP3：marshal 结果，设置应答 ACK 时钟。
- OP4：unmarshal 结果，发送 ACK。

1.3.3　RPC 的语义

1．语义规则

RPC 的语义规则有以下几条。

- Last-of-many：对执行一个远程过程调用而言，被调用的过程可能执行若干次，但规定其最后一次执行的结果作为返回结果。
- At-most-once：若调用者收到了回复消息，则称被调用的过程正确地完成了它的一次(仅仅一次)执行。如果调用者没有收到回复消息，或者，调用者在获得回复消息之前发生故障，那么，这时的调用效果就看做是根本没有执行相应的过程。
- At-least-once：远程调用过程至少执行一次，回复消息可能返回一次或多次。
- Exactly-once：若 server 正常，则远程过程恰好执行一次，并返回一个调用结果。

2．语义问题

RPC 的语义存在以下问题：

- RPC 中的数据表示问题。
- 指针问题。
- 故障问题。
- 在被调用者接收到调用它的命令之前，发生故障。
- 在执行其过程体时，被调用者发生故障。
- 被调用者正确地完成了其过程体的执行，但在把结果返回给调用者之前发生故障。

1.3.4　RMI 环境

相比 RPC 而言，RMI(远程方法激发)的垃圾回收等机制得到了增强。RMI 在 JDK1.1 时就已经出现在 Java 之中，在 Java 2 版本出现后则得到显著的增强和扩充。

1. RMI 概述

RMI 使软件开发人员能够编写这样的分布式程序：在这个分布式程序中，其远程对象的方法能够被运行在不同主机上的其他 Java 虚拟机(JVM)的方法被调用。RMI 非常类似于其他系统中的 RPC 机制，但是比 RPC 更易用。当所有参数被传送给远程目标并且被解释，然后将结果返回给调用者时，程序员会有一个错觉，以为是从本地类文件中调用一个本地方法。相对于过程调用级的 RPC，RMI 可以实现编程级对象之间的方法调用。图 1-6 说明了本地调用与远程调用之间的不同。

2. RMI 的目标

RMI 规范中列出了 RMI 系统的目标：

- 支持对存在于不同 Java 虚拟机上对象的无缝的远程调用。
- 支持服务器对客户的回调。
- 把分布式对象模型自然地集成到 Java 语言里，尽可能地从语义上保留 Java 的面向对象的特性。
- 使分布式对象模型和本地 Java 对象模型间的不同表面化。
- 使编写可靠的分布式应用程序尽可能简单。
- 保留 Java 运行时环境提供的安全性。

3. RMI 的体系结构

RMI 体系结构由三层组成：桩(也称为存根)/框架层(stub/skeleton)、远程引用层(Remote Reference)、传输层(Transport)。图 1-7 为 RMI 系统结构。

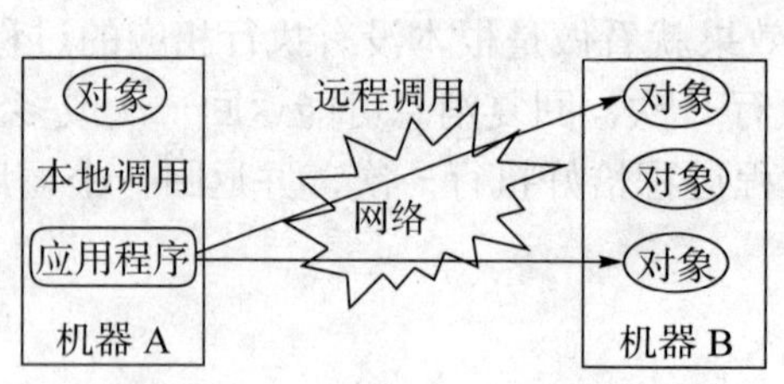

图 1-6 本地与远程方法调用

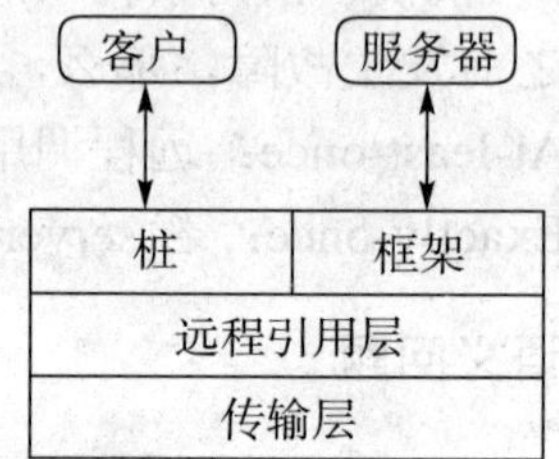

图 1-7 RMI 系统结构

每一层都是由特定的接口和协议定义的，因此，每一层相对于它的相邻层而言都是独立的。也就是说，某一层在实现上的改变，是不会影响到其他层的。例如在 RMI 系统中，当前传输层是基于 TCP 的，它可以被基于 UDP 的传输层所替换。

◆ 桩/框架层

桩/框架层是应用程序与系统其他部分的接口。当开发了一个服务器应用程序后，就要使用 RMI 的 rmic 编译器产生桩/框架。桩是客户内部完成打包数据和管理网络连接工作的本地对象，在客户调用远程对象上作为方法时，它实际调用的是本地存根对象上的方法。在远程虚拟机上，每一个远程对象都可能有一个相应的框架。框架负责接收并解包远程方法调用为本地方法调用。

一个远程对象客户端的桩要负责处理多项任务。

- 初始化并与远程对象所在的远程虚拟机连接。
- 将参数打包(marshals)，然后传递到远程虚拟机。
- 等待方法调用的结果。
- 解包(unmarshals)返回值和异常。
- 将值返回给调用者。

另一方面，服务器端的框架要负责处理如下任务。

- 解包客户端输入的远程方法的参数。
- 调用实际的远程对象的方法。
- 将结果打包返回给调用者。

◆ 远程引用层

远程引用层是桩/框架层和传输层的中间层，它负责为独立于客户桩和服务器框架的多种形式的远程引用和调用协议提供支持。例如，单点传送协议可能提供点对点(point-to-point)的调用，多点传送协议可以提供对复制的(replicated)成组对象的调用。而另外一些协议则可能要处理特定的复制策略或对远程对象的持久性引用，例如能使远程对象激活。然而，并不是所有这些功能都被 RMI 系统的所有版本支持。例如，JDK1.1 中的 RMI 系统就不支持远程对象激活，而 Java 2 中的 RMI 系统则支持。

◆ 传输层

传输层是一个低级的层，它在不同的地址空间内传输序列化的字节流。传输层负责建立到远程地址空间的连接、管理连接、监听外来调用、维护驻留于同一个地址空间的远程对象表。为外来的调用建立连接，以及根据远程调用的目的定位调度程序，并传递连接到该调度程序。

在这一层，远程对象引用通过一个对象标识符和一个结束点(end-point)来表示，它被称为活动引用(live reference)。在一个给定的远程对象的活动引用中，对象标识符指出了远程调用的对象是什么，结束点则建立了到远程对象所驻留的地址空间的连接。前面曾经介绍过，RMI 使用基于 TCP 的传输，但由于对每一个地址空间，传输层支持多个传输协议，所以也可以使用基于 UDP 的传输。因此，在同一个地址空间或虚拟机上，可以支持 TCP 和 UDP 两种协议。

4．RMI 中的序列化

桩和框架负责网络上通信的细节，如将数据打包和解包、与远程方法交换数据等。对远程方法需要的参数和返回值，桩和框架负责把它们转化为字节流(即序列化)，从而可以在网络上传送并可在另外一端重建(即逆序列化)。

如果没有序列化，RMI 将无法通过网络传送复杂的 Java 对象。在 Java 语言中，实现了 java.io.Serializable 接口的对象可以被转换成字节流并重建，Serializable 是一个“标志”接口，用于告知 Java 某个给定的类可被序列化。某些原始类型如 int、boolean 等，被认为是可以序列化的，因此在 RMI 调用中可发送或返回这些类型。若需要使一个类被序列化，需要满足三个条件：

- 实现 Serializable 接口。
- 保证类有一个公共的、无参数的构造方法。
- 保证类不包含对不可序列化对象的引用。

5. RMI 中的动态代码加载

序列化只是将对象中的数据成员打包，而不能将实现对象的代码打包。为解决这个问题，RMI 允许在需要时动态下载类的实现，这也是它和“传统”远程过程调用或其他分布式系统之间的差别之一。

动态代码加载的工作过程为：Java 应用搜索它的类路径来找到所需类的实现，类路径就是包含所需类文件的一组目录和 JAR 文件。RMI 在这方面的基本思想通过代码基路径(codebase)的概念进行了扩充。代码基路径可被认为是为 Java 程序动态提供类文件的新位置，Java 程序通过这些文件来访问以前未知的新实现的类。

在 RMI 中，任何要输出供其他实体下载的类的程序都必须设置代码基路径以指出这些类的实现位置。代码基路径并不是用来告诉执行输出的程序到哪里获取类，相反是被标记到序列化的对象数据上送去执行下载的程序。在接收者获得了序列化的对象后，它就可以重建对象，并能当类在本地不可用时，从代码基路径提供的位置下载程序。

RMI 本身并不处理类代码在网络中的传输，而是使用外部的功能(Java 程序有从指定的 URL 复制字节码并安全执行的能力)来提供可下载代码。在大多数情况下，可下载代码放置在一个 HTTP 服务器的工作目录中，任何输出可下载代码的程序都要设置代码基路径，使其包含该 HTTP URL 以指出类的位置。

1.3.5 排队 RPC

排队 RPC 使得 RPC 具有一定的队列机制，提高了性能。此种 RPC 在英国 ODP 中间件 ANSAWare 中得到使用。

1.4 分布式计算环境 DCE

DCE 是 20 世纪 80 年代末成立的 OSF(会员以 DEC、HP 和 IBM 为首)协会的成果。

实现 DCE 的技术目标最初很单纯，是解决网络环境中多厂商提供的异种机之间的互操作性。由于众多的建议，DCE 这时的目标已从解决异种机互操作性扩展为实现分布式处理系统，因此其中出现了与互操作性无关的成分，如分布式文件服务、时间服务。

1.4.1 DCE 的体系结构

DCE 体系结构如图 1-8 所示。DCE 包含一些线程、RPC、若干服务及应用。

1.4.2　DCE 的应用

图 1-9 为 DCE 应用流程。编写一个基本的 DCE 应用，应用开发者应当提供三个文件。

- 界面定义文件：它定义了服务器所提供的远程过程调用的界面(数据结构、过程名、参数)。

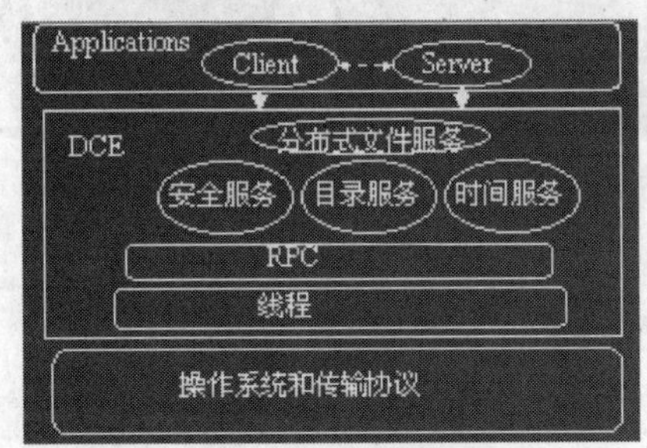

图 1-8　DCE 体系结构

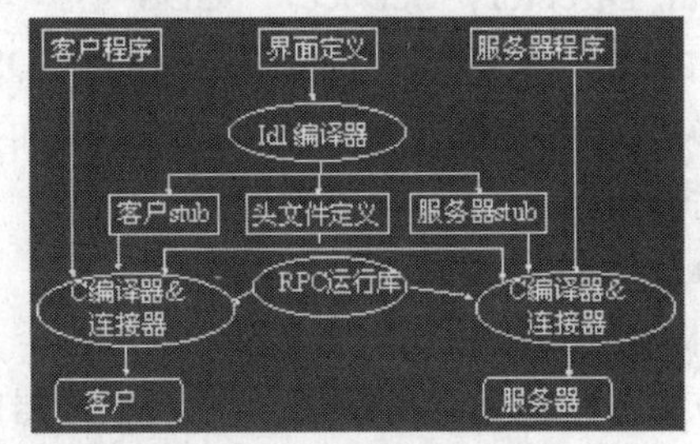

图 1-9　DCE 应用流程

- 客户程序：它定义了用户界面，对远程过程的调用及客户方的处理功能。
- 服务器程序：它提供远程过程调用的实现。

1.4.3　DCE 服务

作为一个中间件 DCE 提供着两类服务：基本服务和扩充性服务。基本服务包括线程服务、RPC 服务、目录服务和安全服务。扩充性服务包括分布式文件服务和时间服务。

除此之外，还有管理这些服务的简单设施。

1．线程服务

利用线程服务，客户和服务器内部可以有多个控制流，从而实现内部的并行处理。图 1-10 为服务器线程并行执行图，图 1-11 为客户端线程并行执行图。

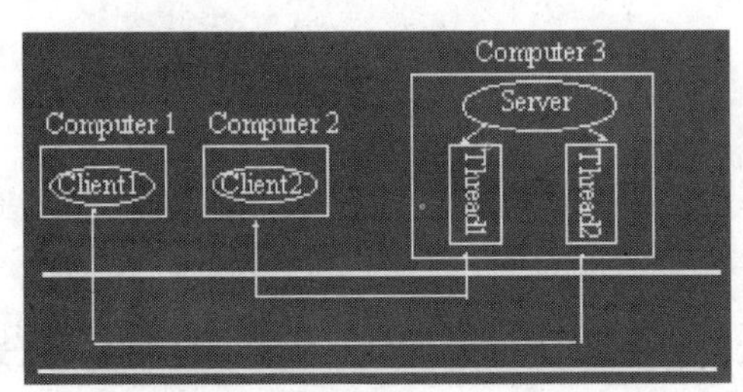

图 1-10　服务器线程并行执行

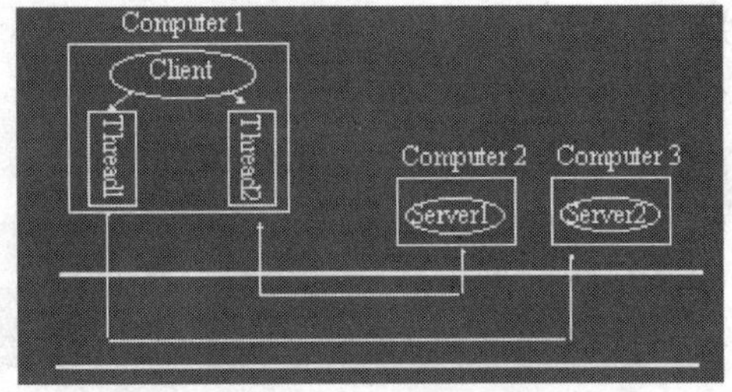

图 1-11　客户端线程并行执行

2．RPC 服务

RPC 服务提供 DCE 环境中所需的进程之间的通信工具。它支持客户对远程服务器的访问。与它相关的表示服务提供数据类型的统一格式，屏蔽了字节顺序和相关的语言细节。

在这个意义上可以说，RPC 实现了开放分布式处理中的访问透明性和位置透明性。

3. 目录服务

目录服务允许客户在整个分布式环境中寻找自己所需的服务。具体的实现包括了两个独立的组成部分 CDS(Cell Directory Service)和 GDS(Global Directory Service)。CDS 在一个逻辑组(cell)内提供一个层次型的命名空间。GDS 把 CDS 的层次型命名空间扩展到逻辑组外，从而实现了一个全系统的目录服务，如图 1-12 所示。

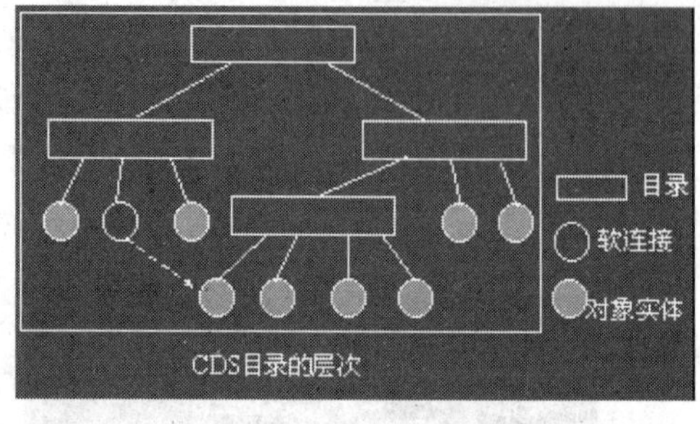

图 1-12 目录服务层次图

◆ 服务器初始化

服务器的初始化过程如下：

- 正在初始化的服务器将该服务器的主机地址及每个界面的名字写入 CDS。
- 服务器将每个界面名字和其服务器端点写入主机的 endpoint map 中。
- 服务器开始监听由该端点指定的端口。

◆ 查找服务器

查找服务器的过程如下：

- 当客户应用请求一远程服务时，RPC 软件与客户方的 CDS 软件交互作用，以便从 DCE 的目录服务获得服务方的绑定信息;CDS 服务器返回查询结果给客户方的 CDS 软件。CDS 软件缓存该结果以便提高今后的查询速度，同时将应用服务方的主机地址返回给客户方。
- 现在客户知道了服务方所在的主机的地址，客户通过 rpcd 查看服务方系统上的 Endpoint Map 便可找到服务进程的端点。rpcd 的端点是众所周知的，所以客户可以找到它。
- 使用服务器的端点信息，客户可直接与服务方通信。

4. 安全服务

DCE 对于安全涉及 4 个方面：

- 认证(authentication)。
- 安全通信(secure communications)。
- 授权(authorization)。
- 审计(auditing)。

安全服务保证对 DCE 中服务器访问的安全行，主要包括身份认证、权限检查和数据加密等。它们分别基于 MIT 的 kerberos 认证服务、IEEE POSIX 1003.6 标准的访问控制表和 DES 数据加密标准。

Kerberos v5 是业界的标准网络身份验证协议，该协议是在麻省理工学院起草的，旨在为计算机网络提供“身份验证”。Kerberos 协议的基础是基于信任第三方，如同一个中介人(broker)集中地进行用户认证和发放电子身份凭证，它提供了在开放型网络中进行身份认证的方法，认证实体可以是用户或用户服务。这种认证不依赖宿主机的操作系统或主机的 IP

地址，不需要保证网络上所有主机的物理安全性，并且假定数据包在传输中可被随机窃取篡改。

Kerberos 协议具有以下的一些优势：

- 与授权机制相结合。
- 实现了一次性签放的机制，并且签放的票据都有一个有效期。
- 支持双向的身份认证，即服务器可以通过身份认证确认客户方的身份，而客户如果需要也可以反向认证服务方的身份。
- 支持分布式网络环境下的认证机制，通过交换跨域密钥来实现。

Kerberos 机制的实现要求一个时钟基本同步的环境，这样需要引入时间同步机制，并且该机制也需要考虑安全性，否则攻击者可以通过调节某主机的时间实施重放攻击(Replay Attack)。

5．分布式文件服务

分布式文件服务提供对本地系统和远程系统中的文件的访问透明性。在 DCE 目录服务的基础上，它也提供了一个层次型的命名空间。该服务基于 AFS，并提供 IEEE POSIX 1003.1 的文件系统语义。该文件系统还提供了与 NFS 的互操作。图 1-13 为文件服务流程图。

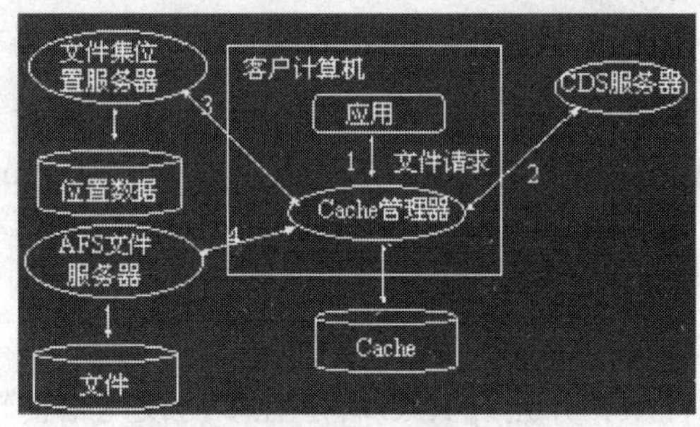

图 1-13　文件服务流程

6．时间服务

时间服务提供了一个时间同步标尺，用于确保整个系统中各个部分的时间一致性。该服务基于 Digital 的分布式时间服务产品，同时它可以与 Internet 的 NTP 互操作。

1.4.4　DCE 问题

DCE 由于自身的问题，使其在技术上处于明显的劣势，今后很难再发展。具体问题有：

- RPC 设计不周，开发工具薄弱。
- 性能差、适用系统少、使用困难。
- 1996 年 OSF 与 X/Open 合并，1997 年推出 1.2.2 已经太迟。
- DCE 出现较早，因为没有采用面向对象技术。

但 DCE 的安全机制设计较好，目前仍然在某些系统上运行。

1.5 SUN 的 ONC

SunSoft 的 ONC 技术是一组联网协议，可用于建立一个异构分布式计算环境的分布式服务。ONC 和它的下一代产品 ONC+，是为独立于操作系统、计算机体系结构和网络运输协议而设计的，还提供到基于网络的数据和计算资源的透明访问。它们为程序员提供开发和实现分布式应用的积木，并可以简化小型和大型网络的管理。

150 多家公司在不同的硬件平台和操作系统上开发实现 ONC。NetWare 文件系统(NFS)是著名的 ONC 服务系统。Sun Microsystems 最初以 NFS 的名称开拓 ONC 市场，并且许多许可继续描述它们的产品是 NFS，虽然它们支持完全的 ONC 平台。ONC 包括如下核心协议：

◆ 远程过程调用(RPC)

RPC 是通过网络在远程系统上执行过程的独立于操作系统的一组操作。RPC 基于程序员通常使用的过程调用机制，提供了一种处理低级进程间通信的客户机/服务器通信结构，因而程序员可以开发在异构网络上运行的分布式应用程序。

◆ 外部数据表示(XDR)

XDR 是 SunSoft 的开放网络计算环境的一种功能。XDR 提供了一种与体系结构无关的表示数据，解决了数据字节排序的差异、数据字节大小、数据表示和数据对准的方式。使用 XDR 的应用程序，可以在异构硬件系统上交换数据。从 SunSoft 使得可以免费获得 RPC/XDR 规范和源代码。

◆ 运输层接口(TLI)

在 AT&T UNIX 系统 V 版本 4 中，TLI 是 ONC 底下的一层，它是一个编程接口库，使得 RPC 具有与协议无关的性质，并允许 RPC 程序在多协议网络传输，如 TCP/IP 和 OSI 上运行。为 TLI 编写的增强型 RPC 就是传输独立 RPC(TI-RPC)。TI-RPC 是在 UNIX 系统 V 版本 4 中的标准，并且它与现存的 ONCRPC 协议兼容。另外，Novell 也提供 TI-RPC 技术。

◆ 分布式服务 NFS

于 1985 年宣布的网络文件系统(NFS)，是一种允许用户在网络区域系统共享信息的开放式系统技术。NFS 提供对远程文件系统的透明访问。存储在和网络相连的任何系统的文件可以被任何用户访问。访问是基于管理人员和文件所有人所授予的权限的。下面讨论的模块是分布式服务的组成部分。

◆ 网络信息服务(NIS)

NIS 是一种网络范围的数据管理设备。它提供了一个扩展的数据库，以存储系统信息，如主机名称、网络地址、用户名称和网络等。NIS 的正式名称是黄页 YP(yellow pages)。

◆ 锁定管理器(LM)

LN 通过支持一个网络上的文件和记录锁定，而允许用户对访问信息进行协调和控制。它阻止两个或两个以上用户同时修改同一个文件或记录(从而可能破坏有用数据)。

◆ 远程执行(REX)服务

REX 用于在远程系统上运行用户命令或程序。它提供在本地计算机上不能获得的计算能力的访问。

◆ 网盘(NETDISK)

这个模块允许无盘工作站从支持 ONC/NETdisk 协议的服务器中得到自举能力。

◆ 自动装入器(AUTOMOUNTER)

自动装入器根据是否需要的原则，自动地装入或卸载远程目录。它提供了 NFS 文件系统增加的透明性和可用性。它通过允许将远程装入指向一组服务器而不是一个服务器，来支持对经常读并很少写的文件的复制，例如，系统二进制代码的复制。

◆ PC-NFS 守护程序

这个在基于 ONC 的服务器上运行的小程序，对在实现 ONC 的 DOS 上运行的 PC 提供鉴别和打印池服务。

◆ ONC+和联合服务

ONC+是 ONC 的下一个阶段，联合服务将允许 ONC 和其他分布式计算环境共存，如 NetWare、开放软件基金会的分布式计算环境(DCE)和开放式系统互联(OSI)。新的特征包括多线程和一个命名服务。下面将介绍这方面的内容。

◆ 修改的 NFS 特征

新的 NFS 包括多线程和新增的 Kerberos 鉴别服务。其他一些计划增强的特征包括对面向连接的传输支持，如传输控制协议(TCP)，以及书写簇(write clustering)和一个新的高速缓冲文件系统，以改进性能。

◆ NIS+命名服务器

NIS+是替代 NIS 的，它为大型网络提供了一种层次式的企业命名服务。它比 NIS 具有更好的可扩展性和安全性，并且易于管理。NIS+对 NIS 客户具有互操作性。

◆ TI-RPC

ONC+将包括以前讨论过的 TI-PRC 和远程异步调用设施，它保证了对远程过程调用的无阻塞性。其他增强包括多线程能力、共享存储器特征和改进的连接管理设施。

◆ 安全性

除了 Kerberos 安全性特征之外，还提供 RSA 数据安全性。可以从 SunSoft 获得 ONC 许可，从而有权使用 RSA 认同的 RSA 技术。

◆ 联合服务

SunSoft 的动机是，使它的 Solaris 操作系统用户，能够在支持多厂商分布式服务的一个异构网络上访问资源。这些服务当然是可以共存的。联合服务是对 Solaris 分布式计算环境的扩展。

Solaris 操作环境提供标准化的联合服务接口(FSI)，它允许厂商们以良好的集成方式将他们的分布式服务加入 Solaris 中，从而这些服务在 Solaris 内的 ONC 核心服务中的地位是对等的。

1.6 小　结

计算机等技术的发展，导致了开放系统概念的提出，为了使得系统开放，互操作性是关键因素之一，由此引出了中间件的概念。随后给出了中间件概念、组成、核心技术——远程过程调用及其增强和中间件分类。最后介绍了一种早期的、面向过程的分布式计算环境 DCE。

1.7 习 题

1. 比较开放系统与分布式系统的异同。
2. 简述开放系统的特性。
3. 什么是互操作性，有哪几种层次的互操作性？
4. 简述中间件产生背景、概念、组成结构及核心技术。
5. 简述 DCE 的组成结构及其缺点。

第 2 章　面向对象中间件 ODP

知识点：

- ❖ 面向对象的概念
- ❖ 面向对象的优势
- ❖ ODP 观点
- ❖ ODP 透明性
- ❖ ODP 功能
- ❖ ODP 绑定

本章概述：

从 20 世纪 80 年代中期到 90 年代，面向对象技术开始蓬勃发展，相继出现了各种面向对象的编程语言(如 C++和 Java 等)、面向对象的系统分析和设计方法。由于面向对象技术的优越性，导致了中间件技术从采用面向过程的调用转为面向对象的调用。

2.1　面向对象技术的优势

最近十多年来，计算机技术得到了迅速发展，而软件开发却未能有相应的发展，反而出现了软件危机。随着软件功能和规模逐渐变得庞大，在传统的软件开发过程中出现了下列问题：

- 软件的开发、修改和维护变得更加困难。
- 软件开发常常超期和超出预算。
- 由于没有代码重用，新软件的开发都是从零开始。

由于这些问题的出现，使得软件开发商们不得不寻找一种新的开发方法，以达到降低开发成本、提高开发效率和适应软件需求变化的目的。

传统的软件开发采用结构化的开发方式，它是一种自顶向下的开发方式，即将系统分解成独立的模块，然后逐一实现这些模块的功能。在这种结构化的开发方法中，完整的系统只能在开发完成后才能呈现全貌。如果在开始编程时发现设计中存在缺陷，那么整个设计将被重新构造。

而面向对象的方法以一种更为直观的方法分析和构造系统，它将整个系统抽象并模型化，让人们能更好地了解整个系统，使得在设计时就能发现其中可能存在的问题。这两种开发方法最显著的区别就是，在结构化的开发方法中，数据与功能是分离的；而在面向对象的开发方法中，数据与相关的功能是捆绑在一起的，更好地表示了系统中相对独立的对象。

2.2 面向对象技术中的概念

要掌握和理解面向对象技术，首先需要明确其中的关键概念。

“对象”这一概念是面向对象技术中的核心概念，它用来直接表示真实世界中的实体，例如某个人或某件物品等。

对象(Object)是具有一些状态和行为的实体，其内部实现是不可见的。对象的状态反映对象所处的情形，通常由对象的属性值来表示；对象的行为定义对象如何运作和反应，通常表示为对象的接口(Interface)、函数(Function)或方法(Method)。

“类”也是该技术中的一个重要概念，它用来表示真实实体的抽象，而其实例就是具体的对象。

类(Class)是一系列相近对象的一般性定义，它提供了对象属性和行为的规范。

面向对象技术的优点之一就是代码可重用，“继承”则是实现代码重用的途径。

继承(Inheritance)是基于原有对象创建新对象的代码重用机制，它定义了一个类共享一个或多个其他类的结构和行为的关系。

面向对象技术中“封装”、“抽象”和“多态”的概念也是不可忽视的部分，它们都是面向对象技术的特性。

封装(Encapsulation)就是隐藏对象的具体实现细节，只能通过所定义的界面来访问和操作对象的数据。

通过封装，对象的内部实现对对象的使用者来说是隐蔽的，对象的使用者只需关心所要使用的对象功能。对于对象具体实现的修改只局限在对象的内部，这样将使系统的维护工作变得更简单。

抽象(Abstract)是指通过公共特性把相关实体进行分组的能力，同一组中的不同实体可以共享公共特性，但又具有自身的特点。

多态则是指对象可以具有多种形式。例如由形状类派生出的矩形和圆形类，都具有“绘制”方法。调用矩形对象的绘制方法将画出一个矩形，而调用圆形对象的绘制方法将画出一个圆形，同样是“绘制”方法，不同的类有不同的实现。

多态(Polymorphism)是指对同一界面或行为可以有多种不同的实现能力。使用单一的消息可以调用不同的行为。

以上几个概念既是对面向对象的定义，也是面向对象的特性。从面向对象的编程语言来看，面向对象就是对象、类和继承的组合；从面向对象的系统特性来看，面向对象应包括封装、抽象和多态。

在计算机系统中，用类来表示系统，并把现实世界中能够识别的对象分类表示，这种处理方式称为面向对象。

2.3 面向对象的方法论

面向对象的技术在软件系统开发过程中可以用于分析、设计和实现等几个方面，而软件工程中的分析和设计过程则是最为系统化的工作。在系统的分析和设计过程中，将产生系统开发的基础元素，使所涉及到的人对系统有统一的认识，而不至于出现认识上的差异。因此在面向对象的分析和设计方面出现了许多系统的方法论。

在这些面向对象的方法论中，最为常用的有：James Rumbaugh 的对象建模技术(简称 OMT)、Grady Booch 的 Booch 方法、Ivar Jacobson 的面向对象软件工程(简称 OOSE)、Rebecca Wirfs-Brock 的责任驱动设计/类/责任/协作(简称 RDD/CRC)、Shlaer-Mellor 的面向对象的分析和设计(简称 OOA/D)和 Coad/Yourdon 的方法论。

Rumbaugh 的 OMT 方法是基于结构化的分析和实体-关系模型化处理，它涵盖了系统的分析、设计和对象的设计、实现几个软件工程中的主要阶段。它提出在系统分析阶段建立系统的三个模型，即对象模型、动态模型和功能模型，在系统和对象的设计阶段对这三个模型进行细化。对象模型定义系统中类和类之间的关系；动态模型描述系统中类如何通过消息进行交互；功能模型则通过数据流图描述系统的行为。

Booch 方法是非常流行的面向对象方法，它将分析和设计的过程分解成四个迭代的阶段，即：抽象类和对象、定义类的语义和类间的关系、规范类界面以及实现类。在各阶段将分别产生对象和类的定义图、模块的划分图、系统的状态转换图和类的交互图。Booch 方法对各阶段的操作进行了详细的定义，并得到广泛的应用。

Jacobson 的 OOSE 的重点是对用例(use cases)的描述。OOSE 包括三个阶段，即需求分析、设计实现和测试。在各阶段分别产生系统的模型。需求模型确定系统的用户和相关的其他系统，确定系统应提供的功能(即用例)；分析模型确定系统中的边界对象、实体对象和控制对象；设计模型则描述系统中的对象，用协作图和状态转换图描述对象如何交互；实现模型描述系统的实现并产生源码；测试模型描述如何测试系统，产生测试规范和测试结果。

Wirfs-Brock 的 RDD/CRC 方法主要针对设计阶段，也部分适用于分析阶段。它为系统中的各个对象创建 CRC(类/责任/协作)卡片。通过这种方法可以确定系统中的对象，从而确定类、类的责任(行为)以及类之间的协作。

Shlaer-Mellor 使用传统的信息模型技术来表示系统中的实体，它使用状态图来模型化系统中实体的状态，用数据流图来表示系统中数据的流动。它使用信息模型来定义系统中的对象、对象属性和对象间的关系；用状态模型来描述各对象的状态转换；处理模型来表示动作中的处理过程和动作间的关系。

Coad/Yourdon 的方法则是基于实体-关系模型，它包含了一些非面向对象的特征。该方法将问题分解为五个层次：类和对象层(从问题描述和需求文档中寻找类和对象)、结构层(在前一层的基础上寻找类和对象间的继承和关系)、主题层(将系统分层并将类和对象指定到各层)、属性层(定义类和对象的属性)和服务层(定义类和对象的状态、行为和消息)。该方法虽然较为简单和易于理解，但未得到较广泛的应用。

这些面向对象的方法各具特色，所用的表示符号也各不相同，使得用户反而无所适从。因此，人们希望有一种标准化的方法和统一的表示方式，它能用于系统开发周期的各个阶段，能适用于各种类型的应用系统的开发。

拥有众多成员的 OMG 在 1996 年 6 月发出 RFP，寻求一种开放的分析和设计方法。一些组织提交了他们的建议书，并于 1997 年 6 月完成了标准化的工作。其中两个较为主要的建议是 Rational 公司的通用建模语言(UML)和开放协会的开放建模语言(OML)。

UML 结合了 Booch、Rambaugh 和 Jacobson 方法的优点，并得到 Microsoft、HP、Oracle 等数家公司的支持，此外它允许加入新的技术作为对 UML 的扩展。UML 逐渐成为了被广泛支持和使用的标准。

2.4 面向对象的 ODP 中间件

国际标准化组织 ISO 为了解决异种系统之间的互联和互通，提出了 OSI-RM，对 20 世纪 80 年代通信和网络的发展奠定了全局的作用。80 年代后期 ISO 发现，OSI-RM 中 OSI 协议栈的层次只是支持了系统之间的相互连接和沟通，有其局限性，应该创建一个面向应用的参考模型来对付应用的分布，它能使应用之间实现互通和互操作。要完成这一任务，分布式系统必须遵守一个公共的体系结构。在没有国际标准的情况下，要让分布式系统的供应商遵守共同的体系结构是很困难的，于是出现了形形色色的这类标准，如 OSF 的 DCE、OMG 的 CORBA、UI 的 ALTAS 和 DEC 的 NAS 等。为了解决这一问题，从 1987 年起，在国际标准化组织 ISO/IEC 和 ITU 的共同努力下，于 1995 年发布出了开放式分布处理参考模型 RM-ODP。RM-ODP 不仅是一个一般标准，还是一个标准的标准(meta-standard)，即规定了使用于开放式分布处理领域内的其他标准必须遵循的参考模型。

挂靠于英国剑桥的 APM 公司在开放分布式研究方面独执牛耳。APM 公司的高级网络系统结构(Advanced Networked Systems Architecture，简称 ANSA 研究项目)，受到世界上许多重要公司与研究机构的重视和资助，奠定了开放分布式处理的基础。这项研究独立于各种具体的网络、硬件、操作系统和数据库，着力于设计与构造灵活的分布式应用，其产品 Aware 是 ODP 的一个具体实现。

2.4.1 ODP 标准组成

1. 观点(Viewpoint)

观点把对于一个系统的说明分成若干个不同的侧面。每个观点对同一个分布式系统的某个不同侧面进行描述。

- 企业观点：有关系统和它的环境的观点，它着重于关注系统的目标、范围和策略。

  agent：动作的执行者。

  Communities：由一组 agent 组成。

  Artifact：代表资源。

  Roles：agent 处于什么地位，系统管理员、一般用户等。

  Contract：合作 agent 之间的相互义务的协议，如规定对象的 role、对象合作的 QoS、违反合同的行为。

  环境合约：对象对环境的要求。

  federation：为一些共同目标。

从上面的概念可以看出，ODP 与 CARBA 有着非常密切的联系，ODP 中的这些核心概念也在 CARBA 系统中得到了非常好的体现。

- 信息观点：有关系统和它的环境的观点，它着重于关注信息和所执行的信息处理的语义。
- 计算观点：有关系统和它的环境的观点，它通过将系统功能分解为在界面处相互作用的对象，来达到分布的目的。
- 工程观点：有关系统和它的环境的观点，它着重于关注支持系统中对象间分布式相互作用所需要的机制和功能。
- 技术观点：有关系统和它的环境的观点，它着重于关注该系统所用技术的选择。

如图 2-1 所示，对于端系统资源，工程语言主要定义了以下概念：结点(node，在管理上独立的物理机器)、核(nucleus，用来管理结点的机制)、对象包(capsule，对象的执行环境)、对象串(cluster，受共管和被共操作的对象集合)。而图 2-2 则为完整的工程观点模型。

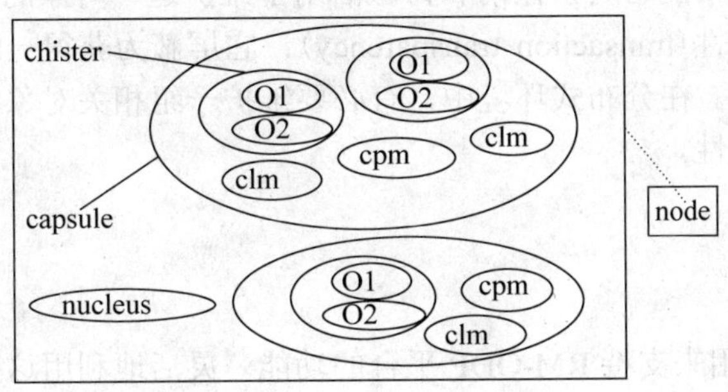

图 2-1　结点模型

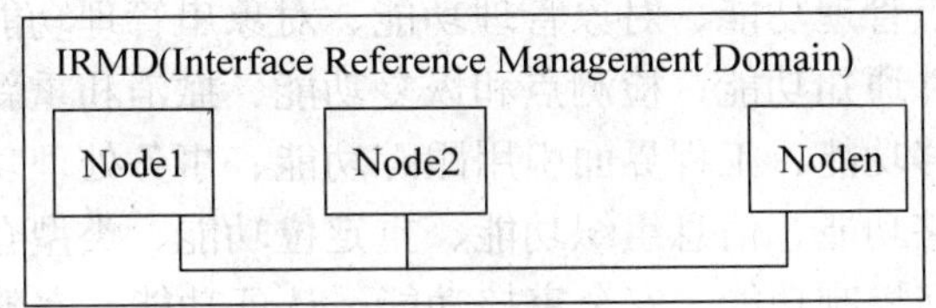

图 2-2　工程观点模型

2．透明性(Transparencies)

它屏蔽了由系统的分布所带来的复杂性。分布式透明性使应用编程者不必关心系统是分布的，还是集中的，从而可以集中精力设计具体的应用，这极大减小了分布式编程的复杂性。

- 访问透明性(access transparency)：它屏蔽数据表示和调用机制的差别，使得不同对象之间可以协作。该透明性解决了异种系统协作时所遇到的关键问题。
- 位置透明性(location transparency)：它屏蔽了分布式环境中有关对象的物理位置的信息。该透明性使编程者可以引用对象的逻辑名，而不必知道它的实际物理地址。
- 迁移透明性(migration transparency)：它屏蔽这样一个事实，系统已经把一个对象迁移到另外的位置。该透明性用于负载平衡和缩短访问对象前的等待时间。

- 失败透明性(failure transparency)：它屏蔽对象的失败和可能的恢复，使系统具有容错性能。如果提供了这种透明性，设计者可以在一个理想世界中工作，此时某种类型的错误永远不会发生。
- 重定位透明性(relocation transparency)：它屏蔽的内容是，已连接在一起的某个界面已经被移动。如果提供了这种透明性，即使某些交互中的对象已经被移动或替换，系统仍能继续运行。
- 复制透明性(replication transparency)：它屏蔽的是这样一个事实，即某一对象已经在分布式系统中的几个位置上被复制。该透明性可以提高系统的性能和它的可用性。
- 持久透明性(persistence transparency)：它屏蔽系统中对象的激活(activation)、撤消(de_activation)和再激活(re_activation)。当系统不能为某一对象继续提供处理能力、存储能力和通信能力时，撤消和再激活用于维护这一对象的持久性。
- 事务处理透明性(transaction transparency)：它屏蔽为获得一组对象之间开展活动时要进行的协调。在分布式环境中，有必要维护一组相关对象之间的协调，以确保有关信息的完整性。

2.4.2 ODP 功能

RM-ODP 定义了用来支持 RM-ODP 平台的功能。灵活地利用这些好似孤立的功能，可以近于无缝地实现 ODP 系统的目标。例如，进程中的管理能力就是有一组功能提供的。另外，各种分布式透明性的实现也需要以这些功能为基础。

- 管理功能：结点管理功能、对象管理功能、对象串管理功能、对象包管理功能。
- 协作功能：事件通知功能、检测点和恢复功能、撤消和重新激活功能、成组功能、复制功能、迁移功能、工程界面引用跟踪功能、事务处理功能。
- 仓库功能：存储功能、信息组织功能、重定位功能、类型仓库功能、交易功能。
- 安全功能：访问控制功能、安全审核功能、认证功能、完整性功能、信任功能、防抵赖功能、密钥管理功能。

2.5 RM-ODP 的绑定模型

为了清晰地描述复杂的系统，RM-ODP 标准把对 ODP 系统的说明细化为五个观点(即从五个不同的角度来观察)，以及用于表达这五个观点的语言。鉴于绑定的作用，RM-ODP 标准分别从计算观点和工程观点出发，对它进行了深入的分析和描述。

2.5.1 计算绑定模型

RM-ODP 标准中的计算观点所描述的是，信息系统被分解成为在界面处交互的对象，以此来达到分布处理的目的。根据系统所完成的功能对系统进行分解，把分解后的不同功能指定给不同对象去完成，而这些对象通过界面彼此交互。它关心的是，如何把系统描述为通过界面进行交互的对象集合(即使系统变成分布形式的)，而又不涉及任何具体的实现。计算观点解决的是，应用设计者和编程人员所遇到的问题。相应的规范说明给了各个逻辑部件(信源和信宿)所组成的系统模型。计算语言采用面向对象的方法，把应用分解为一组交互对象，每个对象提供一个或多个界面，所有的交互都通过这些界面进行。

作为交互的前提，计算界面之间的绑定是至关重要的。计算语言定义了三种绑定方式：操作绑定(支持操作的调用)、流绑定(支持连续媒体)和信号绑定(支持实时事件)。应用的开发者还可以通过环境合约来对对象下层实现提出一些约束。合约中可以包含分布式透明性的等级和界面的 QoS 的规定。

只有在给定的计算界面之间建立起来一个绑定(即某个通信路径)，它们之间才有可能交互，如图 2-3 所示。计算语言为操作界面和流界面规定了显式的绑定动作。对于操作界面的情况，它也规定了绑定可以是隐式的，以便于使用不必提供表示绑定动作的记号。

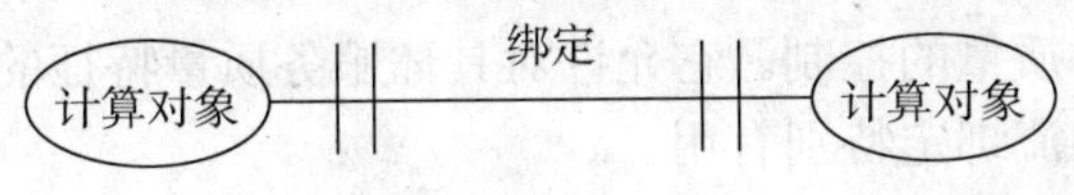

图 2-3　原始绑定

在绑定是隐式处，客户对象的调用产生一个从客户界面到服务器界面的绑定并导致操作(问询或发布)的发生。计算语言没有定义客户界面是否在该过程结束时被删除。应当注意，隐式绑定没有提供引用绑定的环境合约的措施。

在绑定是显式处，以两类绑定动作的方式来定义绑定：原始绑定动作和复合绑定动作。

原始绑定动作允许将计算对象的两个界面进行绑定。这些界面必须是同一类型的，但可以是操作界面、流界面或信号界面。原始绑定动作由相关对象之一来执行，它在每个界面处建立发生交互时所必需的信息，也就是相关的另一界面的标识。至于定义一个显式去绑定动作(unbind)，则未见有什么需求；但很显然，这时要删除两个界面，同时也要删除绑定。原始绑定动作要求相关的界面是相同类型的，并具有互补的用法说明类型和角色(例如，一个是客户，另一个是服务器)。

复合绑定动作允许将两个或多个相同类型(或不同类型)界面进行绑定，办法是采用通过一个绑定对象的方式，如图 2-4 所示。

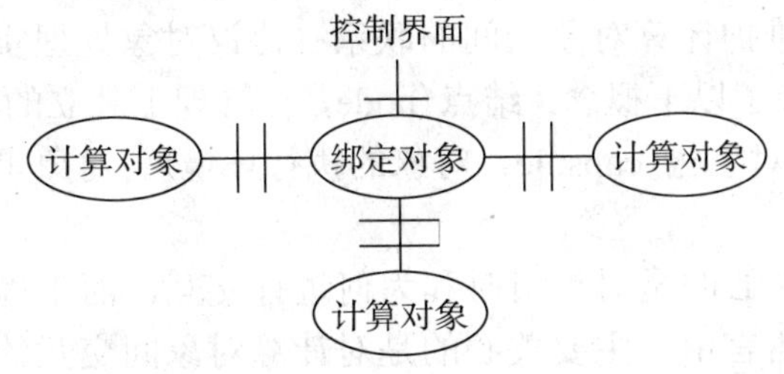

图 2-4　复合绑定

这个动作可由绑定所涉及到的计算对象之一或由一个绑定之外的计算对象来执行。其作用是实例化一个计算对象(绑定对象)来支持绑定。绑定对象实例化一个界面集，并使用原始绑定动作来将它们绑定到要绑定的界面上。同时它也实例化一个控制界面集，通过这些界面既控制操作的进行，又向发起的计算对象返回界面的标识符。

绑定对象的种种行为反映出它们支持多种通信语义，同时计算对象并不限制绑定对象的类型，这反映着：对象间的通信结构可以具有多样性。

如同其他任何对象一样，绑定对象可以用服务质量的陈述来修饰，这些陈述将进一步制约它们的行为(例如，限制在接收界面的端到端通信延迟或接收界面的端到端延迟抖动)。

绑定对象的控制界面允许对绑定进行删除，也允许对其操作进行控制和对它所提供的服务质量进行控制。可能的例子有：

- 错误(它中断了绑定对象)的通知的控制。它允许对一个界面作出规定，在该界面处如果失败而中断了绑定，则对象就调用一个通知操作。
- 群组调用。它使计算语言中可用“两阶段提交”多投(multicast)调用，并允许往组中增加成员或从组中删除成员。
- 有关绑定的服务质量的控制。它允许对具体服务质量特征的修改。这种控制形式对于多媒体应用的流绑定特别有用。
- 对应用感兴趣的事件发通知。例如可以在一个音频流的沉默周期的开始或结束时发出事件信号。

一个界面可以多次绑定。在隐式绑定的情况下，一个界面的多个绑定需要每个绑定都要被所涉及到的服务器界面所识别。在显式绑定的情况下，多个绑定需要每个绑定被所涉及到的绑定对象所识别。

2.5.2 工程绑定模型

RM-ODP 标准的工程观点所描述的是，实现系统中分布式对象之间的交互所需的机制和手段。它所关心的是，如何获得对象之间的交互。工程观点解决的是，系统设计者和通信设计者所遇到的问题。相应的规范说明了一个网络计算的基础设施，它能支持计算观点中所定义的系统结构，并提供所需的分布式透明服务。工程语言着重于实现对象交互的方法和做到这些所需要的资源。工程语言为通信模型和端系统资源定义了一组抽象概念。对于通信模型，它定义通道(channel)，用于支持分布对象之间的透明交互。通道包括三部分：存根(stub)、绑定器(binder)和协议对象(Protocol Object)。存根解决交互过程中的信息封装和解封装问题；绑定器维护计算对象之间的联系；协议对象处理实际的通信。对于端系统资源，工程语言主要定义了以下概念：结点(node，在管理上独立的物理机器)、核(nucleus，用来管理结点的机制)、对象包(capsule，对象的执行环境)、对象串(cluster，受共管和被共操作的对象集合)。

这样，计算观点所关心的是对象何时和为何进行交互，而工程观点所关心的则是它们如何实现交互。在工程语言中，主要关心的是对计算对象间交互的支持。因此，两观点描述间有非常直接的联系：在工程观点中，计算对象被视作为基本工程对象；而计算绑定，无论是为显式的还是隐式的，都被看作为通道或本地绑定。

工程绑定有两种：一种是原始性的绑定，它为一对象串内或在一个结点中相互合作的工程对象之间，提供本地绑定(通道)，这是由系统的机构所提供。另一种是分布式绑定，它是由提供着适当分布透明性的通道所支持的绑定。创建它们通常要涉及在大量结点之间进行一些交互以建立通道。

当工程对象要交互时，即使对象当前是在同一个对象包或结点内，也需要机制来对付以下的可能：终止、失败或移动到别处。需要做这些操作的机制集构成了通道，它由若干个交互的工程对象所组成。

基于它们所做的工作，通道内的工程对象可以被分成三种类型：存根、绑定器和协议对象。存根与交互中要传递的信息相关；绑定器与维持通道所连接的基本工程对象集间的关联；协议对象管理着实际的通信。

端到端的访问透明性通过在客户和服务器的调用路径上放置客户存根、通信通道和服务器存根来完成。存根直接与支持它的基本工程对象交互，并执行诸如参数的封装和解封装，记录与正在执行的交互有关的信息。这样，存根需要访问正在被支持的界面的类型。绑定器和协议对象则不同，这两者传递着完整的信息，而不关心它们内部的结构。依靠系统的设计，一个存根可以直接与某个基本工程对象相联系在一起，或者它可以在若干这样的对象间被共享。通常共享意味着需要传递一些附加的信息来识别正在被支持的对象，并以此区分它们。

客户存根将请求(它包含了操作名、变量)封装进一缓冲器中，再使用相应的传输协议(RPC、ORB)将其传给服务器存根，由该服务器存根对请求进行解封装，调用相应操作，随后封装结果，返回给客户存根。

绑定器需要解决许多有关分布的问题。当通道被创建和随后维护通道的端到端的完整性时，绑定器建立绑定。这意味着如果对象移动或失败和被替换(这就是对象重定位的过程)，它必须处理配置和通信的变化或对象的失败，并跟踪另一个端点。所以，绑定器涉及到许多分布式透明性的规定。

协议对象为它们所服务的绑定器之间的通信提供足够的质量和可靠性。除了对付能采用各种对等协议，它们提供对于支撑服务的访问，例如在需要之处可访问作地址翻译的目录服务。

在通道跨越一些技术和组织边界的地方，需要附加些检测和转换来匹配两边的需求。这些功能由截-转器来执行，如图 2-5 所示，它构成通道的一部分。它们可能需要执行格式或协议的转换，或可能提供计账或访问控制检测。一个截-转器是根据其所必须做的工作的性质，而由协议对象、绑定器和存根所建立。

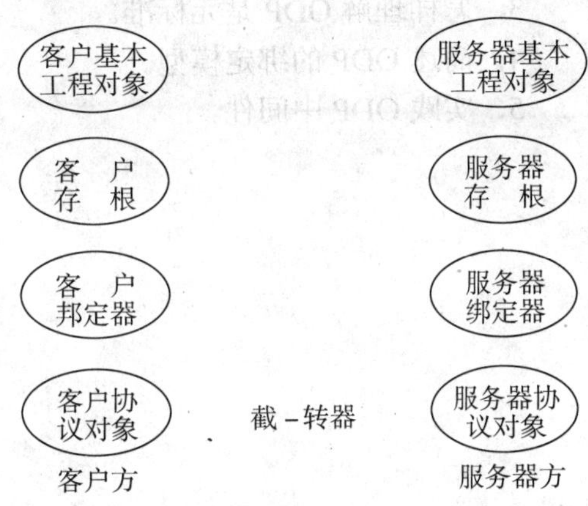

图 2-5　一个客户-服务器通道的例子

为了在工程对象之间建立绑定，必须能够识别和描述这些对象的界面。界面引用就是用来识别和足够详细地描述工程对象界面，以便这些界面可以被绑定。界面引用能够通过工程对象之间一个或多个交互来传送。这样使任一接收界面引用的对象界面去启动一个绑定，而不再需要任何额外的信息。一个工程对象想给自己的界面之一传递一个界面引用，它需要通过核为自己创建一个界面引用。界面引用识别这个界面并提供出对其建立绑定所必要的信息。界面引用反映着很复杂的信息，给出这样的引用可以发现：界面的类型，能使绑定初始化于此的通信地址。通信地址依赖于下层的传输协议，如使用 TCP 协议，就需要包含 IP 地址和端口号。但是，这不意味着所有的信息都编码成界面引用的一部分，这样做可能使它变成为一个庞大的要处理的项。从体系结构方面要求，应该有一些获得必要信息(从界面引用开始)的方案，但确切的方案则在不同的系统设计中可以有不同的选择。

为了使远程调用得以发生，在客户和服务器之间需要建立一个通道。而通道的建立，则就使用界面引用的相关信息。对于隐式绑定，通道是在第一次调用操作过程中才去建立。而对于显式绑定，则在操作调用前，就需要建立相应的通道。操作调用开始后，直接使用该通道就可以了。

2.6 小　结

本章首先介绍了面向对象的概念、方法论及与传统的面向过程方法相比的优越性。随后引出了一种面向对象的中间件——开放分布式处理中间件(ODP)，重点阐述了其观点、透明性、功能及绑定。

2.7 习　题

1．阐述面向对象的定义及其与面向过程的调用的区别。
2．阐述 ODP 的关键技术。
3．怎样理解 ODP 是元标准。
4．简述 ODP 的绑定模型。
5．实践 ODP 中间件。

第 3 章　COM 相关技术

知识点：

- ❖ COM 结构
- ❖ COM 接口
- ❖ DCOM 和 COM+技术
- ❖ NET 框架技术

本章概述：

Microsoft 的组件对象模型(Component Object Model)、分布式组件对象模型(Distributed Component Object Model)和具有分布式应用程序服务的 COM+提供了基于 Windows 平台的组件构造技术。Microsoft 基于 COM 的组件技术在 Windows 系统和应用中被广泛使用，并随着软件技术的发展而不断完善，其应用层次不断提高，应用领域不断扩展。在下面的叙述中将 COM/DCOM/COM+技术简称为 COM 技术。

3.1　COM 技术的发展

随着 PC 机从简单商务应用到企业应用的发展，Microsoft 早在 Windows 3.x 中就意识到必须要有一种措施来使多个软件协同完成用户多方面的需求任务。计算机网络技术的发展，给 PC 机桌面系统的应用带来了更多的机遇，Microsoft 也希望使其在桌面系统中占主要地位的 Windows 操作系统能在应用层次和体系上很好地融入网络技术。COM 技术也由此得到发展。

COM 技术经历了 DLL、OLE、COM、DCOM 到 COM+的演变发展阶段，每个阶段都代表了 COM 的一个应用层次和应用领域，这些技术中的很多长处至今仍然交叉融入于 COM 的使用过程中。

DLL(动态连接库)是包含大量的只在运行时刻才与进程相连接的函数、数据以及资源的库文件。动态连接显示了各连接对象之间的一种松散的连接关系。虽然 DLL 和 COM 并不是同一个概念范畴，但动态连接特性是 COM 组件里必不可少的，DLL 是 COM 组件最常见的发布方式。DLL 技术贯穿于 COM 组件的始终，COM 技术在很大程度上就是对 DLL 优势的继承，同时对 DLL 的缺点进行改进而发展起来的。

最初的 COM 技术是以 OLE(对象连接嵌入)为基础的。OLE 是 Microsoft 开发的一种使以 GUI 为中心内容的应用程序在一起协同工作的实现技术。OLE 1.0 是十分单一的进程间通信的方法，建立在以 Windows 消息机制为基础的 DDE(动态数据交换)技术之上。DDE

在速度、性能、编程灵活性和有效性上都不如人意。OLE 2.0 开始支持 COM 技术，它是 COM 在一个特定领域的应用技术，是一种对复合文档进行进程间连接和嵌入的应用技术。OLE 2.0 运行效率极大提高，模块的定制和扩展都很方便，充分发挥了 COM 标准的优势，使 Windows 操作系统上的应用程序具有极强的交互操作性。

在 1993 年 Microsoft 正式引入 COM 规范。COM 规范并不局限于 OLE 技术。随着网络技术的发展，OLE 技术暴露了很多局限性问题，而在这方面 COM 技术显示了极强的适应性，作为 OLE 的替代，Microsoft 推出了一系列以 COM 为基础的统称为 ActiveX 的技术。COM 技术是程序的组件间建立联系的规范，使各个组件之间可以用一种统一的方式进行交互。

DCOM 出现于 1996 年，它是 COM 在跨进程甚至跨机器的分布式环境中进行同步运行的实现技术。DCOM 可以实现在两台不同的计算机之间调用 COM 对象，对象间的通信是通过网络来传输的。DCOM 屏蔽掉了 COM 对象的位置差异，它所带来的位置透明性使用户在不必知道 COM 对象的实际位置的情况下，就可以使用该 COM 对象。

1999 年 Microsoft 在其发布的最新操作系统中引入了 COM+技术，COM+是目前对 COM 技术的最新应用和支持，它是面向分布式环境应用的 COM 基本技术的一种特定实现。COM+提供了从操作系统到管理工具的一整套以配置的方式来使用 COM 的应用服务功能，使 COM 与 DCOM 的许多编码性工作变成了管理性操作。此外在 COM+中，针对分布式应用尤其是互连网应用加入了许多必要的关键特性。

COM 技术的实质是一种对象组件构造和使用对象组件来构造应用程序的框架规范，同时也是一种组织软件的方法。

3.2 COM 技术的体系结构

COM 是软件对象组件互相通信的一种方式，它是一种二进制和网络标准，允许任意两个组件互相通信，而不管它们是在什么计算机上运行(只要计算机是相连的)，不管各计算机运行的是什么操作系统(只要该操作系统支持 COM)，也不管该组件是用什么语言编写的。COM 还提供了位置透明性，当编写组件时，其他组件是进程内 DLL、本地 EXE 还是位于其他计算机上的组件，对编写者而言都无所谓。

COM 力图做到以近似一致的方式使用组件和开发组件，从体系上去保证所开发的组件无时间差异性(允许用户透明地使用组件的不同版本)、无功能的差异性(按相同的方式来处理变化的组件)、位置透明性(不表现出对组件所处位置的依赖)、语言无关性(与编程语言的类型无关)以及运行环境的无关性(可以跨平台运行)等。

基于 COM 的应用程序分为 COM 组件客户和组件服务器。组件客户是组件的调用者，是应用程序中直接与用户交互的界面和调用组件的程序框架。组件服务器通过若干个 COM 对象来实现应用程序所需的功能。每一个 COM 对象是一个特定类的实例，它支持一个或多个接口，每个接口中包含有一个或多个可以被客户程序调用的方法。COM 对象的客户依靠获得该对象界面的指针，来调用接口中的方法。

在基本的 COM 技术之上，DCOM/COM+中增加了网络支持、消息通信、事务处理、安全和负载平衡等服务。这些服务是 COM 技术的丰富和扩展，使得 COM 技术不仅应用在桌面环境中，在企业分布式计算环境的应用中也占有一席之地。

在 COM 技术中，组件(Component)和接口(Interface)是其核心概念。

组件：具有一定逻辑功能的可执行代码，是组成应用程序的构件。

接口：对其他软件和组件能使用的公用功能的定义，是组件与外界的交互通道。

COM 组件是基于对象的，其各种复杂的逻辑功能细节被很好地封装起来。接口则是客户和 COM 组件进行联系的纽带。客户和 COM 组件遵循统一的规则来标识接口、描述和定义接口中的方法以及具体实现接口中的方法，从而达到组件使用方式的一致。

在 COM 技术的体系结构中，接口实现了对组件各种技术细节的封装与隔离，对外界提供了透明的功能支持；接口对组件功能进行了抽象和标准化，隐藏了各种功能实现的特殊性。接口是组件及其客户程序之间的协议，也就是说，接口不但定义了可用什么函数，也定义了当调用这些函数时对象要做什么。

在支持 COM 的系统中还必须包含 COM 库的实现，COM 库提供了客户或组件可以调用的基本函数，这些函数的功能包括组件的注册、创建、管理和使用等各个方面。COM 库中的函数名通常以 Co 开头。

COM 支持对象客户与组件对象之间的客户/服务器模型交互。客户端通过获得的 COM 对象界面指针与 COM 对象通信，调用 COM 对象所提供的服务。客户通过创建 COM 对象获得它的第一个界面指针。创建 COM 对象则依赖 COM 库中所实现的功能。

例如客户创建 COM 对象时，调用 CoCreateInstance 将对象的类标识符(CLSID)传递到 COM 库，COM 库根据系统注册表将 CLSID 匹配到 COM 对象代码。基于 COM 库和系统注册表，COM 对象与客户可以实现位置透明的客户/服务器模型的交互。COM 对象与客户可以在同一进程中，也可以分布在同一台计算机的不同进程中，甚至是分布在不同计算机中。COM 客户与 COM 组件对象之间的交互过程如图 3-1 所示。

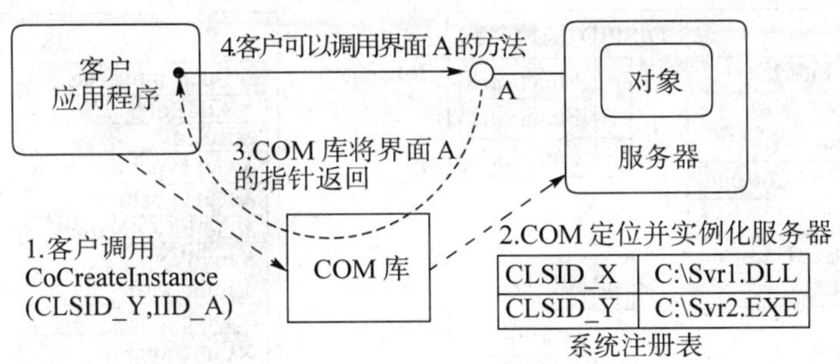

图 3-1　COM 客户与 COM 组件对象之间的交互

3.3　COM 技术中接口

COM 接口使应用程序和其他组件可以和 COM 组件的功能进行通信。在形式上 COM 接口是由一个函数指针表构成的一个内存结构，这样的内存结构是接口全部功能的物质基础，在这个内存结构中存放了接口所有函数的地址。

有了函数指针表的间接指向作用，组件函数的实现与客户隔离开来，从而实现了接口要求的隔离性和封装性。在接口结构中客户通过指向函数地址表的指针来调用函数，接口及其函数的内部差异不会反映到客户端，不会引起客户使用组件函数方式的变化。客户调用接口函数的过程由 COM 透明地完成，体现了接口的抽象性、标准性与一致性。

要完全满足 COM 接口的要求，还得在内存结构的基础上实现接口的自管理功能。COM 将接口自管理功能的函数集中定义在一个 IUnknown 的接口中，在 COM 组件的虚拟函数表中第一个记录就是 IUnknown 的指针，所有的 COM 组件都必须实现 IUnknown 接口。

在 IUnknown 接口定义了 COM 要求接口必须按顺序实现的三个函数 QueryInterface、AddRef 和 Release。这三个函数共同完成接口的自管理任务，其中 QueryInterface 函数实现客户对组件的接口查询请求，向外显示组件提供的所有接口；AddRef 和 Release 则用来帮助客户维持接口的生命期，当客户程序使用这些接口时调用 AddRef，完成该接口的使用时调用 Release，接口采用引用计数技术来进行生命期的管理。所有的 COM 接口都继承了 IUnknown 接口。

为了使解释性语言或宏语言（如 Visual Basic、Java 和 VBScript 等）能更容易地使用 COM 组件，COM 技术引入了 IDispatch 接口。IDispatch 接口是从 IUnknown 接口派生的，有了 IDispatch 接口，COM 组件就可以通过一个标准的接口来提供它所支持的服务，而无需提供多个特定于服务的接口。在 IDispatch 接口中的 GetIDsOfNames 函数用于读取一个函数的名称并返回其调度标识符 DISPID，Invoke 函数根据 DISPID 将调用引向对应的函数代码。

双重接口（dual-interface）是继承 IDispatch 的 COM 接口，它能满足 C++程序通过虚拟函数表高效的调用，也能满足解释性语言通过 IDispatch 接口的调用。在该接口中的函数可以通过 Invoke 和虚拟函数表两种方式访问。

IDispatch 接口与双重接口的内存结构如图 3-2 所示。

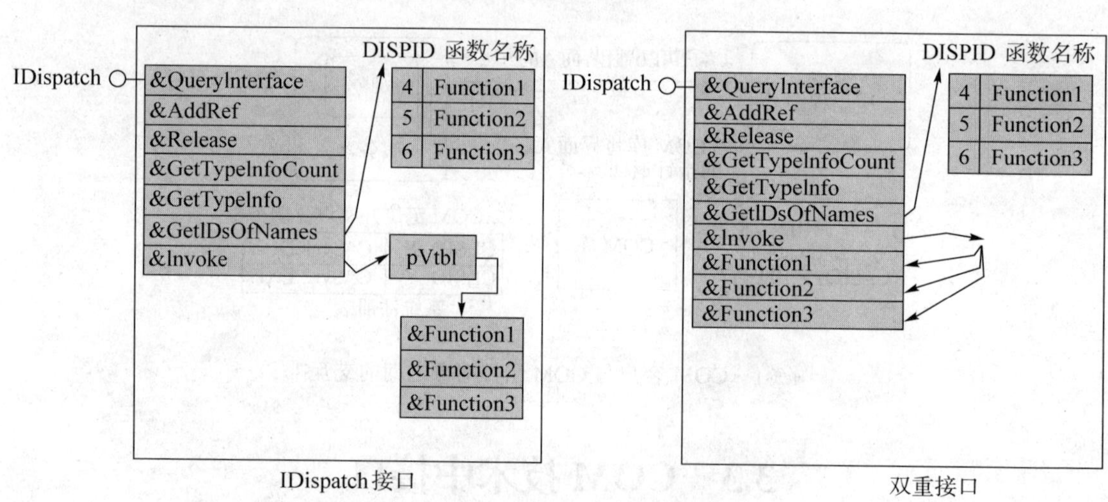

图 3-2 IDispatch 接口和双重接口的内存结构示意图

每一个 COM 的接口都有两个名称，一个是字符串，供人识别的；另一个要复杂些，主要用于软件中。字符串名称不要求是惟一的，软件使用的名称则要求是全局惟一的，通常它被称为 GUID(Globally Unique Identifier)。GUID 是一个 128 位的值，由实用程序产生，前 48 位是组件的位置信息，后 80 位是组件的时间信息，它具有时间和空间的惟一性。在组件编程应用过程中，GUID 在许多场合出现，在不同的场合其称谓也有所不同，例如标识组件时为 CLSID，标识接口时为 IID。在接口发布之后，通常其 IID 是不再改变的，这样应用软件就可以确认该接口在发布之后一直保持相同。COM 定义了大量的标准接口及其相关的 IID。例如，COM 的标准接口 IUnknown 接口的接口标识符 IID 为“00000000-0000-0000-c000-000000000046”，在 COM 中使用 IID_IUnknown 常量来表示。

COM 对象与客户必须有一个统一的方法来描述接口，即定义接口中包含的方法和其所需的参数。COM 对此没有特别的规定，只要求对象必须正确符合 COM 的二进制标准。为了方便，通常使用 Microsoft 的界面描述语言(IDL)来定义接口，在 COM 中使用的 IDL 借自 OSF 的分布式计算环境(DCE)中的 IDL。使用 IDL、COM 对象的接口可以被精确和完整地定义。

IDL 是一种描述性语言，属于远程过程调用 RPC(Remote Procedure Call)技术方面。IDL 对接口和组件进行描述，指定接口或组件的属性信息用来生成所需要的代理/存根代码、调度代码或类型库。IDL 描述的接口和组件等数据类型是各种流行语言都能识别和支持的，这是实现 COM 应用互操作和语言无关性所需要的。

3.4　COM 类工厂机制

类工厂就是一个能够创建其他组件的组件。引入类工厂的目的是为了建立组件创建逻辑的通用形式，同时为组件的创建加入必要的控制措施。通过对类工厂的实现，可以简化组件的使用。

一个类工厂只能创建同某个特定的 CLSID 相对应的组件，使用 COM 库中的 CoGetClassObject 函数可以获得指定类的类工厂，然后调用 IClassFactory:: CreateInstance 方法创建类的实例并将该实例的接口指针返回给客户，客户利用该界面指针调用接口中的方法。

类工厂虽然也是 COM 组件，但实现时并没有为它分配一个惟一标识符 CLSID，类工厂没有在系统的注册表中进行注册。CoGetClassObject 通过组件的 CLSID 自动和组件的类工厂建立联系，这种自动机制通过调用一个在 DLL 中输出的 DllGetClassObject 函数来完成。使用这种机制避免了组件和创建组件的类工厂使用相同的 CLSID 而引起冲突，或使用不同的 CLSID 而造成其对应关系不明显。

类工厂所支持的用于创建组件的标准接口是 IClassFactory，大部分的组件创建工作均可使用它来完成。IClassFactory 接口也属于 COM 接口，继承了 COM 的 IUnknown 接口。

引入类工厂机制后，COM 组件的调用过程如下所述：

- 客户程序使用 CoInitialize 函数初始化 COM 库，调用 CoGetClassObject 函数启动组件。
- 定位并加载组件服务器 DLL。CoGetClassObject 函数根据指定的待使用组件的 CLSID 参数值，在注册表中搜索对应的组件注册信息，获取 DLL 在系统中的路径和文件名。将 DLL 调入内存，获得其句柄。
- CoGetClassObject 调用 DLL 中的 DllGetClassObject 函数，由该函数实际完成客户所

请求的组件类工厂的创建任务。通过返回的类工厂接口指针，客户创建实际的组件，组件成功创建后，向客户返回一个指向组件(即组件的 IUnknown 接口)的指针。

- 客户利用获得的组件接口指针，调用接口函数或进一步查询组件的其他接口，并对接口、组件或 DLL 的生存期进行维护。

相应的 COM 组件的开发过程分为下列几个步骤：

(1) 编写组件的实现类，包括为组件和接口定义 GUID；编写组件接口和函数的业务逻辑功能代码；编写组件的管理功能代码。

(2) 编写组件的类工厂。

(3) 编写 DLL 的辅助代码，通过 DLL 模式文件指定输出函数并编译成 DLL 文件。

(4) 将组件注册，完成组件的发布。

3.5 DCOM 技术

DCOM 是分布式应用环境中的 COM 技术，其基本概念与 COM 类似，但 DCOM 的远程性质带来了一些特殊的问题。例如错误处理要考虑错误不一定发生在同一机器上，客户和组件之间在网上传递的数据应尽可能少，在网络环境下安全显得更加重要。

在现在的操作系统中，各进程之间是相互屏蔽的。当一个客户进程需要和另一个进程中的组件通信时，它不能直接调用该进程，而需要遵循操作系统对进程间通信所做的规定。COM 使得这种通信能够以一种完全透明的方式进行：它截取从客户进程来的调用并将其传送到另一进程中的组件。当客户进程和组件位于不同的机器时，DCOM 仅仅只是用网络协议来代替本地进程之间的通信。无论是客户还是组件都不会知道连接它们的线路比以前长了许多。在图 3-3 中显示了 DCOM 的整体结构。

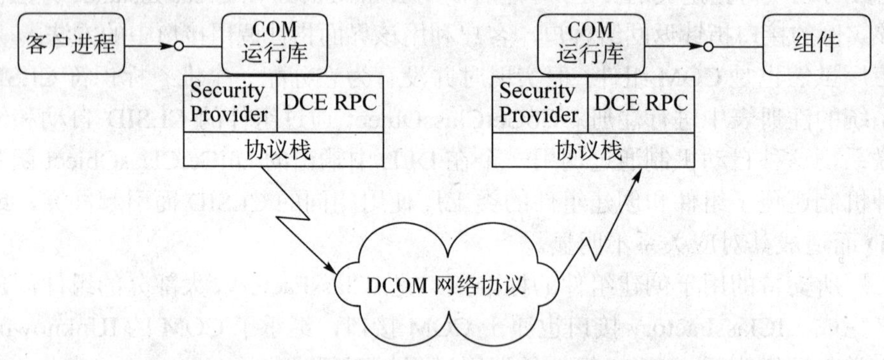

图 3-3 DCOM 的整体结构图

DCOM 技术使得组件间的调用具有位置透明性，在任何情况下，客户连接组件和调用组件的方法和方式都是一样的。DCOM 不仅无需改变源码，而且无需重新编译程序。一个简单的再配置动作就改变了组件之间相互连接的方式。

分布式应用程序中的客户方需要知道服务器组件的位置，服务器方要知道哪个用户账号有权生成或执行服务器组件。DCOM 通过配置程序在客户机上设置这些信息，使用该配置程序可以完成下列工作：设置应用程序和组件的位置、设置应用程序和组件权限和设置用户账号的访问权限。

DCOM 依靠 RPC(Remote Procedure Call，远程过程调用)提供分布功能，是 RPC 使 COM 变成了 DCOM。当客户进程调用接口上的方法时，DCOM 将方法调用变成 RPC 调用。RPC 机制自动完成数据的包装和解包、数据格式的转换、建立网络会话和处理网络调用。可以说，DCOM 提供了一种面向对象的 RPC 机制。

在分布式应用中，客户程序之间、组件之间以及客户程序和组件之间都会存在安全问题。DCOM 采用了 Windows NT 提供的扩展安全框架，无需在客户端和组件上进行任何专门为安全性而做的编码和设计工作就可以为分布式应用系统提供安全性保障。就像 DCOM 编程模型屏蔽了组件的位置一样，它也屏蔽了组件的安全性需求。DCOM 让开发者和管理员为每个组件设置安全性环境，而不必了解安全性细节。就像 Windows NT 允许管理员为文件和目录设置访问控制列表(ACLs)一样，DCOM 将组件的访问控制列表存储起来。这些列表清楚地指出了哪些用户或用户组有权访问某一类的组件。

只要一个客户进程调用一个方法或者创建某个组件的实例，DCOM 就可以获得使用当前进程(实际上是当前正在执行的线程)用户的当前用户名。Windows NT 确保这个用户的凭据是可靠的，然后 DCOM 将用户名正在运行组件的机器或进程。然后组件上的 DCOM 用自己设置的鉴定机制再一次检查用户名，并在访问控制列表中查找组件(实际上是查找包含此组件的进程中运行的第一个组件)。如果此列表中不包括此用户(既不是直接在此表中又不是某用户组的一员)，DCOM 就在组件被激活前拒绝此次调用。这种安全性机制是基于 Windows NT 安全框架的，对用户和组件都完全是透明的，而且是高度优化的。

总之，DCOM 将 COM 技术扩展到分布式计算领域，通过 DCOM 配置程序，使得 COM 组件不需修改就可以在网络环境中运行。

3.6　COM+技术

COM+是一个面向应用的高级 COM 运行环境，它在 COM 这一编程模型的基础上实现了许多面向企业应用的分布式应用程序所需的服务，并将它们与操作系统集成在一起。

COM+是 Windows DNA (Distributed interNet applications Architecture，Windows 分布式网间应用程序结构)框架中的组成部分，Windows DNA 框架使得开发人员可以使用 Windows 操作系统中的技术和服务建立分布式应用程序。COM+技术则是 Windows DNA 框架中的中间层技术，它扩展并增加了许多企业应用功能，如：事务服务(使 COM 对象可以创建、使用和提交事务)、安全服务(提供基于角色的安全检查)、同步服务(对多线程并发访问的协调机制)、消息队列组件(组件间的异步通信机制)、事件服务(用于“发行—订阅”调用关系的一种通信方式)和集成的管理工具(组件服务浏览器可以完成对 COM+对象的管理，完成组件的发行、管理和监测等任务)等。

在不同的应用中，业务逻辑是不同的，但企业基础设施却可以一样，业务逻辑和企业基础设施的实现可以分开进行。在 COM+应用中，实现业务逻辑的 COM 组件包装起来加入到 COM+系统中，应用程序可以从环境中继承 COM+的企业基础设施特性。在运行时，COM+

系统通过环境截取对 COM 对象的控制，完成需要的服务。截取控制策略是 COM+应用技术的关键。

当客户和组件对象在不同的机器上的时候，客户方具有一个代理，组件对象所在的服务方具有一个存根。代理连接到系统提供的 RPC 通道对象上(或通过 HTTP 协议)，RPC 通道连接服务程序一方的存根。当客户和组件对象首次建立连接时，COM+系统会根据 COM+应用的配置情况，在代理和 RPC 通道之间以及 RPC 通道和存根之间，插入完成企业应用服务功能的策略对象，全部策略对象的内容就构成了客户和组件对象间所需的企业应用服务内容。

当客户发出调用时，调用请求就依循着策略链向组件服务方传递；COM+系统截取在策略链上传递的调用，进行一系列诸如安全性检验的处理，如果截取成功，整个调用就成功完成，否则就中止调用。服务方的反馈也依循着该策略链将处理结果传回给客户。COM+截取控制策略的工作原理见图 3-4 所示。

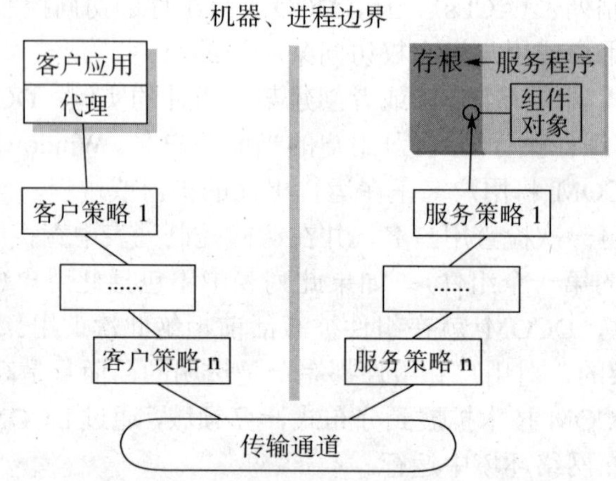

图 3-4 COM+通过策略对象实现截取控制

截取控制策略链使服务功能能够加入到 COM 对象，而且使客户和组件之间具有了对服务功能进行选择的余地，用户可以根据自己的需要为 COM 对象配置企业服务特性。

COM+组件有着与 COM 组件不一样的运行机制和过程，COM+组件对象在经过功能配置后，所具有的企业服务功能将与组件对象一起形成一个不可分割的有机整体，COM 组件只是 COM+组件的基本组成部分。COM+组件是以 COM DLL 服务程序的形式进行发布，其所有接口和方法通过一个类型库进行描述。尽管 COM+组件与 COM 组件有很多方面的不同，但无论在组件的开发过程中，还是使用过程中，COM+组件的企业特性并没有单独地表现出来，它们是以透明的方式在实际应用过程中起作用的。COM+组件是业务逻辑的软件实现形式，也是 COM+中软件程序功能的基本单元，COM+组件着重体现了组件应用于分布式环境的特点。

COM+应用通常由一个或多个 COM+组件组成，COM+应用中通常是针对一组协同工作的组件进行管理配置，使其能有效地利用 COM+基础设施。当一个组件要用于多个程序时，需要将该组件放入一个库的应用中。

COM+应用离不开 COM+环境，COM+环境指的是体现相同运行服务功能需求的策略对象的集合，其中每一个特定的策略对象称为环境对象。COM+系统在创建每一个 COM+组件对象时，都为对象建立一个 COM+对象环境，并为它分配环境对象。不同的组件可能使用不同的配置要求，从而有不同的对象环境，在一个进程中就包含了一个或多个环境。

在 COM+系统中采用 COM+目录存放应用中的 COM+组件对象及其环境配置数据集，这些数据是 COM+应用在运行时刻创建对象和环境的依据。COM+目录所起的作用类似于 COM 单机应用中系统注册表的作用。由于 COM+应用中所要存放的管理数据增加，需要采用新的存放机制，COM+目录就是为了这个目的而设置的。COM+目录通过系统提供的一个实用对象对目录的层次结构进行管理，组件服务管理工具提供对该层次结构的某些对象进行操作的界面。

COM+组件的编程方式与 COM 组件的编程方式基本类似。首先使用 IDL 描述语言来说明组件的功能和接口；其次开发人员实现组件的基本功能，一些细节留在 COM+应用中对组件进行配置时再确定。在 COM+系统中为 COM+应用提供了大量的用于编程的组件接口，这些接口包含了为 COM+组件设置各种企业服务功能的函数。其中 IObjectContextInfo 接口包含了对象环境的状态信息，IContextState 接口提供了用于参与事务和即时激活的方法，ISecurityCallContext 接口则包含了处理安全问题的方法。

总之，COM/DCOM/COM+技术作为 Microsoft 在分布式计算环境应用的基本规范，适合于在客户机和服务器端开发应用程序，提供了可靠、统一操作环境，使得应用开发更容易。

3.7　.NET 框架

微软的.NET 框架是 Microsoft XML Web services 平台。XML Web services 允许应用程序通过 Internet 进行通信和共享数据，不管所采用的是哪种操作系统、设备或编程语言。.NET 是 COM 技术的进一步发展，COM+也是其中的一部分。.NET 扩展了通过任何设备随时随地操作数据和进行通信的能力，它使用分布式计算模型，并基于开放标准(如 XML)将 PC 与其他智能设备连接在一起。

.NET 框架的结构如图 3-5 所示。

图 3-5　.NET 框架分层结构

.NET 框架是一个多语言组件开发和执行环境，它可以分为六个层次。

- Web Services：为用户提供的服务。
- 框架和库：第二层包含框架和库。ASP.NET 是使用.NET 框架提供的编程类库构建而成的，它提供了 Web 应用程序模型，该模型由一组控件和一个基本结构组成；ADO.NET 是基于 XML 的数据库访问对象；Windows Forms 提供 Windows 平台上的通用图形界面。

- 交互标准和开发工具：采用具有平台独立性的数据交互标准(如 SOAP 和 WSDL)作为对象交互的机制；采用 Visual Studio .NET 作为.NET 应用的开发工具，并允许第三方提供其他的开发工具。
- 组件模型：为集成其他组件开发应用(如 CORBA 和 J2EE)提供接口。
- 对象模型和公共语言规范：为框架提供概念性的基础，是.NET 面向对象的类型系统。.NET 框架为开发人员提供了一个统一、面向对象层次化、可扩展的类库集(API)。现今，C++开发人员使用的是 Microsoft 基类库，Java 开发人员使用的是 Windows 基类库，而 Visual Basic 用户使用的又是 Visual Basic API 集。.NET 框架则统一了微软当前的各种不同类框架。这样，开发人员无需学习多种框架就能顺利编程。远不止于此的是，通过创建跨编程语言的公共 API 集，.NET 框架可实现跨语言继承性、错误处理功能和调试功能。实际上，从 JScript 到 C++的所有编程语言，都是相互等同的，开发人员可以自由选择理想的编程语言。
- 公共语言运行时：它在组件的开发及运行过程中，都扮演着非常重要的角色。在组件运行过程中，运行时负责管理内存分配、启动或删除线程和进程、实施安全性策略、同时满足当前组件对其他组件的需求。在开发阶段，运行时的作用有些变化：与现今的 COM 相比，运行时的自动化程度大为提高(比如可自动执行内存管理)，因而开发人员的工作变得非常轻松。尤其是映射功能，它将锐减开发人员将业务逻辑程序转化成可复用组件的代码编写量。对编程语言而言，运行时这个概念并不新奇，实际上每种编程语言都有自己的运行时。Visual Basic 开发系统具有最为明显的运行时(名为 VBRUN)，Visual C++®和 Visual FoxPro®、Jscript®、SmallTalk、Perl、Python 以及 Java 一样有一个运行时，即 MSVCRT。.NET 框架的关键作用在于，它提供了一个跨编程语言的统一编程环境，这也是它能独树一帜的根本原因。

.NET 框架的一个主要目的是使 COM 开发变得更加容易。COM 开发过程中最难的一件事是处理 COM 基本结构。因此，为了简化 COM 开发，.NET 框架实际上已自动处理了所有在开发人员看来是与"COM"紧密相关的任务，包括引用计算、接口描述以及注册。

必须认识到，这并不意味着.NET 框架组件不是 COM 组件。事实上，使用 Visual Studio 6.0 的 COM 开发人员可以调用.NET 框架组件，并且在他们看来，后者更像是拥有 iUnknown 数据的 COM 组件。相反，使用 Visual Studio.NET 的.NET 框架开发人员则将 COM 组件看做.NET 框架组件。

为了避免引起误解，这里需对这种关系加以特别说明：COM 开发人员必须手动去做大多数.NET 框架开发人员可以在运行时自动执行的事情。例如，必须手写 COM 组件的安全性模块，且无法自动管理模块占用的内存，而在安装 COM 组件时，注册条目必须放进 Windows 注册表中。对.NET 框架而言，运行时实现了这些功能的自动化。例如，组件本身是自我描述型的，因而无需注册到 Windows 注册表中便能安装。

而 COM+服务主要面向中间层应用程序开发，并主要为大型分布式应用程序提供可靠性和可扩展性。这些服务是对.NET 框架所提供服务的补充；通过.NET 框架类，可以直接访问这些服务。

3.8　COM 技术中的企业功能服务

Microsoft 的 COM 技术通过不断的发展，在 Windows 2000 操作系统中包含的 COM+提供了更为面向企业的服务，它们对于大型的企业应用非常重要。这些服务通过大量的底层 COM 对象来提供，这些 COM 对象是被 COM+系统作为内置对象实现的。

使 COM 组件具有企业应用特性的方式有两种：一是使用系统提供的管理工具进行服务特性的配置，这是 COM+功能的主要应用方式，能满足大多数情况的需要；二是通过在 COM+组件中加入企业功能属性的代码，定制特定的企业服务功能，当存在特性的功能需求时，只有通过在程序中嵌入代码的方式才能满足要求。

这些企业功能服务的提供，是随 COM+技术一起集成在操作系统中，其服务包括如下内容。

- 事务处理：为 COM 对象提供创建、使用事务以及提交事务的方法。COM+使用了针对 Windows 2000 平台的 OLE 事务处理环境，同时使用了 TIP（Transaction Internet Protocol），使 COM 对象可以参与其他类型的事务处理。它通过 MTS（Microsoft Transaction Service）来实现。
- 安全服务：提供基于角色的安全检查或进程访问许可，并可以在方法调用级别上对 COM 对象应用基于角色的安全控制。
- 同步服务：为分布式系统中多线程并发访问提供协调和选择机制。
- 队列组件：它是一种异步通信机制，使客户对 COM 对象的调用即使是对象所在的服务器不能通过网络到达的时候仍然可以完成。它通过 MSMQ（Microsoft Service of Message Queue）来实现。
- 事件服务：用于“发行－订阅”调用关系的一种通信方式，发布者是企业应用中提供信息变化情况的程序，订阅者是接受变化中感兴趣信息的程序。
- IMDB（In-Memory Database）机制：为后台数据表提供内存缓存服务，提高对数据表进行的以读为主的访问操作速度。
- 动态负载平衡机制：在负载要求超过单个服务器的承受能力时，如果建立了多个功能和性能相似的服务器构成的服务器群集环境，动态负载平衡机制就可以自动而透明地实现负载在多个服务器之间的平均分配。
- 集成的管理工具：使用组件服务浏览器（Component Services Explorer）的工具，可以完成 COM+对象的管理，如组件的部署、管理和监测等。这些服务功能可以通过一个设置界面来完成。

3.9　小　　结

本章分析了微软平台下的组件技术 COM 及分布式 COM、COM+及目前较为流行的.NET 框架，重点讨论了 COM 接口及类工厂，最后分析了 COM 技术中的企业功能服务。值得注意的是，微软的组件平台一般只运行于 Windows 及相关环境，为了实现与其他系统的互通，往往需要借助于桥接技术。

3.10 习　　题

1．简述 COM 结构、接口及类工厂。
2．阐述 DCOM 及 COM+技术。
3．简述.NET 框架。
4．讨论一下 COM 及其相关的组件技术的优缺点。

第 4 章　J2EE 技术

知识点：

- ❖ J2EE 概述
- ❖ J2EE 核心 EJB
- ❖ 开发实例
- ❖ J2EE 技术中企业功能服务

本章概述：

Java 语言由于其优良特性，特别是跨平台特性，逐步得到大家的重视。J2EE 正是基于 Java 语言而建立的。J2EE 是一个标准的体系结构，它特别面向使用 Java 程序设计语言进行基于 Web 的企业应用的开发和部署。

4.1　J2EE 概述

Java 程序设计语言以及 Java 平台技术自 1995 年问世以来在信息技术发展中扮演着越来越重要的角色。在 1997 年后期，Sun、BEA、IBM、Oracle、Sybase 和一些 Java 程序设计语言的爱好者开始将 Java 技术应用于企业计算，其目标是创建一个 Java 平台的标准。在这个平台上，企业系统供应商可以实现产品的兼容，公司信息技术人员能够很容易地从可移植的组件技术中得益，将注意力集中到具体的业务过程处理中。这个业界合作产生了一组技术，这些技术构成了 J2EE(The Java 2 Platform，Enterprise Edition)。

在内部网应用中使用 J2EE 结构可以有效地替代二层和三层模型；对于 Internet 应用的开发，可以有效地替代基于 CGI 的方式。图 4-1 展示了基于 Web 应用的 J2EE 应用编程模型。

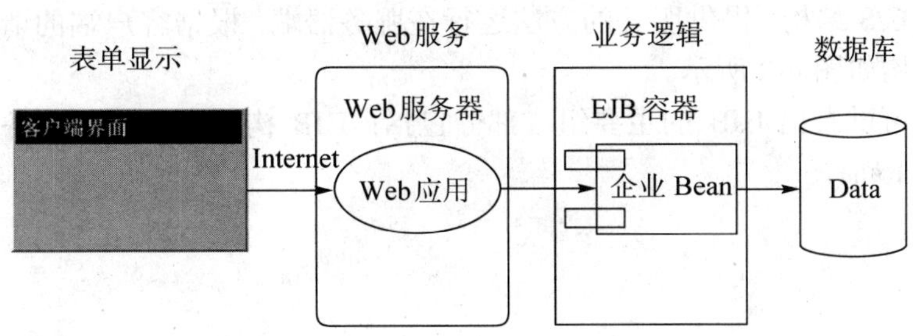

图 4-1　基于 Web 应用的 J2EE 应用编程模型

J2EE 平台包括一整套服务端应用开发所需的中间件服务。在 J2EE 中包含的技术如下：

◆ EJB (Enterprise JavaBean)

EJB 定义了服务端组件的编写规则、组件之间的交互规则和应用服务器对组件的管理规则。

◆ RMI (Java Remote Method Invocation，Java 远程方法调用) 和 RMI-IIOP

RMI 提供跨进程的组件通信和相关的通信服务；RMI-IIOP 扩展了 RMI，提供与 CORBA 的集成。

◆ JNDI (Java Naming and Directory Interface，Java 名称和目录接口)

JNDI 用于在网络中定位组件和其他资源。

◆ JDBC (Java Database Connectivity)

JDBC 提供关系数据库的连接和相应的数据库操作。

◆ JTA (Java Transaction API) 和 JTS (Java Transaction Services)

JTA 和 JTS 规范使得组件能支持事务处理。

◆ JMS (Java Messaging Service)

JMS 用于分布式对象的异步通信。

◆ Java Servlets 和 JSP (Java Server Page)

Java Servlets 和 JSP 是适用于请求/应答模式分布式计算的网络组件。

◆ Java IDL

Java IDL 用于基于 Java 的 CORBA 实现，通过 Java IDL 可以使 Java 与其他编程语言集成。

◆ Connectors

Connectors 使 J2EE 可以运行高端事务处理的主机系统集成。

J2EE 是建立在 J2SE (the Java 2 Platform，Standard Edition) 基础上的，J2SE 包括基本的 Java 支持、支持 Applets 和应用程序的库(如 awt、io 和 net 等)。J2EE 产品的实现中包含了 J2SE 的所有实现。

4.2 EJB 模型

EJB 是一种 C/S 结构，提供服务的方法运行在服务器端，根据客户端的请求调用相应的方法，其基本结构如图 4-2 所示。

从图 4-2 中可以看出 EJB 的主要组成部分包括：EJB 构件、容器、服务器、EJB 对象 (Object) 和 EJB Home。

4.2.1 客户

有两种类型的客户机可以使用 EJB。

- EJB 客户机：一个使用 EJB API 的 Java 客户机。客户机利用 JNDI 确定对象，利用 IIOP 或 JRMP 协议上的 Java RMI 来调用远程方法(RMI-JRMP 可以使得远端对象

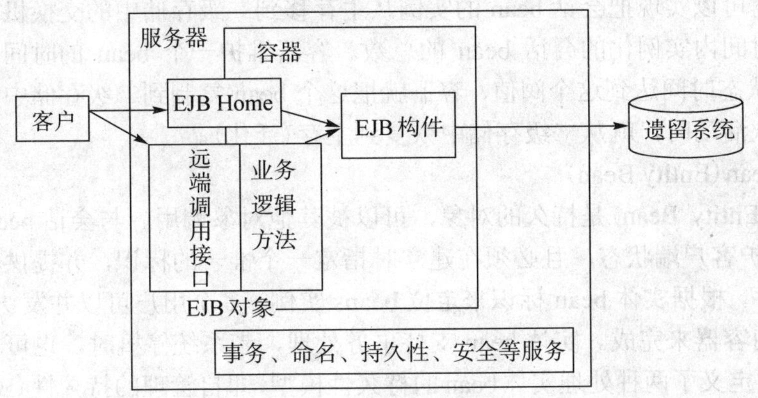

图 4-2 EJB 模型图

具有多态性，而 RMI-IIOP 对安全及事务服务支持得更好)。如果使用 RMI-IIOP，CORBA IDL 的使用是隐含的，也就是说，开发人员只使用 Java 代码，开发客户机程序时可以不用了解 CORBA 及其 IDL 知识。

- 纯 CORBA 客户机：用 CORBA IDL 支持的任何语言写的客户机。客户机用 COS 命名服务来确定对象，用 CORBA IDL 来调用远程方法，用对象事务服务 OTS(Object Transaction Service)来执行事务，其中程序设计人员要创建一个 IDL 文件，即 CORBA IDL 的使用是显式的。

当然，基于 DCOM 的客户端，只要和 EJB 建立有效的映射，也是可行的。目前的 J2EE Client Access Services(CAS) Table Bridge 可以让基于 DCOM 的程序访问 EJB 的实体 bean。

4.2.2 EJB 构件

EJB 中的 bean 可以分为会话 bean(维护会话)、实体 bean(处理事务)和消息 bean(提供异步消息机制)。

◆ 会话 bean(Session Bean)

会话 bean(Session Bean)是短暂的对象，运行在服务器端，并执行一些应用逻辑处理，它由客户端应用程序建立，其数据需要自己来管理。由于会话 bean 的粒度较大，可以包含很多业务逻辑，不需要反复从网络上装载，所以可以提高网络性能(此思想类似移动 agent 的思想)。

会话 bean 可进一步分为无状态(不维护客户端状态)和有状态(维护客户端状态)两种。会话 bean 的配置描述符(Deployment Descriptor)必须声明该 bean 是有状态或无状态的。一个无状态 bean 是在方法调用间不维护任何状态信息的 bean。通常，会话 bean 的优点是代替客户端维护状态。然而，让会话 bean 无状态也有一个好处。无状态 bean 不维护状态，所以没有需要保存的信息，容器可以删除 bean 的实例，节省了主存。有状态和无状态的会话 bean 都可以访问数据库，并且参与一个事务。为了让 bean 在事务中执行它的任务，bean 开发者可以在 bean 中实现 javax.ejb.SessionSynchronization 接口，容器能自动检测这个接口，容器会使用这个接口中的方法以使 bean 得到事务的状态信息。

容器开发商可以实现把会话 bean 的实例从主存移到二级存储中的交换机制(钝化)，还可以增加一段时间内实例化的会话 bean 的总数。容器维护一个 bean 的时间期限，当某个 bean 的不活动状态时间达到这个阀值，容器就把这个 bean 复制到二级存储中并从主存中删除；而当它再次活动时，就从二级存储中恢复到主存(活化)。

◆ 实体 bean(Entity Bean)

实体 bean(Entity Bean)是持久的对象，可以被其他对象调用。与会话 bean 不同的是，实体 bean 不维护客户端状态，且必须在建立时指定一个惟一的标识，并提供相应的机制允许客户应用程序，根据实体 bean 标识来定位 beans 实例。多个用户可以并发访问实体 bean，事务间的协调由容器来完成。实体 bean 支持事务处理，当系统停机时，也可恢复。

EJB 规范中定义了两种处理实体 bean 的持久性模型，即自管理的持久性(Beans Managed Persistence)及容器管理的持久性(Container Managed Persistence)。自管理持久性是由 EJB 自己来管理持久性，它需要 EJB 开发者来编写数据库或应用程序的处理逻辑，并加入到类的 ejbcreate()、ejbremove()、ejbfind()、ejbload()和 ejbstore()等方法中。容器管理的持久性是将 EJB 持久性管理交给容器来完成，开发者一般要在配置描述符中的 ContainerManaged-Fields 属性中指定 EJB 实例持久性域。使用容器管理持久性，用户无需知道实体存储的数据源，也无需参与复杂、繁琐的编码工作。与会话 bean 一样，实体 bean 也支持活化和钝化的过程。

通常会话 bean 和实体 bean 是一起使用的。会话 bean 允许保存客户端的状态信息，客户端和会话 bean 实例间是一一对应的。实体 bean 允许保存记录的信息，实体 bean 实例和记录间也是一一对应的。一个理想的情况是客户端通过会话 bean 连接服务器，然后会话 bean 通过实体 bean 访问数据库，这使得既可以保存客户端的信息又可以保存数据库记录的信息。

◆ 消息 bean(MessageDrivenBean)

消息 bean(MessageDrivenBean)是 EJB2.0 对 EJB1.1 规范的一个基础性更改，专门设计用来处理 JMS(Java Message System)消息。JMS 是一种与厂商无关的 API，用来访问消息收发系统，并提供了与厂商无关的访问方法，以访问消息收发服务。许多厂商目前都支持 JMS，包括 IBM 的 MQSeries、BEA 的 WebLogic JMS service 和 Progress 的 SonicMQ 等。JMS 中消息收发是异步的，也就是说，JMS 客户机可以发送消息而不必等待回应，这完全不同于基于 RPC 的系统，如 CORBA2.3 及以前版本和 JavaRMI。

通常 EJB 系统中有两种方式使用 JMS，EJB1.1 及其以前的版本把 JMS 作为一种 bean 可用的资源，使用 JMS API 的 bean 就是消息的产生者或发送者。在这种情况下，bean 将消息发送给称为队列的虚拟通道；而在 EJB2.0 中则存在消息 bean，它是消息的使用者或接收者，它监听特定的虚拟通道，并处理发送给该通道的消息。

和会话 bean、实体 bean 一样，消息 bean 也是一种完备的企业级 bean，但其间仍存在一些重要的区别。消息 bean 没有远程接口或本地接口，这是因为消息 bean 不是 RPC 构件，它没有供 EJB 客户机调用的业务方法。同时消息 bean 类似于无状态的会话 bean，即这两种 bean 在两次请求之间都不保持任何状态，因此消息 bean 是无状态的。

在表 4-1 中显示了有状态的 Session Beans 和 Entity Beans 在生命周期方面的差异。

表 4-1 会话 Bean 与实体 Bean 的区别

功能	Session Beans	Entity Beans
对象状态	由容器维持，可以跨事务处理	维持在数据库或其他资源管理器中。在一个事务处理过程中缓存在主存中
对象共享	一个 Session Beans 对象只能被一个客户使用	一个 Entity Beans 对象能被多个客户共享，其对象引用可被客户传递
对象外部化	对象状态只在容器内部，其他程序不可存取	Entity Beans 对象的状态通常存储在数据库中，其他程序可以存取在该数据库中的状态
事务处理	Session Beans 对象的状态可以与事务处理同步，但不可恢复	Entity Beans 对象的状态随事务处理而改变，并可恢复
失败恢复	容器失败或重启时，Session Beans 对象不能保证能够生存。客户所持有的对象引用在容器失败后就失效	容器失败或重启之后，Entity Beans 对象能够生存。客户所持有的对象引用在容器重启后仍可继续使用

一个组件是使用 Session Beans 还是使用 Entity Beans 没有明确的规则，不同的设计师将业务实体和过程映射到 EJB 时方式也许不同。

EJB 作为分布式、可部署的服务器端组件，并不是一个单一的文件或对象，它由下列部件构成：企业 Bean 客户－视图 API、企业 Bean 类和部署描述符。

企业 Bean 客户－视图 API 是由企业 Bean 的 Home 接口和 Remote 接口构成。其中 Home 接口扩展了 javax.ejb.EJBHome 接口，它定义了 create、remove 和 find 方法，这些方法控制着企业 Bean 对象的生命周期，其中 create 和 find 方法在企业 Bean 类中定义，而 remove 方法从 EJBHome 接口中继承；Remote 接口扩展了 javax.ejb.EJBObject 接口，它定义了客户在这个企业 Bean 对象上能够调用的业务方法，企业 Bean 开发者定义这些方法参数类型、返回值类型以及这些方法抛出的异常。

在 Home 接口中可以定义多个 create 和 find 方法。虽然所有的创建方法命名为 create，但是可以任意地定义 create 方法的参数类型和数目。所有 create 方法必须返回企业 Bean 的 Remote 接口。find 方法的名字总是以“find”开头，后跟描述性文字，其参数可以任意定义，返回企业 Bean 的 Remote 接口或一组这样的接口，并抛出 javax.ejb.FinderException 异常。

但是并非所有的企业 Bean 都定义了 create 和 find 方法，例如 Session Beans 没有 find 方法，某些 Entity Beans 可能选择不要 create 方法。

EJBHome 接口中定义了两个 remove 方法，它们是 remove（Handle handle）和 remove（Object primaryKey）。前者是去除一个由句柄标识的企业 Bean 对象，该句柄是一个企业 Bean 对象的引用，并能保存为持久存储；后者是针对 Entity Bean，去除由主键标识的企业 Bean 对象。

企业 Bean 类是一个 Java 类，它实现了在 Home 接口中定义的生命周期的方法，以及在 Remote 接口中定义的业务方法。企业 Bean 类可以使用其他的帮助类或类库来实现业务方法。此外它还实现了在 javax.ejb.SessionBean 或 javax.ejb.EntityBean 接口中定义的容器回调方法，这些方法是管理 Bean 的方法。

用户在企业 Bean 类中根据需要编写完成各种业务功能的实现代码，EJB 容器根据需要调用该类来对 Bean 进行实例化。

客户程序并不是直接调用企业 Bean 类的实例的方法，客户调用 Home 接口和 Remote 接口中的方法，这些接口的实现类委托给这个企业 Bean 类的实例。

部署描述符是一个 XML(eXtensible Markup Language)文档，它包含有关该企业 Bean 的声明信息，用于应用组装者和部署者。在部署描述符中也包含了该企业 Bean 的环境项声明，这些声明用来将企业 Bean 定制到作业环境中。

部署描述符说明性地定义 Bean 的某些行为，它允许组装者和部署者改变企业 Bean 工作的方式，如它的事务处理分工行为或数据库模式，而无须修改这个 Bean 的代码。部署描述符描述了下列信息。

- 企业 Bean 部件：给出 Home 和 Remote 接口以及企业 Bean 类的名称。
- 期望容器提供的服务：如描述企业 Bean 事务处理分工的指令。
- 该企业 Bean 对其他企业：Bean 的依赖性。

通常部署描述符是通过应用部署工具生产出来的，不是由人来直接处理。

在 EJB 2.0 中还增加了 Local 接口，其目的是为了弥补 Remote 接口在某些情况下性能不佳的缺点。在 Local 接口中包含了与 Remote 接口相似的方法，当 Bean 与其客户端在同一个虚拟机上时，不必通过 RMI 完成调用，从而提高性能。此外 Local 接口的另一个好处是在同一地址空间中，参数可以采用“传引用”的方式，从而避免了“传值”所带来的大量数据流动、传递数据量受限制的缺点。

4.2.3 EJB 容器

EJB 容器是 EJB 构件运行的环境，是一层代替 bean 执行相应服务的接口。EJB 容器负责提供协调管理、资源管理、版本控制、动态性、一致性、安全、事务处理和 RMI 等功能。另外容器建立上下文环境，负责切换、协调不同 EJB 对象。会话 bean 中的与二级存储中交换以及实体 bean 中的持久性管理都是由容器完成的。

客户应用程序通常不和 EJB 直接打交道，而是要通过容器提供的接口，该接口提供了 EJB 的客户视角。

- 一类接口称为 Home 接口，由 EJB Home 提供。Home 接口不是由 bean 来实现，而是通过称为 Home 对象的类来实现。一个 Home 对象的实例在服务器中实例化，使得客户端可以访问它们。Home 接口允许客户建立或删除 EJB，对实体 EJB 来说，Home 接口还提供定位特定 EJB 实例的功能。当用户请求 EJB 服务时，它首先要通过 JNDI 来定位对象的 Home 接口，EJB 类及其容器对用户来说是透明的。Home 接口必须提供建立 EJB 对象的方法，一旦用户找到所需的 EJB 类后，它就可以通过调用 Home 接口中的生成方法建立 EJB 对象。
- 另一类接口称为远端调用接口(remote interface)。EJB 对象是容器提供的 EJB 类的一个实例，它用来实现 EJB 的远端调用接口。客户总是通过调用 EJB 远调用方法来执行 EJB 服务。用户调用 EJB 对象时，由 EJB 容器接受请求，并将任务交给 EJB 对象。这种机制保证为用户及 EJB 提供透明的状态管理、事务控制及安全性服务。

企业 Bean 实现的是应用的业务逻辑，但它本身不是一个完整的可操作的应用。企业

Bean 需要被部署到 EJB 容器中，该 EJB 容器负责管理运行时企业 Bean 的事务处理、安全、并发控制、持久性和资源分配等。

在 EJB 部署时，容器提供商提供的部署工具根据企业 Bean 的部署描述符生成，称之为容器元素(container artifacts)的额外类。这些类是实现企业 Bean 的 Home 和 Remote 接口的分布式组件代理，容器使用这些元素干预客户对企业 Bean 的调用，从而将容器的服务插入到应用中。

客户与 EJB 容器中的企业 Bean 的交互过程如图 4-3 所示。

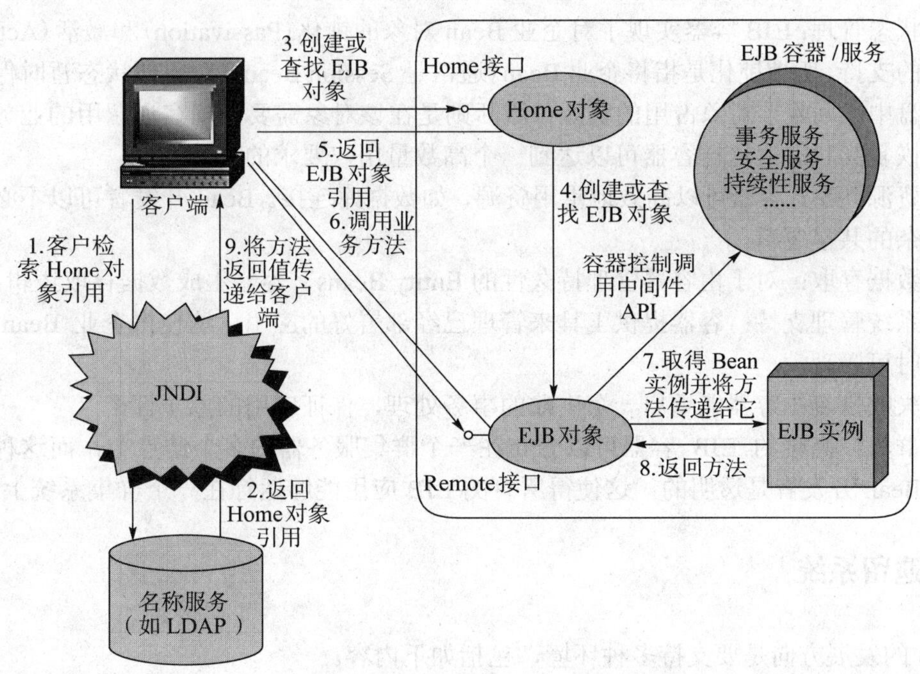

图 4-3　客户与企业 Bean 的交互

客户端通过 JNDI 服务检索到 Home 对象。在企业 Bean 部署到容器中后，容器自动获得 Home 对象的信息并将其加入到 JNDI 中。

JNDI 服务返回所查找的 Home 对象的引用。

客户端利用获得的 Home 对象引用，调用 Home 对象的方法请求创建一个新的 EJB 对象，或对于 Entity Beans 查找已存在的某个 EJB 对象。

Home 对象创建或者查找 EJB 对象。

Home 对象将获得的 EJB 对象的引用返回给客户端。

客户端利用获得的 EJB 对象引用，调用 EJB 对象中的业务方法。

EJB 对象获得对应 Bean 的一个实例并将相应的业务方法调用传递给该实例。

Bean 实例根据其实现代码，完成相应的业务逻辑并将结果返回给 EJB 对象。

EJB 对象将结果返回给客户端。

EJB 容器为部署在其中的企业 Bean 提供下列服务。

- 分布式对象协议：容器实现企业 Bean 与其客户之间通信的分布式对象协议。

- 线程管理与同步：当需要服务于多个客户请求时，容器启动和停止线程，避免将一个企业 Bean 实例的并发方法激活。将 Bean 开发者从复杂的多线程中解脱出来。
- 进程管理：容器处理系统进程的使用，使得 Bean 开发者不必关心如何管理操作系统进程。
- 事务处理：容器按部署描述符中的信息管理事务处理，并执行事务处理提交协议。Bean 开发者可以不必实现事务处理在一个分布式系统中的复杂管理。
- 安全：容器在客户访问企业 Bean 的业务方法时执行安全检查。部署者和系统管理员可以通过工具设置安全策略来满足企业的需要。
- 状态管理：EJB 容器实现了对企业 Bean 对象的钝化（Passivation）和激活（Activation）的支持。所谓钝化是指将企业 Bean（通常是 Session Beans）对象的状态暂时保存到磁盘中，回收该对象占用的资源；激活则是在该对象需要处理客户调用的业务方法时恢复其状态。这样容器可以达到一个高数量用户要求的可伸缩性。
- 资源共享：容器可以高效地重用资源，如数据库连接。Bean 开发者可以不必编写复杂的共享逻辑。
- 数据存取：对于由容器管理持久性的 Entity Beans，容器生成数据存取逻辑。
- 系统管理支持：容器提供工具来管理已经部署好的应用。这使得企业 Bean 在运行时可管理。
- 失败恢复：容器能重启一个失败的事务处理，保证应用的原子性。
- 群集：高端的 EJB 容器可以分布在一个群集服务器的多个结点上，而这种群集对 Bean 开发者是透明的，这使得所有的 EJB 应用能够运行在一个群集系统上。

4.2.4 遗留系统

EJB 的发展方向是要支持多种环境，包括如下内容。

- TP Monitor：如 IBM TXSeries（CICS&Encina）、BEA Tuxedo（通过 jolt 连接）。
- Componet Transaction Server：如 Sybase Jaguar CTS、Microsoft Transaction Server。
- CORBA 平台：如 Inprise VisiBroker、Iona Orbix。
- 数据库管理系统（通过 jdbc）：如 Informix、Oracle、Sybase、CloudScape。
- Web 服务器：如 Java Web Server、Apache、Oracle Application Server。

4.3 EJB 角色

EJB 体系结构通过把编程的过程分为七个不同的角色，如图 4-4 所示，而使开发复杂的应用系统变得简单。七个不同的角色，每个都有特定的任务。

- EJB 服务提供者（EJB Server Providor）：是典型的提供分布式底层服务的代理。它提供了一个分布式应用程序开发者需要的平台和设施，也提供了分布式程序的运行环境。
- EJB 容器提供者（EJB Container Providor）：是分布式系统、事务处理和安全方面的专家容器提供者，提供了一个 EJB 的配置工具（如 GenIC）和这些配置实例的运行时支持。

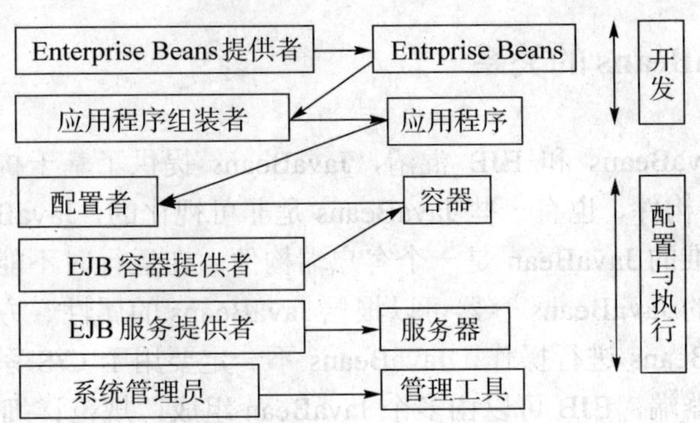

图 4-4 角色及生命周期图

- 企业 beans 提供者(Enterprise beans Provider)：是金融或电信等应用领域的专家。它提供了业务方法，定义了 beans 的远端调用接口和 Home 接口，还定义了 beans 的配置描述符。因为容器管理着系统级的任务，所以它便不需要关心分布处理、事务处理、安全性能等方面。
- 应用程序组装者(Application Assembler)：是一个将定制的企业 beans 和其他的构件(如 GUI 客户、Applet、Servlet 等)组装成一个完整的应用程序的行家。它接受上述企业 Beans 提供者输出的 EJB-jar 文件作为自己的输入，在配置描述符中插入应用程序组装指令。组装器只关心 beans 的接口，包括远端调用接口和 Home 接口，而不关心这些接口是怎么实现的。
- 配置者(Deployer)：为特定的企业 beans 配置特殊的操作环境。配置者为了适应应用程序，将多个企业 beans 组合起来，通过修改企业 beans 的属性来达到配置相应的操作环境。例如，配置者通过设置配置描述符的相应属性来设置事务和安全。配置者的另一个任务是将应用程序与现有的企业管理软件结合起来。常见的配置工具有 GenDD 和 DumpDD 等。
- 系统管理员(System Administrator)：是与配置应用有关的。管理员配置、管理企业计算和网络服务的底层，包括 EJB 服务和容器。管理员监视着应用服务器的运行状况，当应用服务器不正常运行时就采取相应的措施。
- 持久性管理器提供者(Persistence Manager Provider)：是 EJB2.0 版本中才出现的角色，他负责容器管理的持久性模型中，实体 beans 持久性在容器中的安装。

传统的应用程序开发者现在是企业 beans 的提供者，也可能是应用程序的装配者。这样能使他们将主要精力放在业务逻辑上面。虽然分布式的应用程序还是比较复杂，可是应用程序设计者的工作却变得简单了，因为所有复杂的工作都交给了 EJB 服务器和容器提供者了。

4.4 EJB 和其他技术的关系

EJB 技术不是凭空产生的，它是在 Sun JavaBeans 技术的基础上，汲取 CORBA 的精华，逐渐得到发展的，但是它们也有着一定的区别。

4.4.1 EJB 和 JavaBeans 的关系

很多人往往把 JavaBeans 和 EJB 混淆，JavaBeans 提供了基于构件的开发机制，一般 JavaBeans 是可视化的构件，也有一些 JavaBeans 是非可视化的，JavaBeans 可以在多个应用系统中重用。一个标准的 JavaBean 是一个客户端构件，在运行时不能被其他客户机程序存取或操作。但客户端的 JavaBeans 容器可以根据 JavaBeans 的属性、方法、事件的定义在设计时或运行时对 JavaBeans 进行操作，JavaBeans 不一定要用于 C/S 系统。EJB 没有用户界面，并完全位于服务器端，EJB 可以由多个 JavaBean 组成，规范详细说明了 EJB 容器需要满足的需求以及如何与 EJB 构件相互协作。EJB 可以和远程的客户端程序通信，并提供一定的功能。根据规范说明，EJB 是 C/S 系统的一部分，如果不和客户端程序交互，EJB 一般不执行具体的功能，EJB 和 JavaBeans 的一个重要区别是 EJB 提供了网络功能。

4.4.2 EJB 和 CORBA 的关系

由于 CORBA 规范地广泛流行，以后将会有很多基于 CORBA/IIOP 的 EJB 产品出现，为了保证多个开发商之间的基于 CORBA 的 EJB 产品之间的互操作性，规范定义了 EJB 到 CORBA 的映射，分为四个部分。

- 分布映射：定义了 EJB 和 CORBA 对象之间的关系，以及 EJB 规范中定义的 Java RMI 远程接口到 OMG IDL 的映射。
- 命名映射：说明了如何利用 COS 命名服务来确定 EJB Home 对象。
- 事务映射：定义了 EJB 的事务支持（TX-NOT-SUPPORTED、TX-REQUIRES、TX-SUPPORT、TX-REQUIRES-NEW、TX-MANDATORY、TX-BEAN-MANAGED）到 OMG OTS 的映射。
- 安全性映射：定义了 EJB 中的安全性特征到 CORBA 安全性的映射。

4.5 常见 EJB 系统

EJB 规范是 Sun 公司制定的，1.1 推出后立即引起了计算机界的广泛关注和产业界的支持，并推出成熟的产品，如 IBM 的 WebSphere、BEA 公司的 WebLogic、Inprise 公司的 IAS（Inprise Applicaiton Server）。在国内，东方通科技公司推出了 TongWeb，金蝶软件公司旗下的 APUSIC 软件公司推出了 Apusic Application Server1.0；另外，还有一些比较小的、可以用来做学习和研究的、提供源代码的产品，如 OpenEjb、EJBoss、JonAS、Enhydra。

4.5.1 WebSphere

IBM WbSphere 是一个完善的、开放的 Web 应用服务器，它是 IBM 电子商务应用架构的核心，在高级版中开始支持 EJB 的编程模型。EJB 是 WebSphere 最核心的对象技术之一，它提供了具有交易功能的服务器端的 Java 构件，同时又是一种新型的对象分布技术编程模型，使用 EJB 构件完成的应用，会支持更高级的基于数据库的交易处理功能，如多个数据库之间的更新、两阶段提交等。最关键的是，WebSphere 把 EJB 和 IBM 其他的优秀产品(如 TXSerise)结合在一起了。在具体的应用中，基于安全考虑、性能考虑和系统管理考虑，还可以增加 Firewall、WebShpere Performance Pack 和 Tivoli。所以，IBM 的 EJB 容器可能不一定是最好的，但是 WebSphere 中的 EJB 和 IBM 其他产品的结合却是做得最好的。通过 Visual Age，可以很快地开发出 EJB 构件，然后部署在 WebSphere 应用服务器中，快速地开发一个电子商务应用。

4.5.2 WebLogic

作为服务器端商务逻辑的行业标准和 Java2 平台的基石，EJB 是 BEA WebLogic 应用服务器的主要技术。早在去年 7 月份，BEA 公司就宣布该公司率先实现了对 EJB 2.0 标准的支持。而 EJB 2.0 规范是目前最高的 Java 企业级开发工业标准，BEA 对 EJB 2.0 的率先支持再次巩固了该公司在 Java 应用领域无可争议的领先地位，并加强了 BEA WebLogic 作为 J2EE 技术主要平台的市场地位。BEA 是通过为 BEA WebLogic Server 5.1 提供一个附加的软件包，实现了对 EJB2.0 的支持。凭借 BEA WebLogic Server 对 EJB2.0 的支持，BEA 可帮助开发人员更快地推出电子商务应用系统，从而让开发人员极大地受益于这一业内最新标准。

4.5.3 IAS

Inprise 的 IAS 也提供了 EJB 的运行环境，不过没有和别的产品结合在一起，技术性比较强一些。VisiBroker 是 IAS 的基础，所以在启动 IAS 之前，网络中至少要有一台机器运行了 Smart Agent，默认的端口号是：14 000。IAS 是系列服务和工具的集合，通过这些服务和工具，可以编译、配置和管理基于 Web 的多层体系结构的应用程序。IAS 中的 Visibroker 有效地实现了连接和线程的管理，如果有多个客户同时请求同一个服务器。IAS 通过连接池和线程池来有效地管理这些请求。在底层，IAS 是通过 RMI/IIOP 来处理多台机器之间的通信。IAS 提供了一个完整的 EJB 容器服务，提供了一个标准的 EJB 容器工具包，这个工具包可以独立运行，也可以结合到自己的应用中去。IAS 的 EJB 容器服务可以自己创建和管理一个 EJB 容器，可以用来配置及运行 EJB，还可以监视 EJB 的运行状态。另外，IAS 也提供了自己的 JNDI 名字空间，通过 JNDI 管理 bean 的注册，资源的获取。可以说 IAS 是一个纯粹的 EJB 运行环境。

值得一提的是在现有的 EJB 开发工具中，Jbuider4 把 WebLogic 和 IAS 集成它的 IDE 中，当然需要另外安装 WebLogic 或者 IAS，而 IBM 的 Visual Age 当然就把自己的 WebSphere 优先考虑了。

4.6 开发实例

实体 bean 在 1.0 规范中是可选的，而会话 bean 则是必须包含的，本例已有状态的会话

bean 来开发简单的网上购物车 cart(会话 bean 实例一般不与其他客户端共享，这允许会话 bean 维护客户端的状态，正好满足购货车的要求。因为众多顾客可以同时购货，向他们自己的购货车中加东西，而不是向一个公共的购货车中加私人的货物)。开发工具涉及到 Jbuilder4.0 和 IAS。

4.6.1 创建 Remote Interface

```
Cart.java
public interface Cart extends javax.ejb.EJBObject {
 void addItem(Item item)throws java.rmi.RemoteException;
                                                  //以下为业务逻辑方法的定义
 void removeItem(Item item) throws ItemNotFoundException,java.rmi. RemoteException;
 float getTotalPrice() throws java.rmi.RemoteException;
 java.util.Enumeration getContents() throws java.rmi.RemoteException;
 void purchase() throws PurchaseProblemException,java.rmi.RemoteException;
}
```

4.6.2 实现 Bean 类

```
CartBean.java
public class CartBean implements javax.ejb.SessionBean {//会话 bean 是 javax.ejb.SessionBean 接口
public void setSessionContext(javax.ejb.SessionContext sessionContext) {...}
public void ejbCreate(String cardHolderName, String creditCardNumber, Date expirationDate) {...}
public void ejbRemove(){...}            //以下为业务逻辑的具体实现
public void addItem(Item item) {...}
public void removeItem(Item item) throws ItemNotFoundException {...}
public float getTotalPrice() {...}
public java.util.Enumeration getContents() {...}
public void purchase(){...}
public void ejbActivate() {...}         //把 bean 恢复到主存中去
public void ejbPassivate() {...}        //把 bean 从主存转移到二级存储，这种交换机制
                                          可以增加一段时间内实例化的会话 bean 的总数。
}
```

4.6.3 Home Interface

```
CartHome.java
public interface CartHome extends javax.ejb.EJBHome {Cart create(String cardHolderName,String creditCardNumber,java.util.Date expirationDate) //生成一个新的 bean 对象，此方法实际由 EJBObject 实现，调用 bean 类的 ejbCreate 方法。
throws java.rmi.RemoteException,javax.ejb.CreateException; }
```

4.6.4 Client 的实现

```
CartClient.java
public class CartClient {...}
public static void main(String[] args) throws Exception {
javax.naming.Context context = new javax.naming.InitialContext();
                                              //得到 JNDI 结构的根目录
Object ref = context.lookup("cart");
                                              //在目录树中查找 cart
CartHome    Home    =(CartHome)javax.rmi.PortableRemoteObject.narrow(ref,
 CartHome.class);
  Cart cart;
  { String cardHolderName = "Jack B. Quick";
    String creditCardNumber = "1234-5678-9012-3456";
    Date expirationDate = new GregorianCalendar(2001,Calendar.JULY,1)
    .getTime();                        //具体的信息
cart = Home.create(cardHolderName,creditCardNumber,expirationDate); }
//创建一个新的 bean 即 cart，此变量是远端调用接口的引用，通过 cart 可调用 EJB bean 的
  方法,执行购买等操作。
}
```

经过编译，将所有的 bean 打包放在一个 jar 文件中，与普通的 jar 文件相比，此文件中有一个 manifest 文件的入口以声明一个配置描述符类的实例(EJB1.1 以后用 XML 描述)，用于配置所需的分布式特性，如安全和事务等，然后根据服务器端提供的工具来配置 bean 到服务器端，此时将使用配置描述符实例中的属性，一旦配置完毕，用户就可调用 bean 中的方法，以完成所需的服务。

4.7　J2EE 技术中企业功能服务

J2EE 是一个基于组件-容器模型的系统平台，其核心概念是容器。容器是指为特定组件提供服务的一个标准化的运行时环境，Java 虚拟机就是一个典型的容器。组件是一个可以部署的程序单元，它以某种方式运行在容器中，容器封装了 J2EE 底层的 API，为组件提供事务处理、数据访问、安全性、持久性等服务。在 J2EE 中组件和组件之间并不直接访问，而是通过容器提供的协议和方法来相互调用。组件和容器间的关系通过“协议”来定义。容器的底层是 J2EE 服务器，它为容器提供 J2EE 中定义的各种服务和 API。一个 J2EE 服务器(也叫 J2EE 应用服务器)可以支持一种或多种容器。每个容器的服务包括两部分：J2SE(Java 2 Platform Standard Edition)和一组扩展的服务。这是因为 J2EE 是以 Java 标准版为基础的，而各容器在 J2SE 之上再根据需要提供一些扩展的服务，如目录服务、事务管理、数据访问、消息机制、安全性等。

服务是组件和容器之间，以及容器和 J2EE 服务器之间的接口，在实现层面上它就是一系列 API 和协议。J2EE 平台定义了一组标准的服务，其中有些服务是由 J2SE 提供的，有

些则是 J2EE 对 Java 的扩展。

- 目录服务 JNDI(Java Name and Directory) API 为应用程序提供了一个统一的接口来完成标准的目录操作，由于 JNDI 是独立于目录协议的，应用程序可以用它访问各种目录服务，如 LDAP、NDS、DNS 等。
- 数据访问 JDBC(Java Database Connectivity) API 为访问不同类型的数据库提供了统一的途径，屏蔽了不同数据库的细节，具有平台无关性。J2EE 平台除了要求核心的 JDBC API(包含在 J2SE 中)外，还要求扩展的 JDBC API 2.0，它支持行集、连接池和分布式的事务处理。
- 事务处理 JTA(Java Transaction Architecture)定义了一组标准的接口，为应用系统提供可靠的事务处理支持。JTS(Java Transaction Service)是 CORBA OTS 事务监控的 Java 实现。JTS 规定了事务管理器的实现方式，该事务管理器在高层支持 JTA 标准，在底层实现了 OMG OTS 规范的 Java 映射。
- 消息服务 JMS(Java Message Service)是一组用于和面向消息的中间件相互通信的 API。它既支持点对点的消息通信，也支持发布/订阅式的消息通信。
- 电子邮件 JavaMail API 允许在应用程序中以独立于平台、独立于协议的方式收发电子邮件。JAF(JavaBeans Activation Framework)负责处理 MIME 编码，JavaMail 利用 JAF 来处理 MIME 编码的邮件附件。
- CORBA 兼容接口 RMI(远程方法调用)是在分布式对象间通信的 Java 本地方法，它使应用程序调用远程方法像调用本地方法一样，不需要考虑所调用对象的位置。RMI-IIOP 是 RMI 的扩展，是符合 CORBA 标准的对象通信协议，也是 J2EE 默认的组件通信协议。Java IDL 允许 J2EE 应用组件通过 IIOP 协议访问外部的 CORBA 对象。
- 安全服务 JAAS(Java Authentication and Authorization Service)用两个步骤实现安全性：认证，即由用户提供认证信息(如用户名和密码)来获得系统认证，这一过程又称之为登录；授权，在被确认为合法用户后，系统根据用户的角色授予其相应的权限。J2EE 的授权是基于安全角色的概念，一个安全角色是一个拥有相同权限的逻辑组。J2EE 的安全角色由应用组件提供商来定义。
- Web 服务支持目前 J2EE 还不提供对 Web 服务的支持。Sun 提供了一套 API 及其实现 WSDP 作为对 J2EE 的扩展，但目前还不是 J2EE 规范的内容。在 WSDP 中，JAXP 用来解析 XML 文档；JAXR 向 UDDI 服务器注册 Web Services；JTX/RPC 用基于 XML 的协议(如 SOAP)来发送和接收 XML 文档；JWSDL 处理 WSDL 文档。虽然 J2EE 不是为 Web 服务而生，但它现在正在努力追赶 Web 服务的脚步。

4.8 小 结

概述了 J2EE 技术，分析了 J2EE 核心技术——EJB 的模型、角色及与其他技术的关系。介绍了常见 EJB 系统，并给出一开发实例，最后叙述了 J2EE 技术中企业功能服务。

4.9 习　题

1．简述 J2EE 体系结构。

2．比较 J2EE 与 COM 体系结构。

3．简述 J2EE 技术中的企业功能服务。

4．讨论要将 J2EE 与 COM 体系结构进行桥接，需要解决哪些问题。

第 5 章　CORBA 初步

知识点：

- ❖ OMA
- ❖ CORBA
- ❖ IDL 语言
- ❖ CORBA 进展
- ❖ CORBA 应用实例

本章概述：

CORBA 是 OMG 推出的一个重要的工业规范，它是 OMA(Object Model Architecture)的核心部分。如上所述，CORBA 也是 OMA 的一个重要组成部分，所以在对 CORBA 进行详细地讨论之前，本章首先介绍 OMA，重点说明与 CORBA 密切相关的对象服务。

5.1　OMA

OMG 是一个非赢利性的协会组织，组建于 1989 年，由八个著名的计算机公司发起。现在它的成员已经超过 800 个，并且分布很广泛，遍及计算机制造商、软件公司、通信公司和最终用户。OMG 的目标是，推动用于开发分布式计算机系统的对象技术(OT)的理论和应用。为达到这一目标，OMG 所采用的方法是，为面向对象的应用提供一个公共框架，如果符合这一框架，就可以在主要的硬件平台和操作系统上建立一个异质的分布式应用环境。

该组织所采纳的技术具有开放性，OMG 所采用的方法是：针对某一领域发出 RFP(Request For Proposal)，然后以各方提交的建议为基础，经过一系列的讨论和协商，产生最终的标准。CORBA 就是这样诞生的。CORBA 的最初版本主要基于以下几个公司所提交的建议：DEC、HyperDesk、HP、SunSoft、NCR 和 Object Design。CORBA 的主要目标是提供一种机制，在此基础上，对象可以透明地发出请求和获得应答。

OMA 包括两部分：对象模型和参考模型。对象模型定义如何描述分布式异质环境中的对象；参考模型描述对象之间的交互。对 OMG RFP 提交的建议必须符合这两个标准，否则将不予采用。

在 OMA 对象模型中，对象是一个被封装的实体，它具有一个不可更改的标识，并给客户、用户提供一个或多个服务。客户、用户只能通过已经定义好的界面才能访问对象。客户、用户向对象发出请求以获得某些服务。请求信息包括目标对象、所请求的操作、零个或多个实际参数和可选的请求上下文。请求上下文定义有关交互的额外信息，它以(Name,

Value)对的方式描述有关客户和环境的信息。每个对象的实现和位置，对客户都是透明的。

如图 5-1 所示，它描述了 OMA 参考模型的各个组成部分，ORB 的主要任务是负责客户和服务器之间的交互。可以通过四种类型的界面使用 ORB 部分，它们分别是：对象服务（Object Service）、公共设施（Common Facility）、域界面(Domain Interface)和应用界面(Application Interface)。

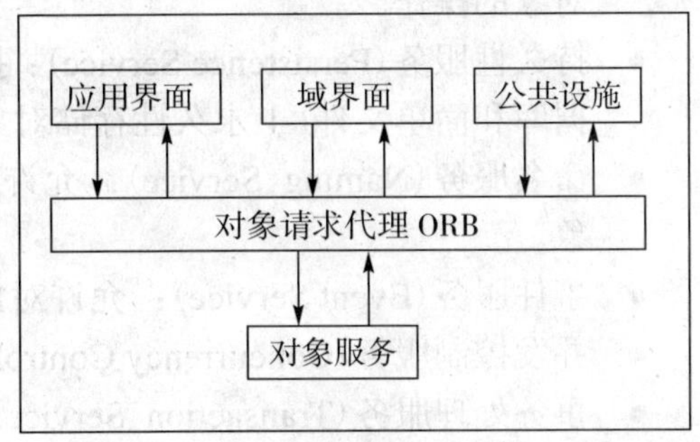

图 5-1 OMA 的参考模型

ORB(Object Request Broker) 是对象总线，它能使对象透明地向其他本地或远程对象发出请求或获得应答。而客户方并不需要了解服务对象的通信、激活或存储机制。CORBA 2.0 给出了跨平台 ORB 的互操作规范。

CORBA ORB 提供了广泛的分布式中间件服务。ORB 可以使对象在运行时刻互相查找并互相调用服务。CORBA 远比其他形式的客户/服务器中间件成熟，例如传统的 RPC、面向消息的中间件等。

CORBA ORB 有如下一些优点：

- 静态和动态方法调用——CORBA ORB 既可以在编译时刻静态地定义方法调用，也可以在运行时刻动态地查找它们。因此可以在编译时刻获得强大的类型检查，也可在运行时刻获得最大的弹性。
- 高级语言绑定——CORBA ORB 并不介意服务对象是用何种语言编写。CORBA 将界面与实现分离且提供中性语言数据类型，这使得对象调用可以跨语言和操作系统平台。相比而言，其他中间件与语言、API 库紧密相关，对语言和 API 库的变化非常敏感。
- 位置透明——ORB 能够以单机模式运行，也能够通过 CORBA 2.0 的 Internet Inter-ORB Protocol(IIOP)服务与其他 ORB 互连。ORB 能够在同一机器上代理对象间调用，也可以跨网络或操作系统进行对象调用。总之，CORBA C/S 编程人员不必关心跨不同平台的传输、服务器位置、对象激活、字节顺序或目标操作系统，CORBA 使它们变得透明。
- 内置安全和事务处理——ORB 在它的消息中包含有上下文信息来处理跨机器和 ORB 的安全及事务。
- 与遗留系统(legacy system)共存——CORBA 能够让对象的定义与实现分离。使用 CORBA IDL 能够使遗留的代码看起来像 ORB 上的对象，即使它是用遗留已有的过程来实现的。一个新的应用程序可以用纯对象的方式来书写，再用 IDL 将原有的过程或函数封装进去。

5.1.1 对象服务

对象服务是与具体的应用领域无关的界面，所有分布式对象程序都可以使用它们。目前，CORBA 支持的服务界面包括如下内容。

- 生命周期服务(Life Cycle Service)：定义了在对象总线上创建、复制、移动和删除对象的操作。
- 持久性服务(Persistence Service)：提供在各种存储服务器(包括对象数据库、关系数据库和简单文件)上永久性存储对象的统一界面。
- 命名服务(Naming Service)：允许对象总线上的对象通过名字找到与其相对应的对象。
- 事件服务(Event Service)：允许对象动态注册或撤消指定的事件。
- 并发控制服务(Concurrency Control Service)：提供事务处理和线程所需的锁管理。
- 事务处理服务(Transaction Service)：提供两阶段提交协议，用于确保 ORB 上的一些分布式对象协同地完成事务处理。
- 关系服务(Relationship Service)：提供在互不相识的对象间动态创建关系的方法，并能不断地跟踪这种关系。
- 外部化服务(Externalization Service)：提供一个类似流的形式的输入/输出界面。
- 查询服务(Query Service)：提供对象的查询操作。
- 许可证服务(Licensing Service)：提供用于保证合法使用对象的方法。它支持对象生命周期中任何时刻的各种控制模式。
- 属性服务(Properties Service)：提供属性与对象相关联的方法。它允许在运行过程中动态地定义对象的属性。
- 时间服务(Time Service)：提供的界面使分布式对象环境中分布着的时间得到同步，还提供用于定义和管理时间触发事件的操作。
- 安全服务(Security Service)：提供一个分布式对象安全的完整框架。
- 交易器服务(Trader Service)：提供对象的“黄页”服务，允许服务对象对外公布它所能提供的服务，并让客户对象能够动态地查找到它。
- 群体服务(Collection Service)：提供用于创建和处理最常见的群体的一致性方法。

这些服务丰富了分布式对象的特性，并提供了更为坚实的环境。

5.1.2 公共设施

与对象服务不同的是，公共设施面向最终用户的应用。例如，DDCF(Distributed Document Component Facility)是 OMG 所采用的一个的公共设施，它是一个基于 OpenDoc 的复合文档公共设施。DDCF 允许基于文档模型的对象的表示和交换。

5.1.3 域界面

域界面所完成的任务与对象服务和公共设施类似，但针对某一特殊的应用领域。例如，PDME 是 OMG 发出的最早的 RFP 之一，它是为解决制造领域中的问题而发出的。另外，OMG 也已经发出了通信、医药和财务等领域中的 RFP。

5.1.4　应用界面

应用界面针对某一具体应用而产生，它是厂商针对自己推出的产品所建立的说明。由于 OMG 只给出界面说明，而不开发任何具体的应用，所以对应用界面不进行标准化。

5.2　公共对象请求代理体系结构(CORBA)

CORBA 是 OMG 制定的首批重要规范之一，它详细说明了 OMA 中 ORB 组件的特性和界面。最新的 CORBA 规范主要包含以下内容：

- ORB 核心(ORB CORE)
- OMG 界面定义语言(OMG Interface Definition Language)
- 界面仓库和实现仓库(Interface Repository and Implementation Repository)
- 语言映射(Language Mapping)
- 存根和框架(Stub and Skeleton)
- 动态调用和调度(Dynamic Invocation and Dispatch)
- 对象适配器(Object Adapter)
- ORB 之间的互操作(Interoperability Between ORB)

如图 5-2 所示，它描述了 CORBA 的主要组成部分和它们之间的关系。下面对每个组件进行详细的论述。

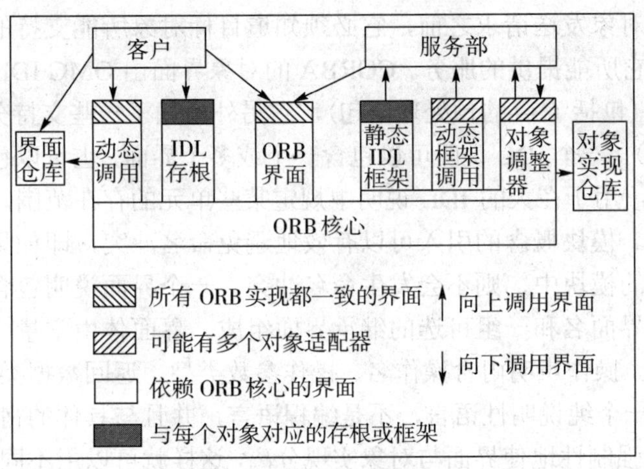

图 5-2　CORBA 的主要组成部分

5.3　ORB 核心

如 5.1 节中所述，ORB 的任务是把客户发出的请求传递给目标对象，并把目标对象的执行结果返回给发出请求的客户。由此可以看出，ORB 的最重要的特征是，提供了客户与目标对象之间的交互透明性。具体地说，它主要屏蔽了以下内容。

- 对象位置：客户不必知道目标对象的物理位置。它可能与客户一起驻留在同一个进程中或同一机器的不同进程中，也有可能驻留在网络上的远程机器中。
- 对象实现：客户不必知道有关对象实现的具体细节。例如，设计对象所用的编程语言，对象所在结点的操作系统和硬件平台等。
- 对象的执行状态：当客户向目标对象发送请求时，它不必知道当时目标对象是否处于活动状态(即在一个正在运行的进程中)。此时，如果目标对象不是活动的，在把请求传给它以前，ORB 会透明地将它激活。
- 对象通信机制：客户不必知道 ORB 所用的通信机制，如 TCP/IP、管道、共享内存、本地方法调用等。
- 数据表示：客户不必知道本地主机和远程主机对数据表示方法是否有所不同。

ORB 的这些特点，使应用开发者不必过多地担心底层的分布式编程问题，从而可以集中精力设计自己的具体应用。

发送请求时，客户利用对象引用来指明目标对象。因为每当创建一个 CORBA 对象时，同时也就创建了它的对象引用。对象引用让客户能运用它，但不能修改它，因为只有 ORB 才知道对象引用的内部详情。

5.4 IDL 语言和语言映射

在客户向目标对象发送请求之前，它必须知道目标对象所能支持的服务。目标对象通过界面定义来说明它所能提供的服务。CORBA 的对象界面由 OMG IDL 来定义。OMG IDL 的语法与 C++类似(包括 C++的预处理语句)，它另外增加了一些支持分布式处理的关键字(in、out 和 inout 等)。一个 IDL 说明可以包含一个或多个界面，也可以包含模块说明。OMG IDL 中的模块概念，用于在大的 IDL 说明中规定某些单元的存在范围，它与 C++语言中的命名空间概念等价。模块概念的引入可以有效地避免命名冲突，即如果两个具有相同名字的界面存在于不同的模块中，则不会发生命名冲突。一个界面说明包含两部分：界面头和界面体。界面头由界面名和一组可选的继承界面组成。界面体由常量、类型、异常、属性和操作声明所组成。操作声明内含操作名、操作参数类型、返回数据类型和上下文信息等。

OMG IDL 是一个纯说明性语言，不是编程语言，并且与具体的宿主语言(主机上的编程语言)无关。这就强制性地使界面与对象实现分离，这样就可以用不同的语言来实现对象，而它们之间又可以进行互操作。与语言无关的界面在异质分布式环境中是非常重要的，因为不同的平台上常会支持不同的编程语言。

如上所述，既然不能用 OMG IDL 直接去实现分布式应用，那么就需要把 IDL 的特性映射为具体语言的实现，这就是语言映射的任务。到目前为止，OMG 已经为 C、C++、SmallTalk、Ada 95、COBOL 和 JAVA 的语言映射制定了标准。

5.5　存根和框架

除了把 IDL 的特性映射到具体的编程语言外，OMG IDL 编译器还根据界面定义来产生客户方的存根和服务方的框架。存根代表客户创建并发出请求；框架则把请求交给 CORBA 对象实现。具体地说，存根为客户提供了一种机制，使得客户能够不关心 ORB 的存在，而把请求交给存根，存根则负责对请求参数的封装和发送，以及对返回结果的接收和解封装。框架在请求的接收端提供与存根类似的服务，它将请求参数解封装，识别客户所请求的服务，(向上)调用对象实现，并把执行结果封装，然后返回给客户方。

由于存根和框架都是从用户的界面定义编译而来，所以它们都和具体的界面有关，并且在请求发生前，存根和框架早已分别被直接连接到客户程序和对象实现中去。为此，通过存根和框架的调用被统称为静态调用。

5.6　动 态 调 用

除了可以通过存根和框架进行静态调用外，CORBA 还支持两种用于动态调用的界面：

- 动态调用界面(DII)——支持客户方的动态请求调用。
- 动态框架界面(DSI)——支持服务方的动态对象调用。

可以把 DII 和 DSI 分别视为通用存根和通用框架。它们由 ORB 直接提供，不依赖于所调用对象的界面。

利用 DII，客户方应用可以在运行时动态地向任何对象发出请求，而不像静态调用那样，必须在编译时就知道特定的目标对象的界面信息。使用 DII 时，用户必须手工构造请求信息，包括相应的操作及有关参数等。

DSI 在服务方的角色与 DII 在客户方的角色相同。与 DII 允许客户不通过存根就可以调用请求类似，DSI 允许用户在没有静态框架信息的条件下来调用对象实现。

5.7　对象适配器

对象适配器是联系对象实现和 ORB 本身的纽带。另外，它的引入还极大减轻了 ORB 的任务，从而简化了 ORB 的设计(这是设计 ORB 的一个原则)。具体地说，对象适配器主要完成以下工作：

- 对象登记——利用对象适配器所提供的操作，可以在 CORBA 的实现库中把编程语言中的实体登记为 CORBA 的对象实现。所登记的具体内容和如何完成登记与具体的编程语言有关。
- 对象引用的产生——对象适配器为 CORBA 对象生成相应的对象引用。
- 服务器进程的激活——如果客户发出请求时，目标对象所在的服务器还未运行，则对象适配器自动激活该服务器。

- 对象的激活——如果必要，对象适配器将自动激活目标对象。
- 对象的撤消——在预先规定的时间片内，如果一直没有发向某个目标对象的请求，则对象适配器撤消这一对象，以节省系统资源。
- 对象向上调用——对象适配器把请求分配给已登记了的对象。

由于不同的对象适配器支持不同的对象类型，每种编程语言都需要一个相应的对象适配器。目前，CORBA 提供了基本对象适配器(Basic Object Adapter)和移动对象适配器(Portable Object Adapter)，它们能够提供对象实现所需的一些核心服务。

5.8 界面仓库和实现仓库

ORB 提供了两个用于存储有关对象信息的服务：界面仓库和实现仓库。界面仓库本身作为一个对象而存在。应用程序可以像调用其他 CORBA 对象所提供的操作一样，来调用界面仓库中的操作。界面仓库允许应用程序在运行时访问 OMG IDL 类型系统。例如，当应用程序在运行时遇到一个不知道其类型的对象时，可以通过界面仓库的界面来遍历系统中的所有界面信息。由此可见，界面仓库的引入很好地支持了 CORBA 的动态调用。实现仓库所完成的功能与此类似，只不过它存储的是对象实现的信息。当需要激活某一对象类型的实例时，ORB 需要访问这些信息。

5.9 ORB 之间的互操作

在发布 CORBA 2.0 之前，CORBA 规范的最大缺点是：不同供应商按规范所提供的 ORB 产品之间并不能互操作，造成这种结局的原因是当时 OMG 的重点不是解决互操作问题。所以，在 CORBA 1.0 中，OMG 没有规定 ORB 的通信协议。CORBA 2.0 给出了一个通用的互操作体系结构，它提供两种互操作方法：ORB 到 ORB 的直接互操作和基于桥的互操作。当多个 ORB 在相同的域中时，即它们能理解相同的对象引用和相同的 IDL 类型，则可以使用直接互操作方法。当不同域中的多个 ORB 必须通信时，则使用基于桥的互操作方法。桥的作用是，在域边界进行信息映射。

GIOP(Global Inter_ORB Protocol)是互操作体系结构的基础，它为 ORB 之间的通信规定了传输文法和信息格式。GIOP 简单且易于实现。对任何面向连接的传输协议做极少量的假设后，其上都可以直接建立 GIOP。IIOP(Internet Inter_ORB Protocol)说明如何在 TCP/IP 网络上交换 GIOP 消息。从某种意义上，GIOP 和 IIOP 的关系有点类似于对象的界面定义与它的实现之间的关系。

除了对 ORB 之间的互操作协议进行标准化以外，CORBA 2.0 还规定了用于支持互操作的对象引用的格式。ORB 使用对象引用来确定目标对象的位置。CORBA 2.0 给出了一个标准的对象引用格式 IOR(Interoperability Object Reference)，对象的 IOR 所提供的信息可用于在多个不同的 ORB 间确定对象的位置。

5.10　CORBA 的最新进展

OMG 即将推出的 CORBA 3.0 是一个非常重要的版本，它引入的新技术主要包括：CORBA 的服务质量控制技术(CORBA QoS Control)、通过值传递对象(Objects by Value)、CORBA 构件模型(CORBA Component)以及其他技术。

5.10.1　服务质量控制技术

其中 CORBA 3.0 的服务质量控制技术包括：

- 异步消息和服务质量控制技术(Asynchronous Messaging and Quality of Service Control)，它主要针对异步消息服务特点，允许用户控制自己的异步消息队列的属性，其中可控制的属性参数包括：设置优先级、消息存活时间(time-to-live)、时间敏感的调用的开始和结束时间等，从而为异步服务提供一定的服务质量要求。
- 实时 CORBA(Real-Time CORBA)，它在成熟的实时技术的基础上，引入一组基本的、可以广泛采纳的 CORBA 实时技术，如固定的优先级调度和资源控制等，以获得更好的实时服务性能。
- 嵌埋式 CORBA(Minimum CORBA)，它解决 CORBA 平台在嵌埋式环境中的应用需求。在这类 CORBA 平台中，装载的实体的大小是首先考虑的问题。该规范增强了 CORBA 平台在嵌埋式软件市场中的竞争力。
- 容错 CORBA(Fault Tolerant CORBA)，强调在软件和硬件冗余的基础上，通过 CORBA 为用户在企业一级的应用提供更高的可靠性和可用性保证。

从 CORBA 3.0 的服务质量控制技术所涉及的方面来看，它与通常意义的服务质量控制差别很大，其原因在于：真正意义上的支持服务质量控制的 CORBA 系统还处在理论探讨和实验室研发阶段，还没有达到工业界和产业界所需要的成熟度，在成为规范之前，还需要做大量的理论和技术上的准备工作；而上述的 CORBA 3.0 目前涉及的服务质量控制技术，在广义的范围内，也是服务质量技术的有机组成部分，由于它在技术上已经成熟，于是 OMG 组织将其纳入 CORBA 3.0，并对其进行规范化。

5.10.2　通过值传递对象

缺乏通过值来传递对象的能力也是 CORBA 规范的一大漏洞。CORBA 允许数据类型(如整型、结构和数组等)在网络上作为操作参数或者返回结果进行传输。当客户请求某个对象提供服务时，以前的 CORBA 版本只允许将目标对象的引用传递给客户，客户根据该引用与目标对象建立连接。由于目标对象不在客户方，所以客户所发出的每个请求和相应的执行结果都必须通过网络进行传输。当客户与目标对象交互频繁时，无疑会大大增加网络负载，并且影响系统的可靠性。

为克服这个缺点，OMG 将在 CORBA 中引入通过值传递对象的能力，即当客户请求对象的服务时，把目标对象传到客户方。由于对象已经被迁移到客户的本地，访问变得更简单、更快速，并且不会导致网络负载的增加。其实现的基本思路是，在 OMG IDL 中增加一个新的构造数据类型——Valuetype。Valuetype 与 C++和 Java 中的类定义相似，支持数据成员和操作成员，它可以从其他的 Valuetype 派生(只支持单继承)。另外，为继承界面中的操作，Valuetype 支持界面类型。当 Valuetype 作为一个远程操作的参数传递时，在接收方的地址空间中创建一个副本，该副本的标识与原来的 Valuetype 版本无关，并且在任何一个副本上的操作都不会影响其他副本和原来的版本。Valuetype 的语义决定了它所执行的所有操作都是本地的，绝不会导致请求和执行结果在网络上的传输。这一点是 Valuetype 与 CORBA 对象的主要区别。

IDL 编译器将 Valuetype 翻译为宿主语言(如 C++和 Java 等)的类。从这个意义上可以认为，支持 Valuetype 参数的传递也就等于支持通过值传递对象。但是需要特别注意的是，CORBA3.0 不支持通过值传递“真正的 CORBA 对象”。从前面的内容可知，虽然 Valuetype 支持界面类型，但它本身不是真正的 CORBA 对象，而仅仅是 OMG IDL 的一个新的数据类型而已。当真正的 CORBA 对象作为一个远程请求操作的参数时，只能传递它的对象引用。由此可知，CORBA3.0 尚未彻底解决有关通过值传递对象的问题。

5.10.3 CORBA 构件技术

构件技术是开发大型应用的一种较新的方法。它引入了一组更彻底的机制，不仅可以用来表示面向对象的软件实体本身，还可以提供一种把软件实体装配成完整应用的方法。构件技术不仅减轻了大型软件的开发负担，降低了大型软件的维护费用，还大大提高了软件模块的可重用性。CORBA 构件模型拟在加强作为服务方的 CORBA 对象模型，所以 CORBA 的构件规范主要提供服务器设施。在这种思想上，CORBA 的构件模型与 JavaSoft 的 JB(Java Bean)差别较大，比较类似于 EJB(Enterprise Java Bean)。

CORBA 的构件体系结构包含四个彼此一致的对象模型：抽象构件模型(Abstract Component Model)、打包模型(Packaging Model)、配置模型(Deployment Model)和容器模型(Container Model)。它们相互协作，构成了完整的企业服务器计算体系结构。为更好地理解这几个模型以及它们之间的关系，在分别介绍它们之前，首先给出 CORBA 构件生命周期中的几个主要活动： 创建和实现某个构件；把该构件与其他构件一起组合成构件集合(Component Assembly)；正确配置构件集合中的构件；执行已经配置的构件。用于创建、组合、配置和运行构件的工具对 CORBA 构件体系结构中四个模型有着统一的理解，这是 OMG 所要求的“一致性”原则。使用构件的第一步是，通过抽象构件模型创建和实现构件，然后通过打包模型把它们存到 CORBA 构件描述符(CCD，CORBA Component Descriptor)文件中。可以把一个 CCD 文件组合成一个完整的应用，也可以把它装配到构件集合描述符(CAD，Component Assembly Descriptor)文件中。在 CAD 文件中，每个构件通过打包模型和配置模型与一个目标名建立联系。配置工具理解 CAD 文件的含义，它通过配置模型把构件配置到已命名的配置目标上。每个结点上有一个安装对象(Install Object)，它负责安装和激活构件。构件根据容器模型在容器中运行。为支持抽象的构件模型，CORBA 引入了一个新的元类型(Meta Type)——component。CORBA 构件的主要特点是：它提供一个或多个 CORBA 界面。

一个构件的实现就是它所支持的所有界面的实现的集合。打包模型决定 CCD 文件和)CAD 文件的内容和结构。打包模型使用 XML 语言(eXtensible Markup Language)来描述 CCD 文件和 CAD 文件的结构。CCD 文件包括执行一个构件所需的所有信息。为表示一个大型分布式应用，可以把多个 CCD 文件组织到一个 CAD 文件中。CAD 文件维护有关如何配置构件和如何在多个构件之间建立连接的信息。不同的构件可以被指定到不同的已命名结点上，也可以把多个构件指定到同一个地址空间。连接用来说明以下问题：哪个实体提供构件和哪个实体使用构件；哪个实体发送事件和哪个实体接收事件。配置模型包括在 CAD 文件中描述的分布式模型和实际的配置方法。每个安装对象都支持一个统一的界面，该界面用于接收 XML 元素(它们用来表示即将配置的构件集合描述符)。为了能使构件在容器中运行，配置模型定义了如何配置和启动它们。容器模型表示一个特殊的 POA 模型，它提供服务方的构件运行环境。容器模型定义构件和容器之间的界面，另外还定义了一个框架，用于支持所需的事务处理、安全和持久化服务。EJB 和 CORBA 构件是兼容的，EJB 可以在 CORBA 容器中运行；按照一定要求编写的 CORBA 构件也可以在 EJB 容器中运行。

5.10.4　其他

- Java/IDL 映射：该规范用于从 Java 自动产生 OMG IDL，它使分布式应用的开发者可以只使用 Java 语言，所需的界面(用 OMG IDL 描述)由相应的工具可以自动产生。
- 防火墙：说明如何使 IIOP 信息通过防火墙，它使得基于 CORBA 的应用可以在保持安全的情况下通过 Internet。
- DCE/CORBA 之间的协作：用于把传统的 DCE 应用集成到 CORBA 环境中，它提供了一个 DCE 平台和 CORBA 平台在应用层协同工作的方案。该规范为 DCE 平台上的应用平稳地过渡到 CORBA 平台提供了基础。

5.11　一个最小的 CORBA 应用

5.11.1　CORBA 应用程序的一般开发过程

为了开发一个由两个可执行部分(一个是客户机，另一个是服务)所组成的 C++ CORBA 应用程序，通常需要执行以下几个步骤：

(1) 确定应用程序的对象，定义它们在 IDL 中的接口。

(2) 将 IDL 定义编译成 C++的存根和框架。

(3) 声明和实现能具体化 CORBA 对象的 C++伺服类。

(4) 编写一个服务器 main 程序。

(5) 将所创建的在服务器上可以执行的存根和框架，编译和连接成服务器实现文件。

(6) 与生成的存根一起编写、编译和连接客户机程序代码。

5.11.2 示例

1. 编写 IDL 接口定义文件

IDL 代码如下：

```
// IDL
interface Hello
{
   void say_hello();        //函数名
}
```

定义了界面 Hello，该界面仅包括一个无参数也无返回值的方法 hello()。

2. 编译 IDL 文件

用 IDL 源代码文件名作为命令行参数调用 idl 编译器，将 IDL 定义翻译成一具体的编程语言，如 C++。

$ idl2cpp hello.idl，生成的新文件如下。

- hello.h：包含 Hello.idl 转换来的数据类型和界面的 stub 的头文件。
- hello.cpp：包含 Hello.idl 转换来的数据类型和界面的 stub 的源文件。
- hello_skel.h：包含 Hello.idl 转换来的界面的 skeleton 的头文件。
- hello_skel.cpp：包含 Hello.idl 转换来的界面的 skeleton 的源文件。

3. 客户的实现

```
#include <CORBA.h>                          //Client.cpp
#include <Hello.h>                          //包含头文件
#include <fstream.h>
int  main(int argc,char* argv[],char* [])
{
try{
CORBA::ORB_var orb=CORBA::ORB_init(argc,argv);
const char* refFile = "Hello.ref";
ifstream in(refFile);
char s[1024];
in >>s;
CORBA::Object_var obj = orb -> string_to_object(s);
Hello_var hello = Hello::_narrow(obj);
hello -> say_hello();                       //调用函数
return 0;}
catch(const CORBA::Exception& ex){...}}
if(!CORBA::is_nil(orb)){
try{
   orb -> destroy();}                       //销毁 ORB
catch(const CORBA::Exception& ex){...}
}
return status; }
```

4. 服务的实现

```
// Hello_impl.h
#include <Hello_skel.h>                    //包含头文件
class Hello_impl : public POA_Hello,     public
                    PortableServer::RefCountServantBase
 {
 public:
             virtual void say_hello()         //函数
                       throw(CORBA::SystemException);
 };
//Hello_impl.cpp
#include <iostream.h>
#include <CORBA.h>
#include <Hello_impl.h>                  //包含头文件
void Hello_impl::say_hello()
                     throw(CORBA::SystemException)
 {
 cout << "Hello World!" << endl;          //函数实现
}
```

5. 服务器主程序

```
int main(int argc,char* argv[]) {            //Server.cpp
try {
    CORBA::ORB_var orb = CORBA::ORB_init(argc,argv);    //初始化 ORB
    CORBA::Object_var poaObj =            //获取 RootPOA 的对象引用
    orb -> resolve_initial_references("RootPOA");
    PortableServer::POA_var rootPoa =
    PortableServer::POA::_narrow(poaObj);
    PortableServer::POAManager_var manager =        //获取 POA 的管理器
    rootPoa -> the_POAManager();
Hello_impl* helloImpl = new Hello_impl();              //创建服务对象
 PortableServer::ServantBase_var servant = helloImpl;
 Hello_var hello = helloImpl -> _this();
//将对象引用传行化,输出到文件中
 CORBA::String_var s = orb -> object_to_string(hello);
 const char* refFile = "Hello.ref";
 ofstream out(refFile);
 out << s << endl;
 out.close();
```

6. 编译及连接

编译服务器代码、客户代码、IDL 编译器生成的客户方码桩和服务方码架，并将以上代码与 CORBA 库以及其他需要的库(如网络套接字库等)连接形成可执行的客户程序和服务器程序。

- client.exe: hello.obj client.obj
- server.exe: hello.obj hello_skel.obj hello_impl.obj server.obj

7. 应用的运行

最后，"Hello World!"应用包括两个可执行程序，即客户程序 client 和服务器程序 server。首先启动服务器程序运行，该程序产生 Hello.ref 串化对象引用文件，客户程序为实现与服务器的连接需要使用此文件。服务器程序启动运行后再运行客户程序。可以在屏幕上见到服务器显示的"Hello World!"消息。

5.12 小 结

本章分析了 OMG 的 CORBA 标准，这是一个发展迅速的面向对象的中间件规范。CORBA 的关键组成部分包括：ORB 核心、OMG 界面定义语言、界面仓库、实现仓库、语言映射、存根和框架、动态调用、对象适配器以及 ORB 之间的互操作协议。另外本章还介绍了与 CORBA 关系密切的 OMA，其中包括 OMG 的对象模型、参考模型、对象服务、域界面和应用界面。最后，给出了即将推出的最新的 CORBA 3.0 的发展和利用 CORBA 进行开发的步骤。

5.13 习 题

1. 阐述 OMG 组成。
2. 阐述 CORBA 组成。
3. 比较 CORBA 与 COM、J2EE 的异同。
4. 简述 CORBA 有哪些服务。
5. 简述利用 CORBA 进行开发的步骤。
6. 阐述不同 CORBA 的互操作协议 IIOP，并讨论怎样优化 IIOP 协议。
7. 对常见 CORBA 系统(orbix、visibroker、Orbacus)进行初步实践。
8. 讨论如何优化 IDL 编译器。

第 6 章　CORBA 服务

知识点：

- ❖ CORBA 服务概述
- ❖ 名字服务
- ❖ 事件服务
- ❖ 交易器服务
- ❖ 负载均衡
- ❖ 容错服务
- ❖ 消息服务

本章概述：

第 5 章已经探讨了 CORBA 的基本概念和系统框架，以及不同 CORBA 之间的互操作。本章主要关注的是 CORBA 系统的各种服务，包括名字服务、事件服务、交易器服务、负载均衡、容错服务和消息服务。

6.1　CORBA 服务概述

CORBA 服务集是 CORBA 功能的扩展，它在 ORB 基本功能上提供许多系统级的服务，其中有一些服务对于开发企业级的应用是非常重要的。在 OMA 模型中，OMG 只对 CORBA 服务集的功能界面进行了规范定义，对其具体实现则没有规定。目前有些中间件厂商在提供 ORB 的同时，也开始提供了 CORBA 服务集，但是其品种不多。因此如何具体实现 CORBA 服务集，以及如何进一步丰富和完善 CORBA 服务集的功能，正成为技术界关注的焦点。

与 COM 和 J2EE 不同，CORBA 的服务没有通过专用的服务器来实现，每种 CORBA 服务都是在 ORB 上的 CORBA 对象。

6.1.1　核心服务

在 OMG 定义的 CORBA 服务集规范中，有一些服务被认为是 CORBA 系统所必须具备的，这些服务包括对象定位、消息传输和安全等几个方面。

1. 对象定位

在分布式环境下，如何才能找到所需的对象？最直观的方法就是在对象目录(Object

Directory)中查找所需要的对象。而在 CORBA 规范中对此问题则有更妥善的解答，其中最常用的是 CORBA 的名称服务(Naming Service)和交易对象服务(Trading Object Service)。它们提供了在灵活性和复杂性方面处于不同层次的对象目录服务。

CORBA 的名称服务，按对象名称存储客户所需的对象引用。它使用类似于 UNIX 文件系统的树形结构来存储对象引用，每一个对象引用均有相应的对象名称。在这个树形结构中每个结点被称为名称上下文(Naming Context)。对象使用名称上下文界面中的 bind 函数将自己的名称与对象引用联系起来，客户使用 resolve 函数来按对象名称查找对象引用。CORBA 名称服务还具有分布式的优点，在整个 CORBA 环境中都可以访问到名称服务所存储的对象引用。

名称服务提供的是中间件所必须具备的基本服务，它为中间件的位置透明性提供重要的解决途径。目前各中间件厂商在提供 ORB 的同时都提供了名称服务，有的简单，有的较复杂。例如有的中间件厂商提供的名称服务，具有名称空间复制和联邦名称(多个名称域可以相互协作)的功能。

CORBA 的名称服务提供了基本的名称到对象引用的解析功能，但对于基于对象属性和特征的对象查询则无能为力。这时所需要的是 CORBA 的交易对象服务，后者提供了一种更为灵活的对象公布与查找的方法。交易对象服务基于服务类型(Service Type)的概念，以非结构化的形式构造对象目录。每个服务类型都包含一个 IDL 界面标识符和一些定义特征的附加数据。在对象交易服务中，各对象通过交易器完成对象特征的发布和对象特征的匹配。管理员使用 add_type 函数定义某个对象类型及其特征数量和类型；对象使用 export 函数按所定义的类型输出其对象引用和特征；客户使用 query 函数提交所需对象的特征，交易服务在其交易空间中匹配并返回结果。在联邦交易环境下，多个相连的交易器可以协同工作完成对象交易服务。

从上面的描述可以看出，CORBA 的名称服务类似于电话簿中的白页服务，而交易服务则类似于黄页服务，它们以不同的方式和复杂度提供对象的定位服务。

除了使用上述的 CORBA 服务来定位对象，还可以使用对象引用字符串、对象工厂等方法来完成对象的定位。但是相对于 CORBA 的名称服务和交易服务，其他方法的限制较多。

2. 对象消息

从通信的观点上看，CORBA 环境中客户与对象间的通信是同步的，即客户对服务对象发出请求后将被阻塞，等到服务对象处理完请求返回结果后，客户才继续执行。然而在许多情况下，需要异步通信机制。为了适应不同的需求，CORBA 定义了一些服务来支持无连接的、事件驱动的客户服务器通信方式。

CORBA 的事件服务(Event Service)定义了组件间消息传输的框架。在 OMG 定义的事件服务中，事件的产生者称为生产者(Supplier)，处理事件的对象称为消费者(Consumer)，生产者与消费者通过标准的 CORBA 对象事件通道(Event Channel)进行异步的事件通信。事件通道允许一个或多个生产者与一个或多个消费者建立连接。CORBA 的事件服务支持两种事件通信模式：推(push)和拉(pull)模式。在推模式中，事件的生产者负责初始化事件的传输，将事件数据“推”入事件通道；在拉模式中，事件的消费者从生产者处要求事件数据，通常采用轮询方式。

CORBA 的事件服务提供了 CORBA 对象间的异步通信方法，但它有以下几种不足：

- 在事件服务中无服务质量(Quality of Service)的规定。在 CORBA 事件服务规范中，没有定义如何保证事件的可靠传输，以及如何保证事件在指定的时间内得到递送。
- 只提供在事件通道级别上区分事件的方法，共用同一事件通道的消费者将接收该通道中所有的事件，而对事件的过滤只能在客户端进行，增加了网络和客户的资源消耗。
- 事件服务不处理事件通道的高层信息。事件生产者无法知道是否有消费者对它的事件感兴趣，消费者也无法知道生产者能提供哪些事件。

CORBA 的通知服务(Notification Service)就是针对以上不足而定义的，它提供过滤事件的标准方法，处理事件通道的高层信息和定义服务质量。通知服务是事件服务的扩展，它所定义的界面继承了事件服务中相关的部分，提供了使用事件服务的向后兼容性。然而彻底弥补以上不足的是在 CORBA 3.0 规范中定义的异步消息服务(Asynchronous Messaging Service)。在异步信息服务中，信息的服务质量才被完整地定义，如信息递送保证、超时和优先等级等。

3．安全

在分布式环境中，安全性是十分重要和复杂的，在 CORBA 环境中也不例外。理论上 CORBA 规范的每个环节均与安全有关。例如：对象的创建有赖于对操作用户的认证，在交易服务中要根据客户对象的身份决定是否返回信息。

安全 CORBA 环境的建立，离不开标准的安全措施，它们身份认证、授权和存取控制、安全审计、加密和防抵赖等几个主要方面，具体实现十分繁琐。

在系统中，CORBA 的安全服务可以在三个级别上予以实现：第 0 级规定了要实现身份认证和会话加密，这相当于 SSL(安全 Socket 层)所提供的功能水平，即在标准 TCP 端口上建立了一个安全协议。在此安全协议的基础上，服务器对象向 ORB 注册为受保护，这样只有通过身份认证的客户才能与它建立连接；第 1 级的实现，可以使没有安全服务的原有系统中的客户与服务器对象，不经修改而实现系统的安全性，实现这一级的实例有 IONA 的 OrbixSecurity；第 2 级规定了一些要实现的界面，它们能支持应用程序利用 CORBA 安全服务来获得其安全性，它除了基本的身份认证、安全调用和审计外，还包括认证时更改权限、控制安全选项和权限委托等功能。

在 CORBA 的安全规范中还定义了 ORB 间的安全协议 SecIOP，它在 GIOP/IIOP 的基础上，实现不同中间件厂商的 CORBA 安全服务间的互操作。它规定用户与目标对象在建立安全连接时必须使用 IOR 标记和安全令牌，以此来提供与对象有关的安全策略信息。在 SecIOP 定义的基础上，OMG 在还制定了通用安全互操作协议(Security Interoperability Protocols)，以便对认证机制和加密算法等做更细致的描述。

在 Internet 环境中如何建立安全的 CORBA 系统又是一个新课题。通常人们使用防火墙来保护内部的系统，但是防火墙对 IIOP 并没有特别的支持。因此在 CORBA 3.0 中，OMG 引入了防火墙规范(Firewall Specification)，它定义了防火墙如何处理和认证 IIOP 请求，使得 CORBA 对象能透过防火墙通信。它包括使防火墙支持处理 IIOP 通信、对 IIOP 进行存取控制以及保护防火墙内的服务器对象免受非法IIOP数据流的攻击。

要获得可靠的安全性，通常要耗费许多的计算机处理时间和大量的额外操作，如何在系统的安全性和系统的高效率之间取舍，是系统设计和开发人员需要权衡的。

6.1.2 数据库与事务处理

CORBA提供了分布式、互操作和面向对象等特性，数据库则提供了数据永久存储、数据完整性、事务处理和并发数据存取的特性。在实际应用中很自然地希望将这两者结合起来。

1. 对象存储与查询

在CORBA的对象服务集中，持续对象服务(Persistent Object Service)是针对数据库与CORBA的结合所提供的一种服务，它提供一组存储对象状态的通用界面。对象的状态可以分为两种：动态的和持续的。动态状态(Dynamic State)是指存储在内存中的对象状态，在系统崩溃时就会丢失；持续状态(Persistent State)是指存储在外存中的对象状态，它可以用来重建动态状态。在持续对象服务中，定义了持续对象管理器(POM)界面来处理对象持续化操作的实现和对象与存储之间的连接。

在CORBA 3.0中，OMG引入了持续状态服务(Persistent State Service)，它的特点是将对象持续状态的控制从客户端转移到服务器端。此外，它还支持“基于以值获取对象(Objects-by-Value)规范”的持续值存储，以及与便携式对象适配器(POA)的集成。对对象持续状态的存储，可以选择现有的存储机制，包括关系数据库和面向对象数据库。

CORBA的查询服务(Query Service)用于根据搜索判据对对象集合进行查询。查询操作使用支持SQL或OQL的带谓词的声明式语句，对对象集合执行选择、插入、修改和删除操作。在理想的情况下，对象的查询服务的实现是与数据库管理系统结合在一起的。

在CORBA的查询服务中定义了QueryLanguageType、QueryEvaluator、Queryable Collection、QueryManager和Query界面。通过QueryLanguageType可以利用IDL来指定查询语言类型；QueryEvaluator定义处理查询的基本操作；查询返回的对象集合用QueryableCollection表示；QueryManager可以用来创建Query对象并管理查询的进行；Query界面则用来定义查询的表示方式，它提供了对查询进行预编译和优化以及执行异步查询的能力。

2. 对象关系

分布式对象通常用来表示真实世界中的实体，而实体间并不是孤立的，它们之间往往存在各种关系，表示它们的对象间也应反映这些关系。

在关系数据库中，使用外部键来表示双向的关系。在CORBA环境中，使用对象引用来表示单向的关系。CORBA的关系服务(Relationship Service)则在更高的抽象层次定义对象间的关系。CORBA关系服务将对象关系使用IDL描述成CORBA对象，使其模型化。通过CORBA的远程方法调用，关系服务可以支持双向的对象关系。面向对象数据库则是对象关系服务的最佳平台，它的存储机制可以直接存储和表示对象间的关系。CORBA关系服务定义了 Relationship 和 Role 界面，Role 代表在关系中的 CORBA 对象，将相关的 Role 传递到 RelationshipFactory 中可以创建表示对象关系的 Relationship。通过 RelationshipIterator 界面可以遍历关系中的对象。

3．事务处理

建立可靠的、大规模的企业应用时，事务处理是必不可少的。在传统的双层结构中，客户使用数据库服务器提供的存取机制(如 ODBC、嵌入式 SQL 等)来访问数据库，这些存取机制中提供了开始事务和结束事务的方法。在包含有 CORBA 的三层结构的系统中，中间层既是 CORBA 的服务器，又是数据库的客户，它需要将 CORBA 的远程方法调用和数据库的事务处理结合起来，它将事务处理引入到分布式和面向对象的环境。

事务是具有 ACID 特征的一组操作，即事务具有原子性(Atomic)、一致性(Consistent)、独立性(Isolated)和持久性(Durable)。事务只有两种结束方式：一是交付(Committed)，即所有要求的修改都成为永久性的；二是回卷，即所有的修改都取消。

CORBA 的事务服务(Transaction Service)是 OMG 定义的重要服务之一，它与 X/Open 的 DTP 模型兼容。参与事务的对象有事务发起者(Originator)和可恢复的服务器(Recoverable Server)，后者实现事务中有关的具有可恢复状态的对象。事务发起者使用 TransactionFactory 界面启动事务，并得到可以访问 Coordinator 和 Terminator 界面的 Control 界面。事务发起者通过 Terminator 完成事务的交付和回卷操作；事务服务由 Coordinator 来执行；可恢复的服务对象通过 Resource 界面来参与和完成两阶段交付。在嵌套事务中，可恢复服务器使用 SubtransactionAwareResource 界面来跟踪子事务的完成情况。

4．并发控制

为了协调对共享对象的并发访问，OMG 定义了 CORBA 的并发控制服务(Concurrency Control Service)。并发控制服务提供了支持事务和非事务的多个界面，支持分布式加锁的管理。在事务环境中，并发控制服务与事务服务紧密结合，使用 TransactionalLockSet 界面来管理锁；在非事务环境中，由并发控制服务控制并发客户的串行化，使用 LockSetFactory 来创建锁。

在并发控制服务中，对共享资源加锁是其基本技术。在该服务中定义了读锁(Read)、写锁(Write)、升级锁(Upgrade)、意向读锁(Intention Read)和意向写锁(Intention Write)。对于一个资源，读锁与写锁互斥、写锁与其他写锁互斥；升级锁则是与自身互斥的特殊的读锁，它用于防止死锁。在多个客户对同一资源拥有读锁时，如果某个客户请求写锁则可能会发生死锁；如果是在申请升级锁后再申请写锁则可以避免死锁。意向读写锁则是为了使用不同粒度的锁，例如某客户在获得对数据库中某记录的读锁前应先获得对整个数据库的意向读锁。意向读锁与写锁互斥，意向写锁与读锁和写锁分别互斥。

6.1.3　其他服务

在 CORBA 的规范中还定义了一些其他的系统服务，如：生命周期服务(Life Cycle Service)、外部化服务(Externalization Service)、许可证服务(Licensing Service)、属性服务

(Property Service)、时间服务(Time Service)和对象集合服务(Object Collection Service)等。

生命周期服务定义了创建、删除、复制和移动对象的规则和约定，它规定了客户在分布式环境中如何执行对象的生命周期操作。生命周期服务定义了 GenericFactory 界面，用来创建不同类型的对象；LifeCycleObject 界面则用来实施对象的删除、复制和移动操作。

外部化服务定义了对象外部化和对象内部化的协议和规则。对象外部化是指将对象的状态记入数据流，内部化则是将数据流中的对象状态记入新建的对象。外部化的对象可以以任意长的时间存在，也可以传输出 ORB 以外，还可以在不同的 ORB 中实现内部化。外部化服务与生命周期服务中的复制操作在功能上有相似之处，但最大的区别是外部化服务可以将对象存储到 ORB 环境以外的数据流中。

在外部化服务中，定义了客户端实现模式和服务器端实现模式。客户端实现模式使用 Stream 界面保存外部化的对象，使用 StreamFactory 或 FileStreamFactory 界面创建和初始化数据流对象；服务器端实现模式使用 Streamable 界面指示外部化流的状态，使用 StreamableFactory 界面创建和初始化对象，使用 StreamIO 实现对外部化对象状态的读写。

许可证服务用于对象生产者控制自己产品的合法使用。它定义了 LicenseServiceManager 和 ProducerSpecificLicenseService 界面。生产者通过 LicenseServiceManager 界面获得实现了 ProducerSpecificLicenseService 界面的对象的引用，在 ProducerSpecificLicenseService 界面上进行 start_use、end_use 或 check_use 操作。生产者利用这些操作所返回的信息来决定其使用限制策略。

属性服务支持对象实现 PropertySet 和 PropertySetDef 界面。其中 PropertySet 界面支持属性集合，每个属性包括属性名和属性值；PropertySetDef 界面则定义各个属性的特征，如只读或读写控制等。属性服务提供了可不用静态 IDL 而使命名值与对象动态相连的能力。

时间服务为用户返回当前时间和其误差估计，同时为对象提供定时器事件服务。它使用 TimeService 界面管理通用时间对象和时间间隔对象，使用 TimeEventService 界面管理定时器事件处理对象。

对象集合服务提供将对象分组和对对象组操作的支持，它支持队列、堆栈、集合、包和图等几种结构的对象分组。对象集合服务定义了 Collection、Iterator 和 Function 界面。客户使用 CollectionFactory 界面创建所需要的 Collection 对象，同时可以指定集合中元素比较方式、是否要强制类型检查等；通过 Collection 对象客户可以创建 Iterator 界面，客户使用 Iterator 界面可以遍历集合；Function 界面则用于客户自定义功能，这些功能的操作将用于成组的对象上。

在 CORBA 规范中，ORB 是重要的核心部分，但它并不是惟一的，CORBA 的服务集也是其中十分重要且不可缺少的部分。CORBA 要满足企业级的应用，除了本文中所提及的 CORBA 服务之外，还应该提供负载平衡、容错和各种系统管理等系统级服务，CORBA 服务集将是一个不断扩充和发展的集合。

OMG 对 CORBA 服务集只是定义了其界面规范，而将其实现交给了用户和中间件厂商，这使技术界在 CORBA 服务集上有许多探索性的技术工作要做。而作为 CORBA 的用户，在选购 CORBA 产品时除了关注其 ORB 的性能外，还应根据自己的实际应用情况精选中间件厂商可提供的 CORBA 服务集的品种。对于那些用户需要而市场又尚未能供应的 CORBA 服务，用户可以按照 CORBA 规范中的定义自行设计和实现，但是这是一项工作量较大且有难度的任务。

6.2 命 名 服 务

Corba 的对象命名服务就是给对象实例提供一个名称，以便用户通过这些名称来获取对象的实例。对象命名服务是 ORB 上的对象找到其他对象的基本机制。名字是用来识别一个对象的可人工辨认的值，命名服务将这些名字映射到对象标记，名字-对象关联叫做名字联编。命名语言环境是一个名字空间，对象名字在这里是独一无二的。每个对象都有一个独一无二的参考标识符。可以有选择地将一个或多个名字与一个对象标记关联起来。相对于其命名语言环境始终定义一个名字。利用命名服务可以创建命名分层结构，客户可以搜寻不同的命名语言环境树，查找所要的对象。来自不同域的名字语言环境可以一起使用，为对象创建联合命名服务。CORBA 命名分层结构不需要一个“统一”的根目录。一般情况下，用户可以规定对象的命名原则，表示对象所在的主机、功能等一系列的信息，这些信息主要包括如下三个方面的内容。

- Corba 对象的句柄定义成如 URL(统一资源定位)的形式，从而允许 ORB(Object Request Broker)来调用基于 Corba 的服务或者远程 ORB 上的对象实例。
- 任何一个中间件厂商的 ORB 都可以通过配置客户端的 ORB 来初始化根命名服务的上下文对象(NamingContext)。
- 对于 Corba 对象的复合命名，定义一个标准的语法规则。这样服务器端和客户端就可以通过相同的格式来进行读写消息。

在命名服务中，通过将服务对象赋予一个在当前网络空间中的惟一标识来确定服务对象的实现。在客户端，通过指定服务对象的名字，利用绑定(Bind)方式，实现对服务对象实现的查找和定位，进而可以调用服务对象实现中的方法。

6.3 事 件 服 务

6.3.1 CORBA 事件服务概述

CORBA 是由 OMG 定义的分布式对象计算的中间件标准。它主要用来支持灵活的且可重用的分布式服务与应用，该设计是通过以下的技术来实现：

- 把接口从对象实现中分离出来。
- 使很多公共的网络编程作业自动化，如对象登记、定位与激活、请求信号的分离、错误处理、参数编集与反编集以及操作分派。

很多分布式应用通过使用基于事件的执行模式来在彼此之间交换异步请求，这常被称为发布者/订阅者结构。为了支持这种普遍的使用情况，OMG 在 CORBA 对象服务(COS)层，如图 6-1 中定义了一个 CORBA 事件服务体系结构，即 CORBA 事件服务。COS 规范体现了结构化的模型以及接口，这些模型和接口针对分布式应用提供了对公共服务的代管。

比如持久性、安全性、事务处理、容错性以及一致性。

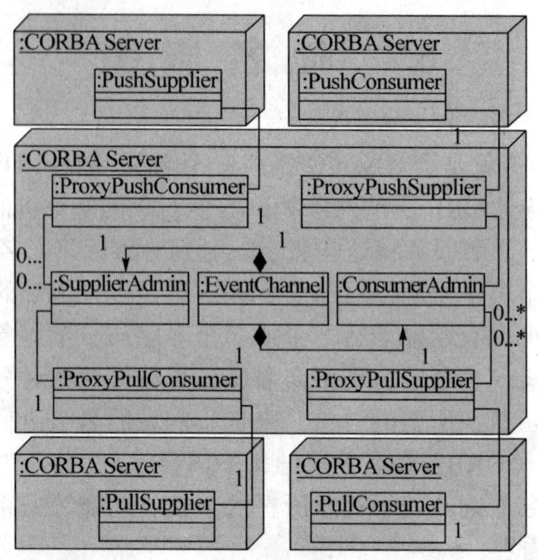

图 6-1 CORBA 事件服务体系结构

6.3.2 CORBA 事件服务体系结构

CORBA 事件服务中定义了以下三种角色，如图 6-2 所示。

- 提供者：负责产生事件数据，它们扮演着发布者的角色。
- 消费者：负责接收和处理事件数据，它们扮演着订阅者角色。
- 事件通道：为中转媒介，通过事件通道，多个消费者和提供者实现了异步通信。

提供者和消费者，它们被设计来减少一些对标准的 CORBA 调用模型的限制。如图 6-2 所示，提供者产生事件而消费者处理从提供者处接收的事件。图 6-2 中还说明了事件通道——一个为提供者把事件传送至消费者的中转媒介。通过使用事件通道，事件能够从提供者传送到消费者而不需要这些参与者确切地知道对方的情况。此外，事件通道可以通过组通信，并且令其自身作为一个复制者、广播员或是把消息从一个或多个提供者递送到多个消费者的多点传送者，从而达到简化应用软件的目的。

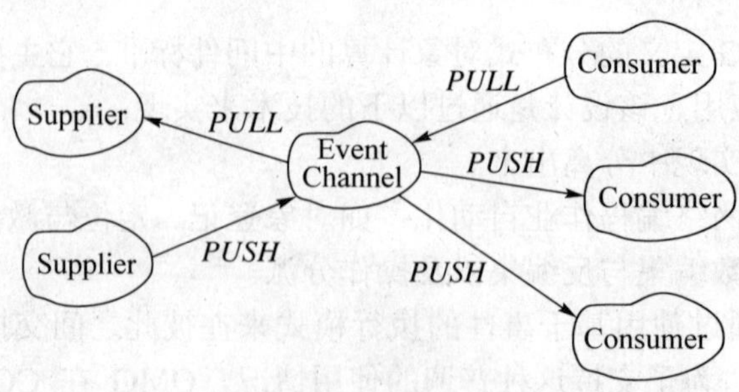

图 6-2 COS 事件服务体系结构中的参与者

事件通常是通过标准 CORBA 双向操作从提供者传递给一个事件通道的，而事件通道再依次把事件传递给消费者。一些事件服务实现使用单向操作来传递事件，但这可能会因 CORBA 单向操作的语义而引起流控以及可靠性问题。

在 OMG 事件服务体系结构中，有四种由组件协作产生的模型。图 6-3 显示了在以下列出的每种模型中，提供者、消费者以及事件通道之间的协作情况。

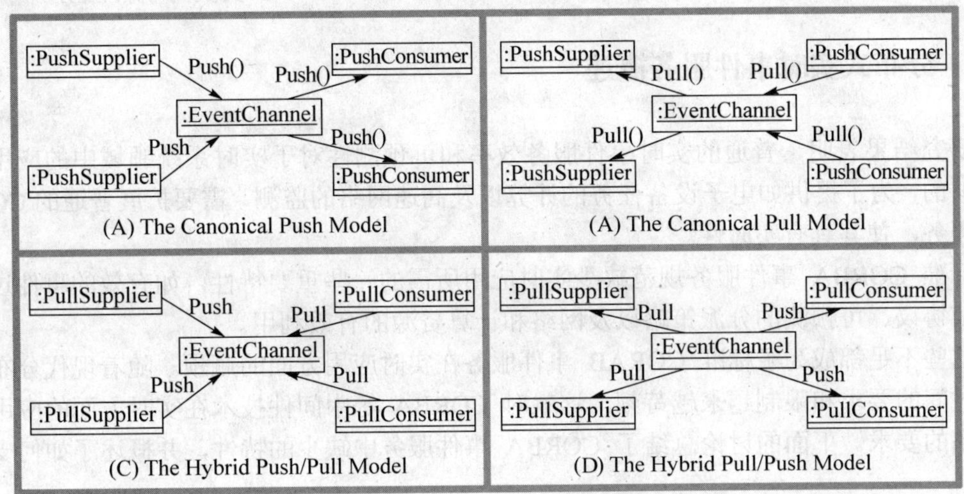

图 6-3　CORBA 事件服务中的传输模式

- 规范的 push 模型：在该模型中，由事件提供者发起面向消费者的事件数据的传输。如图 6-3(A)所示，提供者是主动的发起者，而消费者是请求的被动目标对象。正如观察者模式定义的一样，事件通道扮演着“通知人”的角色，一旦一个对象的状态被改变后，便会通过事件通道通知该对象的观察者。因此，主动的提供者便使用事件通道来把数据推向在事件通道中登记过的消费者。
- 规范的 pull 模型：在该模型中，消费者向提供者提出事件需求。如图 6-3(B)所示，消费者是主动的发起者而提供者是“拉”请求的被动目标。事件通道由于是为了消费者而取得事件，因此扮演着“获取者”的角色。所以主动的消费者可以通过一个事件通道明确地从被动的提供者中拉出事件。
- 混合的 push/pull 模型：在该模型中，消费者请求被提供者排列在通道中的事件。如图 6-3(C)所示，提供者和消费者都是请求的主动发起者。事件通道扮演着一个“队列”的角色。因此，主动的消费者可以通过一个事件通道拉出由主动的提供者明确存放的数据。
- 混合的 pull/push 模型：在该模型中，一个事件通道把事件从提供者中拉出并把其推入消费者中。如图 6-3(D)所示，提供者是“拉”请求的被动目标而消费者是“推”请求的被动目标。事件通道扮演着“智能代理”的角色。因此，主动的事件通道可以从被动的提供者中拉出数据，并把这些数据推入被动的消费者中。

通过事件服务，OMG 满足了分布对象之间的隔离化的通信要求。CORBA 事件服务通过对事件封装而提供了基本的消息传递功能，在产生事件之后，CORBA 事件服务将事件从事件提供者对象传送给事件消费者对象，且事件服务允许对象动态地注册或注销他们感兴趣的特定事件，事件服务在相互不很了解的对象之间建立起一条松耦合的通信信道。事件耦合程度比远程过程调用要松，但比面向消息的中间件要紧。事件服务的参与者，他们不再需要知道与其通信的对象数目，也不需要知道对象的位置，甚至不需要知道其他对象是否存在，只是通过事件通道发送或者接收事件数据。

在接下来的几个小节中，将介绍实时系统、实时 CORBA 以及实时事件服务。

6.3.3 分布式实时事件服务概述

研究结果表明，普通的实时事件服务效率和可预测性对于实时系统领域中的应用来说是不够的，为了提供如电子设备任务的计算以及高速网络的监测，需要扩展普通的 CORBA 事件服务，使其具有实时性。

标准 CORBA 事件服务规范缺少实时应用所需的一些重要特性，如有效的事件过滤、组通信协议、可预测的分派策略以及网络和计算资源的有效利用。

这些不足都成为了标准 CORAB 事件服务在实时应用方面的瓶颈。随着现代分布式环境对时间的要求和限制越来越苛刻，这就对 CORBA 等中间件技术在实时方面的应用提出了更高的要求。下面的讨论总结了 CORBA 事件服务中缺少的特性，并概述了如何支持它们。

1. 支持集中化的事件过滤和事件相关性

在一个大规模分布式的交互式仿真系统中，并不是所有的消费者对所有的提供者产生的所有事件都感兴趣。虽然可以让每一个应用实现其自身的过滤，但这会造成网络和计算资源的浪费。因此，较理想的方法是让事件服务只在消费者具有明确的订阅要求时才向这个特定对象发送一个事件。但须注意的是，需要确保用来支持过滤的订阅过程其自身不能对分布式系统的资源产生不当的负担。

对于使用标准 COS 事件通道实现过滤来说是有可能的。举例来说，很多通道可以被连接起来创建一个事件过滤图，该图被消费者用来接收系统中总事件的一个子集。尽管如此，使用标准 COS 事件通道定义的过滤图增加了一条消息需要经过的提供者和消费者间的结点的数量。同样，由于需要对所要求的每一个事件分派做额外的处理，因此它还妨碍了系统的可扩展性。

所以，为了缓解这些扩展性问题，实时事件服务应提供过滤及其相关机制，允许消费者指定逻辑“或”和逻辑“与”事件依赖。当达到指定的条件时，事件通道将分派满足每一个消费者依赖的所有事件。

2. 有效的和可预测的事件分派

为了改进可扩展性，需要在一个事件通道中使用多个线程来把事件传递给它们的消费者。实时事件服务应通过配置和指定应用的策略，来对将用来分派事件的线程数目和优先级进行分配。由于一个事件可以被指派给一个具有适当 OS 优先级的线程，因此同一个分派组件能被用来实现更优的可预测性以及增强运行时间调度决策。

3．网络和计算资源的有效利用

普通的事件服务是针对每一个对该事件感兴趣的远端消费者发送一条消息，这样就会造成对网络资源的不充分使用，相同的数据会被传输很多次，而且常被传输到同一个目标主机。实时事件服务所使用的策略应可被配置用来最小化网络流量，包括：

- 使用多点传送协议以避免双倍的网络流量。
- 绑定共享过滤信息的事件服务，从而实现最小化或消除对一个远端实体来说不需要的事件传输。

6.4　交易器服务

6.4.1　对象交易概述

对象交易服务(Object Trading Service)在 1996 年中期成为 CORBA 标准。它的交易服务思想来源于 ISO 的 ODP 标准。其功能类似于电话黄页，通过用户所需的服务类型为其查找并提供相应的对象服务。通过交易器对象可以向其他对象发布它们所能提供的服务或查找它们所需的服务。发布服务被称为“服务输出”(Export)，查找服务被称为“服务输入”(Import)。对象服务的输入和输出实现了服务的动态查找和延后绑定。

输出(Export)，对象向交易器给出服务的描述以及服务所在界面的位置；输入(Import)，对象要求交易器提供符合一定条件的服务。

CORBA 中任何一个对象都可以向其他对象提供服务，同时又可以请求其他对象所能提供的服务。服务方以界面的方式向客户方说明相应对象所能提供的服务(由操作集来表示)。交易器接收服务方的信息，向系统中潜在的客户宣布相应的服务器所能提供的服务，并能够根据客户的要求，向客户提供他们所需的服务。图 6-4 显示了交易器与它的客户/服务器之间的交易过程。

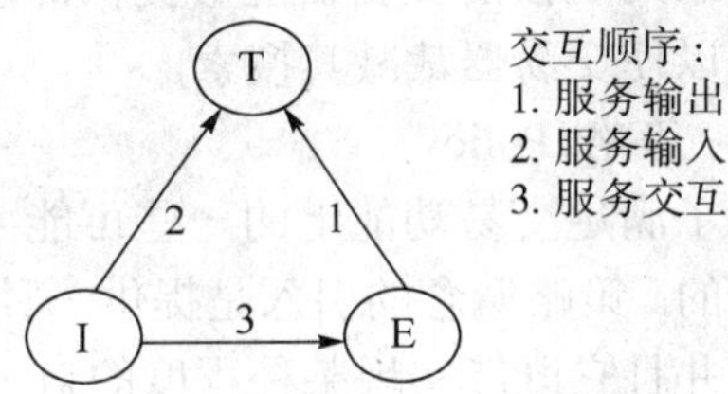

图 6-4　交易器与它的客户/服务器之间的交易过程

由于服务输出的数量可能非常庞大，且不同用户对服务的要求也各不相同，因此不可避免地需要对服务输出进行分区。

首先每个服务分区要满足它自己用户的交易需要，如果这种需要超过这个该服务分区的能力，那么用户就需要直接或间接地访问其他服务分区。直接访问意味着用户直接与操作这些服务区的交易器交互。间接意味着用户仅与一个交易器交互，并且这个交易器再与负责其他交易区的交易器交互。后一种情况涉及到交易器的联邦(federation)。

服务方首先向交易器输出服务供应，以宣布自己所能提供的服务。有了这一前提之后，客户方在需要时就可以向交易器输入请求，以申请自己所需的服务。交易器根据客户的请求，查找自己所管辖的服务输出空间。成功地匹配之后，向客户方返回服务方的相应的界面引用。客户方一旦掌握了界面引用，它就可以调用该界面中的操作，以获得自己所需的服务。

1．多样性和伸缩性

交易服务的思想可以应用在很多场合。一个交易器可以包含大量服务，并且它的实现是基于数据库，也可以仅包含少量的服务，并且可作为一个临时交易器存在。第一种场合要求交易器的易获得性和完整性；第二种场合要求交易器的性能。这些不同场合下的变化显示出对交易器伸缩性的需要，既能向上满足大型系统的需要，又能向下满足小型快速系统的需要。

为了查找任意输出服务，交易器必须知道所有输出服务的位置。一个服务区不可能包含所有输出服务，有许多输出服务是包含在其他服务区中。因此，一个交易服务器除了包含输出服务信息，还需知道其他服务区的信息。一个交易器可以通过其他若干交易器来实现该功能，而不必知道所有服务区的信息。

服务输出空间的分区以及一个分区包含其他分区一定信息的实现，是满足分布式和根据交易上下文确定对象服务要求的基础。

2．连接的交易器(Linking Traders)

根据上下文确定服务输出空间和分布交易对象可以通过将许多交易器连接在一起来实现。当一个交易器与其他交易器连接在一起时，它也就隐含地使自己的用户可以访问其他交易器的服务输出空间。

交易器的连接可以跨越域边界(例如行政的、技术的边界等)，因此交易服务也是一种联邦系统，即可以跨越多个域的系统。

3．策略(Policy)、约束(Constraint)和优先选择(Preference)

一系列连接的交易器能够提供的总服务空间可能非常地巨大。通过策略、约束和优先选择可以使交易器裁减其搜索。

◆ 策略(Policy)

为了满足交易功能上的一些可能要求，在规定交易器的行为的同时，某种程度的自由是必要的。策略概念的引入是提供一种框架，这种框架用于描述任何 OMG 交易服务对象的行为，并且它既能实现某种程度的自由，又能满足规范的要求。

CORBA 规范给出了一系列策略及其语法。使用名值对来指明一种策略。策略是用来告诉交易器如何完成服务搜索而不是需要何种服务。每种策略部分决定交易器的行为。例如，可以通过设置 hop_count policy 来约束搜索连接的交易器数量。通过交易器的管理界面来设置策略值。

◆ 约束(Constraint)

用于指明一种搜索标准。输入方选择服务类型并指明一个约束条件。约束条件是一种符合约束语言标准的表达式。交易器服务为交易器之间的交互定义了一个标准约束语言。当然也可以通过在约束表达式前添加语言修饰符<<language name>>，来另外指明不同的约束语言。

◆ 优先选择(Preference)

用于指明匹配的服务供应被返回的优先顺序。如果未指明优先选择串，默认值是 first，即返回第一个满足条件的服务供应。

使用策略确定服务供应集合，接着使用服务类型和约束来指明搜索标准，按照优先选择来给出匹配的结果。

6.4.2　基本概念与数据类型

1．输出方(Exporter)

输出方通过交易器发布其能提供的服务。输出方既能是服务供应者也能代表其他服务供应者发布服务。

2．输入方(Importer)

输入方通过交易器查找符合某种条件的服务。输入方既能是潜在的服务客户也能代表其他客户输入所要求的服务。

3．服务类型(Service Types)

服务类型用于表示描述一个服务所需的信息，它与每一个被交易的服务相关联。它的组成如下。

- 界面类型(Interface Type)：服务界面的计算性的描述。
- 零个或多个命名的属性类型(Property Type)。

输出方给出所要发布的服务的服务类型描述；输入方指明需要查找的服务类型。服务类型之间的关系可以是一种层次关系，即界面类型的继承和属性类型的聚集。这种层次关系是确定一种服务是否能被另一种服务替代的基础。

4．服务类型模型(Service Type Model)

服务类型模型可用下面 BNF 描述：

```
service <ServiceTypeName>[:<BaseServiceTypeName>[,<BaseServiceTypeName>]*]
{
interface <InterfaceTypeName>;
[[mandatory][readonly] property <IDLType> <PropertyName>;]*
};
```

关键字 Service 引入一个新的服务类型名(ServiceTypeName)。服务类型名的结构类似于界面仓库的标识符(::First::Second::Third...)。服务类型名作为服务类型的惟一标识符既对编程人员可见也对终端用户可见，因此它的命名是全球化的。

基类服务类型(BaseServiceTypeName)描述被继承的服务类型，即能够替代该服务类型的那些服务类型。

关键字“interface”为该服务引入界面类型名(InterfaceTypeName)。它等价于或继承于基类服务类型的界面类型。

类型子句是属性声明的列表。一个服务必须支持它所有的基类类型的属性，同时拥有相同的属性值类型，并且不能丢失任何属性方式。

mandatory——在输出服务供应时服务类型实例必须为该类型提供适当的值。

readonly——当输出服务供应时如该属性已被赋值，那么该属性值不能被接下来的Register::modify()操作所改变。

属性强度如图6-5所示，而服务类型一致性规则为：

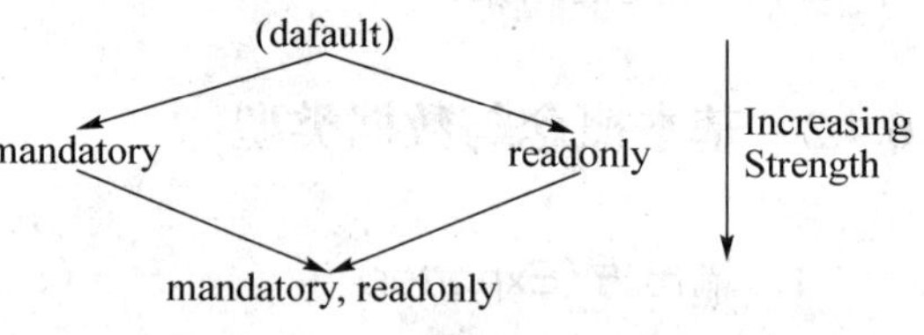

图6-5 属性强度示意图

服务类型β是服务类型α的子类型。

当且仅当：

- 服务类型β的界面类型相同或继承于服务类型α的界面类型。
- 被定义于服务类型α中的所有属性也被定义于服务类型β中。
- 对于被定义于服务类型α、β中的所有属性，服务类型β中的属性模式必须相同或优于服务类型α中的属性模式。
- 定义于服务类型β中的所有属性中也定义于服务类型α中，且其属性值类型必须与服务类型α中的相应定义相同。

5. 属性(Properties)

属性是名值对(<name, value>)。输出方给出它要发布的服务的属性值，输入方能够获得这些值并且通过它们来约束对相应服务供应的查找。

6. 服务供应(Service Offers)

服务供应是输出方给出的有关其要发布的服务的信息。它包含：

- 服务类型名。
- 服务界面的引用。
- 该服务的零个或多个属性值。

输出方必须对所有强制类属性赋值。另外，输出方也可能为其他非强制类属性赋值，在此情况下，交易器不负责进行属性类型检查。

7. 服务供应选择(Offer Selection)

所需的服务供应包括从所有连接的交易器上的服务供应可能很多，交易器使用策略来确定需要查找的服务供应集S1。在集合S1上通过服务类型和约束条件来确定满足服务类型和约束条件的集合 S2。在返回服务供应给输入方前根据优先选择条件来确定最后的服务供应。

8. 优先选择条件(Preferences)

优先选择条件用于选择通过服务类型，约束条件表达式和各种策略匹配得到的服务供应，优先选择条件用于决定返回匹配的服务供应的顺序。

优先选择串由两部分构成：

- 第一部分由下列大小写敏感关键字组成：
  max、min、with、random、first
- 对第二部分的解释取决于第一部分，它可以为空。

优先选择条件表如表 6-1 所示。

表 6-1　优先选择条件描述

优先选择(preference)	描述
Max 表达式	表达式是数字型的。被匹配的服务供应以表达式的降序形式返回
Min 表达式	表达式是数字型的。被匹配的服务供应以表达式的升序形式返回
With 表达式	该表达式是一个约束表达式。判断被匹配的服务供应是否满足该表达式，结果为真的表达式排在结果为假的表达式前面
Random	返回的已匹配的服务供应按照下列算法定序：在匹配的服务供应中随机选取一个服务供应，再在剩下的随机选取一个，以此类推直至最后一个
First	返回的已匹配服务供应的顺序按照其被发现的顺序

注：如果没有优先选择条件被指定，默认为 first。优先选择条件的组合不被允许。

9．连接(links)

连接表示查询从源交易器到目的交易器的传播路径。交易图中，一条边代表一条连接，结点是交易器。一条连接描述的是一个交易器所拥有的除本身外的又一个交易服务信息，它也包含何时传递操作给目标交易器的信息。一条连接包含如下信息：

- 由目标交易器提供的 Lookup 界面，并且支持 query 操作。
- 由目标交易器提供的 Register 界面，并且支持 resolve 操作。
- 默认的连接跟随(link follow)设置，如果输入方未指明 link_follow_rule 策略，则交易器根据默认的连接跟随设置来确定是否将 query 传递给其他交易器。
- 受限的连接跟随设置，如果输入方的请求超过连接所设的限制，则将输入方的 link_follow_rule 覆盖。

10．策略(Policies)

策略在运行时刻影响交易器行为，其用值名对表示。

某些策略决不能被忽略，尽管其他一些策略可以被忽略。策略可以被分为两类：

- 限制搜索范围的策略
- 确定操作功能的策略

不同的策略与交易功能中不同的角色相关。

图 6-6 给出查询的传递过程，其中：

$$|N1| \geqslant |N2| \geqslant |N3| \geqslant |N4| \geqslant |N5|$$

输入方获得的结果被范围限制策略所影响。hop_count 和连接跟随策略限制交易器搜索范围。N1 是交易器(包括被连接的)的总服务供应空间，那些具有一致性服务类型的服务供应被聚集到集合 N2 中，N2 的大小将被搜索策略进一步压缩，在 N2 上使用约束条件生成既满足服务类型和约束条件的服务供应集 N3，服务集 N3 可以进一步被匹配策略裁减。根据优先选择条件对服务供应集 N3 进行排序得到供应集 N4，最后返回给输入方的供应集 N5 可以进一步被返回策略裁减。

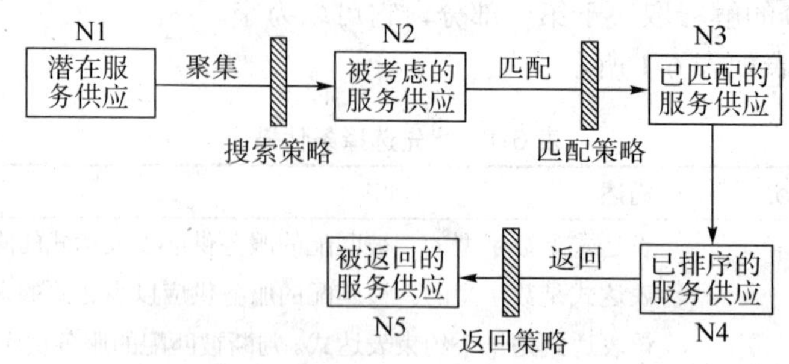

图 6-6 交易器的查询传递示意图

6.4.3 互连机制

1．连接遍历控制(Link Traversal Control)

交易器连接的弹性容许任意连接交易器，这会带来如下两类问题：

- 在搜索过程中，单个交易器可能不止一次被访问，因为一个交易器可以出现在不同的访问路径上。
- 可能产生循环。如果第一个交易器传递查询给第二个交易器，而查询立即被第二个交易器通过反向连接返回给第二个交易器，就会产生循环。

为了确保不出现无限循环，hop_count 被用于限制查询被传递的深度。在查询被传给其他交易器前，hop_count 减 1。当 hop_count 为零时，停止查询传递。

为了避免无效率地对一个交易器反复访问，源交易器为每个查询操作产生一个 RequestID。交易器 request_id_stem 属性被用于形成 RequestID。

交易器记住所有最近曾被要求进行的互连查询操作的 RequestID。当交易器收到一个互连(interworking)查询时，交易器检查其历史记录，并只处理那些仅第一次出现的查询。为此，联邦交易器的管理者必须初始化无重叠值的 request_id_stem。Request_id 通过输入方的策略参数传递给目标交易器。如果目标交易器不支持 Request_ID 策略，则不必处理 Request_ID，但在允许继续传递查询时，须将 Request_ID 传给下一个被连接的交易器。

2．联邦查询实例(Federated Query Example)

为了在一个交易图上传递一个查询请求，每个源交易器作为目标交易器 Lookup 界面的客户方并且将客户方的查询请求传递给目标交易器。

下述实例给出了一个交易图，图 6-7 中 hop_count 参数在一系列连接交易器中的变化。在此假定交易器中的连接跟随策略为“always”。

(1) 一个查询请求以输入方 hop_count=4 的值被调用，T1 的范围搜索限制策略中的 max_hop_count=5，所以最终用于搜索的 hop_count=4。

(2) 假定在 T1 中未找到一个合适的匹配而跟随策略为“always”，则 T1 将请求传递给 T3。输入方的 hop_count 被减 1，为 3 且作为 T3 的查询输入值。T3 的本地 max_hop_count=1

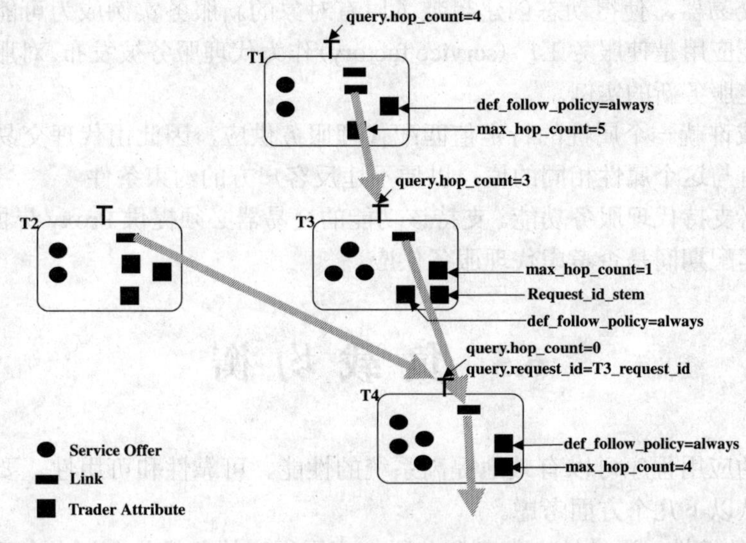

图 6-7　交易图

且产生 T3_Request_id 以避免对同一交易器的重复搜索。用于 T3 查询的 hop_count=1 且 T3_Request_id 被保存。

(3) 再次假定在 T3 中未找到一个合适的匹配而跟随策略为“always”，则 T4 的策略输入参数：hop_count=0 且 request_id=T3_Request_id。

(4) 假定在 T4 中未找到一个合适的匹配，这时即使 T4 的 max_hop_count=4，搜索也不会继续被传递。搜索失败将被返回给 T3、T1，直至 T1 的使用者。

当然，如果查询操作在任何交易器上匹配成功，则匹配的服务供应列表将返回给初始使用者。查询操作是否在其余交易器上被传递取决于连接跟随策略。在该实例中，由于假定策略为“always”，查询将到达所有满足 hop_count 策略的交易器。

3. 代理服务供应(Proxy Offers)

代理服务供应是服务供应和受限连接的交叉。它包括服务类型和服务供应的属性，并且以同样的方式进行匹配。然而如果代理服务供应能够匹配输入方的要求，它不是返回服务供应的细节，而是将查询请求传给与该代理服务供应相连的 Lookup 界面。

如果输入方的查询能与一个代理服务供应相匹配，拥有这个代理服务供应的交易器将在代理服务供应所代理的交易器上进行嵌套查询，并且使用下列参数：

- 初始类型参数不变。
- 按照与代理服务供应相连的 ConstraintRecipe 构造新的约束条件参数。
- 初始优先选择参数不变。
- 通过添加与代理服务供应相连的 policies_to_pass_on 到初始策略参数来构造新的策略参数。
- 初始 desired_props 参数不变。

代理服务供应便于将封装的对象遗产系统打包进交易系统。这使得客户方能够通过匹配代理服务供应来查找这些对象。通过原有基础上产生的新约束条件表达式和策略参数来嵌套调用代理交易器，使得动态创建封装了原有对象的新服务实例成为可能。代理服务供应的另一个可能应用是使服务工厂(service factory)作为代理服务被发布。对服务工厂的嵌套调用可产生特定服务新的实例。

一个查询或许就一个属性的特定值匹配代理服务供应，因此由代理交易器返回的任何服务供应必须有与这个属性相同的值，以便不违反客户方的约束条件。

交易器不必支持代理服务功能。支持该功能的交易器必须提供 Proxy 界面。输入方可以指明交易器在匹配期间是否考虑代理服务供应。

6.5 负载均衡

负载平衡的应用程序可以有效地提高系统的性能、可靠性和可用性。要开发一个成功的系统，可以从以下几个方面考虑。

- 改善可伸缩性：通过结合复制和分区把应用程序的负载分布到多个可执行程序和多个主机上。
- 克服资源限制：修改 CPU 数量、内存、TCP 连接、线程限制等设计。为了防止处理资源的浪费，要确保可以合理地释放或重用它们。
- 限制故障所引起的危害：应用分布、组件分区及组件复制来限制单个服务器上的故障可能引起的危害。

6.5.1 应用程序分区

应用程序分区是把应用程序分割成一定数目的独立的服务组件，这些组件提供应用程序整体功能中的特定子集，所有分区功能的总和等于整个应用程序的功能。

应用程序分区有两种模式：水平应用程序分区和垂直应用程序分区。水平应用程序分区是按系统功能切分应用程序，每个服务器只提供系统功能的一个子集。垂直应用程序分区是基于数据切分系统，每个服务器提供系统的全部功能，但只能访问数据的一个子集。

在水平分区中，对象被指派给一个并且只有一个专门的分区(服务器)，一个特定的服务只由一个服务器提供。客户机负责为请求服务定位正确的服务器，通常可以使用 CORBA 命名服务。

垂直分区容易应用于数据库系统，例如使用一个数据库提供从字母 A 到 M 的股票信息，而使用另一个数据库提供从字母 N 到 Z 的股票信息。在这种情况下客户机提供一条关键信息，如股票符号作为鉴别器。在多层 CORBA 应用程序中，将所谓“跨分区”的查询减到最少是非常重要的，因为这将导致不同 CORBA 服务器间的交互。

在分区方法中，客户机可以使用一个常用名(通常由 CORBA 命名服务解析)作为一个关键字来连接到服务器，一旦分区键被解析到服务器对象上，以后所有的远程调用都直接作用在那个服务器上。CORBA 激活代理和命名服务都不直接涉及此后的请求。

由于实际负载可能并不在选定的分区之间合理地分布，选择恰当的分区通常是困难的。分区方法的静态性质使得对选定的分区进行修改非常困难：它要求对 IDL 进行基础性的修改，并可能最终影响到客户机定位服务的方式。将一个 CORBA 对象从一个分区服务器转移到另一个分区服务器并非是一件小事。

对于分区系统应力求使分区对客户机尽可能地透明，客户机代码不应该知道分区。使用 CORBA 命名服务以暴露少量常用的入口点，也可使用工厂对象或管理器对象作为关键入口点。

6.5.2 复制

服务的复制是指相同服务器有多个实例，每个实例提供相同的功能，并访问相同的数据对象集。客户机请求可以指向当前有效的服务器中的任意一个。为了确保一个服务器的内容与同一复制组中的其他服务器的内容一致，通常要进行服务器之间的同步操作。

复制允许应用程序支持某种性能和吞吐量方面的服务质量，当更多的客户机开始使用该应用程序时，额外的复制服务器就可以加入，以共同承担负载。

基于复制的负载平衡需要考虑的主要方面有三个：对象定位、迁徙和状态管理。要定位一个服务对象，可以采用多代理(multiproxy)、对象组(object group)和选择器模式(selector pattern)；迁徙是指系统在何时选取一个服务器对象，它可以由客户机或服务器或集中器(concentrator)控制；状态管理通常采用缓存同步和数据库复制的一些机制。

1．定位机制

多代理、对象组和选择器模式是在一个复制服务器群中寻找对象提供不同的机制。多代理通过在每个客户机上缓存一些有效的服务器对象引用，把客户机重定向到不同的服务器上；对象组模式是将一个名字映射到多个对象引用；选择器模式是一个独立的服务器，负责将新的客户机指派给负载最轻的服务器。

在多代理模式中，多代理被实现为客户机端的封装类，多个对象服务器将其对象以不同的名字绑定到命名服务中，客户机启动时与命名服务连接，获得各服务器对象的解析名，并将这些 IOR(Interoperable Object Reference)缓存在多代理对象的列表中，以供以后负载平衡使用。名字到对象的解析只需要发生一次，多代理缓存了 IOR 之后就不再与命名服务联系，除非发现了错误。当客户机向对象服务器发出请求时，多代理按预定的定位策略选择目标对象，不同的请求可能选择不同的目标服务器。如果服务器是无状态的，多代理模式可以提供一个非常快速有效的负载平衡方案。

CORBA 的命名服务中，名字库中的每个条目由一个常用名和一个对象引用组成，这种关系是一对一的，即一个名字只能对应单个对象引用，并且命名上下文中的名字必须是惟一的。在对象组模式中通过允许名字与对象引用之间的一对多关系扩展了这个模型，它允许多个对象以相同名字在命名服务中注册。当客户机要求命名服务解析名字时，该命名服务按照当前的定位策略从对象组中选择一个对象。INOA 的 OrbixNames 就实现了对 CORBA 命名服务的扩展。在该模式中，每个会话期间，客户只同一个组件实例交互。

选择器模式则是通过一个选择器从它管辖下的复制服务器收集负载信息，用这个信息作为选择算法的输入，该算法通常是基于负载的。当客户机使用选择器驱动的负载平衡来访问远程对象时，它将向选择器进行一次初始请求，以定位一个实现对象。选择器返回在实际服务器中的一个对象的名字或其 IOR，然后客户机按通常的方式进行直接的远程调用，访问服务器对象。为了使选择器正确地跟踪客户机与服务器的连接，选择器还要知道客户机何时关闭与服务器间的连接，这可以通过客户机在完成时显式地通知选择器来实现，或由服务器在连接关闭时来通知选择器。使用 CORBA 的交易服务也可以有效地实现选择器模式的负载平衡。

2．迁徙机制

迁徙策略用于决定一个新的服务器对象何时被选中，例如每会话或每个事务。迁徙机制是指客户机、服务器或一个集中器如何实现各种迁徙策略，它通常和定位机制一起提供完整的负载平衡方案。

客户机控制是指由各客户机实现一个迁徙策略，以决定什么时候去定位一个新的服务器对象。例如，如果采用的迁徙策略是每操作的，那么在每个远程调用之前，客户机将进行一个选择，为该操作选取目标对象。

在 CORBA 规范中，利用 LOCATION_FORWARD 机制，基于 POA 的 ORB 可以允许服务器把客户机请求重定向到另一个服务器对象。服务器可以利用这种机制有效地平衡其负载。服务器抛出 ForwardRequest 例外，将重定向的服务器对象引用传递到客户机，客户机 ORB 收到该回答，将透明地向新服务器对象发送请求。在这种由服务器控制迁徙的模式中，由复制服务器协作管理整个应用程序负载，由服务器自己维护同组的其他服务器的负载信息，或采用独立的监视器来收集各服务器的负载和性能信息。

集中器模式则是在客户机和服务器之间引入一个中间层，由该中间层负责转发客户机的请求。每个集中器逻辑上实现了服务器支持的所有 IDL 接口，当集中器接受到一个客户机请求时，它将该请求转发给其中某个服务器。当它收到相应的回答时，将回答返回给相应的客户机。在集中器中封装了系统所有的负载平衡逻辑，它基于编程人员选定的定位和迁徙策略来选择目标服务器。

3．状态管理

有状态的服务器在内存中保存了对象持久属性的值，当一个客户机调用一个方法来获取一个对象的属性时，服务器能够返回缓存在本地内存中的值。当多个服务器被用于平衡应用程序负载时，客户机对服务器对象属性值的修改只会影响特定的服务器的缓存，而不会传递到其他的复制服务器。这样不同的客户机将看到不同的数据，因此如果复制服务器缓存状态，必须考虑复杂的服务器同步问题。

服务器状态的管理有两种方法：协调和验证。用协调的方法，系统试图保证在多代理缓存中的任何数据项都有一个一致的值。用验证的方法，服务器依赖数据库作为数据的最后保管人，并在允许客户机读或写数据之前检验它们的缓存。

协调缓存的方法有两种：同步协调和异步协调。同步协调是指数据项的所有缓存复制以及底层数据库中入口被一个原子操作和全部更新，在更新之前所有项必须被完全锁定，并且所有更新同时成功或同时失败。异步协调在数据项的本地更新和将该更新传播到其他服务器之间引入了延迟。

缓存验证是个较简单的解决方案，使用该方法，并不试图在多个服务器中协调状态，而是 CORBA 服务器依赖共享的底层数据库来协调对状态的访问。当服务器在接受到一个要访问缓存对象的请求时，首先询问底层数据库被请求的数据项自从它被缓存之后是否已经被更改过了，如果已被更改，则重读它的值，否则简单地返回缓存的值。

负载平衡虽然存在许多构造很好的模式，选择一个合适的机制将依赖于客户机应用程序的访问和使用模式。必须在由客户机或服务器控制的负载平衡、定位和迁徙策略、复制和分区等这些组合中进行选择，而有效变化的数量是无限的。

6.6 容　错

容错性是应用程序对如下一些原因所导致错误的抵抗力的测量：

- 丢失处理资源、硬件和软件或 O/S 故障。
- 丢失逻辑和物理通信路径、网络和连接故障或严重的服务中断。
- 应用程序自身内部的暂时或永久的故障、错误逻辑、不完整的异常处理、不匹配的客户机和服务器版本以及死锁等。

容错性测量方法是基于应用程序对客户可用的时间数量，可用性由平均故障间隔(MTBF)和平均修复时间(MTTR)来计算，即：

可用性=MTBF/(MTBF+MTTR)

其中 MTBF 为两次故障发生之间的平均时间，MTTR 定义为花费在故障确认、恢复服务以及完成恢复一致状态所需的任何同步三方面的全部时间。

6.6.1 容错性概述

经过精心设计的体系结构可以提高应用程序对故障的恢复能力和提高其可用性。容错系统的目标是当故障发生时提供确定的“服务级别”，期望的服务级别应表述为系统体系结构的一部分。通常系统将经历部分故障，这种故障可能表现为令系统性能下降而不是导致整个系统中断。

故障可被分为两类：灾难性的和性能相关的。灾难性故障时系统中的某个元素完全失效，出现这种故障的原因可能是某个不可恢复的逻辑错误，导致了应用程序内部的不一致。CORBA 分布应用程序中常见的故障有：

- 进程由于程序设计错误而意外终止。
- 因为服务器上无可用的套接字(Socket)，客户机与服务器之间不可能建立 TCP 连接(或 IIOP 连接)。
- 基础数据库不可用，服务器因此不能完成事务请求。
- 服务器过载，不能响应某个客户的请求。

为了从故障中恢复，首先要检测故障，故障可以在客户机内检测，也可以在应用程序服务器中检测，包括由独立的监控器检测、由操作系统检测、由传输层的某个单元检测。

由于分布式系统的元素可以跨多机、跨网络、甚至跨地理边界散布，所以不能依赖某个系统管理员手工对系统进行监控和修复，而是需要考虑既能监控自身正常状态又能启动修复措施的容错系统。

虽然故障检测是建立容错分布式应用程序时一个重要的方面，但它无法独自提供对容错应用程序中非常关键的具有恢复能力(recoverability)的组件。有时当故障被检测到时，希望将采取纠正行动的责任委派给某个其他进程。例如，当系统依靠客户机来检测服务器的故障时，它可与选择器联系，发送一条消息通知某个服务器发生故障，希望获得一个替换对象。

日志服务可以被用于提供一种错误和故障的被动通知，日志文件通常用于在故障发生后确定发生了什么问题。如果日志文件具有结构化、可分析的格式，系统可以通过定义一个读取日志文件，并在必要时采取纠正行动的错误监控进程来实现其容错能力。

6.6.2 CORBA 对容错的支持

在 CORBA 技术，利用传输层(通常是 IIOP)的检测与恢复特性提供了容错的部分解决方案，利用基本的 ORB 服务(如 BOA 和 POA)来支持透明的激活。

在 CORBA 客户机中包含的对象引用通常并不直接指向服务器，而是指向服务器所在主机的 ORB 激活代理。这样服务器不需要总是在运行——激活代理可以仅在客户机需要时才启动服务器进程。客户机首先同激活代理联络，激活代理启动服务器，并将客户机重定向到应用程序服务器。当服务器进程终止时，客户机上的 ORB 可以退回到对象引用中原来的信息，并与激活代理联络，这样提供了某种级别的容错，这对客户机应用程序来说是透明的。

这种通过 ORB 获得的容错有其局限性，首先它被限制在单主机上，如果该主机失效，客户机将不能恢复。此外它没有任意服务器状态的恢复能力，如果客户机的引用是指向一个瞬态对象，简单地重启动服务器并不能解决问题。而且如果使用了规定的集中器或选择器来实现负载平衡时，也不适合由激活代理来启动服务器。

某些商业化 ORB 具有内建地对激活代理自身可恢复性的支持。因为通常每个主机只有一个激活代理，激活代理能从崩溃或其他严重故障中恢复是非常重要的。某些激活代理可被配置为持续地记录其状态，当故障发生时，可以恢复其状态。

应用程序状态的复制是容错的关键，而应用程序状态可能存储在一个或多个应用程序服务器进程中、多个数据库中。因此必须复制服务器和数据库，才能使系统具有容错性。

容错的方法可归为三类：冷方法、暖方法和热方法。在冷方法中，备份组件仅在检测到原有组件失效时才启动；在热方法中，复制组件各自运行，所有的服务器状态同步，并发地处理所有的客户请求，某个服务器的故障对客户机几乎是不可见的；在暖方法中，备用服务器与主服务器各自运行，备用服务器具有与主服务器同步的状态，一旦检测到主服务器发生故障就取而代之。

对于无状态服务器，大多数 ORB 可以很好地实现冷备份的方法。ORB 的激活代理担任了容错代理(FT Agent)的角色，当应用程序检测到服务器故障时，它与激活代理联络，激活代理自动地启动一个新的服务器实例，返回一个新的对象引用给客户机。如果服务器具有状态，则通常通过检查点方法来完成其状态的恢复。原始服务器运行时，将其状态以结构化的形式写到某个持久存储器(检查点文件)，当服务器发生故障时，下一个服务器可以读出该文件，并恢复服务器状态。

暖备份模式中，备份服务器总是在主服务器旁运行，主服务器处理所有的客户请求，并负责同步自己和备份服务器的状态。当主服务器发生故障时，备份服务器提升为主服务器，开始处理客户请求。此方法中 MTTR 相对较小，与冷方法相比，客户机不必等待新的服务器进程启动和恢复其状态，状态同步的花费分摊在系统生命周期中，而不是故障发生时的大块时间。在选择器或集中器模式中，或客户端的多代理模式中，均可使用暖复制方法。在此方法中，主服务器和备份服务器是应用层的概念，未涉及到 ORB 的激活代理。

热备份方法由两个或多个冗余的服务器组成，其中的每个服务器都接收和处理所有的客户请求。每个服务器保持自身状态的更新，当一个服务器发生故障时，其余的复制件继续操作而不受失效复制件的影响。在热备份方法中无明显的容错代理，所有的客户请求被派送到所有的服务器，服务器状态隐含地在所有服务器之间同步。在热备份方法中有两个重要的方面：请求有序化和回答。所有服务器按正确次序执行请求是必要的，否则将导致服务器间的不一致状态；多个服务器处理同一请求，会返回多个回答，客户机必须能处理由单个请求得到的多个回答，或者由一个中介进程(如集中器)过滤所有回答。

在新的 CORBA 3.0 规范中，对提高系统的容错能力做了如下修改：修改 IIOP，以向客户机提供对一个实体组中处理器和网络故障的透明性。对多 IIOP 配置文件(profile)支持的扩展，对 IIOP 地址中的每个 IOR 不再重复整个配置文件，而是使用标注的转换 IIOP 地址(TAG_ALTERNATE_IIOP_ADDRESS)来允许关键的 IP 地址和端口号被改变，而不重复其他所有的片段。其次定义了一组 IDL 接口，用于管理复制件，通知客户机在服务器对象 IOR 发生改变，以及在故障发生后协调恢复。

如果 IOR 中可以包含多于一个 IP 地址/主机名组合，那么当客户机检测到其中一个发生故障时可以透明地切换到另一个 IOR 指定的服务器，而不需要来自客户机应用程序或系统的任何其他部分的进一步干涉。

在 CORBA 系统中，采用哪种方式使系统获得更好的容错性尤为重要，首先应考虑服务器，无状态的服务器相对容易处理；而有状态服务器的状态必须跨进程复制，如果某个服务器进程失效，客户机必须能够与含有相同状态的另一个服务器联络，否则系统就无法容错。

6.7　消息中间件及 CORBA 消息服务

6.7.1　消息中间件概述

目前，通信中间件最普遍的三种形式，包括：远程过程调用(RPC)、会话编程(CPIC，如 TCP/IP 的 Socket)以及 MQSeries 类型的消息队列中间件(MQI)。虽然这三种连接方案基本上解决的是相同的问题，但它们又都有其独特之处。表 6-2 总结了它们的一些主要区别，以下分别讨论这三种连接方案的工作机理及特点。

从表 6-2 中可以看出消息队列中间件通过消息队列接口为程序提供一种异步通信方式。消息队列中间件不需要应用程序和通信介质(或网络)以及远程应用程序之间的耦合，也不需要进行通信的应用程序同时运行。以 IBM 的 MQSeries 为例，它的核心是 MQI(MQ

Interface）。

表 6-2 三种不同模式的主要特性

	会话编程	远程过程调用	消息队列
类型	会话	调用/返回	队列
应用程序编程接口	非阻塞	阻塞	非阻塞
时序	同步	同步	异步
通信时对方是否总在运行	是	是	否
应用程序类型	面向连接	面向连接	无连接
耦合度	高	高	低
数据流模式	点到点和客户机/服务器	客户机/服务器	所有模式
逻辑路由	否	否	是
永久性数据	否	否	是
同步点控制	是	交易型 RPC	是

MQI 是由消息队列管理器支持的。MQI 允许程序向队列发送或从队列取走消息，不同的程序可以通过共享队列交换消息。使用 MQI 的程序在逻辑上并不相连，程序只是通过队列间接地、自然地以各种方式相互关联。

队列化消息传递是最新的通信模型，其基本特征在于接口用户之间不存在逻辑连接，MQI 使用者和提供者的基本关系是消息的发送者或接收者与消息排队、消息传输者的关系。

队列化消息传递的思想类似于 CORBA 标准思想，即在客户机/服务器模式的分布式环境中，利用消息队列统一处理通信双方的请求及应答，将客户机和服务器孤立开。

由于 MQI 是很简单的编程接口，使用 MQI 的程序比过去的非队列化消息传递的分布式应用程序简单，而且容易实现。程序的完整性、一致性、可移植性好，程序质量大为提高。

消息中间件有三种工作模式：点对点模式、队列模式和发布/订阅模式。在已有的消息中间件产品中，消息队列模式占主导地位，在消息队列模式中，消息发送到一个队列里，目的地可以在任何时候查看该队列。消息队列类似电子邮件系统，传输质量得到保证，但不知道收件人是否阅读到报文。发布/订阅模式由于更加智能有效，事实上已成为消息中间件的非正式标准。

目前比较有影响的消息中间件有 IBM 的 MQSeries、BEA eLink 和 JMS。

◆ IBM MQSeries

IBM MQSeries 是 IBM 的消息中间件。MQSeries 提供一个具有工业标准、安全、可靠的消息传输系统。

它的功能是控制和管理一个集成的系统，使得组成这个系统的多个分支应用(模块)之间通过传递消息完成整个工作流程。MQSeries 基本由一个消息传输系统和一个应用程序接口组成，其资源是消息和队列。

MQSeries 的关键功能之一是确保消息可靠传送，即使在网络通信不可靠或出现异常时也能保证消息的传送。MQSeries 的异步消息处理技术能够保证当网络或者通信应用程序本身处于“忙”状态或发生故障时，系统之间的消息不会丢失，也不会阻塞。这样的可靠性是非常关键的，否则大量的金钱和客户信誉就会面临极大的损害。

同时，MQSeries 是灵活的应用程序通信方案。MQSeries 支持大多数计算平台和通信模式，拥有连接至主要产品(如 Lotus Notes 和 SAP/R3 等)的接口。

MQSeries 虽然有以上优点，但不够开放，而且不能很好适应因特网环境下的交易。

◆ JMS(Java Message Service)

JMS 规范提供了一个通用的消息模型，能够支持同步和异步通信机制，工作模式有点对点模式和发布/订阅模式。

在 JMS 中，发送端应用程序可以指定一个消息一直保存在一个代理管理的数据池中，直到所有订阅者收到它。客户端一旦连接到消息代理后将自动接收其所订阅的消息，包括客户端离线时其他客户端发给它的消息。

JMS 规范并不指定消息结点间所使用的底层通信协议，以保证应用开放人员不与通信细节打交道，一个特定的 JMS 实现可能提供基于 TCP/IP、HTTP、SSL、E-mail 或者其他通信协议。

目前，已有公司开发出了一整套新一代轻量级高效的纯 Java 的 JMS 产品。

下面着重阐述基于消息的一个通信中间件系统——MQSeries。MQSeries 是 IBM 公司的一个中间件产品，它以消息队列的方式为分布式环境下实现程序之间的通信提供了灵活、快速并且易于使用的解决方案。这种消息交换与硬件和操作系统无关，并能够保证数据既不会丢失又不会被复制。

6.7.2 MQSeries 结构

如图 6-8 所示，在 MQSeries 系统消息传输中，本地应用程序发送一条消息给 MQI，MQI 添上一个包含消息路由信息的头部，然后将其置于本地传输队列。MCP 采用指定的传输协议和物理连接将消息发送给远程系统。在另一端，消息逆向上行。远端 MQSeries 系统读取消息路由信息，然后把消息置于相应的目的队列。远端应用程序通过 MQI 读取消息。

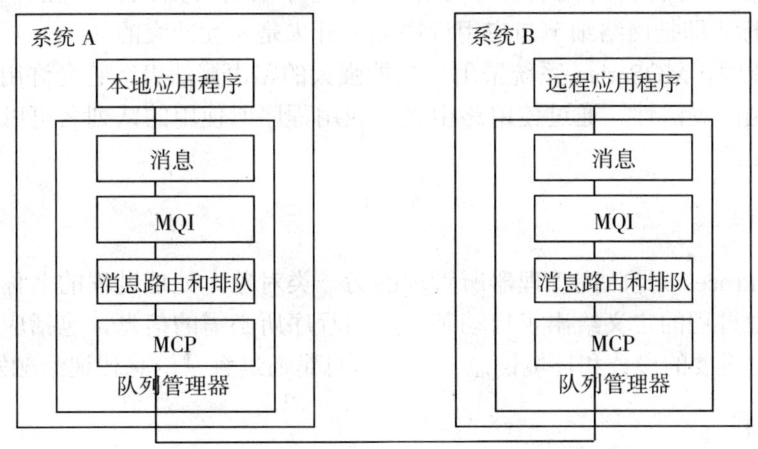

图 6-8　MQSeries 结构

1．消息通道协议(MCP)

MCP 是用来进行 MQSeries 系统消息传送的协议，负责将消息投送给不同系统的各种底层传输层协议。MCP 和存储—传递方法相结合，允许应用程序的执行独立于实际消息传输，这意味着在消息传输发生时并不强制应用程序等待。在传输链路不存在时，MQSeries 系统也可以存放消息，当链路恢复后重新设法传输。MCP 所支持的传输协议包括 LU6.2、DECnet 和 TCP/IP。

2．消息路由

MQSeries 系统依靠每个消息头记录中的信息将消息发往不同的目的地。头记录中包含了队列名字段，以便将该条消息发往目的队列。全称队列名由两部分组成：队列管理器名(标识 MQSeries 系统)和队列名(标识队列本身)。全称名称可以写成“队列名@队列管理器名”，最多可由 96 个字符组成，每部分可分配 48 个字符。这个命名规定表达了 MQSeries 系统消息路由的基础，基本的算法非常简单：

- “队列管理器名”标识目的队列所在的 MQSeries 系统。
- 如果“队列管理器名”未指定，则认为是本地队列管理器。
- 在最简单的情况下，队列名被映射成普通队列，而“队列管器名”被映射成本地队(列管理器或者本地传输队列，后者将消息发送给远程系统。)

一个 MQSeries 系统消息路由过程的简单例子如下所示：

(1) MQSeries 系统通过 MQI 收到消息。

(2) MQSeries 系统检查队列管理器名是否是本地队列管理器名。若是，则将该消息置于对应于队列名的队列中；若不是，则将该消息置于对应于队列管理器名的传输队列中。

(3) MCP 将该消息传递给远程 MQSeries 系统队列管理器。

(4) 远程 MQSeries 系统队列管理器将该消息置于对应于队列名的普通队列中。

(5) 应用程序从队列中获取该消息。

虽然这一算法提供了简单而又强大的路由功能，但它带有一个局限性：直接用全称队列名要求应用程序对所在网络有充分了解，才能标识出特定队列驻在什么地方。这与 MQSeries 的目标，即把网络细节与应用程序分离开来是相互冲突的。

由于这一原因，MQSeries 系统采用了功能强大的路由算法表，它允许用户在命名路由目的地时有相当的灵活性。通过使用路由表，应用程序所使用的队列名可以被扩展为别名和远程队列定义。

3．处理过程

处理过程(Process)是队列管理器所管理的另一类对象。处理过程的名称是触发队列的一个属性。处理过程的定义给出了启动某一应用程序所必需的信息，包括应用程序名、启动该应用程序时需要的参数和环境信息。这些信息是通过触发消息传递给触发监控器的。

4．触发机制

触发机制是 MQSeries 提供的一种用来使应用程序(特别是服务器应用程序)只有在服务

申请到达时才被激活的机制。其基本思想是：当某个特定队列满足一定的条件时，队列管理器就把一条触发消息发送到启动队列。一个叫做触发监控器的特殊应用程序从启动队列中读取触发消息，并利用触发消息中所包含的信息来启动一个程序，处理触发队列上的消息。MQSeries 提供的触发机制并不对被启动应用程序的行为作任何要求。一个触发监控器可以用来监控多个触发队列。触发机制的工作过程如图 6-9 所示。

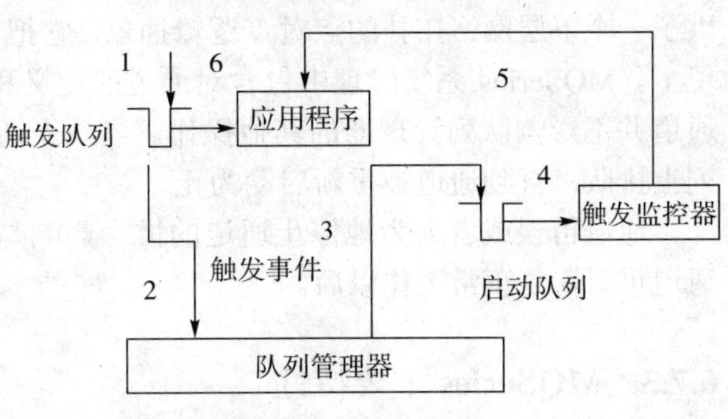

图 6-9　触发机制图

图中各步骤的含义如下：

(1) 一条消息到达被触发的应用队列。

(2) 队列管理器参考环境信息决定这条消息的到达是否构成一次触发事件(是否满足触发条件)。

(3) 队列管理器创建一条触发消息，并把触发消息发送到一个启动队列。启动队列也是一般的本地队列，它的名称是在定义触发队列时给出的。

(4) 触发监控器从启动队列中读出触发消息。

(5) 触发监控器发出一条激活与触发队列相关联的应用程序的命令，该命令是和操作系统相关的。被启动应用程序和触发队列的关系是在定义触发队列和处理过程时给出的。

(6) 被启动应用程序进行相应的操作。通常被启动应用程序的运行过程中应包含从触发队列中取走消息。

触发可以有多种用途，引起触发的条件也多种多样。MQSeries 提供了三种基本类型的触发以满足各种要求：第一条消息触发、每一条消息触发和多条消息触发。

前两种触发产生之后，触发队列的属性不变。第三种触发是当队列上等待处理的消息达到一定数目之后所引起的触发。这种触发产生之后，触发队列就不再具有触发特性。

第一种触发是当有一条消息到达一个空队列时产生的，它适合于触发一旦被启动就处理完队列上所有消息的应用程序。当队列变空之后该应用程序就终止，当有新的工作到达时就又产生一次触发。这非常适合于工作零星分散，消息却成批到达的情况。

第二种触发是任意一条消息到达队列时都产生的，它适合于触发一次只处理一条消息的应用程序，每当有一条消息到达触发队列，应用程序就被触发。这种触发特别适合那些需要被立即处理的消息。但因为每次只处理一条消息，和第一种触发相比，这种触发会增加一些开销。如果在很短的时间内有两条消息到达，应用程序的两个复制将被激活，从而使这两条消息被同时处理。这类触发适合那些很少到达但十分重要的消息。

最后一种触发是在队列上有特定数目消息的任何时候产生的。队列管理器除了产生一个触发之外，还使触发队列不再具有触发特性。这种触发适合于监控特定队列上消息的数目，并在数目达到某个临界值时对用户给出提示。

5．消息流动

队列管理器之间的消息传递是通过消息通道代理 MCA 完成的，它实质上是访问 MQI 的应用程序。MCA 从传输队列上取走要传送的消息，通过网络连接把消息发送到目的队列管理器。在连接的另一端，另外一个 MCA 接收数据，并把它接收到的信息组合成消息放到目的队列中，流动的消息中包含有目的队列的信息。

发送 MCA、接收 MCA 以及它们之间的网络连接构成一个通道。通道为队列管理器提供了一个下层网络拓扑的点对点逻辑抽象，它把 MQSeries 的通信概念映射到底层的网络实现上。MQSeries 系统管理中包含对通道的定义和对通道的管理。停止一个通道和启动一个通道并不影响队列管理器的其他操作。当一个通道被停止之后，需要传送的消息在传输队列上排队，直到通道被重新启动为止。

通道错误或者人为地停止通道的惟一影响是，队列管理器之间的消息传递将被推迟到通道重新恢复正常工作以后。

6.7.3 MQSeries 主要特性

MQSeries 的优势表现在支持所有主要网络拓扑结构，支持多平台/多协议，并且具有统一、简单的接口和开发模式。MQSeries 的队列技术给应用系统设计带来很多优点：

1. 数据一致性

在分布式系统中维护数据的一致性非常重要。MQSeries 提供同步点功能来保证数据的一致性。当利用 MQSeries 访问数据库并作数据更新时，同步点功能常常被用到。

MQI 的 MQPUT 和 MQGET 参数中有“SYNCPOINT”选项，应用程序可以定义局部的工作单元。一个工作单元的所有 MQGET 调用都设置 MQGMO SYNCPOINT，所有 MQPUT 调用都设置 MQPMO SYNCPOINT。做这样的设置后，第一个 MQPUT 或 MQGET 调用开始一个工作单元。当一个工作单元在进行时，该应用程序能看见它自身做的修改，但其他程序却看不见这些修改。应用程序通过调用 MQCMIT 或 MQBACK 来结束一个工作单元。MQCMIT 提交所有在该工作单元中的修改，使它们对其他应用程序有效。而 MQBACK 则宣布该工作单元的所有修改无效，把系统恢复到工作单元开始以前的状态。

2. 数据完整性

随着数据内容(如多媒体文件)的不断丰富，不仅要求消息队列中间件对大型消息的传递提供支持，而且要求消息队列中间件对大型消息传递的完整性提供保证。

在 MQSeries 系统中，消息的最大长度是本地队列的一个属性，可灵活配置，最大为 100MB。当需要传输超过 100MB 的消息时，可以利用 MQSeries 的分段发送和接收功能，将一条大消息拆分成多条小消息进行发送，然后将接收到的多条小消息组合成一条大消息。MQSeries 提供了对消息的自动分段和自动组合功能，使得在不需应用程序干涉的情况下，屏蔽掉了消息的大小特征。

3. 通信安全性

每个发出 MQI 调用的应用程序都有一个相关联的用户标识符，它用于授权对特定 MQI 功能(主要是 MQCONN 和 MQOPEN)的使用以及对特定对象(通常是队列)的选项。这意味着任何尝试存取 MQSeries 资源的应用程序用户标识符必须经过适当授权。

MQSeries 负责获取用户标识符以用于所提供的其他安全性服务(如授权时，用户标识符在应用程序连接至队列管理器时被获取)。

MQSeries 的基本功能是在应用程序之间传递消息。消息头(消息描述符，MQMD)包含一个字段(名为 UserIdentifier)，放置用户标识符，使收到消息的应用程序知道消息发自哪个用户。用户标识符可用下列三种方法放入 MQMD。

- 从以前消息(即已为其执行了 MQGET 的消息)得到的用户标识符可传递给后面的消息，这称为传递安全性上下文。
- 一个经适当授权(即可信赖)的应用程序可将任何用户标识符放入该字段。
- 使用上述任何一种方法，MQSeries 都自动将执行了 MQPUT 的应用程序的用户标识符放入此字段。

因此，MQSeries 的这些操作提供了一个标识服务(将用户标识符与消息相关联)，但它不提供认证服务。MQSeries 应用程序不仅负责必需的认证标记(在 MQPUT 端)，而且负责验证该标记(在 MQGET 端)。

除了作为本地资源管理器外，队列管理器还提供分布式队列排队，使消息可在网络中的队列管理器间分配。队列管理器通过 MQSeries 通道来完成分布式消息的传送，每个通道由一对消息通道代理程序(MCA)组成，可使用底层传送机制来保证交换信息的可靠性。

当两个 MCA 建立通信时，可能每个 MCA 都必须验证另一方的标识。如果一个队列管理器不相信伙伴队列管理器的连接或身份(例如它们属于其他的企业)，就会发生这种情况。此验证可用下列方法中的任何一种完成。

- 某些传送机制(特别是 APPC)提供了安全性功能，如会话认证。注意：提供的是伙伴系统的验证(伙伴逻辑单元)，而非伙伴应用程序(MCA)，但这种方法满足了队列管理器的安全性要求。
- 每个 MCA 提供了一个安全性出口点，该出口点可用于调用用户编写的安全性出口，以实现用户标识符和相关联的认证标记(口令等)的交换。它允许每个 MCA 验证其伙伴的标识。使用 MCA 安全性出口，允许通道独立于底层的传送机制，并在多个传送间提供一个统一的服务。

4．系统集成性

MQSeries 可以无缝地连接 SAP ERP 系统、Lotus 群件系统和 DB2、Oracle 数据库等系统，有效地协同整个系统工作。

5．消息路由智能性

通过消息的路由机制提供了强大的智能路由功能。

6．其他特性

如可以使得程序间耦合度降低，可以实现负载均衡等特性。

6.7.4 基于 CORBA 的消息中间件

基于 CORBA 的消息中间件结构如图 6-10 所示。

由图 6-10 可知消息中间件核心是 MOB（Message-oriented Broker），应用程序通过 MOB 提供的接口 MOBI 来发布和订阅消息。MOB 完成以下任务：

- 用户登录、退出、验证。

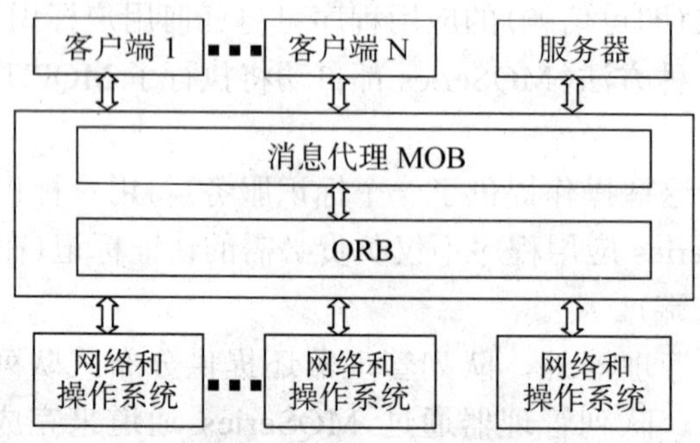

图 6-10 基于 CORBA 的消息中间件

- 消息的接收、分发、删除等管理。
- 消息队列管理。
- 为应用程序提供接口。

MOB 的体系结构如图 6-11 所示。MOB 为客户端应用程序提供的 API 包括与 XCMom 的连接、登录和退出 XCMom，消息发布、订阅及退订等。

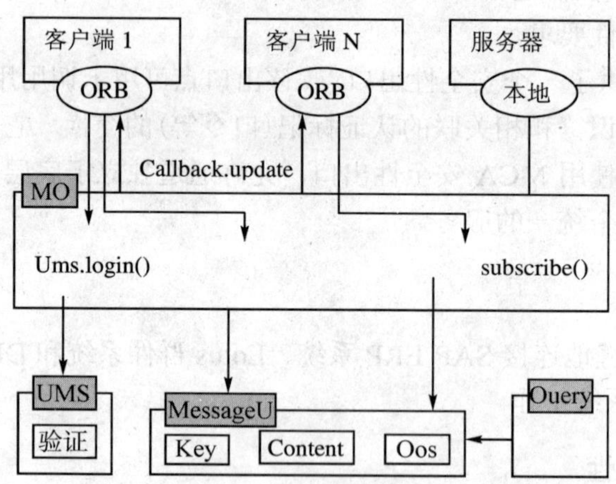

图 6-11 MOB 体系结构

安全管理是 MOB 中一个重要的组成部分，负责在连接服务器时对登录用户进行身份验证，登录模式是基于会话的，允许同一用户进行多个会话。通过全局惟一的会话 ID 来区分多个会话。每个用户最多同时有 10 个会话，如果达到最大值，登录时会抛出异常。用户会话的默认持续时间是 24 小时，每个请求和回调都会重置会话时间，如果 24 小时既没有请求又没有成功的回调，则会话超期。此外，MOB 还对消息进行加密/解密，对消息加密/解密采用移位算法。

MOB 的主要功能是对消息进行管理，负责消息的发布和订阅。MOB 把消息分成临时性消息、持久消息和介于两者之间的消息。对临时性消息，一旦被处理后，马上删除。持久消息可以存储在指定的文件中，对没有标识为临时性消息和持久消息的消息，则一直驻留在内存，直到关闭或显式删除。

在点对点模式中，发送方发送消息到一个或多个已知的目的地，接收方可以决定是否接收点对点模式中的消息。如果同意接收，则将消息传送给接收方。如果接收方不在线，即没有登录，则将消息放入消息队列，一旦接收方登录，就将消息队列中的消息发送给接收方。

在发布/订阅模式中，消息发布者发布的消息传送给 MOB，订阅者通过同步或异步方式订阅该消息。如果订阅者没有登录，则 MOB 将消息放入订阅者消息队列，一旦订阅者登录，MOB 将其订阅的消息发送给订阅者。

发布/订阅模式最大的优点是发布者和订阅者在多维空间上是松耦合的，这种模式下，客户端和服务器不需要知道对方的地址和具体的数量，这就简化了应用的配置，并且使组件更易重用，具体体现在以下几个方面：

- 空间非耦合。
- 发布者和订阅者不必相互知道。
- 时间非耦合。
- 发布者和订阅者不必同时在线。
- 数据流非耦合。
- 发布/订阅是异步模式。

6.8 小　结

实际应用中，CORBA ORB 只是起着最基本的逻辑通信通道的作用，至于具体的应用，需要利用 CORBA 的服务机制，如名字服务、事件服务、交易器服务、负载均衡、容错服务和消息服务等。本章分别就每个服务做了阐述。

6.9 习　　题

1. 简述 CORBA 服务机制包括哪些常见的服务。
2. 比较 CORBA 名字服务与交易器服务的异同。
3. 分析 CORBA 事件服务怎样才能体现实时性。
4. 分析不同的 CORBA 名字等服务之间是否仍存在互操作性。
5. 实践常见的 CORBA 服务。

第 7 章　中间件中的事务处理

知识点：

- 分布式事务处理
- COM 中的事务处理
- J2EE 中的事务处理
- CORBA 中的事务处理

本章概述：

简述了分布式事务处理机制和核心技术，如原子性、X/Open DTP 模型和两阶段提交协议，随后引出 COM 中间件、J2EE 中间件和 CORBA 中间件中的事务处理机制。

7.1　分布式事务处理

事务是指对特定共享资源的一组不可分割的操作，它具有 ACID 特性，即原子性(Atomicity)、一致性(Consistency)、孤立性(Isolation)和持久性(Durability)。这四个特性的含义如下。

- 原子性：是指事务中的所有操作是不可分割的整体，它要求事务所包含的操作要么全部成功执行，要么都不执行，而不能只执行其中的部分操作。
- 一致性：是指将事务中涉及的资源从一个合法状态转变到另一个合法状态，中间不能出现数据不一致的情况。即保持在事务前后，事务所涉及的资源的数据一致性。
- 孤立性：是指一个事务可能包含多个操作，这些操作的中间结果对其他事务是不可见的。一个事务只有在结束后才对其他事务产生影响。在多个事务对同一资源进行操作，它们就像是在串行地执行，彼此互不干扰，尽管实际上它们可能是并行的。
- 持久性：是指事务一旦成功完成，其影响是持久的，即使系统发生什么故障，都不会丢失该事务的执行结果。通常这意味着在事务结束时一定要把操作结果写入永久性存储设备。

事务处理发展到今天，经历了由集中到分散，由面向过程到面向对象的历程。

早期的事务处理大都是集中式的数据库应用，事务在单一的厂商提供的单一数据库产品中进行，这种事务处理比较简单。随着应用程序的日趋复杂和庞大，一个应用往往要跨越网络中多个平台，甚至可能是不同厂商提供的不同的产品。在分布的、异构的环境中，数据是分布的，一个事务的执行涉及对分布在多个不同结点的数据的更改，这就是分布式事务处理。

7.1.1 X/Open DTP 模型

作为分布式事务处理的模型 X/Open DTP 模型已被许多厂商采纳，同时它也是众多规范的基础，这些规范包括 MTS、EJB 和 CORBA 的 OTS。

一个抽象的 X/Open DTP 模型包括 3 个组成部分。

- 应用程序（Application Program，简称 AP）：它是事务的使用者，是开始（Begin）、提交（Commit）和回滚（Rollback）事务的发出者。它规定一个事务的界限，并给出事务所包含的操作。
- 资源管理器（Resource Manager，简称 RM）：提供对共享资源的访问，数据库管理系统（DBMS）或文件访问系统都可以成为 RM。
- 事务管理器（Transaction Manager，简称 TM）：是 AP 与 RM 之间的协调员，它给每个事务分配标识符，监视其进展，保证事务处理的顺利进行，并负责事务在失败情况下的恢复。

图 7-1 是 X/Open DTP 模型的示意图。

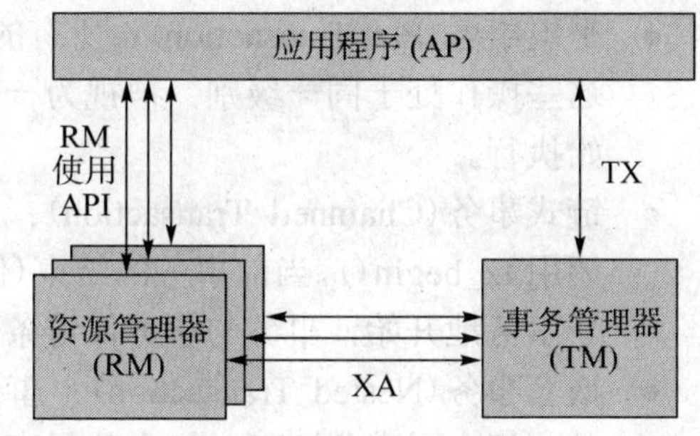

图 7-1　X/Open DTP 模型

在应用程序和资源管理器之间采用资源管理器的特有接口，例如 SQL 语句，对这一部分 X/Open 规范得较少。

在应用程序和事务管理器之间采用 TX 接口，应用程序利用这个接口向事务管理器发出开始和结束一个事务的请求，以便进行全局事务的管理。在该接口是由应用程序到事务管理器的单向接口，该接口中的操作都冠以前缀“tx_”。

在事务管理器和资源管理器之间采用 XA 接口，事务管理器利用该接口使各资源管理器合作完成一个全局事务，包括事务的协调、提交和恢复。这个接口是双向的，由资源管理器提供给事务管理器的操作以“xa_”作为前缀，由事务管理器提供给资源管理器使用的操作以“ax_”作为前缀。两阶段提交协议就是 XA 接口中的一部分。

在 X/Open DTP 模型中，典型的事务处理过程是这样的：应用程序首先通过 TX 接口告诉事务管理器要开始一个新事务，这时事务管理器负责分配全局事务 ID，调用 XA 接口通知各资源管理器新事务开始。然后应用程序访问资源管理器，如执行 Update 等 SQL 语句等。当操作完成后，应用程序要求事务管理器提交事务，这时事务管理器调用 XA 接口协调各资源管理器进行事务的提交。

X/Open DTP 模型可以有不同的实现，当这些实现之间出现互操作问题的时候，X/Open 引入了一个称为通信资源管理器（Communications Resource Manager，简称 CRM）的组件。CRM 底层使用 OSI TP 进行不同组件间的通信，它引入了 3 个新的接口：AP 和 CRM 之间使用 TxRPC、XATMI 或 CPI-C 接口；TM 和 CRM 之间使用 XA+接口；CRM 和 OSI TP 之间使用 XAP-TP 接口。X/Open DTP 模型如图 7-2 所示。

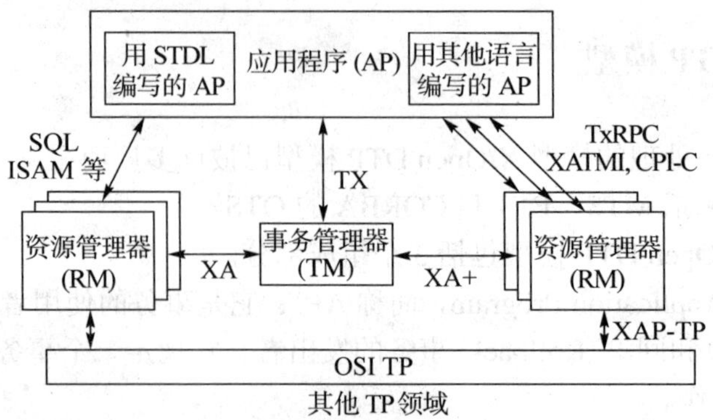

图 7-2　采用 CRM 解决 X/Open DTP 不同实现的互操作

7.1.2　事务的类型

事务可以分为三种类型。

- 平坦事务(Flat Transaction)：所有的操作都包含在一对开始和结束事务的语句中间，这些操作处于同一级别，被视为一个整体。平坦事务在 AP 调用 tx_begin()时才开始执行。
- 链式事务(Chainned Transaction)：在链式事务中，事务的开始并不要求 AP 显式地调用 tx_begin()，当前事务的结束(例如 AP 调用 tx_Commit 或 tx_rollback)就隐含了新事务地开始，事务与事务像链条一样彼此相接。
- 嵌套事务(Nested Transaction)：事务具有不同的级别，一个事务可以包含多个子事务，每个子事务还可以包含其子事务，从而形成树状的事务结构，树的叶子是平坦事务，树根称为顶层事务。一个事务的回滚导致其所有子事务的回滚；一个子事务能否被成功提交不仅取决它自己，还要求它的所有祖先事务都能成功提交。

从作用域的角度，事务可以分为全局事务(global transaction)和本地事务(local transaction)。全局事务涉及多个 RM 的协同工作，这些 RM 在物理上可能是分布的。相对全局事务而言，每个 RM 自己负责的分支称为本地事务。一个全局事务最终将映射到多个本地事务上去执行。一个事务分支可以使用 XID 惟一地标明，XID 由 GTRID 和 BQUAL 组成，分别表示全局事务标识符和分支限定符。

7.1.3　两阶段提交协议

分布式事务涉及多个结点数据的更新，任何一个结点或结点间通信的失效都可能导致分布式事务的失败。因此，为了保证事务的完整性，分布式事务通常采用两阶段提交协议(Two Phase Commitment Protocol，简称 2PC)来提交。两阶段提交协议的思路是 TM 向所有 RM 发出正式提交请求之前，先询问所有 RM 是否已准备好提交，仅当所有的 RM 都给出肯定的回答时，TM 才发出提交的请求；如果其中有一个 RM 给出否定的回答，TM 就指示所有的 RM 进行回滚。

两阶段提交协议中的两个阶段是：准备阶段（TM 询问所有的所有的 RM 是否已经准备提交）和提交阶段（TM 检查所有的 RM 的回答，只要有一个 RM 给出否定的回答，TM 就指示所有的 RM 进行回滚；否则 TM 指示所有的 RM 提交）。

在两阶段提交中，一个主结点被指派为事务协调者（Coordiantor），其他结点称为事务参与者（Participants）。协调者掌握提交或撤消事务的决定权，而其他参与者则各自负责本地数据的更新，并向协调者提出撤消或提交子事务的意向。一般一个结点对应一个子事务，两阶段提交活动中协调者和参与者的交互如图 7-3 所示。

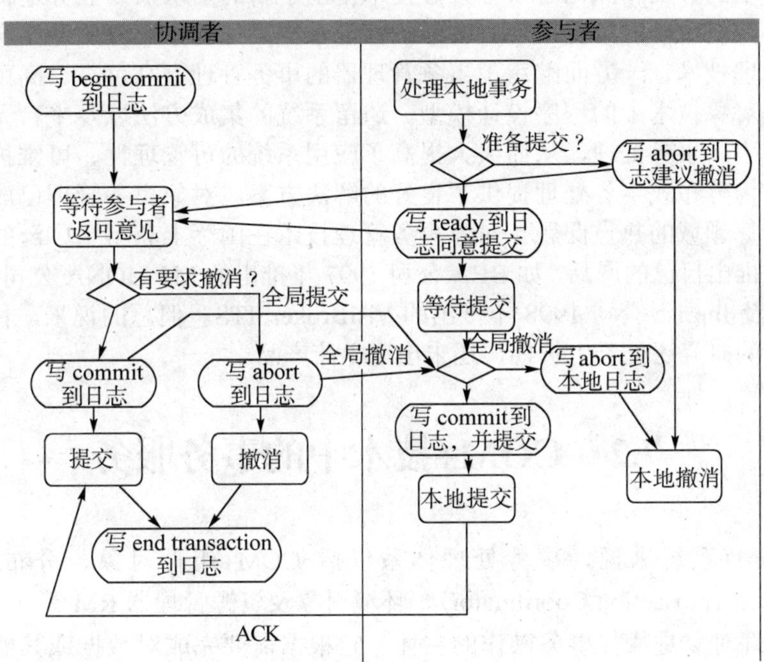

图 7-3　两阶段提交协议中的交互活动

在具体实现时，通常给 TM 设置一个时限值（timeout），当超过时限，TM 还没有收到所有 RM 的回答，就指示所有的 RM 进行回滚。当某个全局事务只涉及一个 RM 时，TM 可以选择第一阶段中的提交方式，即取消两阶段提交中的“选举”过程，直接向该 RM 发出提交或回滚的请求。

从两阶段提交协议的工作原理可以看出，两阶段提交协议把本地原子性提交行为的效果扩展到分布式事务，从而保证了分布式事务提交的原子性。由于在两阶段提交的执行过程中维护了事务日志，记录了执行恢复所需要的信息，所以只要事务日志不受到损害，运行记录信息不丢失，事务就能够从故障中迅速恢复，从而提高了分布式事务的可靠性。

7.1.4　事务中间件的发展概述

早期的事务处理产品主要是面向集中式的大型机，如 IBM 于 20 世纪 60 年代推出的支持在线事务处理的 CICS（Customer Information Control System）以及基于信息处理的事务处理器 IMS（Information Management System），20 世纪 70 年代由 Tandem Computers 公司推出的事务管理构件 Pathway/TS。这些系统都依附于一定的大型机，强调事务处理的完整性，但对用户的交互操作、应用系统的开发和维护方面则没有提供较大的支持。

20 世纪 80 年代网络技术得到很大发展，网络基础设施不断完善，支持各类资源交互和共享的客户/服务器模式以及三层结构的分布式应用得到广泛应用，事务管理器也不再依附于大型机，而以面向开放式系统的中间件方式出现，著名的产品如 BEA 的 TUXEDO 和 TOP END、IBM 的 Encina 和 Microsoft 的 MTS 等。这些产品不仅能够满足事务管理的需要，还提供了负载平衡、系统管理和接近线性加速比的高性能。

计算机应用的普及和深化对事务处理技术提出了新的要求，如业务逻辑的快速变化希望软件开发周期更短，对可重用性、可维护性要求更高。对象事务服务结合了分布式对象技术和事务管理技术，一方面继承了事务管理器的事务管理、高可靠、高可用等优点，同时又将分布式对象技术中的程序设计模型、遗留系统的集成方法以及平台无关性、互操作性、可扩展性引入事务处理，从而大大提高了应用系统的可管理性、可维护性、可伸缩性和可集成性，为分布式事务处理提供了良好的解决方案。对象事务管理已成为事务处理和分布式对象计算领域的热点课题。对象事务管理技术在国际上获得了广泛的认同，许多厂商进行研究并推出自己的产品，如 BEA 公司 1997 年推出的 M3、IONA 公司 1997 年推出的 OrbixOTM 以及 Inprise 公司 1998 年推出的 VisiBroker ITS。但总的说来，目前对象事务管理技术和产品的研究还处于生长期，还未出现主流产品。

7.2 COM+技术中的事务服务

对于 COM+系统来说，事务处理体系包括 COM+组件对象、分布式事务协调器 DTC(Distributed Transaction Coordinator)、环境对象及资源管理器 RM 等几方面。

COM+组件对象是执行事务操作的主体，它根据需要完成对数据或其他资源的业务处理。此外 COM+组件对象还是事务功能的请求者，COM+系统将根据 COM+组件对象提出的事务特性要求建立合适的事务操作环境。组件对象通过调用自身的环境对象的接口方法来设置环境对象的相应状态，通知 DTC 有关自身的工作进展状况，DTC 根据这些信息来决定是否提交或放弃事务。在所有参与事务的组件对象中，创建某个事务的组件对象称为事务根，事务根是事务的创建者和拥有者，它决定事务的物理生存期。

DTC 负责完成对参与事务的各个组件对象的工作状态的监测、收集和处理，根据表决结果，给出是否放弃或提交事务的裁决，然后调度 RM 进行永久化操作。

环境对象是 COM+系统在事务实际发生时根据组件对象要求为每个对象建立的。它是组件对象与 DTC 进行通信的媒介。

资源管理器是可以跨 COM+事务并管理持久系统状态的软件。组件对象在进行具体操作时和有关的 RM 建立连接，使 RM 与 DTC 建立联系，从而使 RM 参与到事务中。

当基客户调用 COM+组件，COM+系统创建组件对象时，如果组件对象具有事务属性，COM+就自动调用内部函数 DtcGetTransactionManager 获得 DTC，并要求 DTC 为组件对象创建一个事务，该事务被一个 GUID 惟一标识，该基客户就是事务根。

事务根对象被创建之后，还需要使用 CoCreateInstance 函数或对象环境的接口方法——IObjectContext::CreateInstance 来创建参与事务的其他对象，这时 COM+自动将当前对象的事务传播给新的对象。根据新创建对象的事务属性，传播事务的方式可以分为下列几种情况。

- 不支持事务：在这种传播事务方式下事务不会传播给该组件，同时也阻塞事务传播给该组件的下游对象。
- 支持事务：在这种传播事务方式下组件对象本身不参与事务，但事务可以通过它传播到该组件的下游对象。
- 要求事务：在这种传播事务方式下会将存在的事务传播给该组件，使该组件参与到当前事务中。
- 要求新事务：在这种传播事务方式下该组件对象被创建时总是一个新事务的根。
- 无效事务：在这种传播事务方式下组件通过与 DTC 直接通信参与事务，而不利用 COM+的事务管理特性。

当组件对象进行业务操作时，就会和 RM 建立连接，同时 RM 将检查组件对象的环境，从而知道组件对象所参与的事务，并申请加入到事务中。如果 RM 与连接对象所参与事务的事务根处在同一台机器上，那么 RM 就与本机的 DTC 对话并加入到该事务中；如果与事务根不在同一台机器上，RM 则将要求本机的 DTC 与事务根所在机器的 DTC 进行对话，从而将 RM 加入到该事务中。

组件代码根据自己的执行情况通过环境对象接口的两个方法—— IObjectContext::SetComplete 与 IObjectContext::SetAbort 来设置自己的两个环境位，向 DTC 表明成功完成自己的业务操作或需要放弃自己的工作。

事务根对象的“结束”设置将引起 DTC 对事务给出“回滚”或“提交”的裁决。DTC 做出决议后，将向每个组件对象相连接的 RM 发出做好对资源进行持久化的准备通知，或者直接通知所有的 RM 放弃对资源进行的操作。

如果 DTC 要求对事务提交，那么提交也会分成两个阶段进行：首先是提交准备阶段，DTC 将提交的消息发布给所有的 RM，要求它们做好提交的准备，并在做好提交准备之后，返回做好提交准备的信息；然后是正式提交阶段，如果所有的 RM 都返回做好准备的消息，就正式通知所有的 RM 进行实际提交，否则 DTC 通知所有的 RM 放弃事务。

COM+事务处理的调用机制如图 7-4 所示。

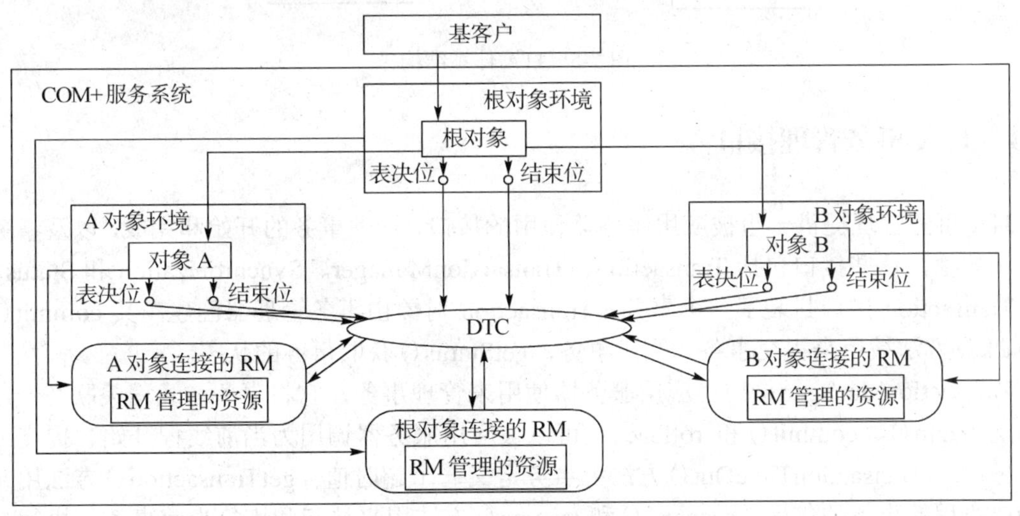

图 7-4　COM+事务处理的调用机制

7.3 J2EE 中的事务体系结构

Java 事务体系结构(JTA)是基于 Java 的应用程序和应用程序服务器与事务、事务管理器和资源管理器进行交互而定义的标准接口。JTA 模型遵循基本的 X/Open DTP 模型，它包括 JTA 事务管理、JTA 应用程序接口和 JTA XA 资源管理。

JTA 体系结构如图 7-5 所示。

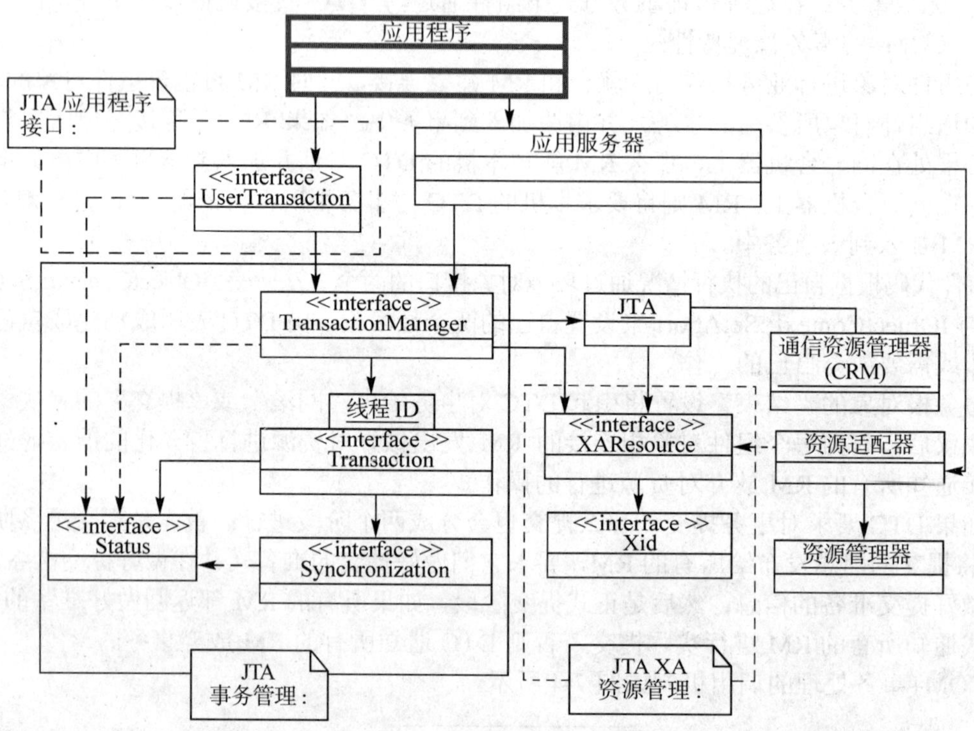

图 7-5 JTA 体系结构

7.3.1 JTA 事务管理接口

JTA 事务管理提供一组被应用服务器使用的接口，管理事务的开始和完成，以及事务的同步和传播，这些接口包括 Transaction、TransactionManager、Synchronization 和 Status。

Transaction 接口封装了一个事务，Transaction 对象由事务管理器创建，其 commit()和 rollback()方法被用来提交事务和回滚事务，getStatus()获取事务的状态。

TransactionManager 接口由应用服务器使用来管理事务，它将事务与线程关联在一起，其方法 begin()、commit()和 rollback()可以被应用服务器调用为当前线程开始、提交或回滚事务；SetTransactionTimeOut()方法为事务定义一个超时值；getTransaction()方法用来获取当前线程的事务的句柄；suspend()和 resume()方法用来挂起和恢复当前事务的执行。

Synchronization 接口用来启用准备提交之前和提交或回滚之后的通告。调用 Transaction.registerSynchronization()方法向当前线程关联的事务注册一个 Synchronization 对象，这样事务管理器就可以执行 beforeCompletion()和 afterCompletion()方法。

Status 接口定义了一组静态常量用来指示事务的状态。

7.3.2　JTA 应用程序接口

JTA 应用程序接口为事务管理提供了供应用程序使用的编程接口，该接口名为 UserTransaction，应用程序使用它来控制事务的边界。

应用程序调用 UserTransaction.begin()方法开始一个事务，该事务与应用程序中的当前线程相关联。

应用程序调用 UserTransaction.commit()方法提交与当前线程关联的事务，调用 UserTransaction.rollback()方法回滚当前事务。应用程序调用 UserTransaction.setRollbackOnly()方法后，与当前线程关联的事务只能被放弃。

通常 J2EE 应用程序中的 EJB 是通过容器来管理事务，当 EJB 需要自己管理事务时就可以使用 UserTransaction 接口。Java Web 组件(如 Java Servlets 和 Java Server Pages)也可以利用 UserTransaction 接口来启动事务。

UserTransaction 句柄可以从 JNDI 中查找获取或直接从容器环境中获取：

```
trans=(UserTransaction) JNDIcontext.lookup
("java:comp/UserTransaction");
```

或

```
trans=containerContext.getUserTransaction();
```

EJB 通常使用第二种获得该句柄。

7.3.3　X/Open XA 资源管理接口

X/Open XA 资源管理接口为事务管理器提供了一种与资源进行交互的标准途径，JTA 使用 XAResource 和 Xid 接口来封装了这个符合 XA 规范的接口。

Xid 接口定义在 X/Open 标准中指定的分布式事务的标识符，也可以从 Xid 接口检索标准的 X/Open 格式标识符、全局事务标识符字节和分支标识符字节。此外使用两个静态常量定义事务的特性。

XAResource 接口是位于事务管理器和资源管理器之间的标准 X/Open 接口的 Java 映射。资源管理器的资源适配器(如 JDBC 到 DBMS 的接口)必须实现 XAResource 接口以允许一个资源参与到分布式事务中。事务管理器为分布式事务中的每个资源获取一个 XAResource 句柄。

XAResource.start()方法把一个分布式事务和一个资源关联在一起，end()方法则是解除资源和事务之间的关联。此外 XAResource 也提供了方法用于提交、准备提交、回滚和恢复(recover)事务。

7.3.4 Java 事务服务(JTS)

JTS 是 CORBA 规范中对象事务服务(OTS)的 Java 映射，JTS 的 API 总体上是由 org.omg.CosTransactions 和 org.omg.CosTSPortability 包定义。

在基于 JTS 的应用中，Java 应用程序或 Java 应用服务器通过 JTA 接口访问事务管理功能，JTA 通过 JTS 与事务管理实现交互。JTS 可以通过 JTA XA 接口访问资源或者访问支持 OTS 的非 XA 资源。JTA 通过 JTS 实现与 CORBA OTS 接口的互操作。

在 JTS 中惟一的非 OTS 标准接口 javax.jts.TransactionService 用来提供事务管理器和 ORB 相互定位的方法。在该接口中只定义了一个方法：identifyORB()，该方法由 ORB 在初始化期间调用，使事务管理器获得 ORB 的标识和属性。

7.4 CORBA 的 OTS

在 CORBA 的公共对象服务中，对象事务服务(Object Transaction Service，以下简称 OTS)将事务概念引入到分布式对象计算中。虽然 CORBA OTS 是在 X/Open DTP 模型的基础上定义的，但两者的最大区别是 X/Open DTP 模型是过程性的，而 CORBA OTS 是面向对象的。图 7-6 表示了 CORBA 事务服务的模型。

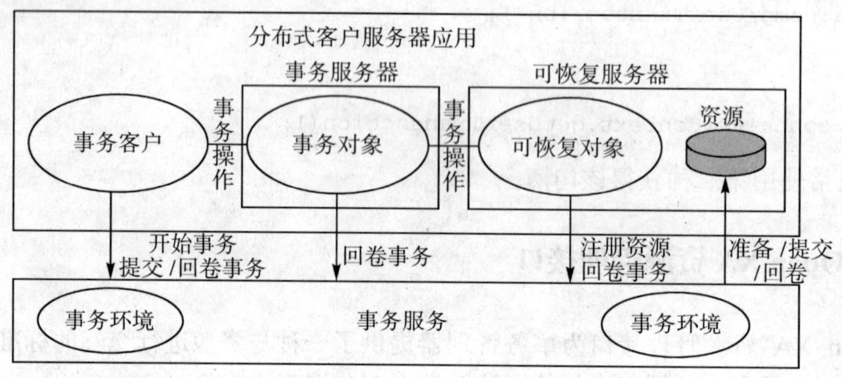

图 7-6 CORBA 事务服务模型

7.4.1 OTS 组成

从 CORBA 事务服务模型中可以看出，它包括以下几个部分。

- 事务客户(Transaction Client)：相当于 X/Open DTP 模型中的 AP，它是使用了事务的一段程序。事务客户调用 CORBA 事务服务上的 API 来发起或结束(包括确认或回滚)一个事务，发起或结束事务的 API 类似于 X/Open DTP 模型中 TX 接口。事务客户发起一个事务之后就可以像普通的 CORBA 调用那样调用事务对象上的操作，这些操作都是事务性操作，类似于 X/Open DTP 模型中 AP 调用 RM 的本地接口(SQL 或 ISAM)。

- 事务对象(Transaction Object)：部分相当于 X/Open DTP 模型中的 RM，它是事务性操作的实施者，但实际上它并不负责事务性资源的管理，它不关心登记资源和执行两阶段提交协议等工作。通常事务对象包括可被请求修改的永久性数据，事务对象只可以回滚终止事务。
- 可恢复对象(Recoverable Object)和资源(Resource)：可恢复对象也是事务对象，部分相当于 X/Open DTP 模型中的 RM，其接口继承了事务对象接口。可恢复对象与事务对象的区别是事务对象不直接操纵资源，而由可恢复对象来操纵资源。资源是指可被事务改变其状态的数据，它具体实施两阶段提交协议。
- 可恢复服务器：实现了可恢复对象接口和资源接口的对象就组成可恢复服务器。可恢复服务器与事务服务之间的交互类似 X/Open DTP 模型中 TM 与 RM 交互的 XA 接口。
- 事务服务(Transaction Service)：它用于为分布式事务应用的客户和服务器提供应用接口，这些接口包括：Current、Control、ControlFactory、Terminator 和 Coordinator 等。
- 事务环境(Transaction Context)：当一个事务客户发起一个事务后，就自动建立一个与该客户线程相关的事务环境(包括事务标识符和状态信息)，对事务对象的操作都共享该事务环境，并将该环境隐式地传送到有关的对象。与一个线程关联的事务上下文如果为空，表示该线程没有相关的事务，否则该事务上下文指向一个特定的事务。多个线程可以与同一个事务关联，OTS 也允许开发人员将事务上下文作为请求的一个明确参数来进行传递。

7.4.2　OTS 中的接口

在 OTS 事务处理框架中定义了下列接口，这些接口都在 OTS 规范的模块 CosTransaction 中定义，它们提供了事务创建、提交、回滚等功能。某些接口中的操作是由 OTS 实现的，应用程序可以直接调用，如 Current、TransactionFactory、Control、Terminator、Coordinator 等。而另一些接口如 Resource、Synchronization 等，OTS 只给出了该接口的框架类，应用程序只负责实现其中的操作，然后在事务执行过程中由 OTS 调用。

1. Current 接口

OTS 中的应用程序可以通过 Current 接口隐式地管理线程和事务之间的关联。Current 接口还定义了一些操作，应用程序可以通过这些操作来简化对事务服务的调用，如开始和结束一个事务，访问当前事务的属性、状态等信息。

Current 接口一般设计成一个伪对象，该对象依赖于与当前线程关联的事务上下文，并且可以被其他对象服务如安全服务所共享。开发人员可以通过 CORBA::ORB 接口中的操作 resolve_initial_references(“TransactionCurrent”)来获得该对象的引用，然后根据该引用进行该接口中的方法。

在 Current 中定义了下列方法。

- begin()：用于创建一个新事务，将应用程序当前线程的事务上下文更改为新事务的上下文。如果当前客户线程已经与一个线程关联，那么新事务将成为原事务的一个子事务；否则新事务就是一个顶层事务。如果事务服务实现不支持递归事务，而当前线程又已经拥有了一个事务，那么将会产生 SubtransactionsUnavailiable 异常。

- commit()和 rollback()：用于提交或回滚应用程序的当前事务。如果没有事务与当前线程关联，该操作将抛出 NoTransaction 异常。如果客户线程没有提交该事务的权限，将产生标准异常 NO_PERMISSION。这个请求与 Terminator 接口中的 commit 和 rollback 操作是等效的。
- rollback_only()：用于标记一个事务为只能回滚。如果没有事务与当前线程关联，该操作将抛出 NoTransaction 异常。该操作与 Coordinator 接口中的 rollback_only 操作等效。
- get_status()：用于返回当前事务的状态。如果没有事务与当前线程关联，该操作将抛出 NoTransaction 异常。
- get_transaction_name()：用于返回描述当前事务的字符串。如果没有事务与当前线程关联，该操作返回空字符串。这一操作主要用于应用程序调试。
- get_control()：用于返回代表当前事务上下文的 Control 对象。如果没有事务与当前线程关联，该操作将返回空引用。该 Control 对象可以作为 resume 操作的参数在当前线程或另一个线程中重新创建事务上下文。
- suspend()：类似于 get_control()方法，用于返回代表当前事务上下文的 Control 对象。这时应用程序的当前事务将被停止，即不再与任何应用程序关联。当没有事务与当前线程关联时，该操作将返回空引用。
- Current 代表了当前对象，但如果将事务信息由一个线程传递到另一个线程，则不应该传递 Current 对象，而应该传递 Control 对象。

2. TransactionFactory 接口

接口 TransactionFactory 提供了事务的创建功能。这个接口包括两个方法：create()和 recreate()。

- create()：用于创建一个新的顶层事务并且返回该事务的 Control 对象引用。通过 Control 可以管理和控制事务上下文的传播。参数 time_out 用于指定事务的超时阀值，当该值不为零的时候，当 time_out 秒后该事务还未结束，那么该事务将自动回滚。
- recreate()：用于为已经存在的事务创建一个新的表示，返回指向新创建的事务的 Control 对象引用。参数事务上下文 PropagationContext 指明了现存的事务，recreate 一般用于导入现存事务。

3. Control 接口

Control 接口允许应用程序显式控制事务上下文的传播。支持 Control 接口的对象直接代表某种特定的事务上下文。它定义了两个方法：get_terminator()和 get_coordinator()。

- get_terminator()：用于返回可以提交或回滚该事务的 Terminator 对象。
- get_coordinator()：用于返回该事务的 Coordiantor 对象。应用程序可以通过 Coordinator 注册事务的参与者(Resource 对象)。

之所以将事务的操作分别由 Terminator 和 Coordinator 完成，这是因为它们提供的操作一般由系统中不同实体调用的，应用程序可以控制哪些实体可以调用哪些操作。

TransactionFactory 接口和 Coordinator 接口中的 create_subtransaction()方法都可以创建 Control 对象引用。

4. Terminator 接口

Terminator 接口中的方法用于回滚和提交事务，这些方法一般由事务发起者调用。

如果事务没有设置为只能回滚，并且所有参与者都同意提交，那么 commit()方法将提交该事务。如果该事务已经提交，该操作将抛出 TRANSACTION_ ROLLBACK 标准异常。如果 report_heuristics 参数为真，当事务参与者在提交阶段的决定前后不一致时，该操作将抛出 Heuristic Mixed(或 HeuristicHazard)异常。事务提交后，对可复原对象状态所做的任何更改都永久性保存下来，其他事务可以看见操作结果。

rollback()用于回滚事务，事务回滚后，它对可复原对象的所有更改都被撤消。事务中拥有的锁和其他所有资源也全部释放。

5. Coordinator 接口

Coordinator 接口中的操作主要由事务中的参与者调用。这些参与者典型情况下就是各种可复原对象。每个实现了 Coordiantor 接口的对象都隐式与某事务关联。

get_status()用于返回与目标对象所关联的事务状态。返回值可以是下列值。

- StatusActive：表明目标对象与一个事务关联并且该事务处于活动状态。
- StatusMarkedRollback：表明目标对象与一个事务关联，该事务已经被标记为只能回滚。因为，某处对该事务调用了 rollback_only 操作。
- StatusPrepared：表明与目标对象关联的事务已经成功执行两阶段提交中的准备操作。也就是说，所有事务参与者都确认能够提交该事务。
- StatusCommited：表明目标对象的事务已经提交。出现此值一般是因为参与者提交过程前后决定不一致，返回 StatusNoTrans action。
- StatusRollback：表明目标对象关联的事务已经回滚。出现此值一般也是因为参与者提交过程前后决定不一致，返回 StatusNoTrans action。
- StatusUnkwown：表明 OTS 不能确定目标对象的事务当前处于何种状态，这只是一种暂时情况。在下一次调用时最终会返回确定的状态。
- StatusNoTransaction：表明当前没有事务与目标对象关联，这通常是因为该事务已经结束。
- StatusPreparing：表明目标对象的当前事务正处于准备阶段。比如协调者向各参与者发出准备命令后，将等待各参与者返回结果。
- StatusCommitting：表明与目标对象关联的事务正处于提交阶段。
- StatusRollingBack：表明与目标对象关联的事务正处于回滚阶段。
- get_parent_status()：用于返回与目标对象关联的事务的父事务的状态，如果当前事务是一个顶级事务的话，此方法等效于 get_status。
- get_top_level_status()：用于返回与目标对象关联的对象的根事务的状态。如果这个事务是一个顶级事务，此操作等效于 get_status。
- is_same_transaction()方法：如果其所带参数 tc 和目标对象都指向同一个事务的话，则返回值为 true，否则为 false。

- is_ancestor_transaction()方法：如果与目标对象关联的事务是与其所带参数 tc 所指的对象关联的事务的祖先，则返回值为 true，否则返回 false。
- is_descendant_transaction()方法：如果与目标对象关联的事务是与参数 tc 所指的对象关联事务的后代，则返回值为 true，否则返回 false。
- is_related_transaction()方法：如果与目标对象关联的事务和与参数 tc 所指的对象关联的事务相关的话，则返回值为 true，否则返回 false。只有当事务 T3 既是 T1 的祖先，又是 T2 的祖先，事务 T1 与事务 T2 才相关。
- hash_transaction()方法：用于将与目标对象关联的事务进行哈希编码并返回编码值，编码值应该是均匀分布的。
- hash_top_level_tran()方法：用于将与目标对象关联的事务的祖先进行哈希编码并返回编码值。如果与目标对象关联的事务是根事务的话，那么此操作等效于 hash_transact tion。
- register_resource()方法：用于将所带参数 r 指向的 Resource 注册为事务的一个参与者。事务结束时，Resourc 将提交或回滚事务对可复原对象的操作；Resource 接口定义了它可以接收的请求。如果与目标对象关联的事务已经执行完准备操作，该操作将抛出 Inactive 异常。操作返回一个指向事务的 RecoveryCoordinator 的对象引用，资源恢复过程中将使用此对象。
- register_synchronization()方法：负责注册事务的 Synchronization 对象。Coordinator 在完成事务时将会调用 Synchronization 接口中定义的操作。如果与目标对象关联的事务已经执行完准备操作，该操作将抛出 Inactive 异常。
- rollback_only()方法：用于将与目标对象关联的事务属性修改为只能回滚。如果与目标对象关联的事务已经执行完准备操作，该操作将抛出 Inactive 异常。
- get_transaction_name()方法：用于返回描述与目标对象关联的事务的字符串，该操作主要用于调试。
- create_subtransaction()方法：用于在与目标对象关联的事务下创建一个子事务。在与目标对象关联的事务已经处于准备阶段之后，将抛出 Inactive 异常。该操作将返回一个 Control 对象
- get_txcontext()方法:用于返回目标对象关联的事务上下文 PropagationContext 对象。

6. RecoveryCoordinator 接口

可复原对象使用 RecoveryCoordinator 来在某些失败情况下执行恢复动作。支持 RecoveryCoordinator 接口的对象在调用 register_resource 操作注册 Resource 得到，并且只能被所注册的资源调用。即 Resource 和 RecoveryCoordinator 是一一对应的。

Prepared 事务相关资源准备好后，replay_completion()可在任何时候调用。对应的 Resource 必须作为参数传递给此操作。执行此操作，对 Coordinator 意味着相关的资源没有成功执行 commit 和 rollback 操作。

7. Resource 接口

OTS 使用两阶段提交协议协调各事务参与者完成事务，这是通过调用参与者提供的操

作来实现的。Resource 接口定义了在事务提交过程中 OTS 可以调用的操作。每个支持 Resource 接口的对象都隐式与一个顶级事务关联，在失败情况下 OTS 将会执行失败恢复并继续进行事务提交。所以，Resource 应该能够具有对多次 commit 或 rollback 操作做出雷同反应的能力。

prepare()方法通知 Resource 准备执行两阶段提交。Resource 在不同情况下可以返回下列值：VoteReadOnly、VoteCommit 或 VoteRollback。

如果事务中的操作没有改变 Resource 中的持久数据，那么 Resource 将返回 VoteReadOnly，OTS 接收到此回答后，在事务提交的后续过程中就可以不计该参与者，Resource 也可以完全不计相关事务。

如果资源能够提交事务中的操作，它将返回 VoteCommit。OTS 接收到此回答后，在事务提交的后续过程中就可以调用 Resource 上的 commit(或 rollback)操作。为了能够从可能的失败中恢复，资源应该将 RecoveryCoordinator 对象引用保存在持久存储设备上。

在任何失败情况下，Resource 都返回 VoteRollback，这表示该 Resource 没有任何有关该事务的信息(有可能是因为上一次系统崩溃)。如果返回 VoteRollback，事务就必须回滚。

调用 rollback()方法使资源将撤消事务执行中在该资源上所做的任何数据修改。如果资源已经忘记这一事务，它将什么都不做。

commit()用于通知资源提交事务的全部执行结果。如果事务协调者没有调用 Resource 的 prepare 操作，该操作将抛出 NotPrepare 异常。

在涉及多个结点的全局事务中，为保证全局事务的完整性，由 OTS 控制各参与者执行两阶段提交是必要的。但典型的两阶段提交，对事务参与者(如数据库等)来说事务从开始到结束(提交或回滚)时间较长，在事务处理期间使用的资源(如逻辑日志、各种锁)，直到事务结束时才会释放。因此，使用典型的两阶段提交相对来说会占用更多的资源。

当全局事务只涉及一个参与者时，有一种优化方式，即一阶段提交。当应用程序通知 OTS 提交事务时，OTS 直接要求该参与者提交事务，省去两阶段提交中的第一阶段，这样可以缩短处理事务的时间，提高事务处理的效率。

作为两阶段提交的特例，OTS 定义了 commit_one_phase 来实现一阶段提交。OTS 调用 Resource 上的该操作后，如果可能，Resource 将提交事务中所做的全部操作。如果 Resource 不能提交事务，则抛出 TRANSACTION_ROLLBACK 异常。如果在 commit_one_phase 中产生异常，那么当系统恢复的时候，必须重新执行 commit_one_phase。

只有当资源产生 heurustic 异常时才可以调用 forget()方法。OTS 调用此操作通知 Resource 不计此事务。

8. Synchronization 接口

OTS 定义了一个同步协议，利用该协议，本身不能持久保存数据的对象可以在事务提交前后执行某些操作，将数据保存在永久性存储设备上。每个支持 Synchronization 接口的对象都隐式与一个顶级事务关联。

before_completion()方法在 Synchronization 对象所注册的 coordinator 开始两阶段提交之前被调用。after_completion()方法在两阶段提交完成之后执行(也就是说，所有的 commit 或 rollback 操作都已经返回)，这时当前事务的状态(get_status 的返回值)被作为一个参数输入。

9. TransactionalObject 接口

TransactionalObject 接口用来指示某对象的操作具有事务特性。对象支持 TransactionalObject 接口表明，应用程序希望将客户端线程的事务上下文与目标对象中的操作关联。TransactionalObject 接口中没有定义任何操作，它只是一个标记。

7.4.3 对象事务服务流程

在 CORBA 事务服务中定义了事务发起者(transaction originator)、可恢复服务器和事务服务三个组件。由事务发起者使用的接口有 TransactionFactory、Control、Terminator 以及 Current；由可恢复服务器使用的接口有 Control、Coordinator、RecoveryCoordinator 和 Current；由事务服务使用的接口有 Resource、SubtransactionAwareResource 和 Synchronization。

事务发起者是任意的一段程序，由它启动一个事务，事务环境与随后的请求一起传递。

可恢复服务器是在一个事务范围内可恢复状态的对象，它被事务发起者直接调用，或被若干个事务对象间接地调用。可恢复服务器对象继承自 Resource 和 TransactionObject 对象，除了继承的方法，其他方法需要按照客户的要求来实现。

事务发起者利用 TransactionFactory 对象开始一个新的顶层事务，将创建的 Control 对象返回给调用者。通过 Control 对象可以访问 Terminator 对象和 Coordination 对象，Terminator 对象使用提交或回滚方法来结束一个事务，而 Coordination 对象可显式或隐式地(与事务一起隐式传递事务环境)为可恢复服务器所使用。可恢复服务器将资源对象注册到 Coordinator 对象中，以实现由事务服务驱动的阶段提交协议；也可以将 Synchronization 对象注册到 Coordinator 对象中，以获得资源改变时的通知。Current 对象不仅可以用来启动和结束一个事务，还可以提供当前事务的状态信息，使用 Current 对象可以访问基于单个线程的隐含的事务环境。

接下来，通过银行转账的例子来说明事务处理的流程。假设某用户从银行 A 的账户中取出一笔资金，转入银行 B 的账户中。该事务处理中“转出”和“转入”两个操作都必须成功，才能结束事务，否则需要回滚整个事务。

银行 A 和银行 B 分别用可恢复服务器 A 和 B 来代表，其中的方法多重继承自 Resource 对象和 TransactionObject 对象。此外，转出(pay-out)和转入(pay-in)两个方法的实现代码根据业务需要实现。该事务处理流程如图 7-7 所示。

该事务处理流程如下：

- 客户启动事务处理，客户调用 Current 对象上的 begin 方法。ORB 将它传递给 CORBA 事务服务，并建立一个与该客户线程相关的事务环境。
- 客户调用可恢复服务器对象 A 中的操作 pay-out，将指定数额的资金从银行 A 转出。
- 银行 A 的可恢复服务器注册资源，它调用 Current 对象中的操作 get_control 得到 Coordinator 对象的对象引用，然后再调用 Coordinator 对象中的操作 register_resource 进行注册，登记为事务的参与者。
- 客户调用可恢复服务器对象 B 中的 pay_in 操作，将指定数额的资金转入银行 B 的账户中。

- 银行B的可恢复服务器注册资源，过程类似于图7-7中的3)。

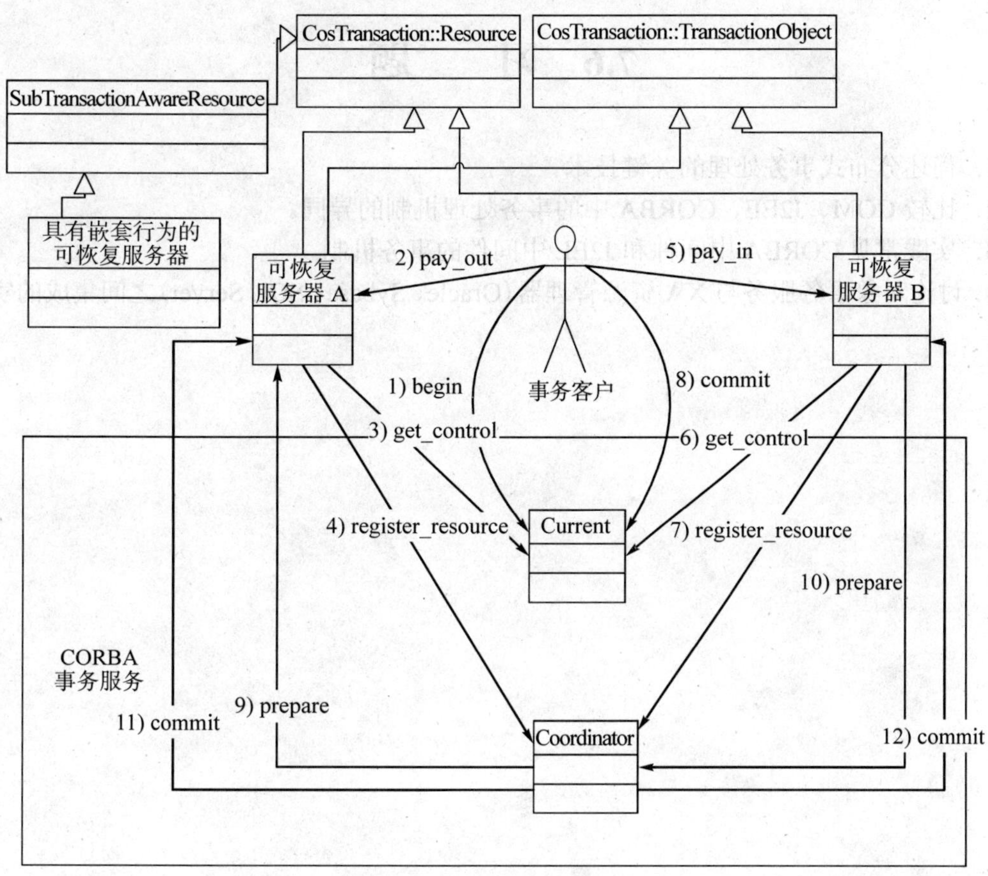

图7-7　对象事务处理示例

- 客户结束事务处理，客户调用Current对象中的Commit方法，宣布事务结束。
- Coordinator对象调用所有参与事务的可恢复服务器中的prepare方法，返回参数中的“投票”值(vote_commit或vote_rollback)反映了事务的执行结果。如果当前两个服务器均返回“确认”值，则表示成功执行了事务。
- 根据投票结果，Coordinator对象向所有参与者发出调用commit(当所有投票结果全是“确认”时)或rollback(如果有一个服务器返回vote_rollback)方法的命令。

7.5　小　　结

分布式事务处理是企业应用中较为关键的组成部分。本章首先对事务概念进行了简明的介绍，分析和比较了在三种面向对象中间件技术分布式事务处理的实现途径。其次，着重分析了采用的两阶段提交协议的OTS，阐明了OTS的体系结构，包括OTS中各个实体之间的逻辑关系，各接口中操作的语义和功能。最后，阐述了OTS中事务的管理和传播机制，探讨了各个对象是如何协作实现事务处理的。

7.6 习　　题

1．简述分布式事务处理的关键技术。

2．比较 COM、J2EE、CORBA 中的事务处理机制的异同。

3．实践常见 CORBA 中间件和 J2EE 中间件的事务机制。

4．讨论对象事务服务与 XA 资源管理器(Oracle、Sybase、SQL Server)之间集成的实现。

第 8 章　CORBA 高级技术

知识点：

- ❖ 开放系统
- ❖ CORBA 组件模型
- ❖ 嵌入式 CORBA
- ❖ CORBA 安全
- ❖ 实时 CORBA
- ❖ 支持 QoS 的 CORBA
- ❖ CORBA 多协议框架
- ❖ IIOP 引擎优化
- ❖ POA 优化

本章概述：

本章主要介绍了一些 CORBA 高级技术，如可让用户快速重用的 CORBA 组件模型、用于特定场合(如飞机、导弹)的嵌入式 CORBA、实时 CORBA、支持 QoS 机制的 CORBA 以及用于电子商务等系统的具有安全机制的 CORBA。同时，还介绍了 CORBA 多协议框架及 IIOP 引擎优化、POA 优化。

8.1　CORBA 组件模型

8.1.1　CCM 概述

CCM 扩展了传统 CORBA 对象模型，是面向服务器端的组件模型。CCM 支持 CORBA 组件的定义、代码生成、封装、组合、配置，并由此来构建和正确配置 CORBA 应用；提供了服务器的公共服务，比如持久、安全、交易和事件服务等；提供一种 CORBA 容器用以实现与 EJB 的互操作。CCM 标准不仅增强了服务器软件的可重用性，而且为 CORBA 应用的动态配置提供了极大的灵活性。CCM 由下列相关联的部分所组成：

- 抽象组件模型。
- 组件实现框架(CIF)。
- 组件容器框架。
- 持久、交易和事件集成。
- 组件的封装和配置。

- 与 EJB 的交互。
- 组件元数据模型(MOF)。

8.1.2 组件抽象模型及组件关系

1. 组件抽象模型

组件是一个自身包含数据和逻辑的软件代码的单元，它可与外界联系。组件被设计成可重复使用于应用之中，且在使用时可以接受用户的定制。

组件的抽象模型中包含如下内容。

- 组件界面(Component facet)：客户对一个组件的调用与对普通 CORBA 对象的调用类同。但是这时客户需要通过对组件界面(也称为等价界面 equivalent interface)的引用来调用，而这个组件界面惟一地标识着某个组件实例(此界面可以从其他界面继承而来)。将现有的 CORBA 对象转换为组件，只需要在声明中使用 Supports 语句予以定义。但是仅靠继承来扩展 CORBA 对象是很困难的，因为对象不能在单个实现实体上连接多个界面。因此在 CCM 中引入了小界面(Facets)的概念，小界面是组件向客户提供应用功能之处。小界面的应用功能也可连向其他组件。
- 小界面(Facets)：小界面的实现封装在组件中，对用户来说是透明的。用户可以使用导航界面访问组件的小界面。
- 插接端口(Receptacle)：是组件在运行时以客户身份调用其他组件之处，这时组件必须获得其他组件实例的引用。插接端口表明本组件与其他组件的关联性。
- 事件信源(Event source)：用于向一个或多个消费者或信源共享事件通道发送指定类型事件的端口。
- 事件信宿(Event sink)：是组件接收其他组件或通知服务传来的某类型事件的端口。
- 导航(Navigation)：因为组件往往具有多个界面，所以需要有导航机制以便实现界面之间的转移。例如一应用可以使用 get_component()操作从任一对象引用获得相应组件界面的引用，也可以使用导航界面检查某组件是否提供某个小界面，并对已存在的小界面施加操作。所有 CCM 端口机制，例如 facet、receptacle、event source/sinks 和 attributes 都可以被组件客户所使用。
- 属性(Attribute)：为了构造组件，CCM 规范扩展了 CORBA 中的属性的概念。属性用于实现配置组件的构造，主要用于根据需要定制组件。

2. 组件关系

组件之间可以通过端口进行互操作，如图 8-1 所示。

3. 组件的优点

组件化使 CCM 实现应用具有以下的一些优点：

- CCM 应用易于编码。代码短小、适合重复使用，且许多代码可根据申明自动生成。
- CCM 应用易于集成。CCM 应用可以由一些现成的商用组件甚至 EJB 集合而成。程序员甚至可以不写一行代码。

- CCM 应用覆盖范围广。可从所有的企业到互联网的应用。

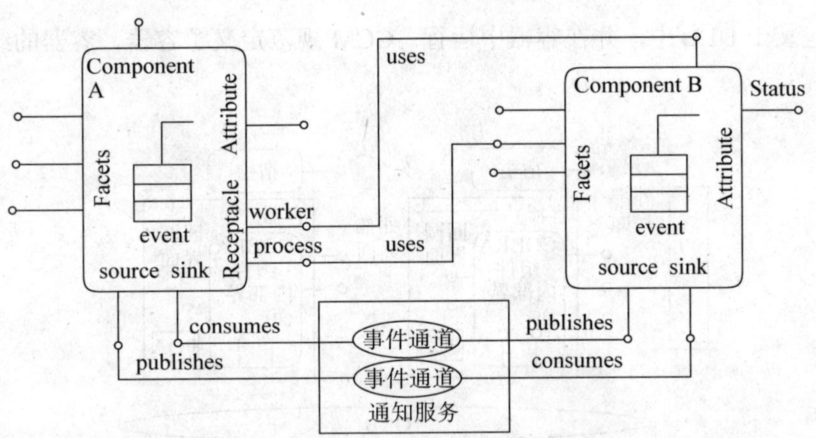

图 8-1　CCM 组件通过端口机制互操作

总之，使用组件模型，可重用已有代码，减少开发复杂性，提高开发效率，节省开发时间。特别是将开发工作简化为组装工作，降低了对编程技能的要求，使开发者可以将精力集中在上层问题上。

8.1.3　组件实现框架(CIF)

CCM 定义了大量的界面，许多界面的实现是自动的。但组件生命周期和状态的管理需要考虑。提出 CIF 就是为了帮助组件开发者自动地处理这些繁琐、重复的问题。

CIF 定义了编程模式，用来管理组件的持久状态和构建组件实现。CCM 规范定义了一种公用语言，即组件实现定义语言(CIDL)来描述组件的实现、组件的持久态和组件宿主。CIDL 创建实现框架，自动实现组件的基本操作，如导航、验证等，组件构建者可在此基础上进一步实现组件，如图 8-2 所示。

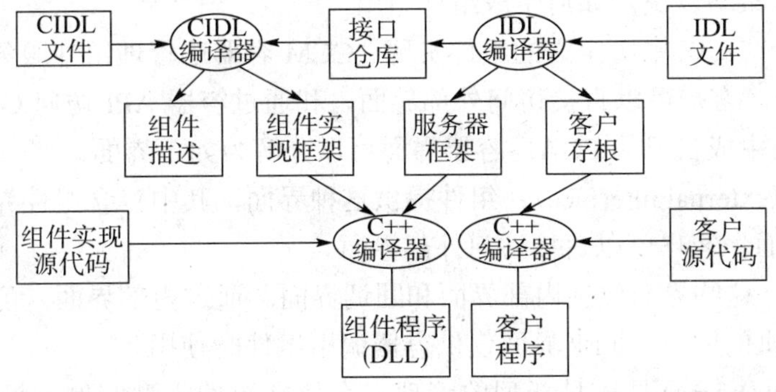

图 8-2　CIDL 及组件

8.1.4 容器

组件被包装于 DLL 中，并在容器中运行。CCM 规范定义了容器，容器的结构如图 8-3 所示。

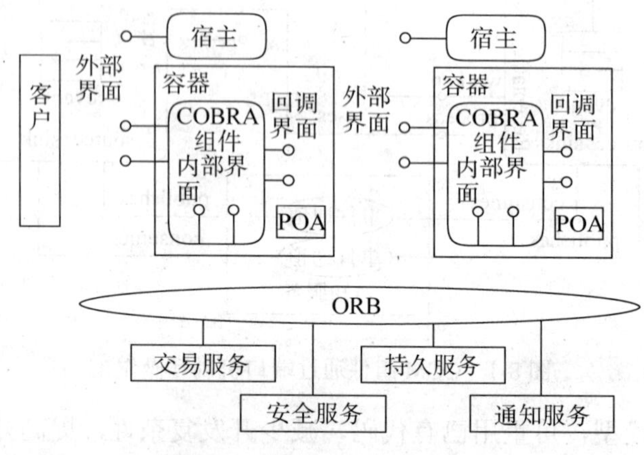

图 8-3 CCM 容器模型

容器是一个服务器应用框架，是建立在 POA 之上的，对组件客户提供界面，并支持系统服务界面，如交易、安全、持久和通知服务等。容器定义了一系列 API 以简化开发和配置 CORBA 应用。一个容器封装了一个组件实现，并使用 API 为它所管理的组件提供运行环境。运行环境具有如下特点：

- 通过激活或者冻结组件的执行来保护系统的有限资源。
- 为四种公用服务(交易、持久、安全和通知服务)提供适配层。这个适配层可以将客户从寻找合适的实际服务的工作中解脱出来。
- 为回调提供适配。当组件所关心的事件，比如交易或通知服务的消息发生时，这些回调能通知组件。
- 管理 POA 策略以决定如何生成组件引用。

容器管理一个在 CIF 中所定义的组件实现。CCM 容器还管理组件服务的生命周期。从图 8-3 中可以看出，客户可以直接访问外部界面，和通过容器 API 访问 ORB。对于容器管理的界面，容器还生成自己的 POA。容器界面可以分解为如下界面。

- 外部界面(external interface)：组件提供这种界面，其中包含组件界面、小界面及组件宿主界面。客户可以直接访问外部界面。
- 容器 API：这些界面包括内部界面和回调界面。通过内部界面，可以激活组件去访问容器提供的服务。回调界面仅供容器调用组件时使用。

组件宿主界面(home)是一种新型的管理某个特定组件类型实例的管理器。一个宿主管理一系列相似组件，提供查找和管理组件生命周期的工厂服务，以创建或查找某种类型组件的实例。组件开发者还可以选择提供多个宿主界面以实现不同的生命周期管理策略。

8.1.5　组件的封装、组合和配置

在大规模分布式系统中，组件实现可以在使用不同的实现语言、不同的操作系统的多个服务器中进行配置；或者是一组组件在同一主机上配置，而其中某个组件的实现却依靠其他组件来实现，因此组件的封装和配置就较为复杂。CCM 使用 OSD(开放软件描述)来描述组件和其从属关系。图 8-4 描述了组件的封装、复合和配置的全过程。

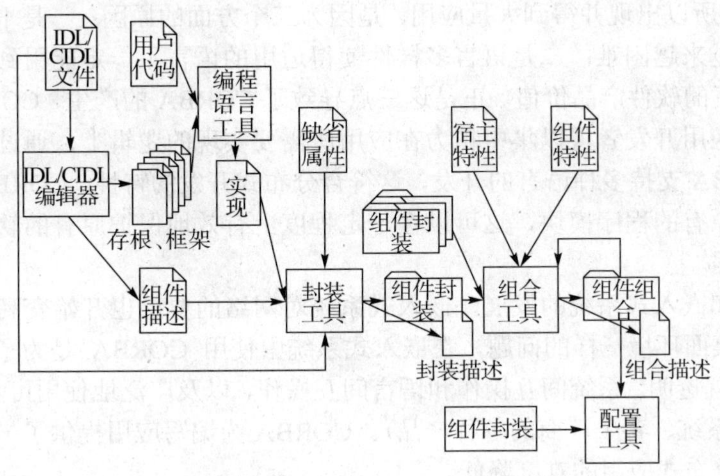

图 8-4　组件的封装、组合和配置

- 封装：组件封装在 DLL 文件中。
- 组合：将有内联关系的系列组件按它们的关系描述组合在一起。组件组合压缩文件包含一系列组件的压缩和描述，可以使用简单的文本编辑或 ZIP 文件管理工具来完成此工作。
- 配置：包含了装配、调整和安装等工作。用于将组件及其组合配置到特定系统中。当配置完后，组件实例就可以被激活并被标准 CORBA ORB 机制所使用。配置工作要与每台机器的安装对象相互作用。

8.1.6　CCM 与 EJB 技术

CCM 规范与 EJB 规范关系密切。所以 CCM 规范定义了与 EJB 的互操作，CCM 组件对 EJB 客户而言就是一个 EJB bean。而 EJB bean 可以通过适当的桥作为一个 CCM 组件。在实际应用中，CCM 可与 EJB 互补地使用。

8.2 嵌入式中间件

8.2.1 嵌入式环境对 CORBA 的需求

嵌入式环境不同于一般桌面或者服务器环境，它往往有资源受限的特征，另外常带有对实时性能的要求。但是，CORBA 作为一个通信包装和语言包装机制，往往带来额外的开销，这使得 CORBA 在面临嵌入式应用时显出了先天的不足，于是是否应该在嵌入式环境中使用 CORBA，就存在讨论的必要性。

CORBA 之所以出现并得到大量应用，是因为三个方面的原因：一是平台异构性导致分布式应用开发越来越困难；二是语言多样性使得适用的语言不一定能用到当时的环境；三是保护已经投资的软件产品价值。正是这三点导致了 CORBA 的产生，CORBA 通过屏蔽平台差异性使得应用开发者得以集中精力在应用所需要实现的逻辑上，通过提供多种语言的映射使得 CORBA 支持多种语言的开发，这符合分布式开发的特性。CORBA 通过面向对象的方式来包装原有的程序模块，这可以在一定程度上有效地保护原有的软件投资，使得模块的复用性增强。

随着网络和嵌入式系统的发展，嵌入式系统对网络的要求也开始变高，因而导致嵌入式系统面临同桌面环境一样的问题，在嵌入式系统中使用 CORBA 是为了获取以下优势：客户/服务器位置透明、系统间互操作和语言间互操作，以及广泛地使用可获得的资源(如各种 CPU、操作系统、各个厂商的各种产品)。CORBA 为编写应用提供了一个通用的编程模型，使得开发分布式应用的难度降低。

但是，嵌入式系统也面临着一些特殊的问题：内存受限、CPU 处理能力有限、带宽有限等，往往只在有限的用户接口或者受限的服务器，还常带有实时响应的要求。同时，目标系统也不同于桌面环境，常见的有嵌入式主板和 CPU、实时操作系统、ROM、flash 以及一些不通用的设备。嵌入式系统也存在异构平台(可供选择的多种硬件和 OS，分别适用于不同应用环境)，以及异构环境之间需要进行通信来考虑，CORBA 在嵌入式领域是很有发展前景的。事实也是如此，美国军方已经在 WSOA(Weapon Systems Open Architecture)中采用 CORBA 作为分布式通信平台，类似的例子还有 SCA(Software Communication Architecture)、Cisco 路由器、美国空军航空任务计算等。

CORBA 虽然在嵌入式系统中有需求，但是如何使其应用于嵌入式环境却是一个重要的问题。在这方面，OMG 做了大量工作，针对资源受限，OMG 推出 MinimumCORBA 规范。它是 CORBA 的一个子集，保留了 CORBA 中关键的、资源消耗较少的以及最常用的功能，去掉了其他的功能，裁减后的 CORBA 保留了最关键的应用可移植性和 ORB 的互操作特征，而且达到了以下目标：在资源受限的环境中仍然有广泛的适用性；保持与 CORBA 进行完全互操作的能力；支持所有的 IDL 语法，保证互操作和移植性。尽管如此，在实现的时候 MinimumCORBA 仍然招致了保留的接口过多的批评，比如 MinimumCORBA 支持多 POA，而一些厂商自己定义了 RootPOA 类，它比 MinimumCORBA 更小，但不能产生子 POA。

8.2.2 MinimumCORBA

根据应用环境的资源受限程度，CORBA 应用环境可以划分为以下几类，如表 8-1 所示。

表 8-1　应用环境分类

系统规模	处理器	应用环境	CORBA 方案	说明
非常小规模 <512K	8 位或 16 位	车载	RootPOA 或者 MinimumCORBA 都难以适合	板级组件
小规模系统 512K~4M	32 位	蜂窝电话 无线电	RootPOA 或者 MinimumCORBA	通常所说的 嵌入式应用
中等系统 4M~16M	32 位	大多数通 常的应用	MinimumCORBA（可加上 RealTimeCORBA 等）	普通应用
大系统 16M~256M	32 位和 64 位	图像处理 雷达处理 信号处理	MinimumCORBA 或完全的 CORBA 支持（可加上 RealTimeCORBA，数据并行 CORBA 等）	普通应用
巨型系统 >256	64 位处 理器	嵌入式超 级计算机	MinimumCORBA 或完全的 CORBA 支持（可加上 RealTimeCORBA，数据并行 CORBA 等）	大规模应用

minimum CORBA 是资源和易用性之间权衡的结果。它主要从以下几方面对 CORBA 规范进行了裁减。

1．运行安全性

如果应用需要，需要应用自己解决该问题。

2．动态分配

所用的资源在设计时进行预分配。CORBA 中支持动态分配的部分被裁减，这就将动态调用界面、动态调用框架及可移植对象适配器的动态部分被删除。

3．截取器

截取器被放置在客户调用服务的通信路径上，负责一个或多个 ORB 服务的执行。由于它具有很大的动态性，也被省略。

4．界面仓库

ORB 提供界面定义的永久存储，界面仓库则管理和提供 OMG IDL 所规范的界面定义的访问。界面仓库主要为动态编程提供服务，而在嵌入式中，动态编程被删除。因此，界面仓库只保留了仓库 ID 和 TypeCode 两部分。

5．构造策略

嵌入式 CORBA 中更多的是使用默认策略。

6．互操作

CORBA 与 DCE 和 DCOM 的互操作被省略。

minimum CORBA 对 CORBA 进行了裁减，解决了其尺寸大小和性能问题，但它仍然支持所有的 OMG IDL，保证了 minimum CORBA 应用与普通 CORBA 应用间的最大兼容性。

8.2.3 现有的嵌入式 CORBA

1．开源 CORBA

目前著名的源码开放式 CORBA 有 TAO、MICO、ORBIX/E、ORBACUS、OMNIORB、ROFES 和 JacORB 等。可以用在嵌入式上的如下所示。

- TAO：完全支持 Solaris、Windows NT/2000/XP、Linux/Intel、Linux/Alpha、VxWorks、LynxOS、Digital UNIX、IRIX 以及 QNX Neutrino 2.0。
- MICO：它的功能很全也很强大。虽然 MICO 不是专门的嵌入式 CORBA，但是也可以运行在 Compaq 的手持 iPAQ 上(Linux 环境)，同样也可以运行在 Microsoft 的 PocketPC 上。
- ORBIX：开放的源码包括 ORBIX/E、ORBACUS for C++/Java(非嵌入式)等。其中，ORBIX/E 支持标准 C++、嵌入式 C++和 C 语言。ORBIX/E 平台支持 Windows/Linux/QNX。
- OMNIORB：支持嵌入式环境，语言上仅支持 C++和 Python，但是支持的平台比较多，包括 RTEMS。
- ROFES：嵌入式实时 CORBA 开源实现，其缺点是不稳定，且只支持 C++，支持平台数不多。

2．商业 CORBA

ORBExpress 在军方的应用很成功，有通用版和实时版两个版本。支持的平台比较多，但支持的语言有限。

e*ORB 在电信领域应用很成功，支持的语言和平台都很多，而且是嵌入式强实时 CORBA，是很强大的 CORBA 产品。

8.3 实时 CORBA

在实时系统中，时间是一种重要的资源，对外部事件的响应和任务执行都必须在限定的时间内完成。在分布式信息系统中，还必须在限制的时间内完成消息的发送和接收。实时系统中，输出结果的正确性不仅取决于计算所形成的逻辑结果，而且还取决于结果产生的时间。在目前实现中间件时，首先考虑的是互操作性，用以解决异种平台的不同对象的协作问题，而未对时限做过多的考虑。所以，要将当前的中间件应用于实时领域中，还存在以下的局限性。

- 缺乏实时调度策略和机制：对于实时系统，操作按优先级驱动调度，确保执行在其时限内完成，同时应该尽量避免优先级反转，让高优先级的调用首先得到执行。当前的中间件没有定义优先级，也没有定义适用于实时系统的调度，无法统一通信链路和端系统运行实体(如线程)的优先级，这从结构上就未能保证高优先级的调用首先得到执行。
- 缺乏实时事件支持：当前的中间件没有提供对实时事件驱动的支持。实时事件服务应该能够处理事件优先级、事件过滤和事件相关性。
- 缺乏服务质量(QoS)的支持：在中间件中需要引入实时 QoS 来表达、分析和完成开放系统中的实时要求。当前的中间件，缺乏 QoS 的规范和 QoS 的实施，所以不提供端到端的 QoS 支持。对客户来说，无法表达请求的 QoS 要求，如优先级、计算时间、执行周期、带宽和延迟等。对服务方来说，都统一按先进先出调度，无法根据 QoS 分配资源，无法根据资源的消耗情况做出操作调整，或者做出拒绝操作。例如一视频服务器访问的客户过多时，应当能够拒绝更多的客户请求；又如带宽紧张时，可以降低图像的质量，而尽量保证声音的质量。
- 缺乏实时应用编程支持：对实时用户来说，需要更多的系统控制(定制)能力。中间件应该向用户提供实时应用编程界面，从而控制(定制)具有时限的操作。
- 缺乏性能优化：实时系统通常具有较高的性能要求，因此性能优化在实时系统中十分重要。为此实时系统需要很好地处理功能、粒度和灵活性的关系，以达到最优的性能，当前的中间件没有过多考虑性能的问题。在整个实现中，存在大量的数据转换(marshalling/unmarshalling)和数据复制，这些操作都极度消耗资源，时间代价很大，所以优化就显得尤为重要。消息在客户和服务器之间传递，要经过多个层次，每一次的分解(demultiplexing)和分派(dispatching)也很耗时，也需要优化。

由于中间件在实时方面的支持不够，这就需要对其从结构上加以扩展，从实现上加以优化，使之能适用于实时应用。

OMG 在制订 CORBA 规范时，首先考虑的是互操作性，用以解决异种平台上的不同对象的协作问题，而未对时限做过多的考虑。所以，当前 CORBA 特别适合于传统的请求/应答模式，而要将其应用于实时领域中还存在诸多的局限性。实时 CORBA 的推出，将 CORBA 的应用范围扩展到实时领域。实时 CORBA 定义了所需的标准扩充，以支持操作的端到端可预测性。其应用范围限制在固定优先级的 CORBA 应用系统中。

一个 ORB 的端系统由网络接口、操作系统的 I/O 子系统和通信协议，以及与 CORBA 兼容的中间件组件和服务所组成。实时 CORBA 指明了 ORB 端系统必须具有管理和集成的能力，以保证活动(一个活动表示一个客户和服务器之间的端到端的信息流)的端到端行为的可预测。这些能力是：

- 通信基础设施的资源管理。一个实时 CORBA 端系统必须具有能影响底层通信基础设施的策略和机制，以支持资源的保证。这一支持将涉及：管理某个调用的连接的选择；利用网络的高层次 QoS 特征，如控制连接的带宽。
- 操作系统的调度机制。ORB 利用操作系统的机制来调度应用级的活动。由于实时 CORBA 限制用于固定优先级的实时系统，因而这些机制对应于管理操作系统线程调度优先级。实时 CORBA 着重考虑的是那些允许应用指定调度优先级和策略的操作系统，如 IEEE POSIX 1003.c 的实时扩展，它所定义的静态优先级 FIFO 调度策略就可以满足该需求。

- 实时 ORB 端系统，ORB 负责在客户和服务器之间透明地传递请求。一个实时 ORB 端系统应提供标准的界面，以便应用可以向 ORB 指定它们的资源需求，如线程优先级、消息排队的缓冲和传输层的连接等。
- 实时服务和应用。可以管理端系统和通信资源的实时 ORB 只是实时解决方案的一个部分。实时 ORB 也要为高层服务和应用组件确保有效的、可伸缩的和可预测的端到端行为。例如，一个全局调度服务可以被用来管理和调度分布式资源。这样一个调度服务与 ORB 可交互来提供支持端到端时限操作行为的机制。

为了引入这些能力，实时 CORBA 对原有的规范进行了扩展，定义了标准的界面和 QoS 策略，以允许应用配置和控制：处理器资源、内存资源和通信资源。

实时 CORBA 的扩展如图 8-5 所示，从图中可见，其扩展的具体内容为：

- 将客户的 CORBA::Current 界面扩充为 RTCORBA::Current 界面。
- 将服务器的 POA 扩充为 RTPOA。
- 将 ORB 扩充为 RTORB。
- 增添了 RTCORBA::Priority 界面和 RTCORBA::PriorityMapping 界面。
- 增添了 RTCORBA::Threadpool 界面。
- 增添了 Scheduling Service。

以下对实时 CORBA 所作的扩展做进一步的描述。

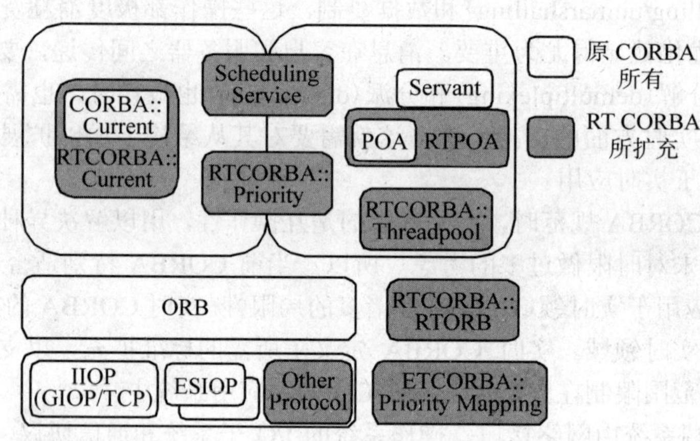

图 8-5 实时 CORBA 扩展

8.3.1 处理器资源的管理

对处理器资源的调度和执行的严格控制，对固定优先级的实时应用来说，是至关重要的。实时 CORBA 使客户和服务器应用能够：决定 CORBA 调用执行的优先级；允许服务器预定线程池；约束 ORB 线程的优先级；保证资源访问的同步，以减少优先级的反转。

1. 优先级的机制

普通的实时 CORBA 不提供对请求有时限的指定和其他管理机制，但对于实时应用这是必须的。因而实时 CORBA 定义了下列与平台无关的机制来控制和管理操作调用的优先级。

◆ 优先级类型

实时 CORBA 定义了两种优先级类型：CORBA 优先级和本地优先级(native priority)。CORBA 优先级是实时 CORBA 中定义的一个通用的、与平台无关的优先级模式(scheme)。它的引入主要解决异种环境中优先级表示的差异，使实时 CORBA 应用能够用一致的格式去处理不同平台的不同优先级模式，即实时 CORBA 应用在不同系统中都使用 CORBA Priority 表示优先级。线程执行过程中的优先级是本地优先级(native priority)，这样就存在了 CORBA 优先级与本地优先级之间的映射。实时 CORBA 定义了两者的映射：to_native()和 to_CORBA，前者表示 CORBA 优先级到本地优先级的映射，后者表示本地优先级到 CORBA 优先级的映射。

◆ 优先级传递模型

实时 CORBA 定义了以下两个优先级传递模型。

- 客户传递优先级：它表示服务方对客户的请求的处理必须按照客户所要求的优先级进行，该优先级与客户调用请求一同传递给服务方。在该模型中，每个请求将操作的 CORBA 优先级放于 GIOP 的请求的服务上下文中。活动路径中的每个 ORB 端系统将 CORBA 优先级映射为本地操作系统的优先级，并按优先级对其进行处理。其过程如图 8-6 所示。

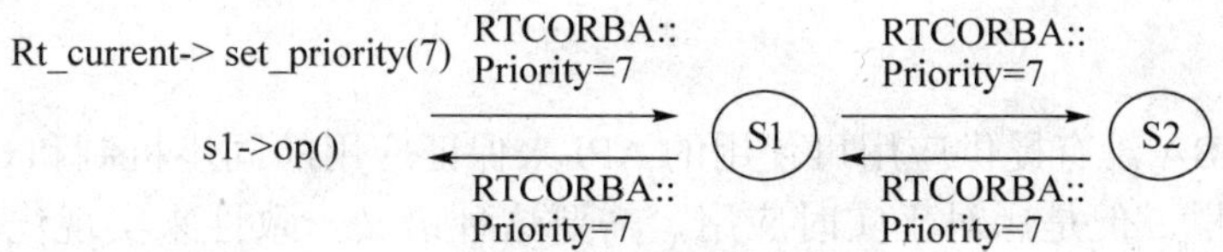

图 8-6　客户传递优先级

- 服务器声明优先级：它表示服务方对客户的请求的处理的优先级由服务器本身决定。在该模型中，优先级由服务器事先决定，通过对象引用的标记部分传递给客户。其过程如图 8-7 所示。

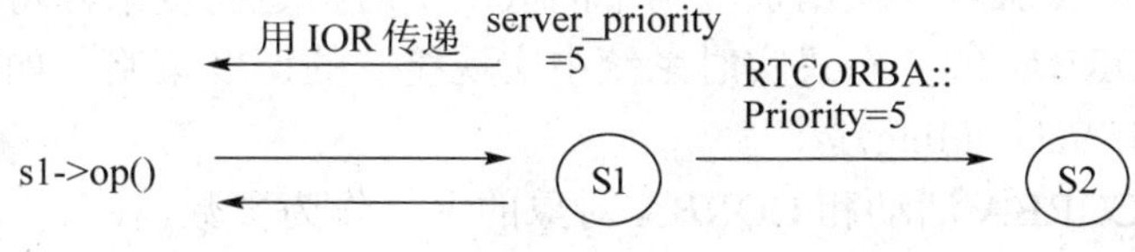

图 8-7　服务器声明优先级

◆ 优先级的改变

以上两种优先级模型并不足以应付所有的应用，如活动在执行过程中，由于使用了优先级继承协议使优先级可能发生改变。因此，实时 CORBA 定义了优先级改变机制来处理优先级的变化。

2. 线程池

并发性是实时系统的一个重要特征。为了处理并发问题，实时 CORBA 定义了线程池模型。该模型允许服务器开发者预分配线程池，并设置一定的线程属性，如栈的大小和默认优先级。线程池模型提供的功能如图 8-8 所示。

- 线程的预分配：通过事先分配足够多的线程，用以满足一定数量的并发调用，这有助于减少优先级反转、减少延迟和增加可预测性，避免了调用时的线程的析构和重建。
- 线程池分区：将一个线程池按不同的优先级范围分区，将不同的分区与不同的 POA 相连，不同优先级的调用使用不同优先级的分区，也有利于减少优先级反转。

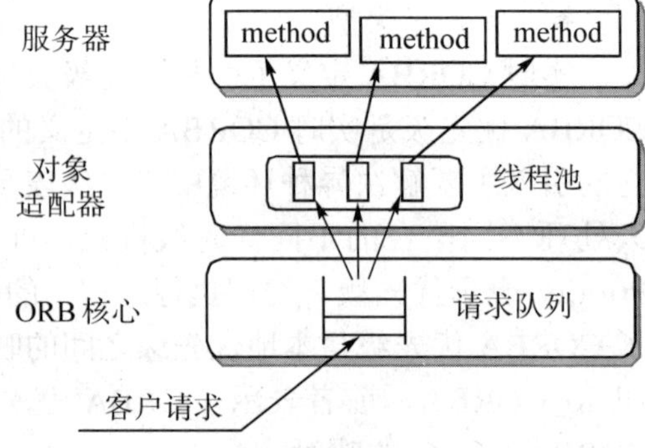

图 8-8 线程池机制

- 线程使用的限制：通过线程池，既可以限制一个 POA 可以使用的线程的数量，也可以在一个系统中限制线程的使用，可以与线程池分区一起避免优先级反转。

线程池的创建有两种类型，无通道的分区和有通道的分区：Create_ThreadPool 和 Create_ThreadPool_With_Lane。对于有通道的分区的线程池，当优先级高的线程池分区用尽时，若参数 borrow 设置为真时，可以借用优先级较低的线程池分区。

线程池策略可以用于 POA 级和 ORB 级，一个 POA 只能使用一个线程池。

3. 同步

普通的 CORBA 没有提供应用可使用的 API 来保证应用的同步机制和 ORB 内部的同步机制的语义一致性。但是，对于实时应用，需要这种语义一致性来实现优先级继承协议和优先级上限协议。实时 CORBA 用互斥界面来保证语义一致性。

4. 调度服务

实时操作系统提供的调度抽象都处于相对的较低层。为了允许应用在较高层指定调度需求，实时 CORBA 规范定义了一个调度服务，该服务负责分配系统资源来满足实时应用的 QoS 需求。通过调度服务的使用，应用中的低层实时构造的复杂性得以屏蔽。调度服务可以在整个基于 CORBA 的分布式实时系统中实现统一的调度策略，如全局比率单调调度策略(Rate Monotonic Scheduling)。

调度服务使用 CORBA 活动和 CORBA 对象的名字作为参数，在其内部将名字映射为具体调度策略，这一抽象有助于提高应用的可移植性。

8.3.2 内存资源的管理

内存资源管理的任务主要是进行缓存请求。当所有可用的线程正在被使用中，但又接收到新的请求时，一个线程池可以被配置来进行缓存请求。缓存的数量受到最大请求数和内存大小的限制。该方式可以维护系统过载时的可预测性。

8.3.3　通信资源的管理

对普通的 CORBA 应用来说，通信是完全透明的。但是，对于实时应用，需要允许它控制下层的通信协议和端系统资源，因此，实时 CORBA 定义了标准的界面，来用于选择和配置一定的协议属性。另外，客户应用还可以显式地绑定服务对象。

1．协议属性的选择和配置

CORBA 使用 Inter-ORB 通信机制来交换客户和服务器之间的请求。这些通信机制建立在可能提供多种 QoS 类型的低层的通信协议上。Inter-ORB 协议(IOP)实例由一个 ORB 协议和一个具体底层传输协议的映射组成。如 IIOP 协议包含了两个协议层：ORB 层的协议和 TCP 协议，每一个协议都具有自己的协议属性。

实时 CORBA 定义了一个界面，允许用指明 ORB 层和具体传输层的协议属性，以控制不同的通信协议特征，如 Internet 的 RSVP 的流速率。实时 CORBA 定义了一对 QoS 策略：ClientProtocol 和 ServerProtocol，来选择和配置理想的 ORB 和传输协议属性。

2．显式绑定

在通常的 CORBA 应用中，一般使用隐式绑定策略，即在调用操作过程中，客户才与服务方建立绑定。这种方式简单、对用户透明，但是，它将服务器的激活和资源的分配推迟到运行时进行，极大地增加了延迟和抖动，这显然不适用于实时系统。实时 CORBA 中，客户需要使用显式绑定策略，即用户在调用操作前，可以根据实际的要求建立相应 QoS 的绑定。这样一方面减少了操作调用过程中的连接延迟，提高操作调用的可预测性，另一方面能有效地分配和控制资源的使用。

实时 CORBA 定义了两种策略来支持显式绑定：优先级分段连接和私有连接。优先级分段连接允许客户为每个网络连接指定显式优先级；在运行时，根据操作调用的优先级，选择合适的连接。私有连接禁止连接复用，以最小化优先级反转。

8.3.4　QoS 框架

QoS 框架并不是定义在实时 CORBA 规范中，而是在消息规范中。不过，在实时 CORBA 中，实时策略的选择和配置都需要 QoS 框架来支持，所以，在这里也对其做简要的介绍。

OMG 消息规范中定义了一个 QoS 框架，允许应用配置和控制 ORB 行为的多个方面。这一框架定义了一套策略，一个管理策略的框架以及对 GIOP/IIOP 的扩展。其定义的具体 QoS 特征如下所示。

- 传递属性：请求和应答的产生和超期的时间、可靠性与目标的同步范围。
- 服务方的队列管理或排序：基于时间或基于优先级。

这些 QoS 特征不仅适用于异步方式，也适用于同步方式。CORBA::Policy 是 QoS 的基本界面，所有的 QoS 的界面都由 CORBA::Policy 派生出来。该 QoS 框架分别定义了客户方和服务方的策略。

- 客户方的策略：用于控制请求应答的行为，包括优先级、请求/应答超时时间。请求策略又分为三个层次：ORB 级、线程级和对象级。
- 服务方策略：用于控制目标的默认请求行为，包括排序顺序和事务性 QoS。服务方的策略必须要有可移植对象适配器 POA 的支持。

8.3.5 实时 CORBA 的研究和发展

本部分将列举在实时 CORBA 系统发展上已取得的成果。首先列举三个主要的实时 CORBA 研究的成果，然后讨论几个其他研究项目，提到了实时 CORBA 系统某个具体的特性。将在本部分的最后列举几种商业化的 ORB，当前能够提供不同级别的实时支持。本部分提及的大部分团体都参与了实时 CORBA 1.0 草案的起草。

1. MITRE 公司

MITRE 公司的 Maurer 和 Thuraisingham 团体把端到端时间限制的表达和实施合并到一个 CORBA 系统中，是最早的项目之一。这一工作确定了在命令和控制系统中使用实时 CORBA 的要求。原型是通过把 Xerox 的 ILU ORB 移植到 Lynx 实时操作系统中，然后提供一个分布式调度服务支持单调速率。合成的底层框架，结合了一个遵循 POSIX 实时操作系统、一个实时 ORB 和一个遵循 ODMG 的实时 ODBMS。MITRE 系统没有提及实时调度分析。MITRE 原型被设计用于美国空军的 AWACS 计划，Lockheed/Martin 公司把它转变作为公司的 HARDPACK 商用实时 CORBA 系统的早期版本的基础。MITRE 通过一个实事版本的 CORBA 交易服务，最近发展了动态绑定客户端到服务方的机制。

2. Rhode Island 大学、SPAWAR 系统中心和 Tri-Pacific 软件公司实时 CORBA 的研究

Rhode Island 大学和 SPAWAR 系统中心的实时 CORBA 研究，包括动态和静态的调度方法。动态实时 CORBA 的研究集中在表述很多时间限制，包括最终期限、周期性。URI 和 SPAWARSYSCEN 的实时 CORBA 对于静态实时系统的研究由 Tri-Pacific 软件公司(在 Alameda，CA)完成，并发展成 RapidSched 产品。RapidSched 提供了离线的调度分析和高效的执行选择的调度策略。

◆ 动态实时 CORBA

URI 和 SPAWARSYSCEN 的动态实时 CORBA 系统，提供了表达和尽最大努力实施端到端的软实时客户方法请求。这一系统的原型应用使 Iona 的 Orbix ORB 具有实时的特征。时间限制的表达由 TDMI(Timed Distributed Method Invocations)完成，它包括时间信息诸如最终期限和优先级。这些时间参数被包装进一个 RT_Env(实时环境)的结构中，和每个客户请求一起被发送。

尽最大努力施行时间限制通过扩展或附加几个 CORBA 2.0 通用对象服务来实现。当一个客户提供了一个 TDMI 给服务方，全局优先级服务提供了一个统一的全局优先级，随后把全局优先级转变为一个在服务方本地操作系统可以处理的优先级。本地实时操作系统执

行基于实时优先级的调度。当前的系统使用了 EDF 调度(Earliest Deadline First)的一个变体，也能够非常容易的改变去支持其他的优先级分派方案。

CORBA 2.0 事务服务被扩展为实时事务。实时事务服务提供了基于优先级的队列。它也提供了一个特别事务发生的时间，因此一个消费者可以使用事务去设置相关的时间限制。事务优先级基于事务生产者的全局优先级。

URI 和 SPAWARSYSCEN 的动态实时 CORBA 系统扩展了 CORBA 2.0 并发控制服务去提供优先级继承。当一个 TDMI 请求锁住一个服务方资源，TDMI 将对比所有 TDMI 的资源冲突锁上的优先级。具有低优先级冲突的 TDMI 被提高去请求 TDMI 的优先级。

◆ 静态实时 CORBA

URI、SPAWARSYSCEN 和 Tri-Pacific 在实时 CORBA 的静态调度上做出了四个主要的成果：

- 一个图形化用户界面用于离线分析实时 CORBA 系统。
- 转化全局优先级到本地的系统具体的优先级的技术。
- 调度服务接口。
- 一个调度服务接口的应用。

PERTS 系统具有如下功能。

- PERTS Front-End

PERTS 提供了一个图形化的界面允许用户输入实时任务信息，诸如最终期限、执行时间和资源要求。PERTS 随后计算一个可调度的分析，诸如单调比率的分析。

- 优先级的映射

PERTS 可调度性分析假定了一个不限制数目的优先级。不幸的是，在实际的分布式应用中，大多数的操作系统不能有无限个优先级。例如，VxWorks 仅提供了 256 个本地优先级。URI、SPAWARSYSCEN 和 Tri-Pacific 研究小组开发了一种技术可以把无限个优先级(PERTS 提供的)映射成有限个本地优先级。这种算法称为 Lowest Overlap First Priority Mapping Algorithm。

- 调度服务

研究人员发展了实时 CORBA 调度服务接口，并被商业化在 Tri-Pacific 的 RapidSched 产品中。RapidSched 可以和扩展的 PERTS 系统一起工作。

3. Washington 大学的 TAO

Washington 大学的研究人员开发了 TAO(The ACE ORB)。TAO 是一个高性能、遵循实时 CORBA2.0 的 ORB，可以运行在多种具有实时特征的操作系统平台上，如 VxWorks、Chorus、Solaris。TAO 将提供端到端的 QoS 担保，系统包含了四个主要部分：

- ORB
- 可调度的服务
- 事务服务
- 实时 I/O 子系统

◆ TAO 的 ORB

TAO 的 ORB 内核基于 ACE 框架，它是一种源于对象的、可移植的中间件框架，由 Washington 大学研发。TAO 的 ORB 内核支持一系列的传输协议，包括 RIOP(Real-Time Inter_ORB 协议)，它扩展了 GIOP/IIOP 用 QoS 属性。为了最优化，TAO 的映射可以选择性的省去传输层功能，直接运行在 ATM 虚电路上。

TAO 提供了一个实时对象适配器(ROA)，还优化了分组和解分组的操作，另外 TAO 提供了内存管理。

◆ TAO 的调度服务

调度服务支持静态的调度，通过离线调度分析和动态的调度还有策略，诸如接纳控制。调度服务主要有两个组件：离线可调度性分析器和运行时调度器，通过 ROA 调度客户请求。

◆ TAO 事件服务

TAO 的事件服务扩展了公共对象事件服务规范来满足实时应用的 QoS 需要。特别的是，事件服务使用了实时 CORBA 事件调度代替了典型的先来先服务调度。消费者和提供者规定其的执行要求并使用 QoS 参数。这些参数被集成，并用来确认优先级和抢占策略。

◆ 实时 I/O 子系统

TAO 的实时 I/O 子系统(RIO)运行于操作系统核心。RIO 子系统利用 ATM 早期的 demultiplexing 特性来帮助减少基于包的优先级反转。它使用包分类器来将包分成基于优先级的队列。

4．其他学术工作

还有几个正在进行的实时 CORBA 项目。如加洲大学 Santa Barbara 分校的 Realize 项目，Illinois 大学的 Urbana-Champaign 项目是扩展的 TAO 调度服务。

5．商用 ORB 产品

有大量的实时 CORBA 产品，他们在不同程度上满足实时应用的要求，但是还没有一个产品提供完整的端到端的性能保证。而且，只有采用了实时 CORBA 规范，才可能有标准的实时 CORBA 产品。

有几种商用 CORBA 实现提供了适合实时应用的特征，包括 SUN 的 ChorusORB、OIS 的 ORBexpress 和 Lockheed Martin 的 HARDPACK。还有些别的产品如 Iona 的 Orbix 和 Insprise 的 Visibroker。

◆ SUN 的 Chorous ORB

ChorousORB 具有很多适合实时系统的特征。它运行在 Chorus/ClassiX 上，一种 SUN 的嵌入实时操作系统，该系统可以提供确定性的调度和高效进程间通信。ChorusORB 支持 IIOP 和快速而轻型的协议。

◆ OIS 的 ORBExpress

ORBExpress 由 OIS 开发，在 Wind River 的 VxWorks 等平台上运行。ORBExpress 提供基于天花板协议的分布优先级继承机制，可限制优先级反转、减少死锁。ORBExpress 允许应用使用即插即用协议接口安装自己的通信协议。使用了内存优化，比传统内存管理要快 4 到 6 倍。可插入协议界面允许其他开发者和应用程序员安装自己的通信协议，如基于共享内存、ATM 网络和 VME 总线。ORBexpress 和 ada95、C++建立绑定，可用于车辆导航、控制命令系统等。

◆　LOCKheed 的 HARDPACK

设计用于硬实时应用，提供基于优先级的调度和带优先级的并发控制。它提供接口让用户设置任务的死线和周期。和 ORBExpress 一样，允许安装多种通信协议。HARDPACK 支持 C、C++、Ada95 和 Ada83 等语言，用于美国空军和 NATO-AWACS 平台。

◆　其他 ORB

Insprise 的 visiBroker 可以在 VxWorks 和 pSOSystem 上运行，Iona 也将 Orbix ORB 用于实时操作系统如 VxWorks。两种 ORB 均是通用的 CORBA 实现，均可以运行在实时操作系统上，并且具有一些机制来满足实时的部分要求。比如 Iona 的 Orbix 就使用多线程和一个类似 chorusORB 的拦截器机制，而 visibroker 支持多线程和负载平衡绑定。在高效实时操作系统如 Vxworks 上运行，这些 ORB 可以减少内存消耗、消息延迟和优先级反转，这将使它们适合于实时应用。

8.3.6　实时 CORBA 的评价

实时 CORBA 规范的制定，拓宽了 CORBA 的应用领域，将其延伸到实时领域。应该说，实时 CORBA 还是能够支持实时应用的。它提供的实时策略和机制，以及实时编程界面对于固定优先级实时应用系统来说是比较充分的。

但是，要使用实时 CORBA 构建一个实时的开放系统，还有许多的地方需要改进。

1．缺乏适合于实时 CORBA 应用的端到端可调度分析方法

实时 CORBA 将其应用范围限制在固定优先级的实时应用系统中。对于这样的系统，需要通过对系统中的实时应用的严格可调度分析来保证整个系统的实时性。当前的 CORBA 调度服务，更多地强调服务端的调度，而使用的仍然是单处理器的调度分析方法，缺乏适合于实时 CORBA 应用的端到端可调度分析方法。基于实时 CORBA 的实时系统是分布式实时系统，它可以用普通的实时系统的可调度分析方法，但是，实时 CORBA 应用有其特点，需要对用于普通的实时系统的可调度分析方法作相应的改进。

2．不支持动态的实时环境

CORBA 将其应用范围限制在固定优先级的实时应用系统中，这使得实时 CORBA 无法应用于动态的环境中。OMG 已经意识到这一点，并发出了动态调度服务的 RFP，征求建议以扩展调度服务来支持动态的实时环境。

3．绑定模型不够完善

实时 CORBA 中，提出了显式绑定的机制，但是过于简单，无法对绑定做控制和管理。特别是它没有集成操作系统和网络的 QoS，不能使用网络提供的高层次特征，如带宽预留、抖动限制，不能建立 QoS 通道，无法保证实时应用端到端的 QoS 要求。

4．性能尚待优化

这是一个实现问题。基于 CORBA 的分布式实时系统利用了 CORBA 解决异种平台的成

熟技术，但由于中间增加了一层，必然会造成性能下降的问题，而在实时系统中，时间是一种重要的资源，因此应用于实时系统的 CORBA 的性能的优化尤为重要，应尽量设法减少延迟。同时，请求从客户到服务器需要经过许多层次的分解和分派，也需要优化，还要注意发生优先级反转的问题。

8.3.7 端到端调度的相关问题

可将实时 CORBA 应用系统抽象为端到端系统，对这样的一个端到端系统做实时调度，涉及到多个方面的问题。总结起来，主要有三个方面的问题。

1．优先级安排

端到端系统的实时调度的首要问题是为各个任务指定相应的优先级。如果按照某种优先级安排方法，系统是可调度的，则称这种优先级安排方法是可行的。简单地说，优先级安排问题就是为一个给定的系统找出一种可行的优先级安排方法。

优先级安排问题通常按照不同的同步协议分割为多个子问题，也就是优先级安排由一簇子问题构成，每个子问题是为给定一个使用具体同步协议的端到端系统，找出一个优先级安排方法，该方法可以通过存在的可调度性分析算法验证其可行性。在分布式实时系统中，优先级的安排问题是一个 NP-HARD 问题，无法找到最优的算法，而常用启发式算法。常用的启发式算法可以分为三种类型：基于比率法、基于死线法和基于优化法。

◆ 基于比率法

RM 是单机系统常用的调度算法，其任务优先级的高低反比于任务周期的长度，周期越短，优先级越高。从原理上讲，RM 是一种人为确定任务优先级的方法，但是由于这种确定的方法是直接使用任务的一个明确特征，即任务周期的长度来确定任务优先级，反而在较大程度上降低了人的主观因素。RM 可以直接应用于端到端的系统，也就是任务的优先级反比于所属应用的周期。

◆ 基于死线法

按照基于死线法，首先确定每个任务的死线，然后确定任务的优先级，它反比于任务的死线，即死线较短意味着优先级较高。不同的优先级安排方法，其计算死线的方法也不相同，通常有以下几种方法：全局死线单调法(GDM)、有效死线单调法(EDM)、比例死线单调法和规范比例单调法(NPDM)

◆ 基于优化法

Tindell 和 Harbour 提出了一种叫 HOPA 的算法。该算法开始于一种随机的优先级安排法或者按照一种基本的优先级安排法，然后不断地进行调整，直到找到一个可行方案。基于优化法的性能高于以上两种方法，但是其代价很大。

所有这些方法可以从使用的信息的角度出发分为局部法和全局法。局部法只使用任务所在的应用的信息(如执行时间和周期)，而全局法还需要使用系统中其他应用的信息。很明显，RM、GDM、EDM 和 PDM 为局部法，而 NPDM 和基于优化法是全局法。

局部法的优点在于：存在的任务的优先级不受其他任务的增加和删除影响，计算简单，因此适用于在线算法，其缺点在于性能较差。全局法则与之相反，其性能较好，但是计算复杂，所以适用于离线分析算法。

2．执行同步

端到端调度的第二个问题是同步协议。在端到端的实时系统中，一个应用由一个任务链组成，用同步协议来管理任务的启动时间，以满足任务间的顺序约束条件，并使相应系统的可调度性是可分析的。通常使用的有四种同步协议：直接同步协议(DS，Direct Synchronization)、相位修改协议(PM，Phase Modification Synchronization)、改进的相位修改协议(MPM，Modified Phase Modification Synchronization)和启动保护协议(RG，Release Guard)。

3．可调度分析

在确定了各任务的优先级，选择了适合的同步协议后，下一个问题就是要确定系统是否可调度。不同的同步协议产生不同的时间行为，因此，不同的同步协议需要不同的可调度分析算法。通常可调度分析算法并不是最优的，也就是并没有给出必要和充分的可调度条件，所以在算法报告不可调度时，实际上不一定是不可调度的。

端到端系统的可调度分析可以分为两步：首先是每个应用的可调度分析，然后是整个系统的可调度分析。通常采用的方法是首先确定每个应用的端到端响应时间上界(EER)，然后与其死线比较。

8.3.8　CORBA 调度服务

1．概述

实时的引入，使在开发 CORBA 应用时，面临诸多的新问题：

- 应用开发者需要考虑应用的时间特征和底层平台的实时支持(如操作系统所提供的优先级支持)，这就违背了透明的原则，需要考虑许多功能外的其他问题，必然极大地增加应用开发者的负担，即使整个应用系统是建立在 CORBA 平台上，开发这样的实时应用系统仍然是一项复杂而困难的任务。
- 为了保证整个应用系统的实时性，调度策略的考虑必然会贯穿整个应用系统，调度策略与应用的功能交织在一起，这也会增加应用开发者的负担。
- 实时应用的开发，通常要借助于其他专用工具的分析，这使得应用代码与辅助工具之间存在紧耦合的关系，这极大降低了 CORBA 应用的可重用性和可维护性。

为此，在实时 CORBA1.0 中引入了调度服务，它使用实时 ORB 提供的原语跨越实时 CORBA 系统来实现多种固定优先级调度策略。通过这种方法，应用中的底层实时构造的复杂性得以屏蔽。实时 CORBA1.0 中的调度服务主要阐明如下两个问题：

- 在整个实时 CORBA 应用系统中，体现统一的调度策略。
- 将调度问题从应用的功能性代码中抽象出来，使应用开发者能够更集中精力去考虑应用的功能实现问题，而不必花更多的时间去考虑如何调度这些应用才能保证其实时性。

一个使用调度服务的应用，在整个实时系统中，将被保证使用统一的实时调度策略，也就是一个调度服务的实现将选择某种 CORBA 的优先级、POA 策略、优先级映射规则等来实现统一的调度策略。不同的调度服务实现可能提供不同的实时调度策略。

调度服务将调度参数抽象为名字。应用代码使用名字来指明 CORBA 活动(在实时 CORBA 的客户端，通常以活动为调度单位，一个活动由方法调用的一个序列组成，可能包含一个或多个线程)和 CORBA 对象(服务端的调度单位)。在调度服务内部将这些名字与调度参数和调度的策略联系起来。这一抽象提供了应用的可移植性，例如可以将活动的优先级改变，而不需要重新编译原码。实时 CORBA1.0 规定调度服务的功能包括如下三个方面：

- 具体化活动的优先级选择以及 CORBA 优先级到本地优先级的映射。
- 调度参数与命名的活动或对象联系起来。
- 调整实时 CORBA 的策略，协调调度服务的策略、POA 的实时策略、通信协议的选择等，使整个实时 CORBA 体现统一的实时策略。

2. 相关研究

实时 CORBA 的动态调度是实时 CORBA 的最新研究方向之一。相关的研究尚不多，其中较有代表性的有：TAO、NRaD/URI 实时 CORBA 和 EPIQ。

◆ TAO

TAO 是由 University of Washington 的 Schmidt 教授主持下开发的实时 CORBA。Schmidt 对实时 CORBA 的各个方面都进行了深入的分析，其中主要包括静态/动态调度、事件处理、I/O 子系统、可插入协议、IDL 编译器的优化等。起初，TAO 是一个静态实时 CORBA 系统，其调度服务使用固定优先级调度，如 RM。它对 IDL 操作做离线可调度分析，基于此来指定线程的优先级。TAO 主要是用于硬实时系统。由于静态调度的诸多缺点，如系统资源利用率不高、缺乏灵活性等，TAO 在静态调度的基础上进行了扩展，加入了动态调度。它现在支持多种调度算法，如 RM、EDF、MLF、MUF。单纯的动态调度，如 EDF、MLF，也有许多很难克服的缺点，如运行代价高。当系统偶然过载时，无法保证整个系统的实时性。因此，TAO 建议使用 MUF，MUF 既有静态的调度的严格确定性，也具有动态调度的灵活性，它集中两者的优点。

TAO 的调度是一种混合调度方式，既提供了较高的资源利用率，同时也具有严格的时间确定性，并能向应用提供较好的灵活性，对硬实时系统有很好的支持。

◆ NRaD/URI 实时 CORBA

NRaD/URI 联合开发的实时 CORBA 系统支持动态时间约束的表达和执行。NRaD/URI 实时 CORBA 提供一个动态调度服，其主要任务是全局优先级的指定、全局优先级到本地优先级的映射以及根据实时 CORBA 系统运行环境的变化对全局优先级的调整。

由于 NRaD/URI 实时 CORBA 使用了 EDF+Importance 调度算法，在重负载下，无法做出确定的保证，因此它主要用于软实时系统中。

◆ EPIQ

EPIQ 给出了一个开放的实时 CORBA 的实现方案，它提供了实时的保证和运行调度的灵活性。EPIQ 对 TAO 的离线调度模型做了修改，提供了在线的动态调度。另外，EPIQ 允许客户通过接纳测试，在运行时动态的进入和离开实时系统。

EPIQ 虽然实现了“开放”，但是其最大的缺点在于它依赖于特殊的操作系统的调度内核，这在实际的实时应用中，是不现实的。

以上三种调度服务是当前 CORBA 调度服务的典型代表。三种方案有一个共同点，那就是它们都是单处理器的调度，其调度服务都主要面向服务器端，着重强调服务对象的调度。作为基于实时 CORBA 的分布式实时系统，其调度应当是一个整体，客户端和服务器端的调度应当协作，对于这一点，目前还没有相关的研究。在对 OMG 的动态调度服务的 RFP 的建议中提到了该问题，却没有给出相应的建议。

8.4 CORBA 安全

随着 Internet 的广泛应用，将各种应用从局域网扩展到广域网甚至 Internet 上已成为用户的普遍需求，如电子商务、企业中的信息集成等，其中重要的实现途径就是采用分布计算技术。基于分布计算技术开发的分布式软件，几乎包含了 Internet 程序的开发、使用、维护、管理等各个方面，从而使得分布式对象的信息安全问题面临着严峻的挑战。

CORBA 提供的安全服务能够可靠地保证企业应用系统的安全性。安全服务是 CORBA 核心服务中的一个重要组成部分。CORBA 设计必须达到透明性、可伸缩性、灵活性和互操作性、独立与算法、安全策略等，其中互操作有 ORB 和安全服务产品之间的互操作截取器(interceptor)以及不同安全 ORB 之间的互操作协议 SECIOP。

8.4.1 分布式对象的安全问题

分布式对象的安全面临如下几个方面的挑战：

- 分布式对象之间不能轻易相信对方。在 C/S 系统中，通常客户可以信赖服务器，但服务器不能信赖客户；在 CORBA 中，由于不能明显地区别客户与服务器，所以谁也不能信任对方。
- 分布式对象属于开放式体系结构，不断变化、发展。在 CORBA 中，分布式对象的数目、功能可以不断变化，如何组合、运用这些对象难以预料，安全问题相对于集中式环境更为复杂多变。
- 分布式对象之间的交互作用难以预测。在分布式对象中，由于一个或多个对象请求代理 ORB(Object Request Broker)的介入，到底如何交互很难预测，从一定程度上说，越“即插即用”的软件系统就越易于被破坏。
- 分布式对象使用者对使用对象缺乏了解和控制。分布式对象用接口封装了所有内幕，ORB 封装了许多对对象的控制功能，这种使用透明性使得 CORBA 客户处于被动的危险处境。
- 分布式对象的数目增多。对数目惊人的对象进行访问权限的控制本身就是一个难题。CORBA 将安全服务移入了 ORB，使上述问题变得容易解决。

8.4.2 CORBA 安全服务参考模型

CORBA 安全服务规范首先提出了安全参考模型，分别从不同的角度定义了安全服务。安全参考模型提供了实施多种安全策略的框架。

1. 安全对象调用模型

安全调用要在 CORBA 安全服务的协调下进行，CORBA 安全服务根据控制策略和应用程序设置的参数自动实施要求的安全性。其主要内容包括：

- 在客户端和目的端之间建立安全关联，使得双方都拥有对方的安全信任。
- 根据访问控制策略判定客户是否可以在这个对象上进行操作。
- 根据安全审计策略，对该调用进行安全审计。
- 在客户和目标对象之间传输数据时，保护请求和响应在传送过程中不受篡改和窃听。

通过以上安全策略来保证对象调用的安全性，应用程序只关注请求和响应的过程，而意识不到安全连接的存在。

2. 访问控制模型

访问控制模型提供了一个简单的、但适用于多种访问控制策略的框架。该框架包括两个层次：对象调用访问策略和应用程序访问策略。对象调用访问策略确定了当前客户是否有权调用所请求目标对象的操作，这是由访问判定功能(Access Decision Function)完成的。对象调用的访问策略内置在这些访问判定功能中，只有允许这些功能起作用时，它才提供“是/否”的判断。应用访问策略扩展了由 ORB 执行的对象调用访问策略，允许应用程序实施自己的访问策略，可以控制谁能调用应用程序，也可以对访问策略进行补充，这些功能是靠应用程序直接调用相关安全服务对象接口实现的。应用程序也可以通过调用 ORB 中的 get service information 函数来了解 ORB 已赋予它哪些安全服务功能，以便决定需要做哪些补充。

3. 安全审计模型

安全审计用来检查实际存在的或企图进行的安全入侵，它是通过记录系统中与安全相关的事件来达到这一目的，审计定义了在何种情况下哪些事件需要进行审计。CORBA 安全服务中的审计模型给出了两种审计策略：一种是系统审计策略，另一种是应用审计策略。系统审计的事件，包括全体认证、改变特权、对象调用的成功或失败，以及安全策略的管理等。系统审计策略对所有应用自动执行，包括不关心是否有安全功能的应用。应用审计策略所审计的应用事件与安全功能相关，取决于具体应用。

与安全审计直接有关的对象有两个：一个是 AuditChannel ，该对象只有一个 audit write 函数，用来记录需要审计的行为；另一个是 AuditDecision ，该对象只有一个 audit needed 函数，用来判断某个行为是否应该由 AuditChannel 审计、记录。

4. 特权委托模型

在分布式系统中，被客户调用的对象又可以调用别的对象，并最终形成一个调用链。特权委托规定了在调用链上传递、使用证书的方式。

- 无委托方式。客户不授权中间对象使用自己的安全证书。中间对象根据调用链上前一个对象的安全证书决定自己的访问控制，然后根据结果，利用自己的安全证书去调用位于调用链中的下一个对象。
- 简单委托方式。客户授权中间对象使用自己的安全证书。中间对象始终模仿客户，将客户的安全证书传递给调用链上的下一个对象。
- 组合委托方式。客户授权中间对象使用自己的安全证书，并同意中间对象加入自己的安全证书。

中间对象将自己的安全证书与调用链中上一个对象的安全证书加以组合，传递给调用链上的下一个对象。

特权委托可以通过当前事务对象 Current 等直接实现。

5. 不可否认模型

ORB 必须能够为系统的行为提供不可否认的证据，防止用户随后否认已接收或发送了的数据，典型的不可否认证据就是调用请求信息的创建和调用请求信息的接收。在 CORBA 中，不可否认性仅仅表现在提供、证实不可否认性证据，没有规定如何传递、保存这些证据。不可否认证书的对象为 NRCredentials，该对象中的操作可以完成诸如设置不可否认性服务的特征、获取当前不可否认性服务的特征、验证不可否认证据、获取不可否认证据的完整信息等功能。

以上的安全模型包含了多种安全策略，根据不同应用对安全的要求，这些安全模型可以进行自由组合，以达到应用程序的安全层次和要求。

8.4.3 安全体系结构

在提出安全参考模型的同时，CORBA 还提出了自己的安全体系结构。CORBA 的安全体系结构解释了如何实现 CORBA 的安全参考模型。

1. 应用程序层组件

应用程序主要是指客户开发的应用软件。这些软件多数不关心自身的安全性，没有安全感知，不调用安全服务 API 接口；如果应用程序需要实现自身的安全功能或特性，则需要调用 CORBA 的安全服务 API 接口。为满足不同应用程序的安全需求，CORBA 安全服务规范又被划分为 2 级安全服务。

第 1 级安全服务是为无安全感知的应用程序提供服务，该级别应用于安全 ORB 下运行的所有程序，无论它们是否意识到有无安全问题。这就意味着无需改变现有的程序代码，就可向现有的应用程序提供 CORBA 第 1 级安全服务。

CORBA 第 2 级安全支持 CORBA 安全服务规范定义的大部分应用程序接口的功能层。CORBA 第 2 级安全增加这些接口，以便客户机和服务器能够以精细的方式动态控制安全服务的使用，并为感知安全的应用程序增加了额外的选项和功能，如选择需要的消息保护的质量、改变证件特权的能力等。

后来基于 Web 的 CORBA 应用大多采用了 SSL 的简单认证和数据私有性解决方案，人们将这种基于 SSL 的安全服务称为 CORBA 安全级别 0。CORBA 安全级别 0 功能包括：用公开密钥实现相互认证、对数据加密实现数据私有性和完整性保护。

2．执行安全服务的组件

组件与隐含的安全技术相对独立，也就是说允许在该层次与安全技术之间使用隔离接口，且允许在该体系内容纳不同的安全技术。

3．实现特定安全技术的组件

这一部分可以由已有的安全组件提供，也可由操作系统提供。在拥有大量异构平台的分布式环境中，采用通用的安全技术实现安全服务较为合理，如采用通用安全编程接口，可以将安全服务的实现与底层机制的细节分开。

4．底层保护和通信

它可通过硬件和操作系统平台提供的机制来实现。

通过以上分析可以看出，根据用户对安全性粒度要求的不同，用户可以选择在这四个层次中的任何一层或多层来实施自己的安全策略。

8.4.4 CORBA 安全的不足

1．应用

CORBA 安全在应用层面的不足主要如下。

- 架构：分层无法确定安全特性在什么地方实现以及怎样实现。
- 认证和授权：预定义的 CORBA 安全服务属性不能提供足够的安全属性。
- 安全审计：审计记录不安全。
- 防否认：依赖于其他组件，如时间服务。

2．实现层

CORBA 安全在实现层的不足主要如下。

- 互操作：不同 ORB 之间很难实现互操作安全。
- 协议：可插入协议目前无标准。
- 截取器：目前正处在 RFP 阶段。
- 外部独立性(PKI 和 Firewall)：不好。

8.4.5　CORBA 穿透防火墙

1. TCP 防火墙

TCP 防火墙在其提供 IIOP 服务的端口接收到的客户端对象发出的连接请求，分析 TCP 报文中的源主机地址，根据连接映射表中的规定，判断是否是允许的主机。如果满足条件，TCP 就建立两条连接：一个到客户端，一个到服务端。但是 TCP 防火墙代替客户端对象建立一个在连接映射表中与客户主机相对的与服务主机的连接，用于转发随后的报文。

TCP 防火墙不允许客户端和服务端直接通信，所以当服务端对象将 IOR 返回时，TCP 防火墙应将 IOR 中的服务端对象相联系的服务端对象的主机名和端口号替换为与服务端对象相联系的防火墙主机名及端口号，以保证 ClientObject 能正确寻址。TCP 防火墙主要特性如下：

- 是一个包过滤防火墙。
- 安全粒度是主机名/地址。
- 合法的主机也不能使用服务端提供的其他服务。
- 预先定义，所以适合作为主动建立连接的客户端端的防火墙，不适合被动建立连接的服务端。

2. SOCKS

SOCKS 的过程如下：

(1) 客户端身份认证。

(2) 客户端对象发起到服务端对象的连接请求。

(3) SOCKS 返回连接确认，并创建 SOCKS 代理。

(4) SOCKS 代理建立与服务端对象的连接。

(5) 客户端与服务端进行通信。

SOCKS 主要特性如下：

- SOCKS 实际上位于运输层与应用层之间，属于虚电路级的防火墙。
- 与 TCP 防火墙相比，提供了客户端和服务端之间的动态映射，IOR 不必进行地址映射。
- 在运输层利用 SSL 提高 SOCKS 的安全性。
- SOCKS 适合部署在客户端，而不适合部署在服务端，因为连接请求由客户端对象发起。

3. GIOP Proxy

GIOP Proxy 属于应用层防火墙，它不仅可以转发报文，而且可以理解 GIOP/IIOP 报文的语义。

ORB 将对象引用、方法名、参数、结果等经过一定的分解，以请求报文第二方式发送给 GIOP 代理，GIOP 报文根据报文头中的信息进行过滤，然后在每个报文前加上自己的

GIOP 报文头，交下层通信设施传送。

GIOP 代理有两种工作方式。

◆ Passthrough 方式

工作过程如下：

(1) 客户端对象向 GIOP 代理发出向服务端对象的连接请求。

(2) 服务端对象与 GIOP 代理建立 TCP 连接。

(3) GIOP 代理和客户端对象连接建立。

(4) 客户端对象与服务端对象通过代理进行通信。

◆ Normal 方式

工作过程如下：

(1) 客户端对象向 GIOP 代理发出向服务端对象的连接请求。

(2) GIOP 代理与客户端对象建立连接。

(3) 服务端对象与 GIOP 代理建立 TCP 连接。

GIOP 代理的主要特性如下：

- GIOP 代理以服务/对象作为安全控制的基本单位，比主机/端口的粒度更小。
- 可以对 GIOP 得到的报文做语法、语义检查，而 TCP 防火墙和 SOCKS 不具备。
- 适合在服务端配置。

4. CORBA 防火墙的影响

HTTP、FTP 随时监听对应端口的请求，但 CORBA 防火墙不适合。CORBA 对象在首次启动后激活，且对应端口不固定，所以不可能以静态端口监听。TCP 防火墙不适合动态要求，SOCKS 有一定的动态特性，GIOP 代理取决于 GIOP 标准的具体实现。

目前动态特性的方法主要是将 IOR 中的目的地址替换为代理/防火墙的地址，这就要求现有的 CORBA 系统进行改造，包括 BOA/POA、GIOP 协议。也可将 IOR 保留，而在外封装形成新的 IOR，缺点是 IOR 将很长。

另外回调可能因为存在防火墙而失败，可采用双向 GIOP，利用一条 GIOP 通道进行双向传输。

8.5 支持 QoS 的 CORBA

8.5.1 引言

在CORBA规范的研究与制定过程中，人们把大量的精力集中在CORBA组件的封闭性、继承性、多态性、可重用(Reusable)、可插拔(Plug-and-Play)等软件特性上，因而忽略了实际中常遇的多媒体和实时服务所需的应用特性——确保服务质量的具体要求。

但是随着人们将 CORBA 系统应用于分布式多媒体应用(media rich application)和分布式实时应用(mission critical application)后，为高层的服务提供端到端的服务质量保证成为关键。高层服务中的带宽(Rate)、丢失率(Loss Ration)、延迟(Delay)和延迟抖动(Jitter)等服务质量参数必须加以考虑。但是由于 OMG 在制订 CORBA 规范时，主要考虑的是解决异种平台的协作问题，对于服务质量保证机制的考虑较少，使得基于现有的平台很难建立可实用的分布式多媒体系统和分布式实时系统。

CORBA 的 IIOP 是运行在 IP 之上的，而现在的 IP 网络的地位已经发生巨大变化，有蒸蒸日上之势。所以，虽然目前大部分 IP 网上并不能进行资源预约，但是随着 IETF 所提出的 Internet 综合服务体系和区分服务体系、以及未来 IP OVER ATM、IP OVER SDH、IP OVER WDM 的应用普及，IP QoS 技术最终必然会得到广泛的应用。

要建立具有支持服务质量保证机制的 CORBA 系统，通过它来开发分布式多媒体和分布式实时服务还有许多问题需要解决：

(1) 中间件系统必须为用户提供接口用以描述用户交互时对服务质量的定量要求。

(2) 中间件系统要扩展本身的功能，加强对网络资源和端系统资源的管理、控制和分配，使得两方面的资源合理搭配，协同提供服务级端到端的服务质量保证(在此的端到端是指高层服务到服务之间)；同时解决优化资源分配问题，以提高系统的利用率。

(3) 在提供服务的过程中，中间件系统所提供的服务质量安全机制应保护正常的服务运行，能防止非法破坏。

(4) 在统一的服务质量分类上，量化不同层次之间的服务质量的参数并建立其相互映射关系，从而便于实现服务质量的映射(QoS Mapping)。总之，需要通过补充和扩展原有 CORBA 系统，增加服务质量的机制，才能使得 CORBA 能提供面向多媒体和实时对象的分布式计算环境。

随着多媒体和实时技术的迅速发展和应用，服务质量机制正成为分布式计算环境的一个不可缺少的重要组成部分，这就对当前流行的 CORBA 系统提出新的有难度的挑战。本章将着重探讨 CORBA 为支持 QoS 应做何种相应扩展，并详细论述支持 QoS 机制的 CORBA(或称为 QoS 驱动 CORBA(QoS-Driven CORBA))的系统框架和体系结构，以及支持服务质量的程序的交互过程，同时给出 QoS 驱动的 CORBA 的实现。

8.5.2　QoS 驱动的 CORBA 系统的优点

目前面向对象的分布式计算环境技术的应用已得到业界的广泛认同，同时 CORBA 系统在电信、交通、金融和军事领域正成为分布式计算环境的主流。随着高速网络技术、多媒体技术和分布式实时技术的发展和成熟，人们也逐渐认同采用 CORBA 系统来构筑多媒体和实时应用的分布式计算环境。这就导致 QoS 驱动的 CORBA 的研究正在成为一大热点。

由于 CORBA 系统已经成为公认规范，同时 IP QoS 技术已渐渐成熟，所以在 CORBA 上构筑支持服务质量的分布式环境是可行的，并且由此形成的具有支持服务质量机制的中间件系统具有下列优点。

这种中间件可用来构造面向对象的分布式计算环境，系统的抽象层次高，便于开发大规模的多媒体或实时分布式应用系统；同时这类系统的模型建立可以对其他系统(如 DCOM、RMI 或 ODP 系统)具有借鉴意义。

这类系统的建立将在语言上提供高级别的处理服务质量的抽象，使具有服务质量保证的应用得以实施，因为：

- 中间件提供了面向对象计算的服务质量机制。
- 具体的执行代码生成是从高级别的面向对象的服务质量机制上映射过来，这样可以降低高层代码的错误。
- 通过这类中间件可以提供半透明机制，使得高层应用可以监测和控制下层的服务质量保证机制。

由于 CORBA 系统扩展性较好，今后如果出现新的服务质量技术或服务质量保证机制，具有 QoS 驱动的 CORBA 系统可以透明地扩展，从而实现服务质量技术的扩展。

8.5.3 QoS 驱动的 CORBA 的要求

实时计算以及实时系统是计算机领域重要研究领域。对于系统中的实时计算，时间延迟(Delay)是最重要的要素，这时外部事件的响应和任务的执行都必须在限定的时间内完成，所以实时系统的结果正确性不仅在于逻辑结果，同时还取决于结果产生的时间。依据实时系统的结构、对时间严格性要求的不同，实时系统分类如下。

- 强实时系统：对延迟要求最严格。如果任务的执行超过了规定的时间，可能造成重大的经济损失或人员伤亡。例如：嵌埋在武器系统的实时系统、飞机的实时系统等。其时间的要求通常在几十微秒到毫秒级。
- 中等实时系统：对延迟要求较严格。如果任务的执行超过了规定的时间，输出的结果将作废。例如：网络会议系统、VOD 系统等。其时间的要求通常在几十至几百毫秒级。
- 弱实时系统：对延迟要求并不十分严格。如果任务的执行超过了规定的时间，通常会影响输出结果的效果和用户的满意度。例如：银行服务系统、飞机定票系统等。其时间的要求通常在秒或分级。

分布式连续媒体(如音频和视频)系统中，要求分布式系统支持媒体 QoS 参数(如带宽、丢失率、延迟和延迟抖动)处在许可的范围内。若无法保证这点，媒体信息的完整性将受到影响，信息的语义变得不可理解。对于分布式实时服务的要求是端到端的 QoS 参数中的延迟(Delay)必须确定，否则会导致服务失败。

所以无论是分布式多媒体或者分布式实时服务的要求，可以归结为对分布式系统的服务质量保证(QoS Guarantee)的要求。

具有服务质量保证的中间件 CORBA 系统的主要目标是：使得存在大量关键性任务和多媒体任务的开放式环境中，能通过服务质量机制管理全局的资源，得以提供任务所需的服务质量。对于上述连续媒体和实时任务要求的 QoS，目前 IP QoS 技术正可以较好地予以对付，为了能把 IP QoS 机制加入 CORBA 系统环境中，使 QoS 驱动的 CORBA 系统得以实现，提出了以下要求。

中间件系统首先要做的一个扩展是，建立服务级的端到端的服务质量保证控制和管理机制。它包括：

- 提供高层用户之间进行显式的服务质量协商(QoS Negotiation)机制。
- 系统在不同层次(网络层、操作系统层和中间层)上进行服务质量的映射(QoS Mapping)。

- 建立反馈机制，监视端到端服务质量情况，根据分布式系统环境的资源适应性地调节资源以满足用户 QoS 要求。
- 建立全局统一的资源分配管理机制。通过它可以监视整个开放式系统中的端系统资源和通信资源；按照用户 QoS 要求，有效分配资源以满足用户服务质量要求；若当前资源不足时，则根据任务优先级自适应地从新分配资源。
- 这一扩充是具有服务质量保证机制的中间件系统的核心。

中间件系统再一个扩充是，程序界面的扩展。

- QoS 驱动的 CORBA 系统应该提供具有显式服务质量参数说明的访问界面(原来 CORBA 系统的访问界面无服务质量参数说明)。
- 在具有支持服务质量机制的交互界面上，能动态地为上层用户提供自适应的和可重协商的高等级的服务质量控制机制。

8.5.4 QoS 驱动的 CORBA 的设计

1．QoS 驱动的 CORBA 的交互界面

分布多媒体和实时应用都有服务质量保证的要求，同时希望中间件系统能按照服务质量参数和系统资源的情况，自适应地服务于高层应用。

为了屏蔽系统之间的差异，分布式中间件系统的计算模型必须提供统一的机制来定义实时或多媒体服务的 QoS 参数，而且在程序语言上要实现这一高等级的支持机制，因此用户能方便地开发具有实时和多媒体服务的应用。为此，对于具有支持服务质量机制的分布式计算界面，应在原来的分布式交互界面上进行扩展，引入具有支持服务质量机制的界面，这种界面的说明分为两类：QoS 的界面说明(QoS Interface Specification)和服务质量舍取说明(QoS Interface trade-off specification)。在图 8-9 中，给出 CORBA 中的对象的服务质量参数界面说明，其中 QoS 的界面说明要求系统的资源大于 10，服务质量舍取说明要求系统的资源大于 2 小于 10 之间。它表明当系统满足 QoS 的界面说明时，对象之间可以正常交互；当系统资源满足服务质量舍取说明时，对象可以降低服务质量标准进行交互；其他的情况时，则系统无法满足对象的服务质量要求，交互失败。

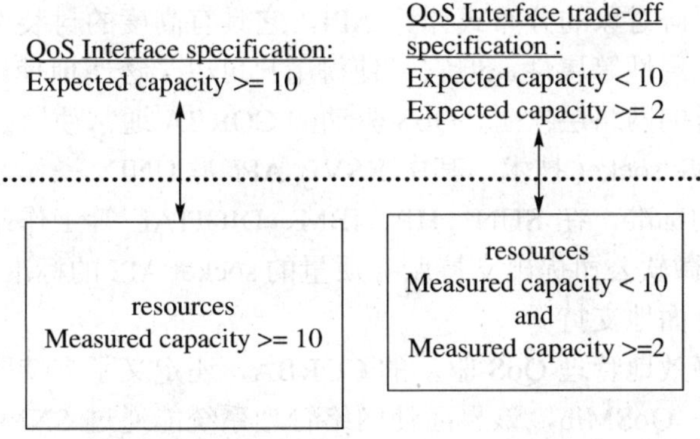

图 8-9　具有支持服务质量机制的交互界面说明

对于服务质量界面的说明的参数，其具体项目又可以分为：

- 服务级的服务质量参数，它们是速率、延迟、延迟抖动和丢失率。
- 端系统的资源参数定义，它们包括为进程(或线程)的优先级、进程(或线程)的周期、以及进程缓冲区的大小等。

同时，中间件系统还要提供动态 QoS 管理接口，以便高层服务在执行过程中，管理、查询和监视中间件层的服务质量提供的情况，其内容包括：

- 提供显式服务绑定函数，用户通过它完成具体实时或多媒体服务的连接。其功能为：中间件系统首先建立服务各个层次间的资源映射，同时进行实时的资源核查，在整个系统范围内核对是否可以提供该类服务；如果成功后，为客户方结点和服务方结点分配相应的资源，函数成功返回。
- 资源重协商。
- QoS 参数监控。

2. QoS 驱动的 CORBA 的交互界面的调用层次

图 8-10 给出 QoS 驱动的 CORBA 的服务界面调用(API)的层次结构，它包括：

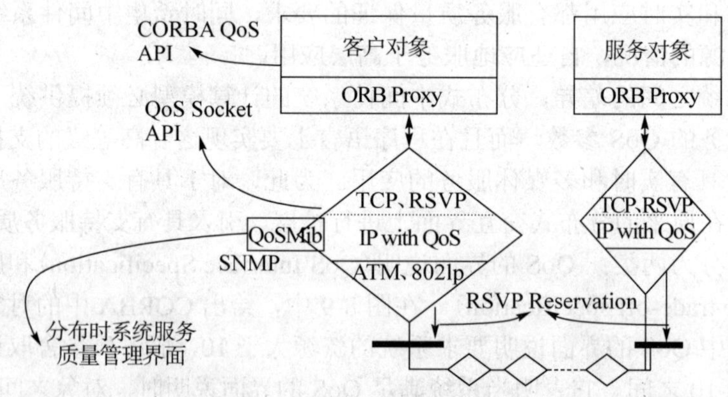

图 8-10 QoS 驱动的 CORBA 系统的界面调用层次结构

- 高层用户使用的是 CORBA QoS API，即 QoS 驱动的 CORBA 的交互界面。这类 API 是一种面向对象的分布式计算 API，它具有高度的封装性、继承性、多态性、抽象性、可扩展性等属性，但它又使得用户可以半透明地使用 IP QoS 技术。
- 在中间件系统的网络层次上，QoS 驱动的 CORBA 通常使用的是 RSVP API、GQoS API 等 IP QoS socket 技术。其中 RSVP API 是 UNIX 操作系统中支持服务质量的 socket API 的标准，在 SUN、HP、IBM、DIGITAL 等工作站上得到广泛的支持；GQoS API 是微软公司提出支持服务质量的 socket API 的标准，微软的 Windows2000 系统中已经全面地支持。
- 同时为了更高效地管理 QoS 驱动的 CORBA，还定义了支持服务质量的中间件系统管理界面—— QoSMib，该界面使网络管理系统能通过 SNMP 协议与 QoS 驱动的 CORBA 交互，达到对中间件系统进行管理的目的。

3. CORBA 系统中支持 QoS 机制的系统扩展

为了顺利地融入 IP QoS 机制，使 CORBA 系统具有 QoS 机制，提出了在原来 CORBA 的基础上实现三个通用本地服务：合约服务(Contract Service)、系统状况服务(System Condition Service)和委派服务(Delegation Service)。三者的相互关系如图 8-11 所示。

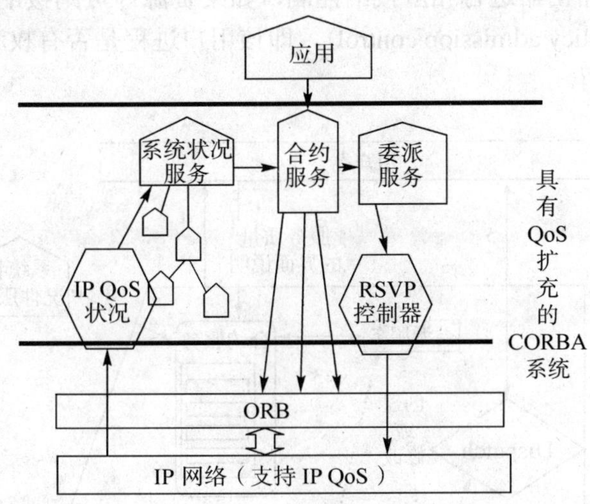

图 8-11 合约服务、系统条件服务和代表服务的相互关系

合约服务是面向高层应用的服务，其任务包括：

(1) 接受高层对象或界面的服务质量申请，其中包括 QoS 的界面说明(QoS Interface Specification)和服务质量舍取说明(QoS Interface trade-off specification)。

(2) 然后根据系统状况服务中得到的系统状态，以及对象本身的服务质量要求，选择采用那种级别的服务质量参数来具体调节对象的服务质量参数。

(3) 调用委派服务来执行资源预留，同时改变系统状况服务中所保存的系统的资源状态。

系统状况服务主要是对分布式中间件系统的资源进行测量、管理，并且存入分布式系统维护的资源数据库中，其中资源分为两类：网络资源和端系统资源，同时接受合约服务对系统中资源的状态的设置。

委派服务检查合约服务的 QoS 参数是否合理，具体执行高层的服务质量参数到 IP QoS 的映射，同时进行资源预留。当用户的服务质量要求不能满足时，委派服务自适应地调用高层的服务质量舍取说明中的服务质量参数，进行服务质量的适应性调整，动态地为上层用户提供相适应的服务质量机制的支持。

4. QoS 驱动的 CORBA 应用的交互过程

下面具体说明具有支持服务质量机制的 CORBA 交互过程，如图 8-12 所示。

用户通过 CORBA 的 QoS 扩展界面给出媒体应用中 QoS 界面说明和服务质量舍取说明，其中参数的项目包括延迟时间、丢失率、速率等，以及服务和客户进程(或线程)的优先级、进程(或线程)的周期、进程(线程)优先级和进程缓冲区的大小等。

CORBA 系统启动合约服务，该服务通过系统状况服务得到系统的资源状态。如果系统资源参数允许，则根据对象的服务质量参数启动委派服务；否则失败返回，通知用户资源不足，无法满足要求。

委派服务通过 IP QoS 机制与接收方建立一条具有服务质量保证的信道，即相应的分配资源；同时交换机和路由器进行相应接纳控制，如果资源许可则接纳控制成功；同时还要进行策略接纳控制(Policy admission control)，即该用户进程是否有权利预留这么多的资源，如果成功进行资源预留。

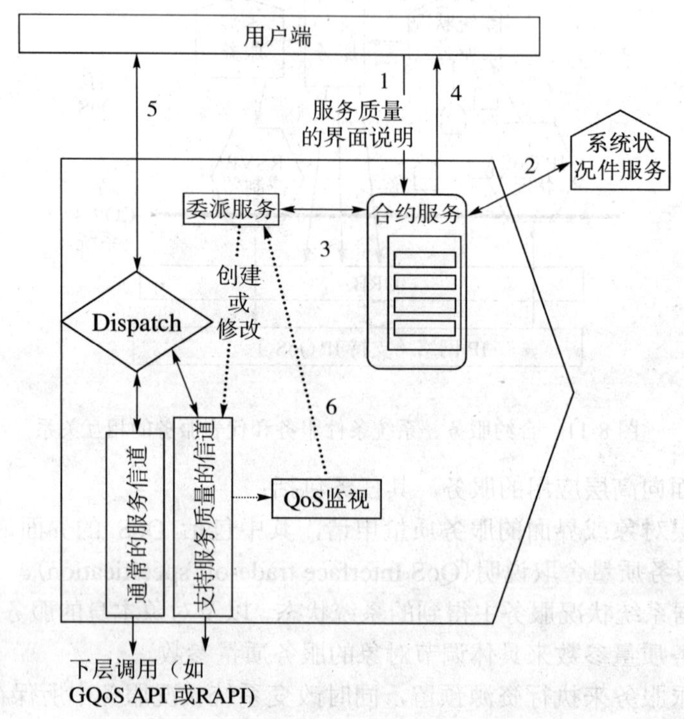

图 8-12 QoS 驱动的 CORBA 的服务调用过程

合约服务向用户返回成功消息，同时把支持服务质量的信道的句柄返回给用户。

用户方通过支持服务质量的信道的句柄，具体执行双方的网络多媒体交互或实时交互。

在运行过程中，QoS 监视进程监测系统提供的服务质量参数，并且通过委派服务动态地调节具有服务质量的信道的资源，以提供服务级的服务质量保证机制。

8.5.5 问题的讨论和相应的解决方法

通过对 IP QoS 驱动的 CORBA 的系统研究，发现如果要建立该系统必然存在以下的难题需要解决：

- 在中间件层，引进了支持服务质量驱动的服务界面(CORBA QoS API)，加上原来的网络层的服务质量调用(QoS socket API)，这样存在多层之间的服务质量参数的映射问题。
- 如何为高层用户提供服务级的端到端的服务质量保证问题。
- 支持服务质量驱动的服务界面的参数多种多样，如何解决优化的资源分配问题，以达到中间件系统利用率较高。

8.6　多协议框架

8.6.1　CORBA 多协议框架概述

当前 CORBA 实现中基本上是以这样一个比较粗的层次结构实现的，即将对网络的处理与特殊的 ORB 任务放在一起处理。这种通常的 ORB 处理方式存在以下几方面不足。

- 静态协议配置：这种处理方式使得 ORB 只支持有限的几种静态配置的协议，通常是在 TCP/IP 上的 GIOP/IIOP。
- 缺乏协议控制接口：通常的 ORB 没有给应用程序提供配置协议的策略和属性的接口。
- 只支持一种协议：通常的 ORB 不能同时支持多种 ORB 间的消息协议或传输协议。
- 不能充分利用网络的功能：当前，OMG 只对 GIOP 协议到 TCP/IP 协议的映射，即 IIOP 协议进行了规范。IIOP 协议的好处在于常用、简单、互操作性好。仔细分析发现，这种方式不能够利用下层网络设施的所用特征，如近来网络可以提供多种 QoS 的支持。许多 ORB 厂商可以提供对其他协议和网络技术的支持，但是他们进行的是专有扩展，导致了互操作的问题。

为了使用不同的网络，不仅仅是 TCP/IP，OMG 也正在进行开放通信界面(OCI，Open Communication Interface)的标准化。OCI 作为 CORBA/IN 的一部分，使用智能网中的信令协议传递 CORBA 的方法调用。但是，OCI 不仅仅用于智能网中，OCI 规范的界面可以使开发者创建自己的协议，该协议可以与任何遵守 OCI 界面的 ORB 一起使用。OCI 的主要目的在于使 CORBA 能用于各种类型的网络，如 CORBA/IN 中，用于在 SS7 上传递 GIOP 消息。

8.6.2　OCI 规范

OCI 的初始目的是为 CORBA 定义标准的通信接口，它处于 ORB 核心和网络传输层之间。其中远程操作接口 ROI(Remote Operation Interface)处于 ORB 核心和消息传递层之间。消息传递接口 MTI(Message Transport Interface)处于消息传递层和网络传输层之间。OCI 的层次结构如图 8-13 所示。

OCI 带来的好处是一个新的消息层或者传输层，可以加入到任意的 ORB 实现中，这主要是因为 OCI 保证了 ORB 实现间的可移植性。这就是可插入消息的概念。其中，ROI 或 MTI 的实现称为协议插入体(protocol plugin)。

OCI 是以限制在本地的 IDL 来定义的，并有该 IDL 的实现协议插入体。使用限制在本地的 IDL 是因为协议插入体是本地化于 ORB 核心。CORBA 中的 GIOP 就是远程操作接口 (ROI) 的一个实现。因为互操作的原因，所有符合 CORBA 2.x 规范的实现都要实现 GIOP。所以 OCI 的研究主要是以 Connector/Acceptor 模式来定义消息传递接口 (MTI)，接下来就论述消息传递接口。

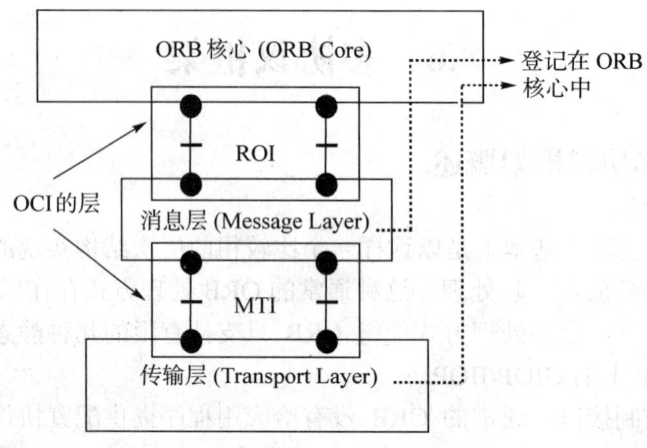

图 8-13 OCI 的通信层次

1. 客户端类

客户端类在传输插入体中负责客户方的功能，即建立到服务方的传输连接和传输请求数据。客户端类包含两个具体的类：Connector 和 ConnectorFactory。Connector 类负责在客户与服务之间建立传输通道。Connector 对象创建一个通行端口，并通过这个端口向服务方发送连接请求。建立连接后，Connector 对象创建一个 Transport 对象并将该对象的引用传给消息层。ConnectorFactory 类负责创建 Connectors。ConnectorFactory 对象通过控制 Connector 对象的生命周期来管理客户所有的连接。

2. 服务端类

服务端类在传输插入体中负责服务方的功能，即接受客户的传输连接和传送应答数据。服务端类包含两个具体的类：Acceptor 和 Transport。Acceptor 类负责接受连接请求。Acceptor 对象创建一个通信端口，然后等待连接请求。在接受到有效的连接请求后，Acceptor 将创建一个 Transport 对象并将该对象的引用传给消息层。Transport 类负责传送从消息层接受到的数据。Transport 类还要负责分片和重新装配的任务。当下层的传输协议关闭了相关的连接或消息层指示关闭连接时，Transport 对象将被删除。

3. 注册类

注册类是为了在传输层能插入而设计的钩子，它包含两个类：Connector Factory Registry 和 Acceptor Registry。通过将 Connector Factory 对象和 Acceptor 对象加入到合适注册类中来注册传输层。Connector Factory 对象的注册是通过 ORB 核心，而 Acceptor 对象的注册是通过对象适配器。

4．帮助类

帮助类是一个 Buffer 类，它被 Transport 对象用于处理传输的数据。Buffer 对象以 octet 数组的形式来容纳数据，并且还有一个位置计数器。该位置计数器用于判断已经有多少 octet 被发送或接受。Buffer 对象能被用于提供一个零复制缓冲区接口。

由 OCI 接口定义可以知道，OCI 的互连分为两个阶段：第一阶段是连接建立阶段，第二阶段是消息传输阶段。

8.6.3　OCI 的互操作性

OMG 的一个主要目标是指定协同工作的规范，因而在不同的硬件平台上和使用不同的实现语言开发的软件组件间的互操作性是 CORBA 规范必须遵循的。IIOP 是 OMG 实现互操作目标的关键手段。OCI 虽然通过协议插入体扩展了 ORB，但并没有损害互操作性。下面就分析一下 IIOP 和 OCI 的互操作性。

1．IIOP 的互操作性

符合 CORBA 2.x 规范的 ORB 依赖 IIOP 来实现不同中间件厂商的 ORB 实现之间的互操作，每一个 ORB 中间件厂商都在其产品中实现了一个 IIOP 引擎。标准定义了 IIOP 使用的编码方式，有效的消息序列和使用 TCP/IP，这些保证了 IIOP 引擎产生的消息之间的相互理解。IIOP 引擎的参考点如图 8-14 所示。由图 8-14 可以看出，IIOP 的参考点有水平和垂直方向的，这是与 MTI 定义的互操作参考点主要的不同之处。

2．OCI 的互操作性

当 ORB 中实现了 MTI 时，互操作参考点就位于不同的位置，如图 8-15 所示。协议插入体封装了有效的消息和消息序列，因而就不需要协定编码方式。松散的网络互操作参考点的结果是使得 MTI 自身成为了参考点。互操作参考点的改变这使得 ORB 能扩展到特殊的协议上。通过这样的扩展，ORB 能利用网络特殊的功能，例如特殊的 QoS 特征。

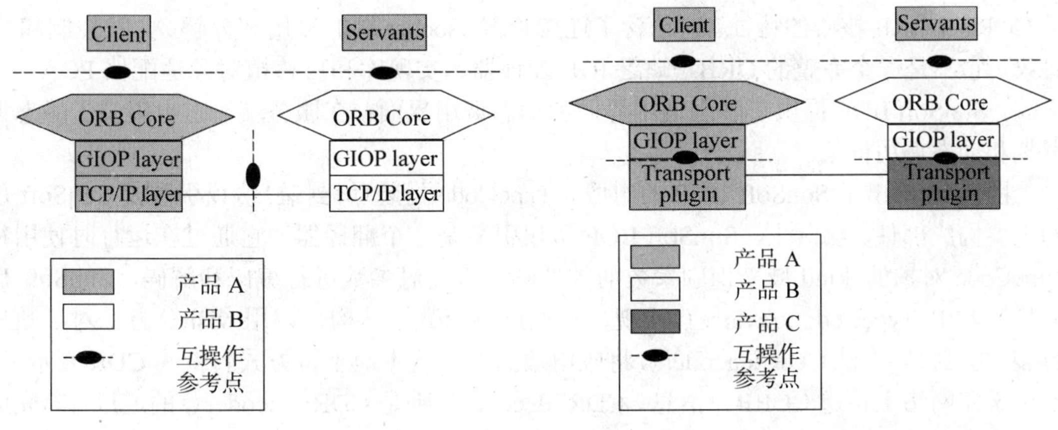

图 8-14　IIOP 互操作参考点图　　　图 8-15　协议插入体的互操作参考点

8.6.4 优化 IIOP 引擎

1. GIOP/IIOP 概述

为了达到异构 ORB 系统之间互操作的目的，CORBA2.0 规范中定义了标准通信协议 GIOP(General inter-ORB Protocol)。GIOP 是互操作体系结构的基础，它为 ORB 之间的通信定义了一种标准传输语法(数据的低级表示方式)和一组消息格式。GIOP 协议由三个部分组成。

- 公共数据表示(common data representation，简称 CDR)：它是 GIOP 表示数据类型的格式标准，它将数据类型映射到二进制流，以便网络传输。
- GIOP 消息格式：它定义了用于 ORB 间对象请求、对象定位和信道管理等七种消息的格式和语义(现在为八种，增加了 Fragment)。
- 传输层假设：GIOP 协议可运行于多种传输层协议，只要传输层协议是面向连接的、可靠的，所传递的数据可为任意长度的字节流，提供错序通知功能，连接的发起方式可以映射到 TCP/IP 这样的一般连接模型即可。

GIOP 协议只是一种抽象协议，独立于任何特定的网络协议，在实现时必须映射到具体的传输层协议或者特定的传输机制之上。CORBA2.0 规范定义了 GIOP 协议到 TCP/IP 协议和 DCE 的映射，而 GIOP 协议到 TCP/IP 协议的映射又称为 IIOP(Internet Inter-ORB Protocol)协议。IIOP 协议规定了怎样利用 TCP 连接来交换 GIOP 消息。IIOP 协议规定服务方侦听连接请求，由客户向服务方发出一个连接请求；连接建立后，客户利用这个连接向服务方发送 Request Locate Request 或 Cancel Request 消息，服务方则利用这个连接向客户发送 Reply、Locate Reply 或 Close Connection 消息，一旦发出或收到 Close Connection 消息后，客户和服务方都要关闭相应的连接。

2. SunSoft IIOP 协议引擎

在设计和实现 DeltaCORBA 的 IIOP 协议时，参考了 SunSoft IIOP。SunSoft IIOP 是可以免费使用的原码，它实现了 IIOP1.0 版本。SunSoft IIOP 协议引擎是用 C++编写的，并提供了 CORBA ORB 核心的特征。它包含了连接管理、socket 端的复用和分解、并发控制和 IIOP 协议。它不是一个完整的 ORB，缺乏 IDL 编译器，实现库和可移植对象适配器 POA。在客户端，SunSoft IIOP 提供了静态调用界面和动态调用界面；在服务端，它也提供了静态调用框架和动态调用框架。

图 8-16 给出了 SunSoft IIOP 的组成。TypeCode 封装(解封装)协议引擎是 SunSoft IIOP 的主要构成部件。实际上，SunSoft IIOP 协议引擎是一个翻译器，它通过在运行时使用每个 TypeCode 对象的_kind 域来识别参数的类型码，进而对参数进行编码和解码。SunSoft IIOP 的翻译器由 TypeCode::traverse()实现，它通过遍历数据结构，调用 visit()方法对参数进行封装和解封装。方法 CDR::encoder()将应用数据类型从本地主机方式转变为 CDR 表示方式，以用于在网络上传递 CORBA 消息。CDR::decoder()则是 CDR::encoder()的逆过程，完成应用数据类型从 CDR 表示方式到本地主机方式的转变。

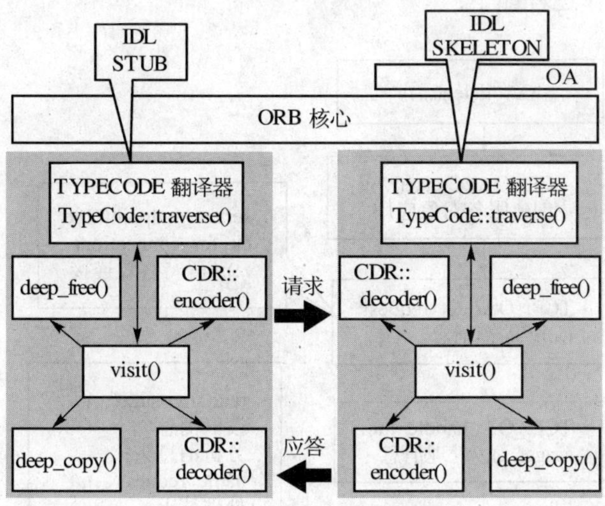

图 8-16　SunSoft IIOP 的组成

图 8-17 给出了客户端请求发送的过程。客户方调用方法 do_call()完成静态方法调用，动态方法调用则用 do_dynamic_call()。方法 do_call()的操作步骤如下：

（1）调用 GIOP::Invocation::start()，它首先调用方法 client_endpoint::lookup()完成与服务方的连接。接着创建 GIOP 消息头和 GIOP 请求消息头。

（2）调用 GIOP::Invocation::put_param()封装参数，它间接使用了 CDR::encoder()。

（3）调用 GIOP::Invocation::inocation()，首先将请求消息传递给服务方，然后等待应答(若是单向操作则返回)，收到应答消息后，判断是否异常发生。

（4）调用 GIOP::Invocation::get_value ()，间接使用了 CDR::decoder()，得到返回值。

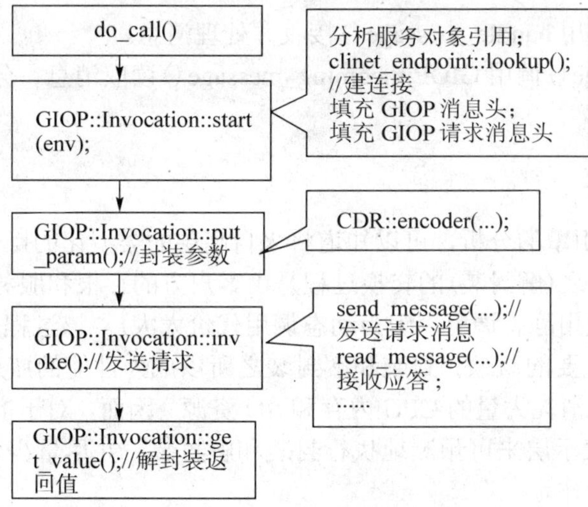

图 8-17　客户方请求发送过程

图 8-18 给出了服务方接收请求的过程。由于 SunSoft IIOP 并没有实现 POA，而是实现了一个用于测试用的对象适配器 OA(程序中叫 TCP_OA)，用它来生成服务对象引用和消息

分派(dispatch)。其操作过程如下：

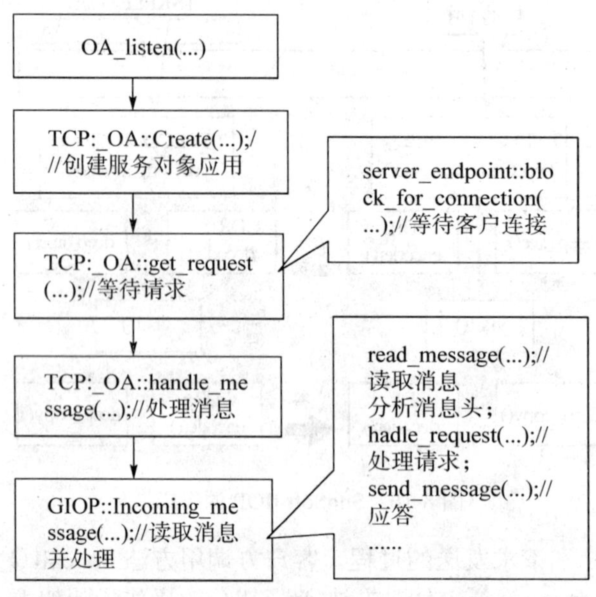

图 8-18 服务方处理请求过程

(1) 服务器程序调用 OA_listen()等待客户操作请求。

(2) OA_listen()首先生成服务对象引用，然后调用 TCP_OA::get_request()等待接收客户的操作请求。

(3) TCP_OA::get_request()调用 servere_endpoint::block_for_connection()，等待客户连接。

(4) 连接成功，调用 handle_message()接收并处理消息。

(5) handle_message()调用 GIOP:incoming_message()读取消息、分析消息，进而分派、处理消息，返回应答。

3. 优化 IIOP 引擎

通过以上对 IIOP 引擎的分析，可以知道将来自高层的类型化的操作参数转化为低层的表示方式(封装)，或反之(解封装)的转换过程是由客户方的存根和服务方的框架来执行(在嵌入式系统中，一般使用静态调用，因为动态调用代价太大)。该过程是表示层的功能，在高性能通信系统中是主要的瓶颈。封装和解封装之所以成为性能的瓶颈，是因为当它们访问和复制数据时，需要消耗大量的 CPU 内存和 I/O 资源。因而，对于嵌入式 CORBA 来说，需要设计一个有效的表示层来可预测地执行封装和解封装，并尽量少使用动态内存分配和数据复制等代价大的操作。

◆ IDL 编译的优化

客户方的存根和服务方的框架，由 IDL 编译器生成。除了减少客户存根和服务方框架之间的不一致的潜在性，编译器需要支持自动优化，这就需要使用高优化的 IDL 编译器。delta_idl 在这方面支持以下优化：

● 减少动态内存的使用。IDL 编译器对所用客户和服务器之间需要交换的消息进行存储需求分析。这使得编译器可以预先分配足够的内存，避免在运行时反复地进行足够的存储是否可用的测试。另外，IDL 编译器使用运行栈来为不封装的参数分配存储。
● 减小数据复制。IDL 编译器分析它何时可能对原子类型数据执行块复制，而不是单个复制。这就减小了过度的数据访问，因而最小化了加载和存储指令的数量。
● 减小函数调用代价。IDL 编译器可以选择性地优化小的存根，通过内联就可以减小使用这些小的存根函数的调用代价。

◆ 内存管理的优化

在通常的 CORBA 实现中，调用从客户到服务对象，要经过多层(Stub、I/O 系统、网络适配器、对象适配器、Skeleton)，存在大量的动态内存管理和数据复制，其代价很大，需要消耗大量的资源，如：CPU、内存等。

遍及一个 ORB 端系统的大量的数据复制可能极大地降低端到端的性能，通常的 ORB 因不同的目的使用动态内存管理。ORB 核心通常分配一个内存缓存给每个进来的客户请求。IIOP 解封装引擎通常分配内存来保留解码的请求参数。最后，IDL 在上调之前和之后，分别动态地分配和删除客户请求参数的复制。这些内存管理策略在一些情况下是重要的(例如，避免破坏内部 CORBA 缓冲，当在线程化的应用中做出上调时，该应用修改了它的输入)。但是，这一策略对嵌入式应用是不适合的，它不必要地增加了内存和总线的代价。

内存管理的优化就显得十分必要。嵌入式 ORB 需要被设计为在多层上最小化或去掉数据复制。可以使用“零复制”缓冲管理系统允许客户请求发送到网络或从网络接收，而不招致任何数据复制代价。而且，这些缓冲可以在 ORB 中的多个处理步骤中被预先分配和传递。

“零复制”机制的实现是通过设计一个缓冲区辅助类，该辅助类拥有指向缓冲数据区的指针和一个位置计数器。在层与层之间的数据传输，可以通过只传输该缓冲区辅助类对象的引用而不需直接在多层之间动态的复制数据，从而既减少内存空间的消耗又提高了性能。

另外，可以使用具体线程存储模式来最小化因内存分配而导致的锁的竞争。线程存储模式是存储在线程内是全局的，而不同的线程之间是不同的。这种线程存储模式比使用全局存储模式存在着很大的优势。全局存储模式可以实现数据的共享，但每一个线程对该全局数据进行访问时必须进行保护，即要先加锁再访问然后释放锁。这种加锁保护的模式是一个性能很低的过程，而且因为竞争锁资源使得线程的运行存在着不确定性。而线程存储模式存储的数据因为是线程内共享的，而在不同的线程间是不同的，所以各个线程运行时访问的都是自己所需的数据，不存在加锁保护的问题，这样既能保护共享资源又能提高性能。

8.7　POA 及其优化

CORBA 体系结构定义了对象适配器的概念，用来处理应用程序和 ORB 如何交互来管理伺服对象和 CORBA 对象生命周期的问题。对象适配器的一个很好的定义来自 Schmidt

和 Vinoski："对象适配器是一个 CORBA 组件，负责把 CORBA 的对象概念适配为编程语言的伺服对象概念。"在 CORBA2.2 版本之前，OMG 只定义了 BOA 规范。由于 BOA 规范十分含糊，而且对大多数方面没有进行论述，这使得使用不同厂商的 CORBA 产品实现的服务程序之间没有可移植性。因而在 CORBA2.2 版本中引入了 POA 规范。可移植性是 POA 最大的优点。POA 规范提供了一整套特性和服务，开发人员可以利用它们来编写可扩展的、高性能的服务器应用程序。正因为如此，在应用程序开发人员实现 CORBA 对象和向它们传输请求时，POA 在合理控制资源请求方面其着重要的作用。在 minimumCORBA 规范中也定义了 POA 部分。下面介绍一下对象适配器、POA 以及优化工作。

8.7.1　设计 POA 的目的

CORBA 规范 2.2 版本之前，OMG 只指定了一个基本对象适配器(Basic Object Adapter，BOA)。但是该 BOA 规范指定得不完全、不明确，因而不同的实现中间件厂商对该规范进行了不同的解释和扩展，这使得应用程序不能移植。OMG 在 CORBA 规范 2.2 版本中制定了可移植对象适配器(Portable Object Adapter，POA)。OMG 设计 POA 的目的包括：

1．可移植性

POA 允许程序员构建在不同的 ORB 实现上可移植的伺服程序。因此程序员可以在不改变伺服程序代码的情况下将程序移植到不同的 ORB 上。缺乏可移植性是 BOA 最主要的缺点。

2．永久标识符

POA 支持对象拥有永久标识符。即 POA 的设计可让程序员构造对象的实现，这些实现可以为对象提供一致的服务，而这些对象的生存期(从持有对象引用的客户机的角度来看)可以跨越多个服务器的生命周期。

3．自动操作

POA 支持透明的激活对象和隐式的激活伺服程序。这种自动操作能力使得 POA 使用起来更加的容易和简单。

4．节约资源

POA 支持单个伺服程序，同时支持多个对象 Ids。这就允许单个伺服程序为多个 CORBA 对象服务，从而节约了在服务器上的内存资源。

5．灵活性

POA 允许伺服程序承担对象行为的全部职责。例如，伺服程序能通过以下手段来控制对象的行为：定义对象的标识符，决定对象标识符和对象状态之间的关系；管理对象状态的存储和检索，提供对请求做出响应的代码，在任何点上及时决定对象是否存在。

6．通过策略控制行为

POA 提供了一项可扩展的机制来将策略信息与 POA 中实现的对象联系起来。

7．嵌套的 POA

POA 允许在服务器中存在多个 POA 的实例。在服务器中的每一个 POA 为所有在其上注册的对象和由该 POA 创建的子 POA 提供了一个名空间。

8．支持 SSI 和 DSI

POA 可让程序员构造从静态程序框架(SSI)继承来的、由 OMG IDL 编译器生成的对象实现或 DSI 实现。

8.7.2　POA 的体系结构

ORB 是客户机和服务器都可见的抽象。POA 是服务器可见的对象。用户提供的实现要向 POA 注册。客户机持有引用，基于引用可以提出请求。ORB、POA 和实现一起合作来决定调用哪个伺服程序的操作，并执行这个调用。

图 8-19 表示了 POA 和实现之间关系的细节。归根到底，POA 是要处理 ObjectId 和活跃伺服程序。所谓活跃伺服程序(active servant)，是指已经存在于存储器中并已经通过一个或多个相关的对象标识提供给 POA 的程序对象。

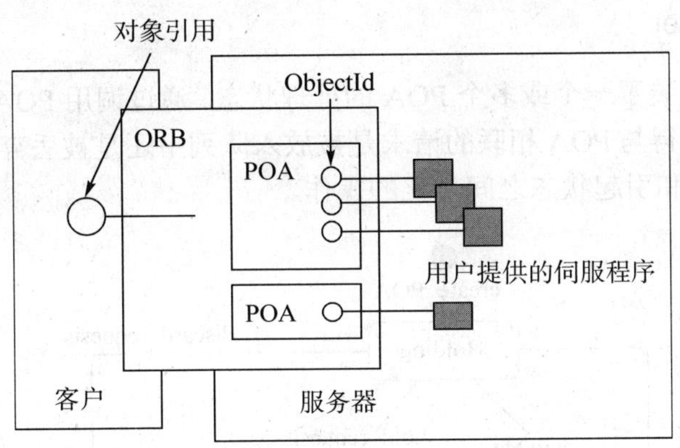

图 8-19　抽象 POA 模型

图 8-20 展示了 POA 的结构。从图中可以看出有一个叫做 RootPOA 的特别 POA，该 RootPOA 由 ORB 创建和管理。应用程序通过 ORB 接口的 resolve_initial_references 操作总是可以得到 RootPOA 的引用。如果 RootPOA 的策略与应用程序相符合，应用程序开发者就可以将伺服程序在 RootPOA 上注册。服务应用程序也可以创建多个 POA 以支持不同类型的 CORBA 对象或不同类型的伺服程序。每一个 POA 都有一个活跃对象映射表(Active Object Table)，它保存了对象 Id 到伺服程序的映射。

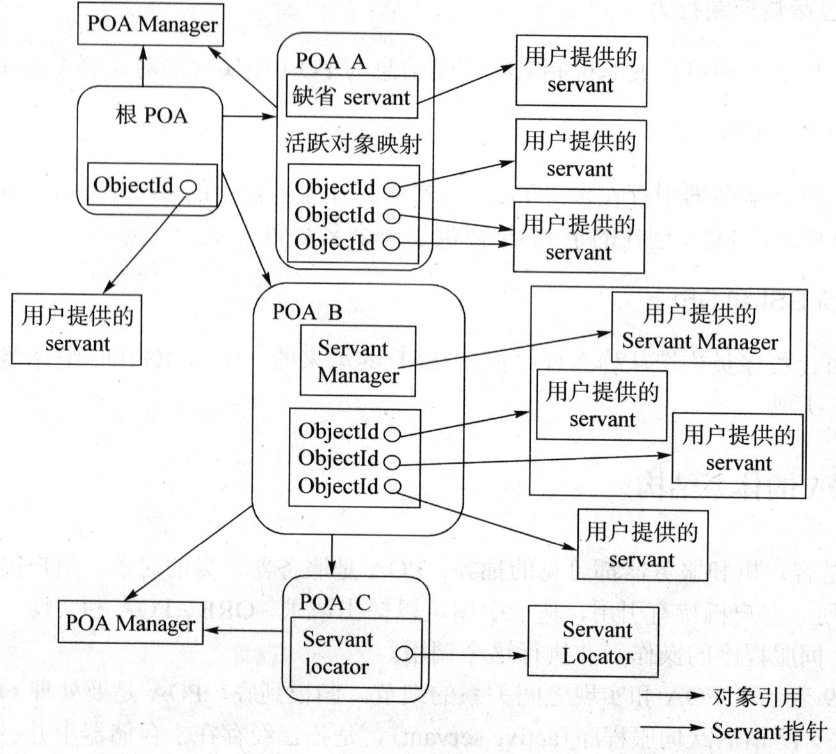

图 8-20 POA 的体系结构

1. POA Manager

POA Manager 封装了一个或多个 POA 的处理状态。通过调用 POA Manager 的操作，服务器应用程序可以使得与 POA 相联的请求是被放入队列中还是被丢弃。图 8-21 展示了 POA Manager 的状态转化和引起状态之间转化的操作。

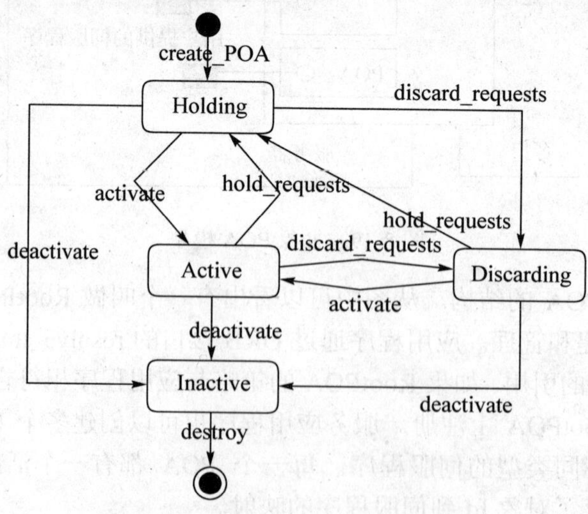

图 8-21 POA Manager 状态转换

图 8-22 说明了应用程序、ORB、POA Manager 和 POA 之间的关系。

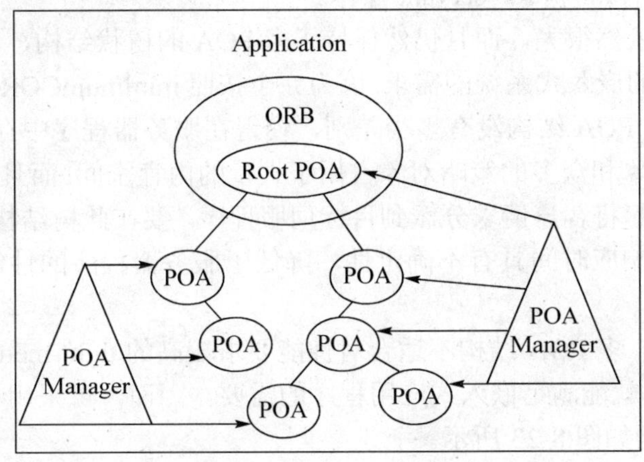

图 8-22　应用程序、ORB、POAManager 和 POA 之间的关系

2．适配器激活器(Adapter Activator)

应用程序能将适配器激活器与 POA 联系起来。这样当接受请求的子 POA 不存在时，ORB 将调用适配器激活器的操作，然后适配器激活器将决定是否创建要求的 POA。

3．伺服程序管理器(Servant Manager)

伺服程序管理器是一个本地约束的伺服程序。ORB 使用伺服程序管理器来按要求激活伺服程序，以及使伺服程序失效。

4．POA 策略

除了 RootPOA 之外，其他的 POA 在创建时通过使用不同的策略来定制 POA 的特征。POA 规范中定义的策略包括：线程策略(Threading Policy)、生命周期策略(Lifespan Policy)、ObjectId 惟一性策略(Object Id uniqueness Policy)、Id 分配策略(ObjectId assignment Policy)、隐式激活策略(Implicit Activation Policy)、伺服程序保持策略(Servant Retention Policy)和请求处理策略(Request Processing Polity)。

8.7.3 MicroPOA

由以上分析可知，POA 是功能强大并且非常复杂的部分。在 minimumCORBA 规范中，对 POA 规范进行了裁减得到一个子集。它只是去掉了对 POA 操作中动态模式的支持，这些包括：

- 去掉了以下的策略操作：create_thread_policy、create_implicit_activation_policy、create_servant_retention_policy 和 create_request_processing_policy。
- 去掉了 the_activator 属性。
- 去掉了 ServantManagers 接口，以及 POA 接口中的 get_servant_manager 和 set_ser-

vant_manager 操作。

- 去掉了 get_servant 和 set_servant 操作。

但是，这个子集依然很大，而且仍然保持了多 POA 的树状结构，并不适合对性能要求较高的 tight-memory 的嵌入式系统的需求。因为完全按照 minimumCORBA 规范实现的 POA 依然与图 8-20 展示的 POA 结构没有多少差别，使得在服务器程序中存在多个 POA 对象、多个 POA Manager 对象和众多的策略对象占用了大量的内存空间；而且多 POA 结构的存在，使得 ORB 与 POA 一起将客户请求分派到目标伺服程序，要在此树结构中一层一层的匹配，这使得服务器程序的响应时间具有不确定性，降低了服务器程序的性能，不适合对性能要求较高的嵌入式系统。

通过以上的分析，多 POA 结构不适合对性能要求较高的 tight-memory 的嵌入式环境，单 POA（即 RootPOA）就能满足嵌入式应用程序的需要。因而，可采用单 POA 这样的结构，即 MicroPOA。其结构如图 8-23 所示。

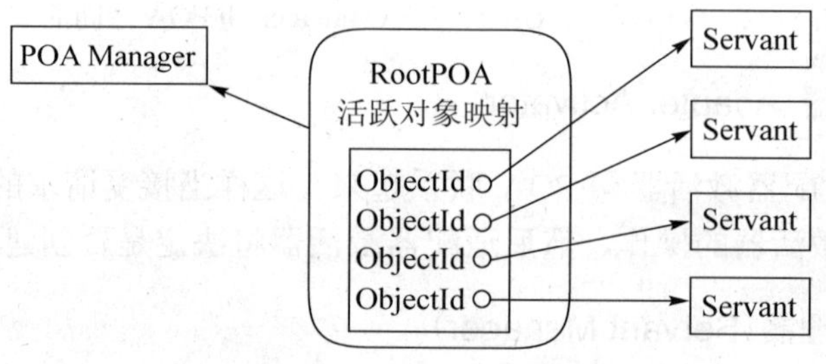

图 8-23　MicroPOA 的结构

- 该 MicroPOA 就是 minimumCORBA 规范中的 RootPOA，它去掉了 LifespanPolicy、IdAssignmentPolicy、ObjectIdUniquenessPolicy 策略。
- 去掉了 create_POA、find_POA 这两个与多 POA 相关的操作。
- 去掉了 the_name、the_parent 这两个与多 POA 相关的属性。
- 同时，添加了 BootManager 接口。该接口以名字的形式将对象引用与该对象的名字绑定在一起，这样客户程序可以通过服务程序开发者给对象指定的名字来动态获得对象引用，从而达到与 POA 中的 PERSISTENT 策略相同的功能。

8.8 独立于平台的多线程(任务)体系

从 OMA 的层次结构可以得知 ORB 直接置于操作系统之上，这使得 ORB 对具体的操作系统具有较强的依赖关系。为了使 ORB 具有很好的可移植性，在设计 ORB 时，将这些依赖关系抽象出来，作为平台依赖层（PDL, Platform Dependent Layer）来实现，如图 8-24 所示，这就去掉了 ORB 与具体操作系统的强耦合关系，使其具有很好的可移植性。针对不同的操作

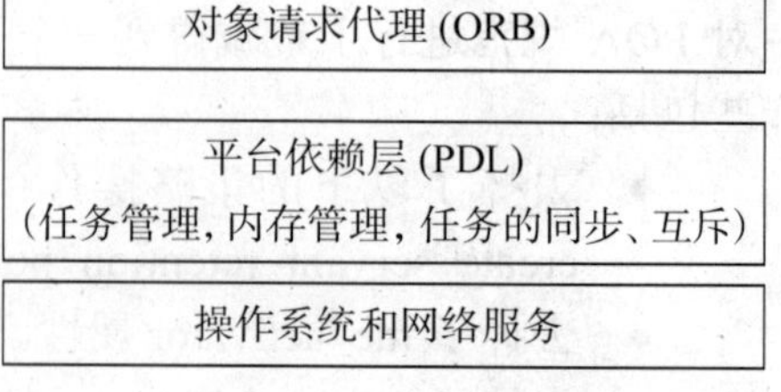

图 8-24　平台依赖层

系统，只要对平台依赖层进行相应的修改，就可以很容易地将 ORB 移植到不同的操作系统之上。

通过深入的分析，发现 ORB 对具体操作系统的依赖主要集中在线程(任务)管理、内存管理和线程间通信(同步、互斥)的问题上。当前的操作系统在这些方面的支持差距较大，尤其是嵌入式操作系统，缺乏通用的标准，这些方面的管理更是各不相同。在多线程 ORB 的系统中，必须保护操作的安全性，这就更需要操作系统的内核调用线程(任务)管理、内存管理和线程间通信(同步、互斥)的支持。

8.8.1　多线程概况

线程是指在某个进程的上下文中执行的代码序列。多线程这个词可以被译为多控制线(multiple threads of control)或多控制流(multiple flows of control)。一个传统的 UNIX 进程只包含一条控制线，而多线程技术(MT)将一个进程分解为多条执行线程，其中每一条都可以独立运行。在程序中使用多线程可以获得以下的优点：

- 改进程序的实时响应能力。如果一个程序需要执行许多互不依赖的工作，那么可以重新设计程序，把这些互不依赖的工作分别设计成线程，这样它们就可以同时执行。
- 更有效地使用多处理器。一般来说，使用多线程的应用程序不需要考虑系统有多少个可用的处理器。应用程序的性能随着处理器的增多而提高。具有高度并行的数值算法和应用程序，若在多处理器系统中利用多线程往往会有更快的运行速度。
- 改进程序结构。对许多程序来说，如果把程序分成多个独立或半独立的执行单元，而不是把程序设计成一个单一复杂的流程，将使程序用有更高效的结构。多线程程序比单线程程序更适应于用户的各种各样的要求。
- 减少对系统资源的使用。尽管利用多线程共享内存访问数据，程序也可以使线多控制流。但是，每个进程都有一个自己的地址空间和操作环境状态。创建和维护一个进程所需要的花费，在时间和空间上都远比创建和维护一个线程多得多。而且，由于每个进程都有自己独立的地址空间，这使得程序员必须用很复杂的方式实现进程间通信和进程间同步。

利用多线程技术进行并行程序设计时，必须确保对共享资源的访问是线性的，以避免竞争条件(race condition)。通过系统提供的同步机制可以消灭竞争条件。下面就介绍一下多线程系统提供的几种同步机制。

1．互斥锁(mutex)

互斥锁用于保护多线程并行访问的共享资源的完整性。互斥锁是一种简单且有效的同步机制。它定义了一个临界区，在该临界区中，一次只能有一个线程能得到运行。

2．读写锁(readers/writer locks)

读写锁与互斥锁类似。多个线程可以在读时同时获得读写锁，但在写的时候只有一个线程能获得锁，即读写锁允许对一个被保护的共享资源并发的读和独占的写。读写锁提高了被互斥锁读保护的资源并发执行的程度。

3. 计数信号量(counting semaphores)

计数信号量能自动增加和减少的非负的整数。如果一个线程试图减少一个值为 0 的信号量时，该线程将被挂起直到另外的线程增加了该信号量的值。计数信号量在跟踪共享程序的状态变换上很有用。因为信号量维护的状态是线程用于决定是否得到运行的基础，因而它们记录了特殊事件的发生，即使该事件在过去已发生。信号量没有互斥锁的效率高，这是因为信号量保存有额外的状态，并且它使用的是睡眠锁(sleep-locks)而不是自旋锁(spin-locks)。然而信号量使用得更普遍，这是因为它们不需要被获得该信号量的相同线程来释放，这使得它们能在异步执行环境中使用(例如信号处理函数)。

4. 条件变量(condition variable)

条件变量提供了与互斥锁、读写锁和计数信号量不同特点的锁机制。后三者提供的锁机制使得当在临界区中的线程拥有锁执行代码时，所有与之合作的线程都将处于等待状态。与之相反，条件变量只是一个线程本身处于等待状态，直到条件表达式包含的共享数据获得特定的状态。当另外一个合作线程指示共享数据状态被改变了，调度程序就会唤醒在该条件变量上挂起的线程。被唤醒的线程将再次验证条件变量的值，如果共享数据处于合适的状态，则线程将得到继续运行。在包含条件表达式的环境中，条件变量比信号量和互斥锁更加有用。在这种情况下，等待线程必须锁定，直到特定的条件表达式包含的共享数据变为真。这种情况也不需要保存事件历史记录。因而，条件变量不需要记录它们是什么时候得到信号的，Win32 API 不支持条件变量。

虽然操作系统提供了功能强大的多线程机制，但直接使用特定操作系统提供的多线程 API 的存在以下几个缺点。

- 不一致性：系统提供的多线程 API 是以 C 函数的形式给出的，ORB 是面向对象的分布式计算平台，采用面向对象语言 C++来实现。这样在代码中就出现了 C 函数与 C++对象混在一起的情况，使得出现不同的标识符命名约定。这种混合编程方式易造成混乱，从而引起难维护的问题。
- 不可移植性：因为各个系统提供的多线程机制的 API 是不同的，这样直接利用系统底层 API 实现的程序就不可移植。如要将这样的程序移植到不同的系统上就需要重新写代码，这样就会造成效率低、工作量大的问题。
- 易出错：利用系统底层 API 来实现线程同步时，程序员很容易忘记解锁操作。这将使得其他希望获得该锁的线程被饿死。更通常的情况是拥有锁的线程企图再次获得它已拥有的互斥锁时造成死锁状况。

由以上的分析不难看出，各个系统提供的多线程机制之间存在较大的差异，并且在跨平台的 CORBA 实现中直接调用底层 API 存在很大的缺点。通过 C++封装了系统提供的多线程机制来实现了平台依赖层(PDL)，增强了多线程机制的功能、可移植性和健壮性。下面就具体介绍 PDL 的实现。

8.8.2　PDL 的实现

通过 PDL，ORB 的源码不再依赖具体的操作系统，从而具有很好的可移植性。同样的 ORB 源码可以适用于多种不同的操作系统。这就极大缩短了 ORB 在不同操作系统上的开发时间。PDL 简化了线程(任务)管理、内存管理和线程间通信(同步、互斥)，提供了更通用、更强的同步、互斥和线程(任务)的控制原语。

PDL 的设计吸收了 Java 的线程管理风格，并采用了面向对象的设计思想，具有使用简单、修改容易的优点。

由于设计的类较多，关系很复杂，将其分为四组：基础类、线程类、线程组类和异常类。基础类主要是一些处理线程同步、互斥相关的类，它们主要对操作系统提供的同步、互斥的操作进行了封装。基础类主要包括了：DTLMutex、DTLRecursiveMutex、DTLMonitor、DTLMonitorT、DTLCond 和 DTLEvent。线程类主要以类 DTLThread 为核心的一组类，其主要任务是创建新的线程以及相关的管理工作。而线程的同步、互斥就直接使用基础类。线程组类主要是对成组的线程进行管理的一组类，它以 DTLThreadGroup 为核心。异常类则主要有处理异常的一组类组成。

8.9　小　结

在介绍了 CORBA 基本知识、CORBA 服务后，本章又介绍了一些 CORBA 高级技术。重点讲述了 CORBA 组件模型 CCM、嵌入式 CORBA、实时 CORBA、支持 QoS 机制的 CORBA 以及 CORBA 安全。最后介绍了 CORBA 多协议框架及 IIOP 优化、POA 优化。

8.10　习　题

1. 比较 CORBA 组件模型与 J2EE 组件模型的异同点。
2. 简述实时 CORBA 与有 QoS 支持的 CORBA 的区别。
3. 简述嵌入式 CORBA 的要求。
4. 简述 CORBA 组件体系结构。
5. 简述 CORBA 安全服务。
6. 查阅 ODP 的实时扩展。
7. 在 VxWorks 环境下实践 ORBACUS/E、TAO 等实时 CORBA。

第 9 章　无线、移动中间件

知识点：

- ❖ 开放系统
- ❖ 无线/移动中间件特点
- ❖ 无线/移动中间件关键技术
- ❖ 无线 CORBA
- ❖ 移动代理
- ❖ 无线/移动中间件应用
- ❖ 开发实例

本章概述：

本章首先分析移动计算机网络的特点、传统中间件技术在无线/移动环境下所面临的挑战，引出无线/移动中间件必备特征、常见协议，然后阐述了如何扩展现有计算模式和CORBA使得其适应无线环境，最后给出应用实例。

9.1　无线 CORBA

9.1.1　概述

随着社会信息化进程的加快和各种无线接入技术的迅速发展，移动计算机网络也得到了突飞猛进的发展。同时，利用移动计算机网络开展分布式处理正在萌芽，而这一业务的实施需要使用互操作技术。

另一方面，作为构筑分布处理系统所不可缺少的组成部分，中间件的存在能屏蔽网络中各结点的异质性，并允许在各结点上应用成分所用的编程语言有所不同。这些将使跨网分布应用的开发得到极大的方便，同时使分布式系统的集成能高效地实现。随着中间件的广泛应用，人们发现当前成熟的中间件产品并不能支持日益涌现的新型分布式应用所需的环境和实现，特别是应用涉及软、硬实时和移动性(Mobility)要求时。有人正在尝试采用中间件的新体系结构、新的协议来全面解决以上所面临的问题，但较为现实的是针对某种新需求有的放矢地改造或扩展成熟的中间件。

9.1.2　传统中间件在移动网络中所面临的挑战

1. 移动环境下 TCP/IP 需解决的问题

经过多年的发展，TCP/IP 协议已能有效地适应有线网络，其慢速启动、拥塞控制、丢包恢复机制已经较为完善。但在无线移动环境下，无线信道的突发性错误、较大的延时变化、以及移动主机的越区切换使得传统的 TCP 拥塞控制和丢包恢复机制并不能有效地适应无线移动环境。如在有线环境下，TCP 默认丢包是由于网络拥塞造成的，因此发送方一旦检测到丢包，则减少其发送窗口。但在无线移动环境下，丢包因素较多，信道错误、移动主机的越区切换都有可能导致短期的突发性丢包，如果 TCP 发送者将以上的丢包误认为是拥塞所致，则将减小传输窗口，这会导致信道的空闲，极大降低了端到端的性能和吞吐量。因此必须采用一种机制，将非拥塞产生的丢包与拥塞丢包区分开来，对前者只将丢弃的包重传，无须减小 TCP 的传输窗口，而对后者则执行 TCP 的拥塞控制。

2. 移动环境下移动透明性问题

位置的改变，特别是主机位置的改变，会产生特有的移动性问题，如移动主机的地址变化要求消息必须发送到最新的地址。作为中间件，客户端在移动环境下应能透明地调用服务端的服务，服务端的移动必须对客户端透明，即客户端意识不到服务端的移动。只要服务端登记后，客户端可以有效地利用名字服务找出服务端，并调用其服务。

9.1.3　无线 CORBA 核心技术

针对上述问题，OMG 组织及主要厂商出台了无线 CORBA 规范，依据此规范，针对 MICO 构建的无线 CORBA，其系统架构可分为终端域、访问域(进一步分为以前访问的域和当前访问的域)和宿主域，具体结构如图 9-1 所示。

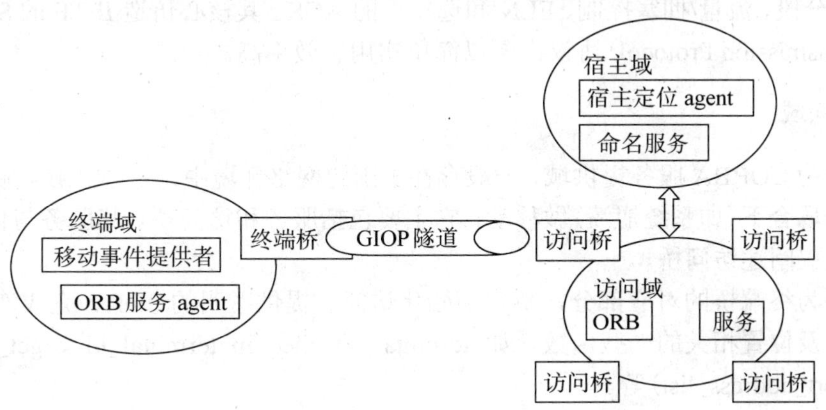

图 9-1　无线 CORBA 结构

1．终端域

终端域为移动终端活动的区域，处于移动网络中，一般为客户端，是整个服务的发起者。它主要包括 ORB 服务代理、移动事件提供者和终端桥三部分。

- ORB 服务代理：主要功能为透明访问访问域的服务，实现命名服务绑定的自动更新和迁移。
- 移动事件提供者：主要功能是当客户端发生迁移、网络连接丢失、网络连接恢复时，提供消息响应(notification)机制。
- 终端桥：终端桥为终端域和访问域之间的接口，也是移动网和固定网之间的网关。它主要完成终端启动自举、初始化访问、迁移和访问的恢复以及 GIOP/UDP、GIOP/WAP 的映射。其中 GIOP/UDP、GIOP/WAP 的映射解决了传统 TCP/IP 在无线网络中的问题，GIOP/UDP 的映射框架如图 9-2 所示，与 GIOP/WAP 的思想类似。

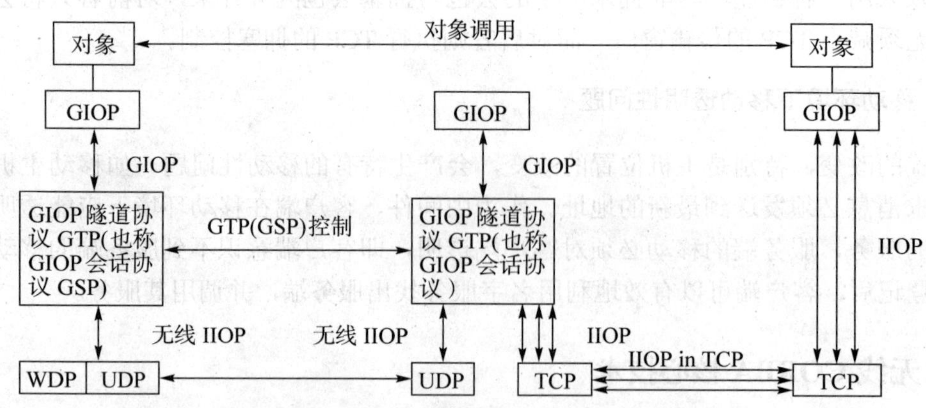

图 9-2 GIOP/UDP 的映射

由于 TCP 太复杂，移动环境下一般选择 UDP，但 UDP 不可靠，需要一些简单的机制来提供一定的可靠性。GTP(GSP)层提供了这些机制，如可靠性、消息编号、可选的差错检测与恢复、分段、流量/拥塞控制、ELN 和选择性的 ACK。其核心仿造 IETF 的 SCTP(Simple Control Transmission Protocol)协议，所以简单实用、效率高。

2．访问域

访问域为 CORBA 服务提供域，一般存在于固定网络环境中，但 CORBA 服务提供者也会在特定的场合下(如系统崩溃)做移动，它主要包括服务和访问桥。其服务与传统 CORBA 一样，这里仅阐述访问桥。

访问桥为终端桥的对应部分，负责初始化访问、提供透明的 IOR、完成连接迁移和访问的恢复以及位置相关的一些函数，如 terminal_attached(in terminal_id)、get_address_info(out transport_address_list)等。

访问桥与终端桥之间为 GIOP 隧道，它实现系统的透明通信。移动终端与服务代理连接，将请求提交给服务代理，服务代理代表移动终端并根据请求通过 GIOP 隧道与服务器交互，然后将得到的结果返回给移动终端。采用这种方式，一方面利用服务代理和传输隧道技术可屏蔽无线通信信道速率低、延迟大、误码率高、连接丢失率高的问题；另一方面利用服务代理技术也可解决移动终端从一个小区移动切换到另一个小区时，请求结果的正确返回问题。

3. 宿主域

宿主域为一位置向导，提供位置透明服务，一般存在于固定网络环境中，且不会移动。它包含命名服务和宿主位置代理，宿主域应具有较强的容错能力。

- 命名服务：和传统 CORBA 中的命名服务一样，提供基本的名字服务、交易器服务。
- 宿主位置代理：在命名服务的基础上，进一步提供位置向导服务，来实现位置的透明性，主要包含如下函数。

```
location_update(in terminal_id, in new_access_bridge)     //位置更新函数
location_query(in terminal_id,out current_access_bridge) //位置查询函数
list_initial_services()                                   //查询服务函数
resolv_initial_references(in identifier)                  //解析服务函数
```

4. 移动 IOR

在无线 CORBA 中，为了能让客户调用移动中的服务对象，传统的 IOR 显然不合适。客户请求 IOR 必须能够被路由到该移动服务，规范中采用了先让客户请求传送到 HLA，HLA 将该服务属于的访问桥、移动终端信息、LOCATION_FORWARD 状态等信息返回给客户，客户收到消息后，得知服务所在的访问桥，进而将请求转发到该服务。实现时，wCORBA 中，定义了移动 IOR，其格式如图 9-3 所示。移动 IOR 包含传统的 IIOP profile，用来发送请求到 HLA 等，也包含移动终端 profile，用来指示移动终端的信息。

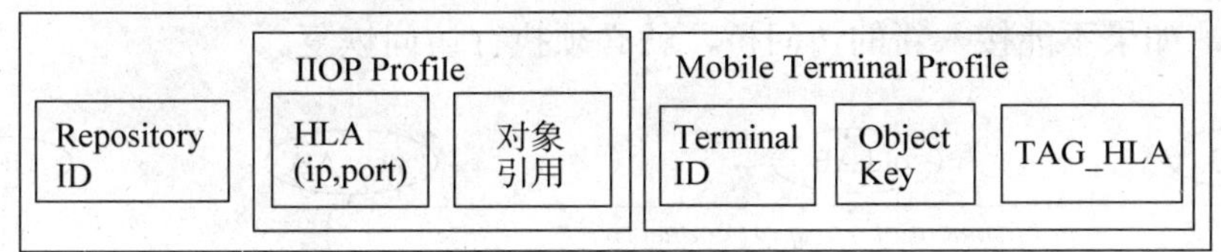

图 9-3　移动 IOR 格式

移动 IOR 是实现移动透明性的基础，至于如何在窄带环境中保持连续的网络接入，必须引入下面的切换机制。

5. 切换

切换包含三个步骤：信息收集阶段、决策阶段和执行阶段。切换有两种类型：后向切换(正常切换，从旧的访问桥切换到新的访问桥，分为网络端发起切换和终端发起切换)与前向切换(访问恢复，由终端发起)。

6. 网络端发起的切换流程

如图 9-4 所示，当外部程序对访问桥激发切换操作 start_handoff 时，发生此种切换。旧

的访问桥调用新的访问桥上的 transport_address_request 操作，判断新的访问桥是否接受终端。如果不接受终端，继续使用旧的访问桥服务；如果接受终端，旧的访问桥发送 HandoffTunnelRequest 消息给终端桥，终端桥建立到新访问桥的连接。新访问桥激发 HLA 上的 location_update 操作，并且发送 EstablishTunnelReply 消息到终端桥。然后新访问桥调用旧访问桥上的 handoff_completed 操作，指示切换完成，可以释放终端桥与旧访问桥之间的连接。值得注意的是，上述消息均以 GIOP 格式发送、接收。

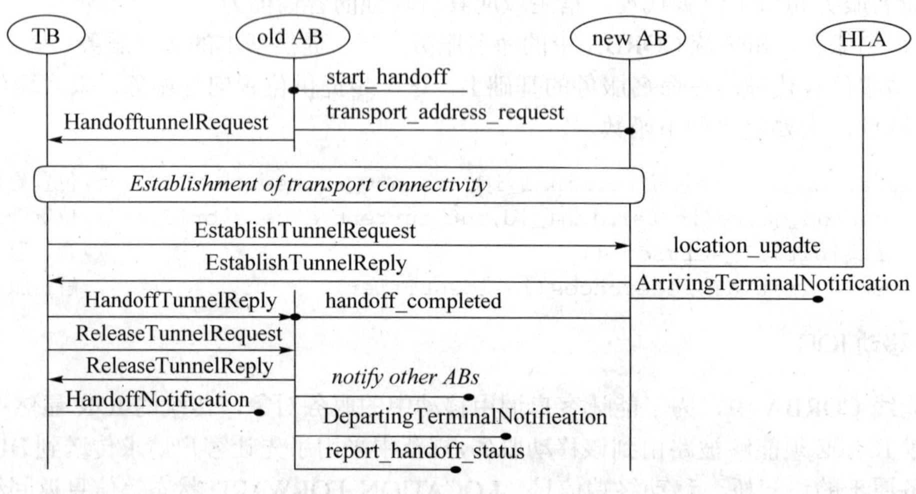

图 9-4 网络端发起的切换 MSC

7. 终端发起的切换流程

终端发起的切换流程如图 9-5 所示，值得注意的是，终端发起的切换需要终端能够接入新的访问桥，如果不能接入新的访问桥，就必须执行访问恢复。

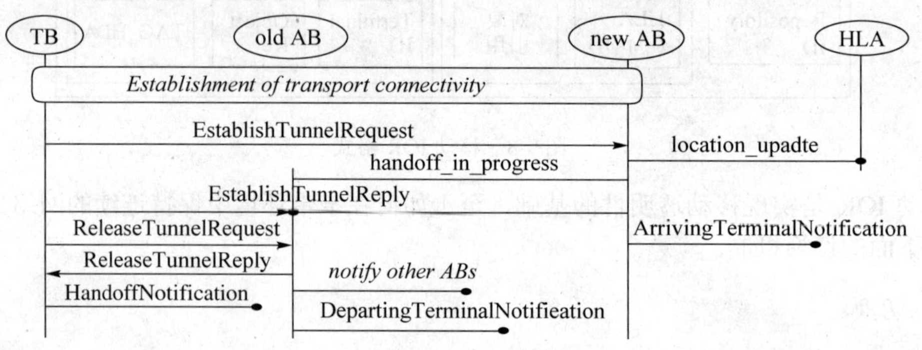

图 9-5 终端发起的切换 MSC

8. 访问恢复流程

为终端发起的前向切换。连接丢失后，可恢复到原来的访问桥，如图 9-6 所示，或者是新的访问桥，如图 9-7 所示。

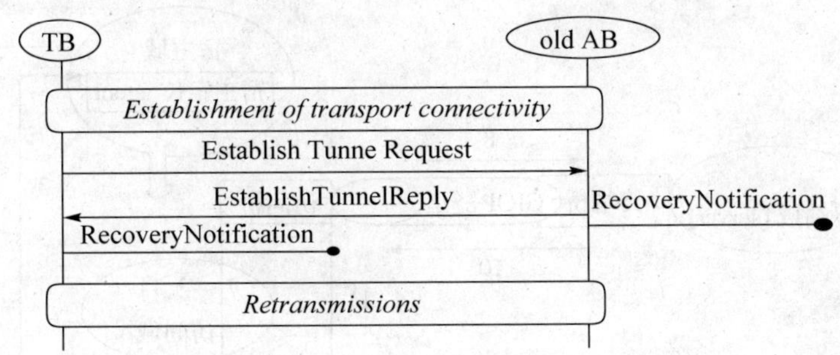

图 9-6　终端发起的切换 MSC

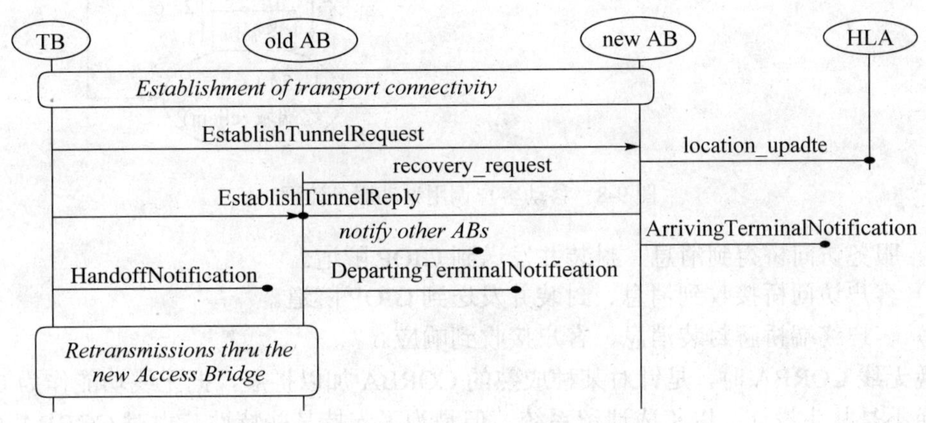

图 9-7　终端发起的切换 MSC

9. 移动客户调用移动服务流程

如图 9-8 所示，不失一般性，假设客户与服务同时移动，移动客户调用移动服务的流程如下：

（1）移动客户发送服务对象调用请求。

（2）客户终端桥得到消息、解封装并发送到 GIOP 隧道。

（3）客户访问桥收到消息、封装并发送到 HLA。

（4）如果 HLA 有服务所属的访问桥消息、回应 LOCATION_FORWARD 状态，并返回移动 IOR。

（5）当客户接受到 HLA 响应后，它发送新的移动 IOR 请求到服务所属于的访问桥（(6)~(8)步）。

（6）客户终端桥利用 GTP 协议封装请求消息、发送到 GIOP 隧道。

（7）客户访问桥接收到消息、解封装并发送到服务访问桥。

（8）服务访问桥得到消息、利用 GTP 协议封装消息、发送到 GIOP 隧道。

（9）服务终端桥得到消息、解封装、进行操作、并发送响应给客户（(10)~(13)步）。

（10）服务终端桥得到响应消息、解封装并发送到 GIOP 隧道。

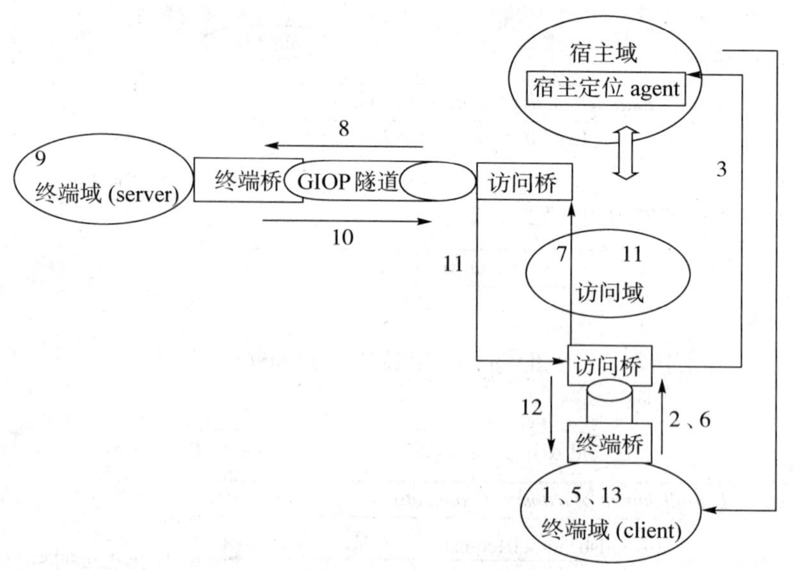

图 9-8 移动客户调用移动服务流程

(11) 服务访问桥得到消息、封装并发送到 GIOP 隧道。

(12) 客户访问桥接收到消息、封装并发送到 GIOP 隧道。

(13) 客户终端桥解封装消息、客户接收到响应。

实现无线 CORBA 时，是针对某种成熟的 CORBA 加以扩展，把无线功能作为 CORBA 服务，而不是从头设计，以集成遗留系统。但是为了支持某些特性，也对 CORBA ORB 进行了扩展，如支持移动 IOR 特定格式、支持 GIOP 协议等。CORBA 服务部分，新增加三个模块：MobileTerminal.idl(处理 HLA 和桥)、MobileTerinalNotification.idl(负责终端桥和访问桥事件处理)和 GTP.idl(处理 GIOP 隧道消息)。

9.1.4 实验

1. 拓扑简介

为了测试设计的无线 CORBA 的功能，设计了如下实验，实验环境如图 9-9 所示。omeLocation 代理和 AccessBridge1 运行在 Linux 系统中，网络接入方式为有线接入。AccessBridge2 运行在 Windows 系统中，网络接入方式为无线接入(RoamAbout 无线网卡)。Terminal 运行在 Linux 系统中，网络接入方式为无线接入(RoamAbout 无线网卡)。

实验中所涉及的四台主机分别如下。

- repokari：202.115.30.166(访问桥 1)。
- e250：202.115.30.171(访问桥 2)。
- hla：202.115.30.167(宿主域)。
- phantom-21：202.115.30.169(终端)。

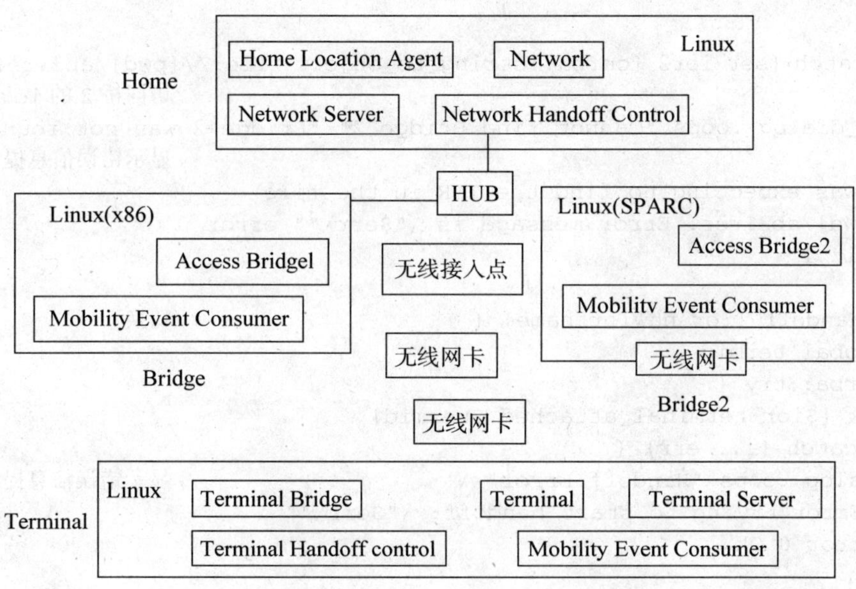

图 9-9　试验图

2. 主要文件分析

◆ network.tcl

```
#! /bin/sh
# \
exec wish "$0" ${1+"$@"}
lappend auto_path /opt/combat-0.7/                    //指定 combat 库的路径
package require Tk                                    //表明需要 Tk 库
package require combat                                //表明需要 combat 库
set termid "\x04\xcas\x1e\xa7\x08terminal"            //终端 IP 地址
wm title . "Network handoff"                          //窗口标题
wm geometry . 180×50                                  //窗口尺寸
frame .handoff
button .handoff.ho1 -relief raised -bd 1 -command Handoff1 -text "To Bridge 1"
                                                      //按纽 1
button .handoff.ho2 -relief raised -bd 1 -command Handoff2 -text "To Bridge 2"
                                                      //按纽 2
pack .handoff.ho1 .handoff.ho2 -side top -fill x -expand true
pack .handoff -side top -fill x -expand true
eval corba::init $argv
source MobileTerminal.tcl                             //调用 MobileTerminal.tcl 文件
combat::ir add $_ir_MobileTerminal
if {[catch {set ior1 [corba::string_to_object file:   //[pwd]/ab1.ref]}
  err]} {                                             //访问桥 1 的 ior 错误
    tk_dialog .oops "Cannot find Bridge 1" "Bridge 1 was not found.\
                                                      //显示错误信息提示框
    I was expecting to find the IOR in the file\
    [pwd]/ab1.ref. Error message is \"$err\"" error 0 Ok
```

```
        exit 1
    }
    if {[catch {set ior2 [corba::string_to_object file://[pwd]/ab2.ref]} err]}
      {                                                         //访问桥 2 的 ior 错误
        tk_dialog .oops "Cannot find Bridge 2" "Bridge 2 was not found.\
                                                                //显示错误信息提示框
        I was expecting to find the IOR in the file\
        [pwd]/ab2.ref. Error message is \"$err\"" error 0 Ok
        exit 1
    }
    proc Handoff {ior newior name} {                            //切换
        global termid
        corba::try {
    set ok [$ior terminal_attached $termid]
        } catch {... err} {
    tk_dialog .oops "Handoff Error" \                           //显示错误信息提示框
         "Error trying to start handoff: \"$err\"" \
         error 0 Ok
    return
        }
        if $ok then {
    corba::try {
        $ior start_handoff $termid $newior "0"
    } catch {... err} {
        tk_dialog .oops "Handoff Error" \                       //显示错误信息提示框
            "Error trying to start handoff: \"$err\"" \
            error 0 Ok
    }
     } else {
    tk_dialog .oops "Not here" \
       "Terminal is not at $name" error 0 Ok
        }
    }
    proc Handoff1 {} {
        global ior1 ior2
        Handoff $ior2 $ior1 "Bridge2"                           //从访问桥 1 切换到访问桥 2
    }
    proc Handoff2 {} {
        global ior1 ior2
        Handoff $ior1 $ior2 "Bridge1"                           //从访问桥 2 切换到访问桥 1
    }
```

其中调用了 MobileTerminal.tcl。

◆ terminal.tcl

```
#! /bin/sh //shell 环境
# \
exec wish "$0" ${1+"$@"}                        //执行 wish
lappend auto_path /opt/combat-0.7               //指定 combat 库的路径
package require Tk                              //需要 Tk 库
package require combat                          //需要 combat 库
```

```
set addr1 "inet:repokari:21100"                      //访问桥1地址
set addr2 "inet:e250:21100"                          //访问桥2地址
wm title . "Terminal Handoff and Access Recovery"       //显示标题
wm geometry . 320×50                                 //窗口尺寸
frame .buttons                                       //框架
frame .buttons.handoff
button .buttons.handoff.ho1 -relief raised -bd 1 -command Handoff1 \
-text "Handoff to Bridge 1"                          //按钮
button .buttons.handoff.ho2 -relief raised -bd 1 -command Handoff2 \
-text "Handoff to Bridge 2"                          //按钮
pack .buttons.handoff.ho1 .buttons.handoff.ho2 -side left -fill x \
-expand true
frame .buttons.recovery
button .buttons.recovery.ar1 -relief raised -bd 1 -command Recovery1 \
-text "Recovery at Bridge 1"
button .buttons.recovery.ar2 -relief raised -bd 1 -command Recovery2 \
-text "Recovery at Bridge 2"
pack .buttons.recovery.ar1 .buttons.recovery.ar2 -side left -fill x \
-expand true
pack .buttons.handoff .buttons.recovery -side top -fill x -expand true
pack .buttons -side top -fill x -expand true
eval corba::init $argv
source MobileTerminal.tcl                            //调用MobileTerminal.tcl文件
combat::ir add $_ir_MobileTerminal
if {[catch {set ior [corba::string_to_object file://[pwd]/tb.ref]} err]}
  {//ior文件错误
    tk_dialog .oops "Cannot find Terminal Bridge" "Terminal Bridge was not\
  //显示错误提示框
    found.  I was expecting to find the IOR in the file\
    [pwd]/tb.ref. Error message is \"$err\"" error 0 Ok
    exit 1
 }
 proc Handoff {addr} {
    global ior
    corba::try {
 $ior do_handoff $addr
    } catch {... err} {
 tk_dialog .oops "Handoff Error" \                       //显示错误提示框
   "Error trying to handoff: \"$err\"" \
    error 0 Ok
 return
    }
 }
 proc Handoff1 {} {
    global addr1
    Handoff $addr1
 }
 proc Handoff2 {} {
    global addr2
    Handoff $addr2
```

```
   }
   proc Recovery {addr} {                              //恢复
      global ior
      corba::try {
   $ior release 0
   $ior connect $addr
      } catch {... err} {
   tk_dialog .oops "Recovery Error" \                  //显示错误提示框
      "Error trying to break and recover: \"$err\"" \
      error 0 Ok
   return
      }
   }
   proc Recovery1 {} {
      global addr1
      Recovery $addr1
   }
   proc Recovery2 {} {
      global addr2
      Recovery $addr2
   }
```

其中调用了 MobileTerminal.tcl。

◆ MobileTerminal.tcl

```
#
#由../mico/include/mico/MobileTerminal.idl 自动生成,不能编辑(利用 idl2tcl 工具)
#
set _ir_MobileTerminal \
{{module {IDL:omg.org/MobileTerminal:1.0 MobileTerminal 1.0} {{typedef\
{IDL:omg.org/MobileTerminal/TerminalId:1.0 TerminalId 1.0} {sequence oc-
  tet}}\
{interface   {IDL:omg.org/MobileTerminal/AccessBridge:1.0   AccessBridge
  1.0}}\
{exception {IDL:omg.org/MobileTerminal/UnknownTerminalId:1.0\
UnknownTerminalId 1.0} {} {}} {exception\
{IDL:omg.org/MobileTerminal/IllegalTargetBridge:1.0   IllegalTargetBridge
  1.0}\
{} {}} {exception {IDL:omg.org/MobileTerminal/UnknownTerminalLocation:1.0\
UnknownTerminalLocation 1.0} {} {}} {typedef\
{IDL:omg.org/MobileTerminal/ObjectId:1.0 ObjectId 1.0} string} {typedef\
{IDL:omg.org/MobileTerminal/ObjectIdList:1.0 ObjectIdList 1.0} {sequence\
IDL:omg.org/MobileTerminal/ObjectId:1.0}} {exception\
{IDL:omg.org/MobileTerminal/InvalidName:1.0 InvalidName 1.0} {} {}}\
{interface {IDL:omg.org/MobileTerminal/HomeLocationAgent:1.0\
HomeLocationAgent 1.0} {} {{operation\
{IDL:omg.org/MobileTerminal/HomeLocationAgent/update_location:1.0\
update_location 1.0} void {{in terminal_id\
IDL:omg.org/MobileTerminal/TerminalId:1.0} {in new_access_bridge\
IDL:omg.org/MobileTerminal/AccessBridge:1.0}}\
{IDL:omg.org/MobileTerminal/UnknownTerminalId:1.0\
```

```
IDL:omg.org/MobileTerminal/IllegalTargetBridge:1.0}} {operation\
{IDL:omg.org/MobileTerminal/HomeLocationAgent/query_location:1.0\
query_location 1.0} void {{in terminal_id\
IDL:omg.org/MobileTerminal/TerminalId:1.0} {out current_access_bridge\
IDL:omg.org/MobileTerminal/AccessBridge:1.0}}\
{IDL:omg.org/MobileTerminal/UnknownTerminalId:1.0\
IDL:omg.org/MobileTerminal/UnknownTerminalLocation:1.0}} {operation\
{IDL:omg.org/MobileTerminal/HomeLocationAgent/deregister_terminal:1.0\
deregister_terminal 1.0} boolean {{in terminal_id\
IDL:omg.org/MobileTerminal/TerminalId:1.0} {in old_access_bridge\
IDL:omg.org/MobileTerminal/AccessBridge:1.0}}\
IDL:omg.org/MobileTerminal/UnknownTerminalId:1.0} {operation\
{IDL:omg.org/MobileTerminal/HomeLocationAgent/list_initial_services:1.0\
list_initial_services 1.0} IDL:omg.org/MobileTerminal/ObjectIdList:1.0 {}
  {}}\
{operation\
{IDL:omg.org/MobileTerminal/HomeLocationAgent/resolve_initial_references
  :1.0\
resolve_initial_references 1.0} Object {{in identifier\
IDL:omg.org/MobileTerminal/ObjectId:1.0}}\
IDL:omg.org/MobileTerminal/InvalidName:1.0}}} {struct\
{IDL:omg.org/MobileTerminal/Version:1.0 Version 1.0} {{major octet} {minor\
octet}} {}} {struct {IDL:omg.org/MobileTerminal/GTPInfo:1.0 GTPInfo 1.0}\
{{gtp_version  IDL:omg.org/MobileTerminal/Version:1.0}  {protocol_level
  octet}\
{protocol_id octet}} {}} {struct\
{IDL:omg.org/MobileTerminal/AccessBridgeTransportAddress:1.0\
AccessBridgeTransportAddress 1.0} {{tunneling_protocol\
IDL:omg.org/MobileTerminal/GTPInfo:1.0} {transport_address {sequence oc-
  tet}}}\
{}} {typedef {IDL:omg.org/MobileTerminal/AccessBridgeTransportAddressList:1.0\
AccessBridgeTransportAddressList 1.0} {sequence\
IDL:omg.org/MobileTerminal/AccessBridgeTransportAddress:1.0}} {interface\
{IDL:omg.org/MobileTerminal/HandoffCallback:1.0  HandoffCallback  1.0}}
  {enum\
{IDL:omg.org/MobileTerminal/HandoffStatus:1.0 HandoffStatus 1.0}\
{HANDOFF_SUCCESS HANDOFF_FAILURE NO_MAKE_BEFORE_BREAK}} {typedef\
{IDL:omg.org/MobileTerminal/GTPEncapsulation:1.0 GTPEncapsulation 1.0}\
{sequence octet}} {exception {IDL:omg.org/MobileTerminal/TerminalNotHere:1.0\
TerminalNotHere 1.0} {} {}} {interface\
{IDL:omg.org/MobileTerminal/AccessBridge:1.0 AccessBridge 1.0} {} {{op-
  eration\
{IDL:omg.org/MobileTerminal/AccessBridge/list_initial_services:1.0\
list_initial_services 1.0} IDL:omg.org/MobileTerminal/ObjectIdList:1.0 {}
  {}}\
{operation\
{IDL:omg.org/MobileTerminal/AccessBridge/resolve_initial_references:1.0\
resolve_initial_references 1.0} Object {{in identifier\
IDL:omg.org/MobileTerminal/ObjectId:1.0}}\
IDL:omg.org/MobileTerminal/InvalidName:1.0} {operation\
```

```
{IDL:omg.org/MobileTerminal/AccessBridge/terminal_attached:1.0\
terminal_attached 1.0} boolean {{in terminal_id\
IDL:omg.org/MobileTerminal/TerminalId:1.0}} {}} {operation\
{IDL:omg.org/MobileTerminal/AccessBridge/home_location_agent:1.0\
home_location_agent 1.0} IDL:omg.org/MobileTerminal/HomeLocationAgent:1.0\
{{in terminal_id IDL:omg.org/MobileTerminal/TerminalId:1.0}}\
IDL:omg.org/MobileTerminal/UnknownTerminalId:1.0} {operation\
{IDL:omg.org/MobileTerminal/AccessBridge/get_address_info:1.0\
get_address_info 1.0} void {{out transport_address_list\
IDL:omg.org/MobileTerminal/AccessBridgeTransportAddressList:1.0}} {}}\
{operation {IDL:omg.org/MobileTerminal/AccessBridge/start_handoff:1.0\
start_handoff 1.0} void {{in terminal_id\
IDL:omg.org/MobileTerminal/TerminalId:1.0} {in new_access_bridge\
IDL:omg.org/MobileTerminal/AccessBridge:1.0} {in handoff_callback_target\
IDL:omg.org/MobileTerminal/HandoffCallback:1.0}} {}} {operation\
{IDL:omg.org/MobileTerminal/AccessBridge/transport_address_request:1.0\
transport_address_request 1.0} void {{in terminal_id\
IDL:omg.org/MobileTerminal/TerminalId:1.0} {out new_access_bridge_addresses\
IDL:omg.org/MobileTerminal/AccessBridgeTransportAddressList:1.0} {out\
terminal_accepted boolean}} {}} {operation\
{IDL:omg.org/MobileTerminal/AccessBridge/handoff_completed:1.0\
handoff_completed 1.0} void {{in terminal_id\
IDL:omg.org/MobileTerminal/TerminalId:1.0} {in status\
IDL:omg.org/MobileTerminal/HandoffStatus:1.0}} {}} {operation\
{IDL:omg.org/MobileTerminal/AccessBridge/handoff_in_progress:1.0\
handoff_in_progress 1.0} void {{in terminal_id\
IDL:omg.org/MobileTerminal/TerminalId:1.0} {in new_access_bridge\
IDL:omg.org/MobileTerminal/AccessBridge:1.0}} {}} {operation\
{IDL:omg.org/MobileTerminal/AccessBridge/recovery_request:1.0\
recovery_request 1.0} void {{in terminal_id\
IDL:omg.org/MobileTerminal/TerminalId:1.0} {in new_access_bridge\
IDL:omg.org/MobileTerminal/AccessBridge:1.0} {in\
highest_gtp_seqno_received_at_terminal {unsigned short}} {out\
highest_gtp_seqno_received_at_access_bridge {unsigned short}}}\
IDL:omg.org/MobileTerminal/UnknownTerminalId:1.0} {operation\
{IDL:omg.org/MobileTerminal/AccessBridge/gtp_to_terminal:1.0 gtp_to_terminal\
1.0} void {{in terminal_id IDL:omg.org/MobileTerminal/TerminalId:1.0} {in\
old_access_bridge IDL:omg.org/MobileTerminal/AccessBridge:1.0} {in\
gtp_message_id {unsigned long}} {in gtp_message\
IDL:omg.org/MobileTerminal/GTPEncapsulation:1.0}}\
IDL:omg.org/MobileTerminal/TerminalNotHere:1.0} {operation\
{IDL:omg.org/MobileTerminal/AccessBridge/gtp_from_terminal:1.0\
gtp_from_terminal 1.0} void {{in terminal_id\
IDL:omg.org/MobileTerminal/TerminalId:1.0} {in gtp_message_id {unsigned\
long}} {in gtp_message IDL:omg.org/MobileTerminal/GTPEncapsulation:1.0}}\
IDL:omg.org/MobileTerminal/UnknownTerminalId:1.0} {operation\
{IDL:omg.org/MobileTerminal/AccessBridge/gtp_acknowledge:1.0 gtp_acknowledge\
1.0} void {{in gtp_message_id {unsigned long}} {in status {unsigned long}}}\
{}} {operation {IDL:omg.org/MobileTerminal/AccessBridge/handoff_notice:1.0\
handoff_notice 1.0} void {{in terminal_id\
```

```
IDL:omg.org/MobileTerminal/TerminalId:1.0} {in new_access_bridge\
IDL:omg.org/MobileTerminal/AccessBridge:1.0}} {}} {operation\
{IDL:omg.org/MobileTerminal/AccessBridge/subscribe_handoff_notice:1.0\
subscribe_handoff_notice 1.0} void {{in terminal_id\
IDL:omg.org/MobileTerminal/TerminalId:1.0} {in interested_access_bridge\
IDL:omg.org/MobileTerminal/AccessBridge:1.0}}\
IDL:omg.org/MobileTerminal/TerminalNotHere:1.0}}} {interface\
{IDL:omg.org/MobileTerminal/HandoffCallback:1.0 HandoffCallback 1.0} {}\
{{operation\
{IDL:omg.org/MobileTerminal/HandoffCallback/report_handoff_status:1.0\
report_handoff_status 1.0} void {{in status\
IDL:omg.org/MobileTerminal/HandoffStatus:1.0}} {}}}} {typedef\
{IDL:omg.org/MobileTerminal/GIOPEncapsulation:1.0 GIOPEncapsulation 1.0}\
{sequence octet}} {typedef {IDL:omg.org/MobileTerminal/ComponentId:1.0\
ComponentId 1.0} {unsigned long}} {struct\
{IDL:omg.org/MobileTerminal/TaggedComponent:1.0 TaggedComponent 1.0} {{tag\
IDL:omg.org/MobileTerminal/ComponentId:1.0} {component_data {sequence\
octet}}} {}} {struct {IDL:omg.org/MobileTerminal/ProfileBody:1.0 ProfileBody\
1.0} {{mior_version IDL:omg.org/MobileTerminal/Version:1.0} {reserved octet}\
{terminal_id IDL:omg.org/MobileTerminal/TerminalId:1.0} {terminal_object_key\
{sequence octet}} {components {sequence\
IDL:omg.org/MobileTerminal/TaggedComponent:1.0}}} {}} {struct\
{IDL:omg.org/MobileTerminal/HomeLocationInfo:1.0 HomeLocationInfo 1.0}\
{{agent IDL:omg.org/MobileTerminal/HomeLocationAgent:1.0}} {}} {struct\
{IDL:omg.org/MobileTerminal/MobileObjectKey:1.0 MobileObjectKey 1.0}\
{{mior_version IDL:omg.org/MobileTerminal/Version:1.0} {reserved octet}\
{terminal_id IDL:omg.org/MobileTerminal/TerminalId:1.0} {terminal_object_key\
{sequence octet}}} {}} {const {IDL:omg.org/MobileTerminal/TCP_TUNNELING:1.0\
TCP_TUNNELING 1.0} octet  } {const\
{IDL:omg.org/MobileTerminal/UDP_TUNNELING:1.0 UDP_TUNNELING 1.0} octet _}\
{const {IDL:omg.org/MobileTerminal/WAP_TUNNELING:1.0 WAP_TUNNELING 1.0} octet\
_} {interface {IDL:omg.org/MobileTerminal/TerminalBridge:1.0 TerminalBridge\
1.0} {} {{operation\
{IDL:omg.org/MobileTerminal/TerminalBridge/list_initial_services:1.0\
list_initial_services 1.0} IDL:omg.org/MobileTerminal/ObjectIdList:1.0 {} {}}\
{operation\
{IDL:omg.org/MobileTerminal/TerminalBridge/resolve_initial_references:1.0\
resolve_initial_references 1.0} Object {{in identifier\
IDL:omg.org/MobileTerminal/ObjectId:1.0}}\
IDL:omg.org/MobileTerminal/InvalidName:1.0} {typedef\
{IDL:omg.org/MobileTerminal/TerminalBridge/IORProfile:1.0 IORProfile 1.0}\
{sequence octet}} {exception\
{IDL:omg.org/MobileTerminal/TerminalBridge/AddressNotAvailable:1.0\
AddressNotAvailable 1.0} {} {}} {operation\
{IDL:omg.org/MobileTerminal/TerminalBridge/register_profile:1.0\
register_profile 1.0} string {{in tag {unsigned long}} {in profile\
IDL:omg.org/MobileTerminal/TerminalBridge/IORProfile:1.0}}\
IDL:omg.org/MobileTerminal/TerminalBridge/AddressNotAvailable:1.0}  {op-
  eration\
{IDL:omg.org/MobileTerminal/TerminalBridge/connect:1.0 connect 1.0} void
```

```
  {{in\
address string}} {}} {operation\
{IDL:omg.org/MobileTerminal/TerminalBridge/release:1.0 release 1.0} void
  {{in\
notify_ab boolean}} {}} {operation\
{IDL:omg.org/MobileTerminal/TerminalBridge/do_handoff:1.0     do_handoff
  1.0}\
void {{in address string}} {}}}}}}}
#
# This is just to clear the interp from the ridiculously long string above
#
expr 1
```

◆ client.tcl

```
#! /bin/sh //shell 环境
# \
exec wish "$0" ${1+"$@"}                              //wish 环境
lappend auto_path /opt/combat-0.7                     //指定 combat 库的路径
package require Tk                                    //需要 Tk 库
package require combat                                //需要 combat 库
set date "2003-10-25T10:19:35"                        //设置时间
set sleeptime 0
wm title . "Wireless CORBA demo - timer client"       //显示窗口标题
frame .date                                           //框架
label .date.title -justify left -anchor w -width 20 \
-text "Last known date"
label .date.date -justify left -anchor w -width 20 \
-textvariable date
pack .date.title .date.date -side left -fill x -expand true
pack .date -side top -fill x -expand true
frame .buttons
scale .buttons.slider -label "Sleeptime" -width 15 \
-length 200 -sliderlength 30 -orient horizontal -from 0 -to 30 \
-variable sleeptime
pack .buttons.slider -side top -fill none -expand true
button .buttons.query -relief raised -bd 1 -width 20 \
-command Date -text "Query date"                      //按钮
pack .buttons.query -side top -fill none -expand true
pack .buttons -side top -fill both -expand true
update
eval corba::init $argv
source demo.tcl
combat::ir add $_ir_demo
if {[catch {set demo [corba::string_to_object file: //[pwd]/demo.ref]} err]}
{
   tk_dialog .oops "Cannot connect to server" "Connecting the server has\
   failed. I was expecting to find the IOR in the file\
   [pwd]/demo.ref. Error message is \"$err\"" error 0 Ok
   exit 1
}
```

```
proc Date {} {                                          //时间函数
    global demo date sleeptime
    corba::try {
set date [$demo date $sleeptime]
    } catch {... err} {
tk_dialog .oops "Query Error" \                         //提示错误信息框
    "Error while querying current date: \"$err\"" \
    error 0 Ok
    }
    update
}
vwait forever                                           //循环
```

◆ **client.cc**

```
#include "demo.h"                                           //包含头文件
#ifdef HAVE_UNISTD_H
#include <unistd.h>
#endif
int
main (int argc, char *argv[])                               //主函数
{
   CORBA::ORB_var orb = CORBA::ORB_init (argc, argv);
   char pwd[256], uri[300];
   sprintf (uri, "file://%s/demo.ref", getcwd(pwd, 256));
   CORBA::Object_var obj = orb->string_to_object (uri);
   Demo_var demo = Demo::_narrow (obj);
   if (CORBA::is_nil (demo)) {
printf ("oops: could not locate Demo server\n");            //对象位空
exit (1);
   }
   CORBA::Long timeout = argc > 1 ? atoi(argv[2]) : 0;
   cout << endl << demo->date(timeout) << endl << endl;     //错误信息
   return 0;
}
```

其中包含了 demo.h 头文件。

◆ **demo.h**

```
#include <CORBA.h>                                      //包含头文件
#include <mico/throw.h>
#ifndef __DEMO_H__
#define __DEMO_H__
class Demo;
typedef Demo *Demo_ptr;
typedef Demo_ptr DemoRef;
typedef ObjVar<Demo> Demo_var;
typedef ObjOut<Demo> Demo_out;
/*
 *Demo 接口的基本类和公共信息
 */
```

```
class Demo :
  virtual public CORBA::Object
{
  public:
    virtual ~Demo();
    #ifdef HAVE_TYPEDEF_OVERLOAD
    typedef Demo_ptr _ptr_type;
    typedef Demo_var _var_type;
    #endif
    static Demo_ptr _narrow( CORBA::Object_ptr obj );
    static Demo_ptr _narrow( CORBA::AbstractBase_ptr obj );
    static Demo_ptr _duplicate( Demo_ptr _obj )
    {
      CORBA::Object::_duplicate (_obj);
      return _obj;
    }
    static Demo_ptr _nil()
    {
      return 0;
    }
    virtual void *_narrow_helper( const char *repoid );
    virtual char* date( CORBA::Long timeout ) = 0;
  protected:
    Demo() {};
  private:
    Demo( const Demo& );
    void operator=( const Demo& );
};
extern CORBA::TypeCodeConst _tc_Demo;
// Stub for interface Demo
class Demo_stub:
  virtual public Demo
{
  public:
    virtual ~Demo_stub();
    char* date( CORBA::Long timeout );
  private:
    void operator=( const Demo_stub& );
};
#ifndef MICO_CONF_NO_POA
class Demo_stub_clp :
  virtual public Demo_stub,
  virtual public PortableServer::StubBase
{
  public:
    Demo_stub_clp (PortableServer::POA_ptr, CORBA::Object_ptr);
    virtual ~Demo_stub_clp ();
    char* date( CORBA::Long timeout );
  protected:
    Demo_stub_clp ();
```

```
  private:
    void operator=( const Demo_stub_clp & );
};
#endif // MICO_CONF_NO_POA
#ifndef MICO_CONF_NO_POA
class POA_Demo : virtual public PortableServer::StaticImplementation
{
  public:
    virtual ~POA_Demo ();
    Demo_ptr _this ();
    bool dispatch (CORBA::StaticServerRequest_ptr);
    virtual void invoke (CORBA::StaticServerRequest_ptr);
    virtual CORBA::Boolean _is_a (const char *);
    virtual CORBA::InterfaceDef_ptr _get_interface ();
    virtual  CORBA::RepositoryId  _primary_interface  (const  Portable-
      Server::ObjectId &, PortableServer::POA_ptr);
    virtual void * _narrow_helper (const char *);
    static POA_Demo * _narrow (PortableServer::Servant);
    virtual  CORBA::Object_ptr  _make_stub  (PortableServer::POA_ptr,
      CORBA::Object_ptr);
    virtual char* date( CORBA::Long timeout ) = 0;
  protected:
    POA_Demo () {};
  private:
    POA_Demo (const POA_Demo &);
    void operator= (const POA_Demo &);
};
#endif // MICO_CONF_NO_POA
void operator<<=( CORBA::Any &a, const Demo_ptr obj );
void operator<<=( CORBA::Any &a, Demo_ptr* obj_ptr );
CORBA::Boolean operator>>=( const CORBA::Any &a, Demo_ptr &obj );
extern CORBA::StaticTypeInfo *_marshaller_Demo;
#endif
```

◆ server.cc

```
#include "demo.h"                                   //包含头文件
#include <fstream>
#include <unistd.h>
#include <ctime>
class Demo_impl : virtual public POA_Demo         //继承
{
public:
   char *date (CORBA::Long timeout);
};
char * Demo_impl::date (CORBA::Long timeout)
{
   static const CORBA::ULong tlen = 20UL;
   CORBA::String_var ret = CORBA::string_alloc(tlen);
   time_t t;
   time(&t);
```

```
    struct tm *trec = localtime(&t);
    strftime(ret, tlen, "%Y-%m-%dT%H:%M:%S", trec);
    cout << endl << "Invocation of date() at " << ret << endl;
    sleep(timeout);
    time(&t);
    trec = localtime(&t);
    strftime(ret, tlen, "%Y-%m-%dT%H:%M:%S", trec);
    cout << "Returning " << ret << endl << endl;
    return ret._retn();
}
int main (int argc, char *argv[])                    //主函数
{
    CORBA::ORB_var orb = CORBA::ORB_init (argc, argv);
    CORBA::Object_var poaobj = orb->resolve_initial_references ("RootPOA");
    PortableServer::POA_var poa = PortableServer::POA::_narrow (poaobj);
    PortableServer::POAManager_var mgr = poa->the_POAManager();
    CORBA::PolicyList plcs;
    plcs.length(2);
    plcs[0] = poa->create_id_assignment_policy (PortableServer::USER_ID);
    plcs[1] = poa->create_lifespan_policy (PortableServer::PERSISTENT);
    PortableServer::POA_var demo_poa =
    poa->create_POA ("Demo", PortableServer::POAManager::_nil(), plcs);
    PortableServer::POAManager_var demo_mgr = demo_poa->the_POAManager();
    PortableServer::ObjectId_var oid =
    PortableServer::string_to_ObjectId ("Demo");
    Demo_impl *demo = new Demo_impl;
    demo_poa->activate_object_with_id (oid, demo);
    ofstream of ("demo.ref");
    CORBA::Object_var ref = demo_poa->id_to_reference (oid.in());
    CORBA::String_var str = orb->object_to_string (ref.in());
    of << str.in() << endl;
    of.close ();                              //关闭
    demo_mgr->activate ();                    //激活
    orb->run();                               //运行
    demo_poa->destroy (TRUE, TRUE);
    poa->destroy (TRUE, TRUE);                //销毁
    delete demo;                              //删除
    return 0;
}
```

◆ **consumer.cc**

```
#include <CORBA.h>                            //引用头文件
#include <mico/util.h>
#include <mico/CosNaming.h>
#include <mico/CosEventComm.h>
#include <mico/CosEventChannelAdmin.h>
#include <mico/MobileTerminalNotification.h>
int main (int argc, char *argv[])  //主函数
{
    CORBA::ORB_var orb = CORBA::ORB_init(argc, argv);
```

```
    CORBA::Object_var obj = orb->resolve_initial_references("NameService");
    CosNaming::NamingContext_var ns = CosNaming::NamingContext::_narrow(obj);
    assert(argc >= 2);
    CosNaming::Name name;
    name.length(2);
    name[0].id = CORBA::string_dup("MobilitySupport");
    name[1].id = CORBA::string_dup(argv[1]);
    obj = ns->resolve(name);
    CosEventChannelAdmin::EventChannel_var chan =
    CosEventChannelAdmin::EventChannel::_narrow(obj);
    CosEventChannelAdmin::ConsumerAdmin_var consumer = chan->for_consumers();
    CosEventChannelAdmin::ProxyPullSupplier_var supplier =
    consumer->obtain_pull_supplier();
    CORBA::String_var time_str = CORBA::string_alloc(20);
    time_t ev_time;
    try {
  for ( ; ; ) {
    CORBA::Any_var event = supplier->pull();
    CORBA::TypeCode_var tc = event->type();
    time(&ev_time);
    struct tm *evrec = localtime(&ev_time);
    strftime(time_str, 20, "%Y-%m-%dT%H:%M:%S", evrec);
    cout << "*** Mobility Event at " << time_str << endl;
    if (tc->equal(MobileTerminalNotification::_tc_HandoffDepartureEvent)) {
     const MobileTerminalNotification::HandoffDepartureEvent *net_dep;
     event >>= net_dep;
     CORBA::String_var tid =
        mico_url_encode(net_dep->terminal_id.get_buffer(),
              net_dep->terminal_id.length());
     CORBA::String_var new_ab;
     if (!CORBA::is_nil(net_dep->new_access_bridge)) {
        CORBA::IORProfile *prof =
         net_dep->new_access_bridge->_ior()->profile();
        CORBA::Long keylen;
        const CORBA::Octet *key = prof->objectkey(keylen);
        new_ab = mico_url_encode(key, keylen);
     } else {
        new_ab = CORBA::string_dup("(NONE)");
     }
     cout << "*** Terminal Departure" << endl;       //输出信息
     cout << "    Departing terminal: " << tid << endl;
     cout << "    New Access Bridge:  " << new_ab << endl;
    } else if (tc->equal(MobileTerminalNotification::_tc_HandoffArrivalEvent)) {
     const MobileTerminalNotification::HandoffArrivalEvent *net_arr;
     event >>= net_arr;
     CORBA::String_var tid =
        mico_url_encode(net_arr->terminal_id.get_buffer(),
              net_arr->terminal_id.length());
     CORBA::String_var old_ab;
     if (!CORBA::is_nil(net_arr->old_access_bridge)) {
```

```
        CORBA::IORProfile *prof =
         net_arr->old_access_bridge->_ior()->profile();
        CORBA::Long keylen;
        const CORBA::Octet *key = prof->objectkey(keylen);
        old_ab = mico_url_encode(key, keylen);
     } else {
        old_ab = CORBA::string_dup("(NONE)");
     }
     cout << "*** Terminal Arrival" << endl;         //输出信息
     cout << "   Arriving terminal: " << tid << endl;
     cout << "   Old Access Bridge: " << old_ab << endl;
    } else if (tc->equal(MobileTerminalNotification::_tc_AccessDropoutEvent)) {
     const MobileTerminalNotification::AccessDropoutEvent *net_drop;
     event >>= net_drop;
     CORBA::String_var tid =
        mico_url_encode(net_drop->terminal_id.get_buffer(),
                net_drop->terminal_id.length());
     cout << "*** Terminal Dropout" << endl;
     cout << "   Terminal identifier: " << tid << endl;
     } else if (tc->equal(MobileTerminalNotification::_tc_AccessRecoveryEvent))
  {
     const MobileTerminalNotification::AccessRecoveryEvent *net_rec;
     event >>= net_rec;
     CORBA::String_var tid =
        mico_url_encode(net_rec->terminal_id.get_buffer(),
                net_rec->terminal_id.length());
     cout << "*** Terminal Recovery" << endl;
     cout << "   Terminal identifier: " << tid << endl;
    } else if (tc->equal(MobileTerminalNotification::_tc_TerminalHandoffEvent))
    {
     const MobileTerminalNotification::TerminalHandoffEvent *term_hoff;
     event >>= term_hoff;
     CORBA::String_var new_ab;
     if (!CORBA::is_nil(term_hoff->new_access_bridge)) {
        CORBA::IORProfile *prof =
         term_hoff->new_access_bridge->_ior()->profile();
        CORBA::Long keylen;
        const CORBA::Octet *key = prof->objectkey(keylen);
        new_ab = mico_url_encode(key, keylen);
     } else {
        new_ab = CORBA::string_dup("(NONE)");
     }
     cout << "*** Access Handoff" << endl;
     cout << "   New Access Bridge: " << new_ab << endl;
    } else if (tc->equal(MobileTerminalNotification::_tc_TerminalDropoutEvent))
    {
     const MobileTerminalNotification::TerminalDropoutEvent *term_drop;
     event >>= term_drop;
     CORBA::String_var tid =
        mico_url_encode(term_drop->terminal_id.get_buffer(),
```

```
            term_drop->terminal_id.length());
      cout << "*** Access Dropout" << endl;
      cout << "    Terminal identifier: " << tid << endl;
    } else if (tc->equal(MobileTerminalNotification::_tc_TerminalRecoveryEvent))
      {
      const MobileTerminalNotification::TerminalRecoveryEvent *term_rec;
      event >>= term_rec;
      CORBA::String_var tid =
         mico_url_encode(term_rec->terminal_id.get_buffer(),
            term_rec->terminal_id.length());
      cout << "*** Access Recovery" << endl;
      cout << "    Terminal identifier: " << tid << endl;
    } else {
      cout << "*** Unknown Event" << endl;
      }
     cout << endl;
  }
    } catch (const CORBA::Exception &e) {          //异常
  cerr << "Got exception: " << e << endl;
  return 1;
    }
    return 0;
  }
```

3. 运行步骤

命令见 miwco 平台(http://www.cs.helsinki.fi/u/jkangash/miwco/)说明。

◆ 启动访问桥 1

- demons(exec nsd-ORBDebug All=/tmp/mico.nsd.log-ORBIIOPAddr inet:repokari: 12001 -ORBIIOPVersion 1.2 -ORBGIOPVersion 1.2)。
- demoevd(exec eventd -ORBInitRef NameService=corbaloc::repokari:12001/NameService -ORBDebug All=/tmp/mico.evd.log -ORBGIOPVersion 1.2 -ORBIIOPVersion 1.2 -ORBIIOPAddr inet:repokari:27565)。
- ab1(exec ab -ORBInitRef NameService=corbaloc::repokari:12001/NameService -WATMGIOPAddr inet:repokari:41513 -WATMGTPAddr inet:repokari:21100 -WATMBridge Name Bridge1 -POAImplName MobilitySupport -ORBGIOPVersion 1.2 -ORBIIOPV ersion 1.2 -ORBDebug All -ORBNoIIOPServer >ab1.ref)。
- netcons(exec ./consumer -ORBInitRef NameService=corbaloc::repokari:12001/ Name-Service NetworkChannel)。

◆ 启动访问桥 2

- demons(exec nsd -ORBDebug All=/tmp/mico.nsd.log -ORBIIOPAddr inet:e250:12001 -ORBIIOPVersion 1.2 -ORBGIOPVersion 1.2)。
- demoevd(exec eventd -ORBInitRef NameService=corbaloc::e250:12001/NameService -ORBDebug All=/tmp/mico.evd.log -ORBGIOPVersion 1.2 -ORBIIOPVersion 1.2 -ORBIIOPAddr inet:e250:27565)。

- ab2（exec ab -ORBInitRef NameService=corbaloc::e250:12001/NameService -WATMGIOPAddr inet:e250:41513 -WATMGTPAddr inet:e250:21100 -WATMBridgeName Bridge2 -POAImplName MobilitySupport -ORBGIOPVersion 1.2 -ORBIIOPVersion 1.2 -ORBDebug All -ORBNoIIOPServer >ab2.ref）。
- netcons（exec ./consumer -ORBInitRef NameService=corbaloc::e250:12001/NameService NetworkChannel）。

◆ 启动 HLA

- demons（exec nsd -ORBDebug All=/tmp/mico.nsd.log -ORBIIOPAddr inet:hla:12001 -ORBIIOPVersion 1.2 -ORBGIOPVersion 1.2）。
- demohla（exec hla -ORBInitRef NameService=corbaloc::hla:12001/NameService -ORBDebug All -ORBIIOPAddr inet:hla:27360 -POAImplName MobilitySupport -ORBIIOPVersion 1.2 -ORBGIOPVersion 1.2 -WATMTerminalPrefix %ca%73%1e%a7 -WATMTerminalFile ./hlarc，其中 hlarc 文件内容如下：terminal）。
- netser（exec ./server -ORBInitRef NameService=corbaloc::hla:12001/NameService -ORBDebug All -ORBGIOPVersion 1.2 -ORBIIOPVersion 1.2 -POAImplName Demo -ORBIIOPAddr inet:hla:3103）。
- 复制终端上 terser 产生的 demo.ref 文件。
- 复制访问桥 1 和访问桥 2 产生的 ab1.ref 和 ab2.ref 文件。
- network.tcl。
- netcli（exec ./client -ORBGIOPVersion 1.2 -ORBIIOPVersion 1.2 –ORBNoIIOPServer）。

◆ 启动终端

- demons（exec nsd -ORBDebug All=/tmp/mico.nsd.log -ORBIIOPAddr inet:phantom-21:12001 -ORBIIOPVersion 1.2 -ORBGIOPVersion 1.2）。
- demoevd（exec eventd -ORBInitRef NameService=corbaloc::phantom-21:12001/ NameService -ORBDebug All=/tmp/mico.evd.log -ORBGIOPVersion 1.2 –ORBIIOP Version 1.2 -ORBIIOPAddr inet:phantom-21:27565）。
- demotb（exec tb -ORBInitRef NameService=corbaloc::phantom-21:12001/NameService -ORBInitRef HomeLocation 代理= ' cat home.ref ' -WATMGIOPAddr inet:phantom-21:12003 -WATMGTPAddr inet:repokari:21100 -WATMBridgeName Terminal -POAImplName MobilitySupport -ORBTerminalId %04%cas%1e%a7%08terminal -ORBDebug All -ORBNoIIOPServer -ORBGIOPVersion 1.2 -ORBIIOPVersion 1.2 >tb.ref）。
- tercons（exec ./consumer -ORBInitRef NameService=corbaloc::phantom-21:12001/ NameService -ORBInitRef HomeLocation 代理 =' cat home.ref ' TerminalChannel）。
- terser（exec ./server -ORBInitRef NameService=corbaloc::phantom-21:12001/NameService -ORBInitRef HomeLocation 代理 =' cat home.ref ' -ORBDebug All -ORBGIOPVersion 1.2 -ORBIIOPVersion 1.2 -POAImplName Demo -ORBIIOPAddr inet:phantom-21:3103 -ORBInitRef MobileTerminalBridge = ' cat tb.ref ' -ORBTerminalId %04%cas%1e%a7 %08terminal -ORBMTBAddr inet:phantom-21:12003）。

- 复制 HLA netser 产生的 demo.ref 文件。
- 运行 terminal.tcl。
- 运行 client.tcl。

9.2　移动代理技术概述

9.2.1　移动代理简介

代理的研究起源于人工智能领域。代理是指模拟人类行为与关系、具有一定智能并能够自主运行和提供相应服务的程序。与现在流行的软件实体(如对象、构件)相比，代理的粒度更大、智能化程度更高。随着网络技术的发展，可以让代理在网络中移动并执行，完成某些功能，这就是移动代理的思想。

移动代理不同于远程执行，移动代理能够不断地从一个网络位置移动到另一个位置，能够根据自己的选择进行移动。移动代理不同于进程迁移，一般来说进程迁移系统不允许进程选择什么时候迁移和迁移到哪里，而移动代理带有状态，所以可根据应用的需要在任意时刻移动，可移动到它想去的任何地方。移动代理也不同于 applet，applet 只能从服务器向客户单方向移动，而移动代理可以在客户和服务器之间双向移动。

移动代理具有很多优点，移动代理技术通过将服务请求代理动态地移到服务器端执行，使得此代理较少依赖网络传输这一中间环节而直接面对要访问的服务器资源，从而避免了大量数据的网络传送，降低了系统对网络带宽的依赖。移动代理不需要统一的调度，由用户创建的代理可以异步地在不同结点上运行，待任务完成后再将结果传送给用户。为了完成某项任务，用户可以创建多个代理，同时在一个或若干个结点上运行，形成并行求解的能力。此外，它还具有自治性和智能路由等特性。

9.2.2　移动代理系统结构

移动代理系统由移动代理和移动代理服务设施(或称移动代理服务器)两部分组成。移动代理服务设施基于代理传输协议实现代理在主机间的转移，并为其分配执行环境和服务接口，代理在服务设施中执行，通过代理通信语言 ACL 相互通信并访问服务设施提供的服务。

如图 9-10 所示，移动代理体系结构可定义为以下相互关联的模块：安全代理、环境交互模块、任务求解模块、知识库、内部状态集、约束条件和路由策略。体系结构的最外层为安全代理，它是代理与外界环境通信的中介，执行代理的安全策略，阻止外界环境对代理的非法访问。代理通过环境交互模块感知外部环境并作用于外部环境。环境交互模块实现 ACL 语义，保证使用相同 ACL 的代理和服务设施之间的正确通信和协调，而通信内容的语义与 ACL 无关。代理的任务求解模块包括代理的运行模块及代理任务相关的推理方法和规则。知识库是代理所感知的世界和自身模型，并保存在移动过程中获取的知识和任务求解结构。内部状态集是代理执行过程中的当前状态，它影响代理的任务求解过程，同时代理的任务求解又作用于内部状态。约束条件是代理创建者为保证代理的行为和性能所作出的约束，如返回时间、站点停留时间及任务完成程度等，一般只有创建者拥有对约束条件的修改权限。路由策略决定代理的移动路径，路由策略可能是静态的服务设施列表(适用于简单、明确的任务求解过程)，或者是基于规则的动态路由满足复杂和非确定性任务的求解。

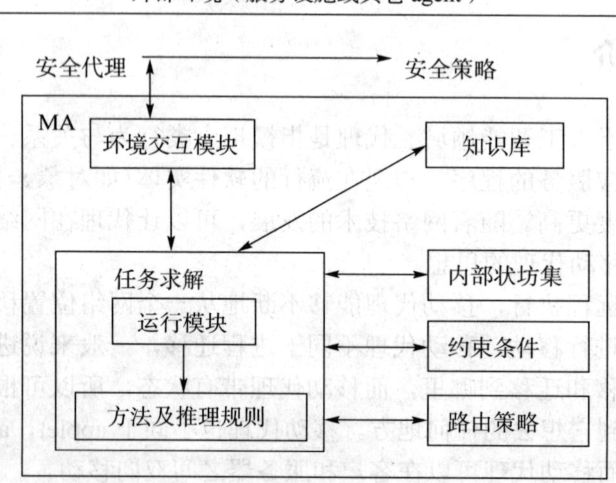

图 9-10　移动代理结构模型

而服务设施提供移动代理的基本服务(包括创建、传输、执行等)，移动代理的移动和任务求解能力很大程度上决定于服务设施所提供的服务。一般来讲，服务设施应包括以下的基本服务。

- 生命周期服务：实现代理的创建、移动、持久化存储和执行环境分配。
- 事件服务：包括代理传输协议和代理通信协议，实现代理间的事件传递。
- 目录服务：提供定位代理的信息，形成路由选择。
- 安全服务：提供安全的代理执行环境。
- 应用服务：是任务相关的服务，在生命周期服务的基础上提供面向特定任务的服务接口。

9.2.3　移动代理关键技术

移动代理利用先进的思想提供智能化的服务和任务规划求解，为实现这个目标，必须解决好以下关键技术。

◆ 移动代理理论模型

目前移动代理理论模型一般基于 BDI 系统。BDI 系统也称为意识系统，是把代理看做理性主体，通过信念(Belief)、愿望(Desire)和意图(Intention)属性来预测代理的行为。把主体看做意识系统的主要好处有：

- 对于设计者和分析者来说，这样是自然的。

- 对于描述复杂系统的行为提供了简洁的表示，有利于理解和解释。
- 不依赖于具体物理实现就可以得到许多主体的规则和模式。
- 可被代理自身用来相互推理(如 π 演算、λ 演算等)。

目前大多数学者利用模态逻辑理论来研究 BDI 理论模型，并得出了一些有益的结论。

◆　代理通信语言 ACL

ACL 基于语言——行为理论(speech act)，定义了代理及服务设施间协商过程的语法和语义。移动代理的 ACL 应具有应用的普遍性、简捷一致的语法和语义、通信内容的独立性等。目前常用的 ACL 有 KQML(Knowledge Query and Manipulation Language)和 FIPA ACL，它们的格式非常接近。

目前虽然出现了一些 KQML 的开发包(如 KAPI、Jkqml 等)，但 KQML 及其类似语言还有一定的局限性，即缺少一个精确的语义系统，通信级上基本上无语义。而且 KQML 里无安全原语，另外 KQML 不太灵活，需要引入 XML 的思想。

◆　代理传输协议

它定义了移动代理传输的语法和语义，具体实现了移动代理在服务设施间的移动机制。IBM 提出的 ATP 框架结构(ATP framework)定义了一组原语性的接口和基础消息集，可以看做是一个代理传输协议的最小实现，其基本操作如图 9-11 所示。目前研究的重点是可靠而实时的传输。

图 9-11　ATP 的示意图

◆　路由策略

移动代理的效率很大程度上决定于路由策略的优化。可行的路由策略有两种，分别为固定路由与基于规则及目录服务的动态路由。目前，在路由策略中引入 QoS(Quality of Service)是一个研究重点。

◆　系统性能影响及其测试工具

当前的移动代理系统虽然可以减少网络负载和克服网络延迟，但却增加了服务方主机的负载。基于可移植性和安全方面的原因，代理通常都是采用相对较慢的解释性语言，并且当到达目的地后，必须置入相应的运行环境中才能执行。这些原因使得移动代理的执行速度低于普通程序。所幸的是，以 Java 为代表的即时编译(Just-in-time compilation)取得了很大的进步，使移动代码的执行速度显著提高。

性能测试工具方面的研究目前也很不成熟，基本上没有很好的测试工具。实际评估性能时，一般利用现有的理论，如随机 Petri 网(把系统协议用随机 Petri 网形式化描述，然后等价成 Markov 链，利用 Markov 更新方程或者随机 Petri 网工具分析出系统性能)和着色 Petri

网等。

◆ 容错策略

移动代理系统必须考虑到移动过程中可能存在网络故障、服务设施故障、长时间停机等情况造成的移动代理破坏和失败。常见的容错策略有：

- 创建相同任务的多个备份在网络中独立运行，任务结束后比较结果。
- 集中式容错：特定的服务器保留移动代理的原始备份并实施跟踪，通过重发原始备份恢复失效的移动代理。
- 分布式容错：将容错责任分配到网络中多个非固定的站点进行。

这些策略都离不开检查点(check point)。何时以及如何建立检查点是关键问题，一种简单的方法是把移动代理的挂起/继续运行点作为检查点。另外也可利用 Markov 链模型来计算检查点。容错机制是移动代理系统服务质量的重要评价标准，也是移动代理优势得以体现的重要手段。

◆ 互操作性

目前，市场上移动代理系统非常多，国外一些主要的厂商都分别推出了移动代理系统，由于它们采用的技术及设计框架的差异，所以不能很好地协调工作。正是在这种背景下，OMG 组织制定了 MAF 规范，随后改为 MASIF，并于 1998 年 3 月正式推出，它为解决不同厂商间代理系统的互操作性提出了一些基本建议。随着移动代理在智能领域中的应用，有必要在 MASIF 规范中体现智能性，实现与符合 FIPA 规范的智能代理系统的互操作。MASIF 和 FIPA 的兼容，以及基于语义的互操作性是将来研究的重点。

◆ 控制策略

必须对移动实施有效的控制，避免移动代理失控(如不停地复制、迁移等)。另外，为了保证性能，引入负载均衡的机制很有必要。

◆ 强移动性

目前 JDK 并不支持移动代理强移动，为了达到强移动，一种方案是彻底改造 JDK，更为现实的是在 JDK 上扩展接口，并利用 JDK 异常处理功能，在异常中截获各种移动代理运行变量及其状态，然后到达目的地时继续执行。

9.2.4 移动代理中的安全

现有的基于 Java 的移动代理系统，基本上都采用了 Java 的沙箱(sand box)安全模型作为其安全机制实现基础，但是 Java 安全模型本身就存在不完善的地方，而且移动代理系统对安全性有着特殊的要求，系统地进行移动代理系统安全性研究，有着重要的意义。

移动代理系统的安全涉及到以下三个方面：

- 移动代理之间通信的安全保护。
- 保护执行环境免受潜在的恶意代理的损害(保护主机)。
- 保护移动代理免受潜在的恶意服务器和环境的攻击(保护移动代理)。

1. 移动代理通信的安全保护

为保护通信安全，对所有信息提供通信认证，对任何可能的安全危害进行检测，目前有一种基于“加密信道——权限控制”的代理系统通信安全性实现方法，提供了多层次检查机制。用基于 RSA1 和 Rabin 算法的加密信道来提供底层的签名和加密服务，而在高层提供权限控制机制。

2. 保护主机

机器应当能够认证代理的所有者，然后根据执行过程的资源请求和相关的安全策略给予相应的权限。为了防止破坏敏感数据和拒绝服务(DoS)攻击，资源的限制应包括读取某个文件的权限、总 CPU 的最大消耗时间等。目前的方法有如下几种。

- 沙箱(sandbox)：类似于 applet 的安全机制，代理运行环境限制移动代理访问本地资源的权限，就好像运行在一个特定的箱子中(称为沙箱)，代理只能对运行环境施加有限的影响，破坏有限的资源。
- 认证、授权：运行环境通过数字签名(每一个移动代理都有自己的护照 passport，其中记录了移动代理的创建时间、制造者等数字签名信息)来对移动代理进行身份认证，判断它是否合法。如果通过认证，就通过存取控制表分配相应的资源操作权限给移动代理。
- 检验传输代码(Proof-carrying code)：由卡内基·梅隆大学提出，核心思想是移动代理的运行环境能够验证某个移动代理是否遵守由运行环境提供的一套安全规则。

3. 保护移动代理

与保护主机技术相比，移动代理的保护技术仍处于起步阶段。目前主要有两种方法。

- 基于检测的安全性：根据移动代理的执行结果检测、判断其是否受到攻击、破坏，这是一种事后的、被动的方法。另外，也可以进行事前检测，即不让移动代理到不信任的运行环境上运行，但要求提供一种检测和评价各个主机可信任程度的一种手段。
- 主动的保护措施：基于检测的方式大多是被动的，只有主动保护才能更好地保护代理。虽然要让移动代理在不信任的站点上完全安全是非常困难的，但是对这个问题的部分解决方案还是存在的。如 Stuttgart 大学的 Hohl 提出的黑匣子(Blackbox)(从一个给定的代理规范生成执行代码，如果在任何时间内代理不会受到攻击，且只有它的输入和输出行为被观察到，则一个代理可被看做为一个黑匣子)算法，以及基于硬件的保护方案等。

当然，对于基于 CORBA 的移动代理系统，可以利用 CORBA 的对象安全服务来实现系统的全局安全性要求。

9.2.5　移动代理系统组织及其规范

为了加快移动代理技术的发展和推动移动代理的具体应用，与移动代理技术研究相关的各研究机构和企业，形成了一些标准化组织，展开了关于移动代理技术标准化的工作。目前推动移动代理标准化工作的最有影响力的国际组织有 OMG 下属的代理 Working Group 和 FIPA 等。

OMG 的 MASIF 规范建议对代理管理、代理迁移、代理名称、代理系统名称、代理系统类型以及位置语法标准化。规范定义了 MAF 代理 System 和 MAFFinder 接口。其中 MAF 代理 System 负责接收代理、列出代理、获得 MAFFinder 接口、获得代理系统类型、获得代理状态等。MAFFinder 提供注册、去消、查询等服务，实际上为一名字服务。

FIPA 是由来自多个国家的活跃于代理领域的大学和公司组成的非盈利组织，其宗旨在于"促进基于代理的应用、业务和设备的成功"。目前 FIPA 制定了 FIPA 97、FIPA 98、FIPA 99 等规范。FIPA 97 提供了有关基本代理技术的规范说明，包括代理管理、ACL、代理软件集成、个人旅游助手、个人助理、音像娱乐及广播、网络管理及供应等七节构成。FIPA 97 只研究了静态代理，FIPA 98 则开始为移动代理技术制定规范。

1999 年 3 月，OMG 和 FIPA 正式成立了联络机构(OMG-FIPA 联络处)，以协调两个组织关于代理技术的工作。

值得一提的是，另外还有一些相关的组织，如代理 Society(成立于 1996 年，主要目的是为了帮助与 Internet 相关的移动代理技术和市场的开发)、CLIMATE(目标是协调有关移动代理技术项目的研究、信息交换及合作)、DARPA、代理 Link 和 Active Group 也在积极进行推动移动代理技术的研究。

9.2.6 典型系统评价

目前移动代理已从过去的理论探索进入到实用阶段，因而出现了一些移动代理系统的开发平台或执行环境，大致可以分为三类：一类是基于传统解释性语言的；一类是基于 Java 语言的；还有一类则基于 CORBA 平台的。

1. General Magic 公司的 Telescript

作为可移动代理专用语言的开发者，General Magic 公司的 Telescript 曾经在过去的几年里被广泛应用。Telescript 平台是用 Telescript 语言(一种面向对象的解释性语言)来完成的。Telescript 代理之间的通信有两种方式：两个代理运行在同一个空间时可相互调用对方的方法；而在不同的空间时，需建立连接，互相传递对象。Telescript 是一个比较成功的移动代理平台，其安全性、容错性、执行效率都较好，但由于 Java 的迅速流行，必然导致它的失败(随着 Java 的发展及跨平台特性的完善，General Magic 公司开发了完全用 Java 实现的系统 Odyssey，并合并了一些在开发 Telescript 中用到的概念)。

2. IBM 公司的 Aglets

Aglet 是由 IBM 公司用纯 Java 开发的移动代理技术，并提供着实用的平台——Aglet Workbench，让人们开发或执行移动代理系统。它提供了一个简单而全面的移动代理编程模型；为代理间提供了动态和有效的通信机制；还提供了一套详细且易用的安全机制。Aglet 这个字是由"代理"与"applet"两个字合成的，简单地说，就是具有代理行为的 Java applet 对象，但 Aglet 同时传送代码及其状态而 applet 只传送代码。Aglet 以线程的形式产生于一台机器上，可随时暂停执行的工作，而后整个 Aglet 可被分派到另一台机器上，再重新启动执行任务。因为 Aglet 是线程，所以不会消耗太多的系统资源。

Aglet 系统提供了一个上下文环境(context)来管理 Aglet 的基本行为：如创建(create) Aglet、复制(clone) Aglet、分派(dispatch) Aglet 到远端机器、召回(retract)远端的 Aglet、暂停(deactive)、唤醒(active) Aglet 以及清除(dispose) Aglet 等。

Aglet 与 Aglet 之间的通信则用消息传递的方式来传递消息对象。此外，基于安全上的考虑，Aglet 并非让外界直接存取其信息，而是通过一个代理(proxy)提供相应的接口与外界沟通。这样做还有一个好处，即 Aglet 所在位置会透明化，也就是 Aglet 想要与远端的 Aglet 沟通时，只在本地主机的上下文环境中产生对应远端 Aglet 的代理，并与此代理沟通即可，不必直接处理网络连接与通信的问题。

Aglet 中另外一个特色是引入了设计样式(Design Pattern)的概念，并提供了相应的开发包，具有很好的软件重用性。

Aglet Workbench 是一个可视化环境，它被用来建立使用移动代理的网络应用。目前所提供的工具包括如下内容。

- 移动代理 Aglet 框架：提供着前述的 Aglet 的基本系统框架。
- ATP：提供前述的代理传输协议。
- Tazza：可视化地开发应用所需的个性化的移动代理。
- JoDax：用于访问大单位的数据。
- Tahiti：可视化代理的管理界面，让使用者方便地监视和控制 Aglet 的执行。
- Fiji：通过 web 上的 Fiji applets 在客户 web 浏览器上执行 Aglet context，以便实现产生、分派、召回 Aglet 的功能。

但 Aglet 不能捕获代理的线程状态，因为标准的 Java 虚拟机不支持，所以 Aglet 在每次移动之后都是从登陆点(Known Entry Point)开始运行的。另外，Aglet 的通信采用事件驱动的方式，没有基于 KQML。

3. IKV++的 Grasshopper

这是一种基于 CORBA 的移动代理平台。通过专有的 Grasshopper ORB 互联，由于该系统符合 MASIF 规范，也同样可以通过其他 CORBA ORB 互联。Grasshopper 的通信基础设计得非常巧妙，可以通过 CORBA 来进行通信，还可以通过 Java RMI 和 Socket 连接进行通信，整个通信结构采用插件技术，具有很好的扩展性。安全服务中采用 X.509 证书实现身份认证，采用 SSL 来保证传输中的安全性，通过用户定制的安全管理器来完成资源访问控制，并实现了数字签名。

通过对三个产品的介绍，认为基于 MASIF 规范的，用 Java 来实现移动代理平台、为用户提供两次开发接口(应包括设计样式)，同时提供管理、配置工具的移动代理系统是发展的必然趋势。

9.2.7　移动代理的应用及开发

目前移动代理的应用主要有以下几个方面。

- 电子商务：电子交易对股票价格等实时信息非常敏感，由于代理降低了网络负担，很适合电子商务领域。

- 个人助理：移动代理具有迁移到远地机器执行的能力，所以可以调度其他代理来共同协商完成会议。
- 安全代理：为了防止网络中的不安全性，程序可以先派其代理去完成任务，而不至于太危险。
- 分布式信息检索：这是移动代理常见的应用领域，代理可以被派遣到远地去搜索信息，并创建搜索索引，再把索引返回到本地，免去了数据的大量传输。
- 电信网络服务：提供动态网络的高级管理。
- 工作流系统：移动代理的自治性在此得到很好地体现。

另外的应用还有并行处理系统、基于移动代理的入侵检测系统、GIS 系统、移动数据库系统以及用移动代理来求解一些数学问题等。

总之，移动代理特别适合于解决传统方法要么代价过于昂贵，要么就存在解决不了的问题，如数据、控制、专家知识或资源分布问题，使大量的数据处理可在数据源进行(因为移动代理可以移动)，只需交换少量的高层信息，减少了大量原始数据传送到远地的操作，提高了网络的利用率。如需要人性化的问题：由于移动代理具有观察能力、主动适应能力，而不是通过一些预先严格确定的接口函数与外界进行交互作用，能根据目标主动规范化自己的行为，使用户界面达到“人性化”。如需要集成的问题：通过给旧系统上包装一层代理外壳，其他系统可以调用旧系统的功能。

运用移动代理技术开发应用系统一般有以下的步骤。

(1) 分析系统的特点：选择合适的实现技术。决定哪些采用移动代理实现，哪些采用其他方法实现。

(2) 移动代理的功能设计：确定系统中决定用代理技术实现部分的数据和功能，移动代理间明确分工后，应当根据各自功能确定内部数据。移动代理的内部数据应尽可能少，这样可以减少移动带来的网络负担。

(3) 代理的接口设计：代理的接口设计非常关键，它往往是系统性能好坏的关键。这时既要考虑系统中的代理间交互方式，又要考虑代理与非代理部分的交互方式。

(4) 代理的详细设计：应了解目前移动代理平台各自的优缺点，选择合适的平台。

(5) 代理的运行与维护：目前由于移动代理可靠性还不高，维护工作特别重要。

9.3 代理方法学

过去的几年，代理技术已经得到足够的关注，工业界已经开始使用这种技术来开发自己的产品。虽然目前已经涌现出了大量的代理理论、语言、体系结构以及基于代理的应用，但却没有成熟的面向代理的方法学。本节回顾了目前采用的代理方法学，基于面向对象的扩展和基于知识工程的扩展，分别阐述如下：

- 它们和面向代理方法的联系。
- 单纯使用它们而不扩展所带来的问题。
- 当前扩展的措施。
- 一些规范化代理方法学的进展。

- 使用代理方法学的一些建议。

9.3.1 引言

软件代理(简称代理)的研究起源于多代理系统(MAS)，而 MAS 是分布式人工智能(DAI)所研究的三个问题之一，另外两个是分布式问题求解(DPS)和并行人工智能(PAI)。

到目前为止，事实证明面向代理的技术在开发复杂软件方面已经起了重要作用，且已经涌现了大量的代理理论、语言、体系结构以及基于代理的系统软件，但却没有成熟的面向代理系统的开发方法学，没有代理设计方案评估标准。

9.3.2 面向对象方法的扩展

1. 优点

之所以采用这种扩展，是因为：

- 面向代理的方法和面向对象的方法有一定的相似，代理可以被看做活动的对象，即具有精神状态的对象。两种方法都利用消息传递的方式来进行通信，并且都具有继承和聚集的能力。
- 面向对象的方法已经非常成熟，且极易被接受。软件工程师已经熟练地运用 OMT、OOSE、OOD、RDD、UML 等面向对象的方法来进行系统分析，而不愿脱离面向对象的方法来重新研究面向代理的方法。
- 一些面向对象的方法也可以被面向代理的方法所利用，如 UML 中的用例图(use case diagram)、CRC 等。

2. 单纯面向对象方法的缺点

尽管面向对象和代理的方法存在一定的相似性，但是代理毕竟不是简单的对象，它们仍然有着一定的差异。这些差异直接导致单纯套用面向对象的方法，对代理系统分析、设计的缺陷。

虽然对象和代理都使用消息传递的方式来进行通信，但是代理中的消息常常是受约束的(用以定义各种非功能的特性需求，如安全性等)。前者是简单的方法激发，而后者可以鉴别不同类型的消息，并且可以利用 ACL 及复杂协议来协商。此外，代理可以决定是否执行所请求的操作。代理具有精神状态，而面向对象的方法没有为代理执行推理、计划的机制。代理系统常常具有社会性特征，这些特征很难在单纯的面向对象方法中进行描述。

3. 现有的扩展

针对上述的缺陷，目前基于面向对象方法的扩展主要有：面向代理的分析与设计方法(代理 oriented analysis and design)、BDI 代理系统的建模技术(代理 modeling technique for systems of BDI 代理 s)、MASB(Multi-代理 Scenario-Based Method)以及面向代理的企业建模方法(代理 oriented methodology for enterprise modeling)。这些方法各有千秋，但在概念层可

以抽象为具有两类模型的系统。

代理模型：描述单个代理的特征，包括一些功能、推理机制和任务。

群组/社会模型：描述代理间及其与外界环境间的关系及交互。

在这里选择 BDI 代理系统的建模技术加以讨论。

这种 BDI 代理系统的建模方法定义了两个视点(viewpoint)：外部视点和内部视点。外部视点负责把系统分解为多个单独的代理，并且定义它们之间的交互行为。这些功能是通过代理模型和交互模型来实现的。其中代理模型描述了具体代理间的层次关系；而交互模型定义了代理和外部系统的责任、服务以及交互。内部视点具体为每个 BDI 代理建模，它是通过三个模型来完成的：信息模型描述对周围环境的信念；目标模型描述代理的目标以及代理响应外来请求的回应、采取手段；计划模型则描述代理为达到这些目标而制定的计划。

外部视点首先标识应用领域的各类角色(功能、组织)以及利用 UML(现已有 UML 的代理扩展，如 AUML)结点来把它们组织成类层次结构。然后每个角色的责任以及为了完成这些责任而必须提供的服务被标识，并且还标识服务间必要的交互。最后所有的信念被收集到代理实例中。内部视点则是从分析为达到一个目标可能采取的不同计划着手，这些计划用类似于 Harel 状态表格的图形化结点来描述，但加入了描述计划失败的一些结点，然后利用 OMT 方法中的结点来表示代理对外界环境的信念。

9.3.3 基于知识工程方法的扩展

1. 优点

因为代理具有感知特征，而此特征也是知识工程方法的一个要点，所以知识工程方法可以为多代理系统的建模提供一个很好的基础。同时为了描述代理的知识，一些现有的工具及其共享语汇(ontology)库、问题求解方法库也可以被重用。

虽然基于知识工程方法的扩展没有基于面向对象方法的扩展那么广泛，但也在许多实际系统中被广泛地采用。

2. 单纯面向知识工程方法的缺点

知识工程方法主要基于一个集中化的基于知识的系统，所以它们不适合分布的代理系统，也不适合描述多代理系统的社会特征。

3. 现有的扩展

对于知识工程的扩展也有很多种，最为典型的有 CoMoMAS 和 MAS-CommonKADS。这里选择 MAS-CommonKADS 方法着重加以阐述。

MAS-CommonKADS 方法在传统的知识工程方法的基础上，增加了一些面向对象的方法(如 OOSE、OMT)，并且利用 SDL(specification and description language)和 MSC96(message seqence charts)来描述代理协议。

这种方法从收集用户需求以及从用户视点得到系统的粗要描述这样一个非正式的阶段

开始，利用 OOSE 中的用例图来描述代理，利用 MSC 来形式化用例图之间的交互。在分析与设计系统时，遵循了风险驱动生命周期模式(risk driven life cycle)。

具体来说，这种扩展定义了以下的一些模型。

- 代理模型：描述了代理的主要特征，包括推理能力、技能(传感器/感应器)、服务、目标等。这种模型中利用了一些技术，如分析概念阶段的角色(actor)技术、重用技术、问题描述的句法分析技术及 CRC 技术等。
- 任务模型：使用文本模板和框图来描述代理所要执行的任务、所要达到的目标以及任务的分解等。
- 专家模型：利用 KADS 方法来描述代理为了执行任务而所需的知识及其结构，并且利用协作化的问题求解方法来把一个目标分解成若干子目标，以易于定义单个代理的知识。
- 协作模型：描述代理间的交互会话，通常是利用 MSC 和 SDL 来描述的。
- 组织模型：使用 OMT 的扩展来描述代理的社会性，并且定义代理的层次结构、代理间的关系及与外界环境的关系、代理的社会结构等。
- 通信模型：具体化代理的交互，在定义用户接口中应考虑人的因素。
- 设计模型：收集上述模型的信息，然后分解成三个子模型，即应用设计模型、体系结构模型和平台设计模型。应用设计模型主要指根据实际具体应用为每个代理选择恰当的代理体系机构；体系结构模型指描述代理网络中的相互关系和知识设施；平台设计模型是指为每种代理体系结构选择适当的代理平台。

MAS-CommonKADS 方法已经在很多工程中取得成功，应该说它对于智能网管理、多代理系统等领域来说是一种行之有效的方法。

9.4　小　结

本章旨在研究针对移动性这一现实要求的中间件，探索对这种中间件的客观需要、必备的功能、合理的体系结构、适用的实现技术——无线 CORBA 技术和移动代理技术，以及其具体实现，最后给出应用实例。

9.5　习　题

1．简述无线/移动环境对传统中间件的挑战。
2．简述无线/移动环境如何提高中间件性能。
3．实践无线 CORBA 系统。
4．实践移动代理系统。
5．阐述利用 CORBA 系统实现不同移动代理之间的互操作性。

第 10 章　反射中间件

知识点：

- 反射概念
- 反射中间件概念
- 反射中间件模型
- 利用反射层实现服务定制

本章概述：

当前的中间件，无论 CORBA、DCOM 还是 Java RMI 基本上都采用了黑箱抽象的原则，因此它们也存在灵活性和适应性的先天不足。中间件所处理的是十分复杂的分布式应用问题，因而常常需要一定的灵活性和适应性。反射是指所研究的对象感知自己、自行推理和作用于自身的一种能力，是设计对象的一种技术，也是一种具体实施开放实现的可行技术。开放实现强调对象与客户之间的关系，而反射强调的是对象自身所潜在的一种能力。如果要想将实现开放出来，反射涉及的就是如何才能将自身有效地且有约束地开放给客户，以提高对象的灵活性和适应性，并且还可以分离对象的功能性属性与非功能性属性。

10.1　反　　射

反射的概念最初由 Smith 在 1982 年提出，他在文中指出：

"In as much as a computational process can be constructed to reason about an external world in virtue of comprising an ingredient process（interpreter）formally manipulating representations of the world, so too a computational process could be made to reason about itself in virtue of comprising an ingredient process（interpreter）formally manipulating representations of its own operations and structures."

“既然一个计算过程，借助于包含一个组成过程(解释器)来形式化地操纵外部世界的表示，从而可以推理外部世界；那么，这个计算过程也可以设计为能推理其自身，同样借助于包含一个组成过程(解释器)来操纵其自身的操作和结构。”

这段话的要点在于：通过反射，一个程序可以访问(access)、推理(reason about)和改变(alter)其自身的解释。

这个观点在计算机科学界引发了大量的关于反射应用的研究。最初，相关工作局限在编程语言设计这个领域，特别是在 Lisp 和面向对象这两个方面。这些工作的成果集合在Common Lisp Object System(CLOS)的设计中。有些研究人员已经考虑到了反射在并发对象语言、基于逻辑的语言和规则的语言的影响。近年来，反射的运用已扩展到窗口系统、操作系统和分布式系统等领域。随着反射应用的多样化，关于术语“反射”一词，难于给出其精确定义。下面从不同角度进行深入探讨。

10.1.1　含义

1．开放实现

所有的反射系统都以开放实现为目的。软件工程中的传统观点是通过抽象来处理复杂性的，在这种方式中，实现细节由于特定的抽象而对用户屏蔽。相应结果就是应用组件的开发是典型的“黑箱”模式，这种方式常被认为可以提高代码的重用性。而事实上，常常不可能或也不期望对用户屏蔽所有实现细节。其中根本问题在于：要隐藏实现细节就必须替应用确定(支持应用的系统)实现策略。但是，应用可能会包含一些极重要的信息，如使用某特定模块系统才能更有效地支持应用。开放实现的目的就是通过暴露模块的实现细节来解决这个问题。不过必须有原则地区分模块提供的功能和模块的内部实现。前者被称为一个模块的基界面(base-interface)，后者为元界面(meta-interface)。

2．从开放实现到反射

开放(openness)是一个“反射”系统的必要但非充分条件。

反射，抽象地说，是系统的一种推理(reason about)和作用于(act upon)自身的能力。反射系统是指这样一种系统：它提供了关于自身行为的表示，这种表示可以被检查和调整，且与它所描述的系统行为是因果相联的(causally connected)。因果相联，意味着对自表示(self-representation)的改动将立即反映在系统的实际状态和行为中(这也是使用“反射”这个词的由来)，反之亦然。因此可以简单地说，反射系统是支持因果相联的自表示(causally connected self representation 或简称 CCSR)的系统。

下面通过例子来阐明上述概念。如果一种解释型语言的运行解释器是反射的，且设想这种解释器的 CCSR 表示了解释运行的这几个方面：方法分派、垃圾收集和类装载。那么通过操纵 CCSR 的相应部分，就可以改变程序执行的语义。比如：在每个方法调用的前后插入对调试例程的调用，就可为解释器增加调试功能；可以更改垃圾收集的策略(如使之不起作用或使之支持实时性能等)；也可在类装载器中插入额外的安全检查等。

从上面的例子中，可以看到反射是如何在运行期检查和调整系统的。通过检查可以观察到系统的当前状态(如确定当前配置的垃圾收集策略等)；而调整可以在运行期改动系统的行为以更好地适应系统当前的执行环境(如：系统是否正在调试，或运行在实时环境，或要求安全的环境等)。

因果相联的自表示，在两个处理“层”之间创建了连接(反射连接)——“基”层，是给定系统的传统计算领域；“元”层，它的计算领域就是系统自身。显然，反射是达到开放实现的一种途径，不过反射最初是独立地发展起来的。

10.1.2 动因

反射语言或系统的主要目的是提供一种有针对性的、有控制的方式以访问下层实现。这用于检查(inspection)和调整(adaptation)。

1. 检查

反射可以用来检查一种语言或一个系统的内部行为。通过暴露其下层实现，可以很直接地插入模块来监视系统实现，例如可以用来提供具有更好移植性的调试工具(即调试器利用统一的元界面来访问实现细节)。这种方式也可用来实现其他功能，如性能监视器、QoS监视器和记账系统等。

2. 调整

反射也可用来改变语言或系统的内部行为，既可以改动一个已存在特性的解释(通过修改或替代)，也可以增添新的特性。前者的例子包括：替换消息传输的方式以在无线连接的情况下实现性能优化、若资源不足会降低视频传输的服务质量等。后者的例子包括：在一个运行系统中引入新的分布透明性(如并发、失败透明等)、插入一个过滤对象以减少通信流的带宽要求等。

10.1.3 特性

采用反射技术，反射系统的设计和应用程序的开发都得益于反射的基本特性：透明性、关注分离、可见性、反射粒度等。

1. 透明性(Transparency)

透明性是指反射系统在逻辑上可以看做是一种多层结构(反射塔)，每一层的实体相对其上层的实体而言是独立的。这样就可以透明地对低层进行检查和调整。当将元层与基层集成时，对基层代码的改动程度可以衡量这个反射系统的透明度。

2. 关注分离(Seperation of Concerns)

反射塔的不同层关注系统的不同方面，即基层执行系统的功能，其他层扩展(由其下分层组成的)系统的不同非功能性方面，比如：容错、并发、持久性等。这样，利用反射就可以容易地扩展一个计算系统。将系统的不同方面(功能性属性或各种非功能性属性)委派给不同的分层，就称为关注分离。

3. 可见性(Visibility)

可见性表示元计算的范围，即哪些基层实体或基层实体的哪些方面涉及到了元计算。

4．反射粒度(Reflection Granularity)

反射粒度指一个反射系统中，被不同元实体具体化的基层实体最小的方面。通常的粒度层次是：类、对象、方法、方法调用等。如果反射粒度是在方法这个层次，则同一对象的两个方法可以被两个不同的元实体具体化，从而表现出两种不同的元行为。小的反射粒度使软件系统有更好的灵活性和模块性，但元实体的数量也会激增。

使用反射也存在一些缺点。首先，反射可能会导致额外的性能开销。特别是需要额外的代码去确定系统行为的精确解释(因为这些行为会发生变化)，因此需要更好地协调灵活性和性能之间的矛盾。另外一个缺点是在允许程序员可以访问下层系统实现的同时，必须保证系统的完整性和一致性。还有，使用反射可能会影响系统的安全性，即要防止源程序对系统不经意的破坏和恶意的访问。

10.1.4 典型例子

反射是从编程语言领域发展起来的，3-Lisp 和 CLOS 是反射语言的典型例子。

1．3-Lisp 和反射塔

采用反射设计的第一个系统是 3-Lisp。在 3-Lisp 中，程序可以访问它的解释器的数据结构，由此来实现反射连接。Smith 在引入反射塔的概念的时候，是将它作为语言实现扩展性的一种结构。它将这种结构建模为无限层的解释器构成的塔，每一个解释器同时也是由其上层的解释器解释的一个程序，用户的程序运行在塔的最低层。也就是说，位于第 0 层的用户程序由一个解释器运行，而这个解释器是一个位于第 1 层的程序，这个在第 1 层的程序依次是由位于第 2 层的程序解释的等，这样就形成了解释器构成的塔。如果把一个程序考虑为位于第 n 层的一个函数，它事实上也是一个由第 n+1 层解释的数据结构。这里的关键一点在于，在这个反射结构中的给定的一个函数，不仅表现为一个函数，而且是一个可以被检查和操作从而改变其行为的数据结构。这些特性导致了一种容易扩展的语言，因为语言实现所用的结构可以被编程人员访问。

这个概念模型的无限递归，在 3-Lisp 的实现中是这样处理的：即仅在需要的时候才创建相应解释器。

2．CLOS 和元对象协议

一方面 CLOS 是基于通用函数、多重方法、方法组合等设施的面向对象的编程语言；另一方面它是一个反射语言，它提供了一些机制，可以使编程人员访问语言的实现，检查内部结构和改动对象系统的行为。通过访问语言的实现，编程人员可以调整它的组件，以适应特定的应用领域、硬件平台或建立语言级的扩展。

与 3-Lisp 的反射塔不同，CLOS 中的反射机制是元对象协议(MetaObject Protocol 或 MOP)。MOP 将对象系统实现的结构定义为元对象，用元对象来表示构造 CLOS 自身的类、对象、通用函数、方法等。因此，CLOS 的内部行为——如为一个对象的存储槽分配空间、计算类的层次关系或查询存储槽的值等——都定义为元对象上的方法调用。而 CLOS 程序可以检查和调整元对象。

元层的表示是一种面向对象的表示，因此对元层的改动也通过面向对象的机制进行，如继承、特殊化等。可以说 MOP 是反射和面向对象编程的集成。

10.1.5 反射的分类

可以从不同的角度对反射进行分类。

根据系统的哪些方面可由元实体检查和调整，可以将反射分为结构反射(Structural Reflection)和行为反射(Behavioral Reflection)。这两类反射并不是相互排斥的，不过并不是所有的编程语言都有必需的特性，而能以简单的方式支持这两种类型的反射。需要指出的是，这种分类是针对反射的编程语言而言的。

1. 结构反射

结构反射可以定义为语言的这样一种性能：对正在执行的程序和它的抽象数据类型进行了完全的具体化。

结构反射允许检查和调整计算系统的代码。最初的功能性语言(如 lisp)和逻辑语言(如 prolog)都有一些声明语句去改动程序的表达，这主要基于这些语言的解释特性，解释型语言较容易引入结构反射。但大部分面向对象的语言(如 C++)是编译型的，在运行时没有代码的表示。只有纯面向对象的语言(如 SmallTalk、Java)，它们在运行时有代码的表示(即 class)，正是这些表示可用于实现结构反射。结构反射在非纯面向对象语言中是通过以下方式实现的，但都有一定的局限性：如在编译时 OpenC++，或在运行时引入代表(具体化)程序代码的数据结构。前一种方式中所有的结构反射都是静态的，后一种方式的局限性取决于代码的哪些方面被具体化了。

2. 行为反射

行为反射是指语言提供了对其语义和对用于执行当前程序的数据的完全具体化。行为反射允许检查和调整一个系统运行时的行为。通常对编程人员屏蔽的方面被开放出来，比如：代表方法分派机制的数据结构、对象存储的方法等。

行为反射不同于结构反射之处在于，通过执行程序可以改变下层系统的某些方面。而结构反射只能增加或改动代码段，而不能改动执行引擎、提供行为反射语言等。

根据系统自表示的不同特性，可以将反射分为过程性反射(procedural reflection)和说明性反射(declarative reflection)。

3. 过程性反射

在过程性反射中，系统的自表示是由实现系统的程序给出的。这样，自表示与系统之间的一致性自动地得到保证，因为自表示实际上就是用来实现系统的，因果相联不再是问题。换句话说，这个表示既用于实现系统，又用于推理系统。

4．说明性反射

另一种自表示仅包括有关系统的说明，而不是系统的实现。这些说明，比如陈述了系统计算必须满足的时间和空间要求。这种自表示不再是系统的过程性表示，而是系统的状态和行为必须满足的一组约束的集合。

说明性反射比过程性反射更抽象，它关心的是系统的实现达到的目标，而不是如何达到的。不足之处在于因果相联的要求较难实现。

10.2　面向对象的反射

大多数反射语言和系统的研究都采用了面向对象的计算模型。Kiczale 等指出，在反射和面向对象的计算之间，有一种重要的协同性："反射技术使开放一种语言或一个系统的实现成为可能，但不应暴露不必要的实现细节或影响可移植性；而面向对象技术允许语言或系统实现的模型能被局部和渐进性地调整"。而且，鉴于面向对象的概念在分布式系统中，特别是中间件中的重要性，本节集中讨论面向对象的语言和系统的反射问题，称之为面向对象的反射。

另外，反射的应用领域，也从最初的编程语言拓展到操作系统、窗口系统、分布式系统等领域。这些系统中采用的反射机制与前述的 3-Lisp 和 CLOS 不同，但都保留了反射的本质要素——显式的自表示。下面从一般的(而不是特定于编程语言)角度，进一步描述反射和相关问题。

10.2.1　面向对象系统中的反射技术

对象本身也可用其他对象来表现，后者又称为元对象(meta-object)。元对象的计算(又称为元计算，meta-computation)用于观测和修改它们的指示物(referents，即所代表的对象)。元计算常常是首先捕获(trap)它们的指示物，然后由元对象执行正常的计算。换句话说，指示物的行为被元对象所捕获，后者执行元计算，要么替换，要么封装指示物的行为。当然，元对象自身也可由其他对象来表现，即它们是二重元对象(meta-meta-object)的指示物。以此类推，这样一个反射系统可以是一种多层结构，组成了一个反射塔(reflective tower)。在基层的对象称为基对象(base-objects)，它们对应用领域中的实体进行计算；其他层，即元层(meta-level)的对象，对其相邻低层(指示物层)的对象执行计算。

基对象与元对象之间不一定是一一对应的关联：几个元对象可以共享同一个指示物，单个元对象也可有几个指示物。反射塔的相邻层之间的界面通常称为元对象协议(meta-object protocol 或 MOP)。值得注意的是，MOP 有时含义更广，可以泛指一个面向对象的反射系统的组织结构、机制等。可以说，MOP 是反射技术中的一个比较模糊、通用的概念。

每一次反射计算可以被分为两个逻辑部分：计算流上下文切换和元行为。计算从基层的计算流开始，当基层实体执行某个行为时，该行为被元实体捕获，同时计算流上升到元层(称之为换上操作(shift-up action))，然后元实体执行它的元计算，当它允许基层实体执行时，计算流又返回到基层(称之为换下操作(shift-down action))。

在所有反射模型中，一个基本概念就是具体化(reification)。为了对相邻低层的计算执行计算，每一层维护一组支持这个计算的数据结构，即前述的因果相联的自表示，而创建这种自表示的过程就称为具体化。具体化就是将原本隐式的方面显式化。当然，相邻低层的哪些方面被具体化，取决于反射模型(如：结构、状态和行为、通信等)。在任一种情况下，包含自表示的数据结构与系统被具体化的那些方面是因果相联的。在相邻层之间保持这种因果相联关系是反射基础设施(reflective infrastructure)的责任，而元对象的设计者和编程人员不必知道如何实现因果相联关系等细节。

反射模型的一个关键特色就是透明性(transparency)。在反射这个上下文中，透明是指位于任一层的对象完全不知晓其上层对象的存在或工作情况。换句话说，每个元层被加到其指示物层上，而无需改动指示物层本身。即反射系统在元层及其指示物层之间执行因果相联，是以对元层编程人员和指示物层编程人员都透明的方式实现的，称之为反射透明性(reflection transparency)。

值得注意的是，前一章开放实现中讨论的基界面和相应基程序、元界面和相应元程序，与反射技术中的反射塔的基层和基对象(基实体)、元层和元对象(元实体)等概念容易混淆，因此在这里做进一步的说明。

基界面和元界面，讨论的是采用开放实现的模块应该提供给用户的两种界面。基界面反映的是模块的功能，而元界面用于检查和调整模块的内部实现。这个模块的概念可大可小，既可以是编程语言、操作系统、中间件系统等，也可以是程序中一个小的编程模块。在这些模块之上的应用程序也相应分为两部分：调用模块基界面的部分称为基程序，而调用元界面的部分为元程序。

反射塔及相关术语基层、基对象、元层、元对象、元计算等，主要用于描述反射计算。在基层的基对象，对应用领域中的实体进行计算；在元层的元对象，对基层的对象执行计算。基界面和元界面，与这些概念的关系是这样的：通过系统的基界面，应用程序可以构造基对象，使它们协同工作，以解决应用领域中的问题；通过系统的元界面，应用程序可以检查和改动元层的元对象，调整系统的实现，以满足应用的特定要求。

可以看出，元界面并非指元对象的界面。比如，一个元对象本身采用了开放实现的思想，那么它提供给客户既有基界面，也用元界面。

10.2.2 反射模型

反射模型分为三类，它们分别是：元类模型(meta-class model)、元对象模型(meta-object model)和元通信模型(meta-communication model)。这主要是根据元实体与基层实体的关系来区分的。

1. 元类模型

类描述了它的实例(对象)的结构和行为。在元类模型中，反射塔是通过实例化关系实现的。具体化基层实体的元对象是它的类，而具体化元对象的二重元对象是它的元类(meta-class，也即元对象的类)，如图 10-1 所示。类很适于控制和改动结构信息，因为它本来就包含这些信息。这种模型的问题在于很难单独指定某一个实体的元行为，因为同一个类的所有实体有同一个元对象，所以所有实体共享同样的元行为。

2. 元对象模型

这种模型中的元对象，是一个特殊类 MetaObject 或其子类的实例，如图 10-2 所示。反射塔是由调用关系实现的。每个元对象截取(换上操作)送往其指示物的消息，对这些消息执行元计算，然后才将它们交付(换下操作)给指示物。

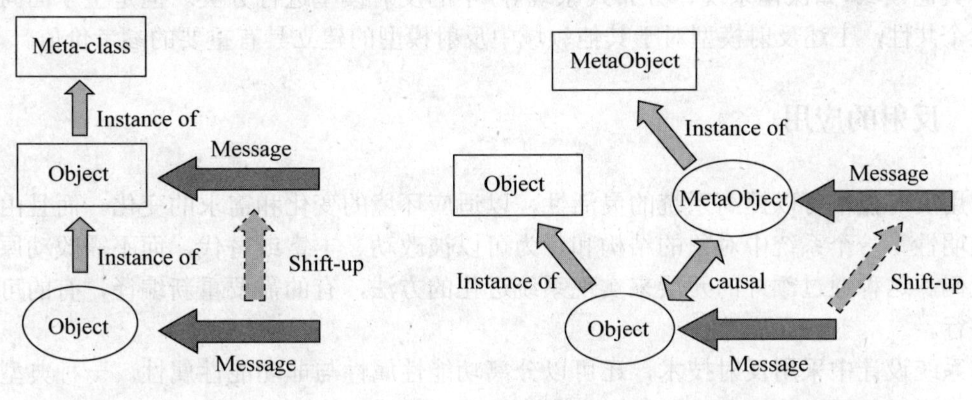

图 10-1　元类模型　　　　图 10-2　元对象模型

原则上，每个元对象可与多个指示物相关联，每个指示物也可有多个元对象。但是考虑到效率，在大多数实现中，元对象与对象是一一对应的。通常元对象作为基对象的一个实例变量而与对象相关联。

通过开发元对象的新的类，就可以定义新的元行为，这样就可以针对每个对象定制其元行为。元对象模型是应用最广泛的模型，其应用不仅仅局限于编程语言，还涉及操作系统(如 ApertOS)、分布式系统(如 CodA)等。

3. 元通信模型

在这个模型中，元实体是一种特殊的对象，称为消息(messages)，它们具体化了基层实体应该执行的操作，如图 10-3 所示。消息的类定义了消息执行的元行为，不同的消息可以

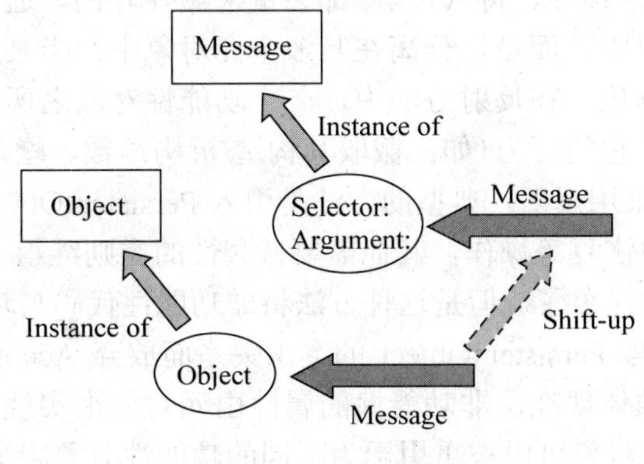

图 10-3　元通信模型

有不同的类。每个方法调用，被具体化为一个对象，即消息，消息按照所需元计算的类型管理自身(如：分派等)，当元计算结束时，这个消息也被破坏。

通过指定每个方法的不同类型，可以定义对象执行方法调用的不同元行为。每个方法调用创建一个消息，调用完成后消息也被破坏，因此消息的生命周期包含在创建它的方法调用中，也就不可能在元计算之间保持信息。这种模型中的反射塔只包含两层：基层和元层。

值得注意的是，上述模型是针对面向对象编程语言中的反射而提出来的，尚未见到有文献对其他领域(如操作系统、分布式系统等)中的反射模型进行分类。但是鉴于面向对象概念这个共性，上述反射模型对于其他领域中反射模型的建立具有重要的参考价值。

10.2.3 反射的应用

运用反射技术可以提高系统的灵活性，以适应环境的变化和需求的变化。而且由于上述的透明性，一个系统中对象的结构和行为可以被改动、丰富或替代，而不需改动原来的系统代码。这种通过额外的元层来实现系统进化的方法，有的需要重新编译，有的可以动态地进行。

在系统设计中采用反射技术，还可以分离功能性属性与非功能性属性。一种典型的方式是，基层对象用来满足应用程序的功能性要求，而元层对象用于保证非功能性属性(如：容错、持久性、分布性等)。参照对系统的这种划分，有时把基层对象称为功能性对象(functional objects)，把元层对象称为非功能性对象(non-functional objects)。功能性对象对现实世界的实体进行建模(如 Accout 代表银行账号)，非功能性对象对功能性对象的属性进行建模(为反映这个情况，非功能性类常用与这些属性相对应的名字，如 Fault Tolerant Meta Object)。

这种方法的优点在于：首先关注分离(seperation of concerns)增强了系统的可修改性。根据系统要修改部分涉及的是功能性属性还是非功能性属性，可以只改动功能性对象或只改动非功能性属性。比如：一个账号的数据信息改变了，(功能性的)类 Accout 就需要改动；而如果需要更好的容错性，则改动(非功能性的)类 Fault Tolerant Meta Object。

而且，这种方法还从两个方面提高了可重用性。一是同样的功能性对象(如一个 Accout 对象)，既可通过与一些元对象相关联而具备某些额外属性，也可独立使用。一个对象的任何额外属性(如：容错、迁移性、持久性等)都会带来额外开销。通过反射技术，这些特性并不是包含在该对象代码中，而是被分离在其多个元对象中；当某个额外属性不需要时，相应的元对象就不必实例化。在反射方法中，一个功能性对象之所以具有持久性，是因为一个元对象透明地修改了它的行为(如：截取其构造/析构函数、增加从文件中恢复/存储到文件中等行为)。如果不采用反射，典型的方法是引入 PersistentObject 类，该类提供了将对象存入文件、再从文件中恢复等操作，其他需要持久性的类则继承 PersistentObject 类，那么它的实例就是持久性的对象了。但是这种方法将非功能性代码与功能性代码交织在一起，比如相反操作(通过取消与 PersistentObject 的继承关系而放弃 Account 的持久性)就较难实现。另一种形式的重用性体现在：非功能性的属性由元对象来实现，且独立于运用它们的功能性对象。即同样的元对象可以被重用于为不同的功能性对象附加同样的非功能性属性，通过反射方式提供了容错、持久性、原子性和认证等。

10.3　反射中间件

10.3.1　背景和概念

当前的中间件，无论 CORBA、DCOM 还是 Java RMI，基本上都采用了黑箱抽象的原则，缺少必要的灵活性和适应性。而中间件处理的是复杂的分布式应用问题，因而常常面对变化的运行环境和不同的用户需求。中间件已被运用到多种多样的应用环境中，如多媒体、实时、嵌入式系统、手持设备、甚至移动网络环境。

当一个便携式计算机从局域网环境移动到无线环境，可用带宽或传输出错率肯定会发生明显变化。理想上希望中间件能切换到一种节约带宽的机制，如对调用消息进行压缩。但大多数中间件不支持这种适应性，而应用受限于只能使用中间件提供的机制。

分布式环境中的不同应用常常有不同的服务质量要求(如性能、安全、可靠性、负载平衡等)，但中间件对此要么支持得很少，要么将各种属性交织在一起。比如 CORBA 的对象服务，每个对象服务都为核心 ORB 拓展了额外的属性，但是无论这些服务使用与否，ORB 必须包含对所有服务的数据结构和协议的支持。这样使 ORB 的实现低效，用户不得不涉及一些事实上不需要的属性。

由于缺乏中间件的支持，应用程序往往不得不自己实现这种适应性。这样，要么被忽略，要么其实现与应用程序紧密结合，不能在其他应用中重用。

支持如此多样的应用领域的关键是可配置性(Configurability)。这就意味着必须打破这样一种传统观点：中间件是有一套固定的 ORB 服务的、不可改动的黑箱。需要中间件的实现更灵活、更开放。CORBA 规范中新定义的 POA 和 Interceptor 等都在设计中引入了一定的开放性。一些 ORB 提供商也感到有必要选择性地开放下层实现的某些方面，以使客户进行一定程度的定制。IONA 的 Orbix 提供了“filters”，用于在请求分派路径中插入某个功能，“smart proxies”可在客户方缓存对象状态，Borland 的 Visibroker 也提供类似功能但不同名字的机制：interceptor 和 smart stubs。

为了系统地运用开放实现思想和反射技术，人们开始着手反射中间件的研究和设计。所谓反射中间件，简单地说，是指通过适当的因果相联的自表示，而能够检查和调整其行为的中间件系统。

在中间件设计中运用反射技术，至少可以获得如下好处。

1．检查系统的结构、状态和行为

例如，CORBA 的界面仓库和动态调用界面，可以使客户程序在运行时得知服务组件的类型，而动态地构造调用请求，以调用这些服务组件的操作。

2．灵活性和适应性

反射使系统更能适应新的环境，并更好地对付各种变化。这种变化往往发生在当基于中间件的应用程序被部署到动态环境，如多媒体、组通信、实时和移动计算等环境时。

3．关注分离

在系统设计中采用反射技术，可以分离功能性属性和非功能性属性。如前所述，典型的方式是，基层对象用来满足应用程序的功能性要求，而元层对象用于保证非功能性属性。这种方法的优点在于：首先关注分离增强了系统的可修改性。根据系统要修改部分涉及的是功能性属性还是哪种非功能性属性，可以只改动对应的分层。而且，关注分离还从两个方面提高了可重用性：一是同样的基层对象，既可以通过与一些元实体相关联而具备某些额外属性，也可独立使用；另一种形式的重用性体现在，同样的元实体可以被重用于为不同的基层实体，附加同样的非功能性属性。

许多相关研究工作正在进行之中。

10.3.2 相关工作

1．dynamicTAO

Illinois 大学的研究人员最早开始这方面的研究，他们开发的 dynamicTAO 是 CORBA 兼容的反射 ORB，支持运行期的重配置。dynamicTAO 对其内部结构进行具体化，维持了 ORB 内部组件及它们之间动态交互的显式自表示。

DynamicTAO 中的具体化是通过一组被称为组件配置器(Configurator)的实体来实现的。一个组件配置器维护了某个组件与系统中其他组件间的依赖关系。每个运行 dynamicTAO ORB 的进程包含一个被称为 DomainConfigurator 的组件配置器的实例，它负责维护在这个进程中运行的 ORB 实例和侍服程序(Servants)的引用。而且每个 ORB 实例包含一个定制的组件配置器——TAOConfigurator。TAOConfigurator 包含许多接口，这些接口可以看做 ORB 所使用的具体策略实现的安装点。这些策略包括：并发策略、调度策略、安全策略、连接管理策略等。图 10-4 展示了只包含一个 ORB 实例的进程的具体化机制。如有必要，单个策略可以利用组件配置器记录它与 ORB 实例和其他策略之间的依赖关系；这些配置器也可以存储依赖于某些策略的客户请求的引用。通过这些信息，就有可能在对策略进行重配置时，保证系统的一致性。

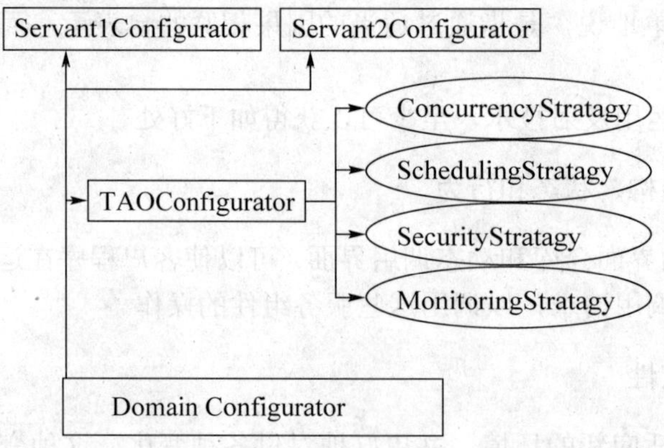

图 10-4 dynamicTAO 的具体化机制

2．OpenORB

Lancaster 大学的研究者正在为构造开放的多媒体平台而开发通用的反射结构(OpenORB 等项目)。

中间件平台的基层被看做它所提供的一组服务。这些服务包括：对象之间的交互通信及所涉及的活动(消息的编码、分派、优先权机制、资源分配等)、支持性的服务(名字的解析和定位、界面引用的管理、分布式对象生命周期的管理等)以及其他通用的服务(如：安全、事务处理、容错、交易服务等)。这些服务通常以对象的形式建模和实现，而平台维护了这些对象的配置。

元层包含了具体化这些服务配置的编程结构，并允许反射计算。OpenORB 中的元层被细化为四个独立的元模型，即 Encapsulation、Composition、Environment 和 Resource 元模型。每一个元模型代表了平台的不同方面，并可以进行递归细化，如图 10-5 所示。

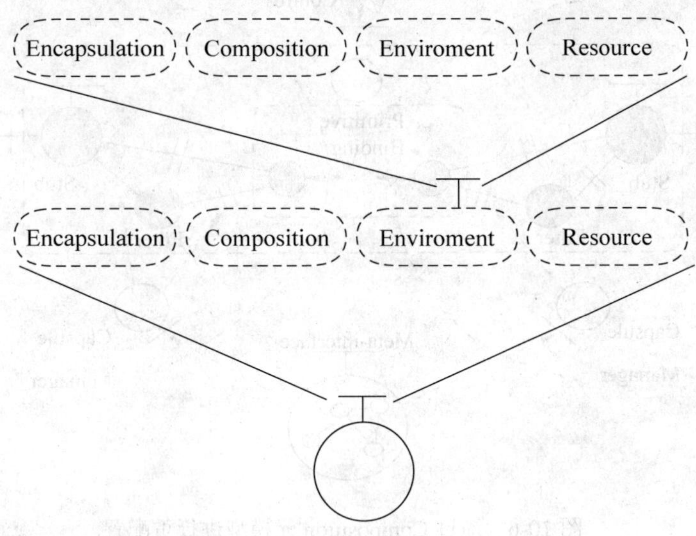

图 10-5　OpenORB 的元空间的结构

Encapsulation 元模型提供了对具体界面的关键特性的访问，比如这个界面包括哪些方法、界面的继承结构及其他特性。通过 Encapsulation 的 MOP 甚至可以增添或删除界面的某些元素(如方法、属性等)。

Composition 元模型提供了对复杂对象的组件配置的访问。复杂对象的内部结构被表示为对象图的形式，结点代表了组成对象，边表示这些组成对象之间的绑定。而且图中的一些对象可以是(分布式)绑定对象，从而允许创建分布的配置。Composition 的 MOP 提供了查看和操作对象图的结构的设施，并允许访问单个组件及插入和删除组件。这个元模型的重要之处在于具体化了中间件平台的配置，并可以动态地调整(如增加新的服务)。

Enviroment 元模型代表了平台中对象的执行环境，在分布式环境中，元模型包含消息到达、排队、分派、优先权机制等函数，以及发生方的相应函数。通过 Environment 的 MOP，可以对环境中已有机制的参数进行配置，如存放到达消息的队列的大小和优先权等；也允许添加额外的透明性，或控制这些机制的具体实现。Environment 的一个关键特色是其本身可以是一个复合对象，因此可以递归地利用 Composition 元模型检测和调整它的结构。比如，在其对象图中的某一点上插入一个 QoS 监视器。

Resource 元模型涉及资源的管理，提供了与操作系统无关的资源抽象，如线程、缓冲区等，并将这些高层抽象映射到低层实现上。通过 Resource 的 MOP，可以检查、添加或删除与某个操作关联的资源；对处理资源(线程)的调度参数进行重配置等。

以下用实例展示 OpenORB 如何利用不同的元模型去动态地调整平台所提供的服务。

图 10-6 展示了一个两层的绑定对象，它为分布式应用对象之间提供了简单的连接服务。在运行期，如果监控设施检测到带宽下降，则要求对绑定对象进行重配置，以满足协商的 QoS。为此，可以在绑定的两端分别插入压缩和解压的滤波器，以减少数据流量。如图 10-6 所示，Composition 元对象维护了绑定配置的表示(对象图)，Composition 的 MOP 提供了调整这个表示的操作，操作的结果将反射到绑定对象的组件的实际配置中。

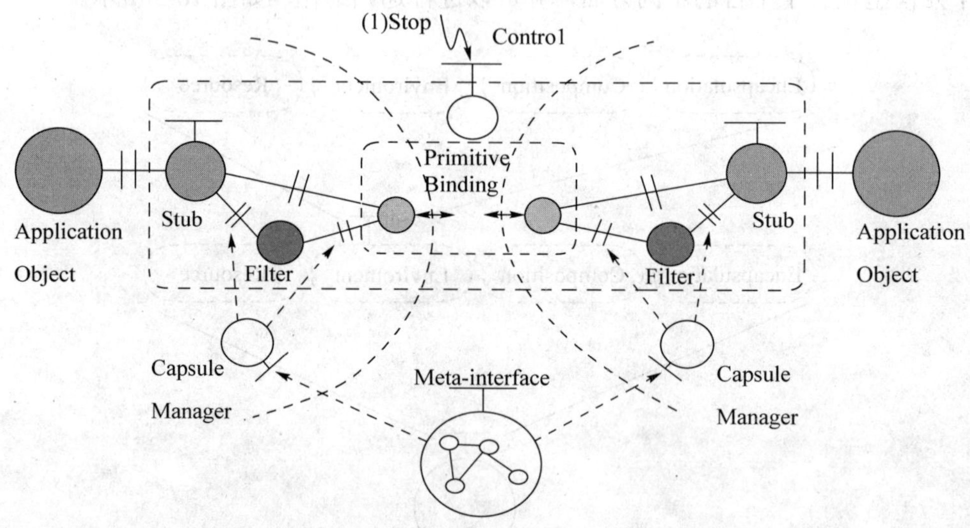

图 10-6 通过 Composition 元模型进行重配置

另一个例子是，考虑在两个流界面之间传输音频的绑定对象。为了对更好地控制音频数据流的抖动，连接到接收端的绑定对象按照 Environment 元模型进行具体化。这样，利用 Environment 元对象可以引入一个队列和分派机制，以缓冲音频帧并在恰当的时间交付给接收端，从而满足应用对抖动的要求。而且，通过 Environment 的 MOP 的还可以动态地改变队列的长度和分派算法。

3. 其他

FlexiNet 是 ANSA 项目中的一个部分，主要用来展示面向构件的概念可有效地构造可重配置和可扩展的中间件平台。FlexiNet 是一个基于 Java 的系统，提供了一个通用的绑定框架和组装到这个框架中的一组构件。通过适当选择组装到框架中的构件，可获得不同性能的中间件设施，支持移动对象、持久对象、安全的对象和事务性的对象等。它在协议栈的设计中采用了反射的思想，各协议层是相对独立的构件，可以方便地构成采用不同协议的通信设施。

法国 Ecole des Mines de Nante 的 OpenCorba 是一个反射的 CORBA ORB，它主要利用反射语言 NeoClasstalk 的 MOP。NeoClasstask 采用了元类模型，它的 metaclass 定义了关于对象创建、封装 、继承规则、消息处理等属性。OpenCorba 利用语言的反射机制具体化 ORB 的内部属性，并可改动和调整运行行为，如远程调用、IDL 类型检查、IR 错误处理等。

10.4　中间件支持的服务定制

10.4.1　中间件中的反射层

典型的中间件系统中 Stub 和 Skeleton 通常由 IDL 编译器生成，下层的通信基础设施由中间件提供。Stub 具有与服务器同样的界面，远程调用由客户调用 Stub 开始，Stub 将调用的方法名、参数等编码成适合网络传输的字节流的形式，再通过中间件通信基础设施传送到远程的服务器结点。Skeleton 对调用请求消息进行解码，得到被调用的方法名和参数，再调用服务器的相应方法。调用返回后，Skeleton 对结果进行编码，同样，中间件通信基础设施传回可互访，Stub 对调用响应消息进行解码，得到调用结果，并返回给客户。这种通信结构可以有效地在客户和服务器之间传递功能性的调用请求，但没有直接提供支持分布式应用非功能性方面的方法，除非修改应用程序或中间件。

而 RECOM 的基于反射技术的分层协议栈中，可以很方便地插入与应用程序独立的反射层，以支持分布式应用的非功能性属性，如图 10-7 所示。

RECOM 的 Stub 实现了与服务器相同的界面，并将具体界面相关的调用转化为通用的形式(一个 Invocation 类的实例)。与一般的中间件不同的是，它没有编码/解码的功能，编码/解码的功能是由独立的一层——SerialLayer 来完成。这样，在 Stub 和 SerialLayer 之间可以插入多个具有统一界面(CallDown)的反射层。同样在服务器方，ServerCallLayer 负责调用服务器的相应方法，而编码/解码功能由 SerialLayer 完成，在 SerialLayer 和 ServerCallLayer 之间也可以插入多个具有统一界面(CallUp)的反射层。反射层可以独立编码，应用于不同的分布式应用程序。做到反射层截取、检查调用请求，进而执行相关的辅助操作或修改调用请求，以满足分布式应用的一些非功能性要求。

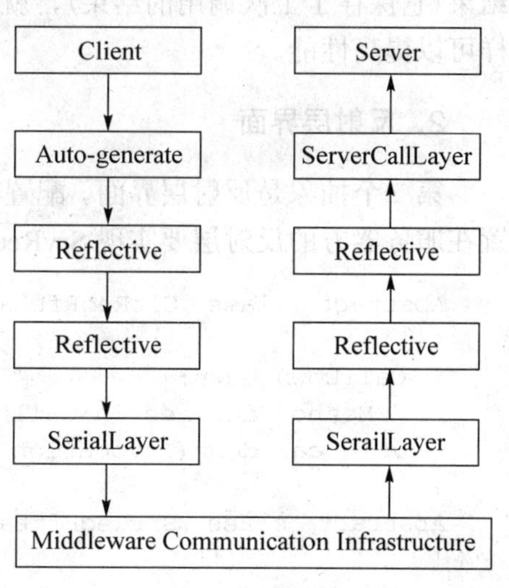

图 10-7　基于 RECOM 的分布式应用

10.4.2　反射层的编程模型

前两章的内容已经覆盖了反射层的编程模型，在这里进一步进行归纳，以方便编写和配置反射层。反射层的编程模型，包括 Invocation 类、反射层界面和配置界面等三种抽象。

1．Invocation 类

第一个抽象是Invocation类，它代表由客户发出的远程调用，包含了调用请求在不同阶段的信息：如目标对象、被调用方法、参数和(调用后的)返回值或异常等。另外，为了方便客户方的反射层与服务方的反射层之间交换额外的数据，它还维护了一个数据栈。

```
public final Class Invocation
{
   Invocation( );
   Invocation(WrappedMethod method, Object target, Object arg[] );
   Object  getTarget ();
   void    setTarget ( Object  target );
   ...
   void invoke() throws BadCallException
   void invoke(Object target) throws BadCallException
   void   push( Class cls, Object obj );
   Object   pop( Class cls );
}
```

客户方的Stub是根据服务器的界面定义自动生成的，在运行时为每次调用实例化一个Invocation对象，然后传递给下一层。在服务器方，SerialLayer对请求消息包中的信息解码，恢复这个Invocation对象，然后交给上一层。反射层通过Invocation对象，检查、改动或传递应用程序的调用。例如：Invocation对象中的返回值，一般由ServerCallLayer调用实际服务对象，得到返回值后再用setReturnValue方法设置。而某些反射层，可能已经知道了调用结果(它保存了上次调用的结果)，就可以直接使用setReturnValue，并将控制返回客户，这样可以提高性能。

2．反射层界面

第二个抽象是反射层界面。配置在客户方的反射层必须实现界面CltReqRftLayer，而配置在服务器方的反射层要实现SrvReqRftLayer界面。

```
Abstract  class  CltReqRftLayer  implements  CallDown
{
   CallDown down;
   //Method defined in CallDown interface.
   void calldown(Invocation i ) throws BadCallException
}
Abstract  class  SrvReqRftLayer  implements  CallUp
{
    CallUp  up;
    //Method defined in CallUp interface.
    void callup(Invocation i) throws BadCallException
}
```

每次客户调用服务器方法时，客户方反射层的callDown方法就被调用。callDown方法接收到Invocation对象，可以检查其中的服务对象、被调用的方法和参数。在将调用请求传递给下层之前，它可进行一些辅助性的操作或改动 Invocation 对象。然后，它要执行

i.invoke(down)，以把调用请求交给下一层。该操作返回后，反射层就假定服务器已被调用。i.invoke(down)可能返回某种异常，这表示调用链上某一层失败。反射层可以捕获这种异常，要么自己进行处理，要么简单地重新抛出。服务器方反射层的工作原理与客户方相似，在工作时它的 callUp 方法被调用，将调用请求向上传递的操作是 i.invoke(up)。

具体编写的反射层，可能还要提供一些初始化方法，以便在运用的时候输入特定交互相关的信息。

3．配置界面

第三个抽象是配置界面。通过配置界面用户可以将反射层插入调用链，或从中删除。这是通过显式绑定协议来实现的，过程如下：

- 客户通过显式绑定协议获得服务对象、SBM 和 CBM 的引用。
- 通过 SBM 配置服务器方的反射层。
- 通过 CBM 配置客户方的反射层。
- 客户通过服务对象的引用调用服务。

4．编程模型的特点

通过运用反射层的编程模型，可以满足分布式应用的一些非功能性要求。为此，反射层编程模型具有这样一些特点：

- 可以捕获异常和抛出异常。因为反射层是显式地调用调用链中的下一层，所以它可以捕获中间件、其他反射层或服务对象的异常；它可以自己对这些异常进行处理，也可重新抛出；它自己也可能产生新的异常。
- 可以检查并改动调用请求信息。反射层截取每个调用请求，检查其中的信息，再进行一些辅助性的操作，然后可以重新设置这些信息，如参数、甚至服务对象等。
- 可以加入和提取额外的信息。Invocation 类维护了一个数据栈，反射层可以向其中写入和读取与方法调用不直接相关的数据，这样可以方便反射层之间交换额外的信息。
- 可以对调用请求进行本地处理。由于对调用链中的下一层的调用是显式进行的，因此反射层也可以完全不调用下一层，而是对调用请求做本地处理后直接返回。
- 可以访问其他中间件服务。只要反射层获得其他中间件服务的引用(如在初始化时赋予)，在运行时就可以访问这个服务。

5．两种反射层

前面介绍的编程模型是针对反射层配置在 SerialLayer 之上的情况，称之为请求级反射层。RECOM 的分层协议栈和显式绑定协议为在其他位置配置反射层提供了可能，典型的是在 RPC 层与传输层之间，如图 10-8 所示，这种反射层称之为消息级反射层，因为这时候反射层截取的是已被编码成字节流形式的调用请求。消息级反射层的编程模型与请求级反射层的在原理上类似，但细节不同，如消息级反射层需要实现 MessageDown 界面(客户方)和 MessageUp 界面(服务器方)。消息级反射层可用于对请求消息包进行加密/解密、压缩/解压等。

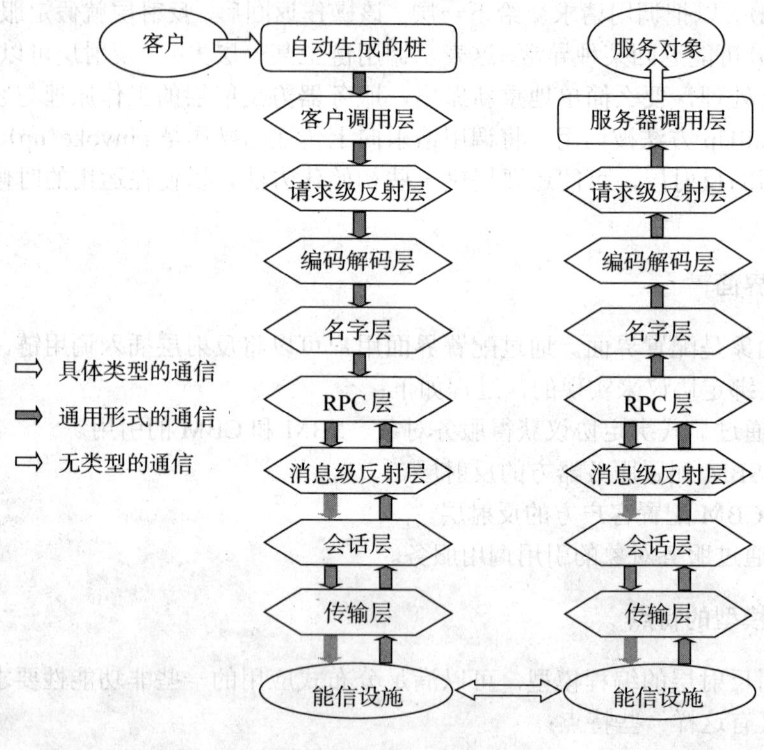

图 10-8 两种反射层

10.4.3 利用反射层实现服务定制

利用反射层的编程模型，可以对特定的客户与服务器交互的协议栈进行配置，以满足 QoS 要求。下面列举了两个例子，这里并不是给出完整的解决方案，只是例证了方法的可行性。

1. 利用反射层实现高可用性

系统中硬件或软件组件的失败是不可避免的，作为高可用性(high availability)的系统，应该尽可能地对客户屏蔽这种失败。为了能够达到此目的，系统应能探测到失败的发生、发现其他可替用的服务器、利用新的服务器继续操作。下面是实现此功能的客户方反射层的伪代码：

```
public class RecoverRftLayer extends CltReqRftLayer
{
  public void init(String srvdsc, Object trader);
  {
    Record the initialization information for later use;
  }
    public void calldown(Invocation i ) throws BadCallException
  {
    for (i = 0;  i < max_retry;  i++) {
```

```
    try {
        i.invoke(down);
        return;
    }catch (FailedServiceException  e){
        Use the information given when initialized
        to query for a replacement service;
        if (query returns a new service){
            Rebind to the new serviec;
        }else{
            throw  new  FailedServiceException();
        }
    }
  }
  throw  new  FailedServiceException();
 }
}
```

用户在初始化 RecoverRefLayer 反射层的时候，可以告知它服务的描述信息以及交易器的引用，在运行时，反射层可以利用这些信息查寻可替用的服务器。反射层的工作过程如下：代码中首先设置一个循环以限定失败后的尝试次数，因为有时可能找不到可替用的服务；如果对服务器的调用出现异常，就捕获这个异常，进而查找是否有其他可替用的服务器；如果有，就调用这个新的服务器，否则重新抛出异常；如果尝试 max_retry 次仍未调用成功，则向上层报告异常，表明这是不可恢复的失败。

2．利用反射层实现接纳控制

接纳控制(admission control)在计算机网络中用于限制网络拥堵。接纳控制可以限制某些数据包进入网络，而不影响其他数据包，因而不会降低其他用户的性能。在分布式应用中，可以采用类似方法限制某些客户对服务器的访问，从而提高对其他客户的 QoS。接纳机制的实现需要服务器方反射层与客户方的反射层配合工作。下面是服务方反射层的伪代码：

```
public class SrvAdmitCtlLayer extends SrvReqRftLayer
{
  public void callUp(Invocation i ) throws BadCallException
  {
    int  group_id =  (int) i.pop(Integer);
    compute new request rate for client's group;
    if (request rate < allowed request rate){
      return  i.invoke(up);
    }else{
      throw  new  ReqRejectedException;
    }
  }
  ...
}
```

服务器按组将客户归类，每个组都有一个编号，客户方的反射层(见下面)预先将该客户的组编号压入调用请求的数据栈。用户在初始化 SrvAdmitCtlLayer 时，输入组编号的列表及各组被允许的请求率。服务方反射层的工作过程如下：首先从调用请求的数据栈中弹出该客户所属组的编号，进而计算该组当前的请求率；如果该组当前的请求率小于允许的请求率，就继续执行调用；否则，抛出 ReqRejectedException 异常。客户方的反射层捕获到这个异常之后，可以延迟请求，客户方反射层的伪代码如下：

```
public class CltAdmitCtlLayer extends CltReqRftLayer
{
   public void calldown(Invocation i ) throws BadCallException
   {
      i.push(Integer, group_id);
      for( time = 0, time < max_delay, )
      {
         try{
            i.invoke(down);
            return;
         } catch(ReqRejectedException  e){
            compute the new delay time;
            wait(delay_time);
            time = time + delay_time;
         }
      }
      throw  new  ReqRejectedException();
   }
   ...
}
```

在初始化客户方反射层的时候，输入客户所属组的编号及允许的最大延迟时间。客户方反射层首先将组编号压入调用请求的数据栈。然后设置一个循环，如果超过允许的最大延迟，则向前一层抛出 ReqRejectedException 异常(不能无限期地延迟)。发出调用请求，如果出现 ReqRejectedException 异常，则计算新的延迟时间(这个时间应该是递增的)，然后等待这段时间后再尝试。

从以上例子中可以看出，利用反射层可以为具体的分布式应用定制特定的 QoS。而且值得注意的是，一个协议栈允许配置多个反射层(无论是客户方，还是服务器方)，比如同时使用提高可用性和实现接纳控制的反射层。

10.4.4 相关工作

有多种方式来改动或定制应用程序的行为，与反射层技术类似的是各种截取应用程序和低层服务(如中间件)之间交互的技术。典型地，这涉及到修改磁盘上或内存中的应用程序的可执行内容，使调用被发送到新插入的代码，而不是原来的入口地址。这种方法常用于调试、监控等。现在，一些中间件也有了截取的概念，并开放给用户。这些中间件采用的基本方法是回调(callback)和容器(container)等。

1．回调

最常见的提供某种形式的截取的方法是通过“回调”。建立回调，就是通知下层系统(如中间件)当某个特定事件发生时调用一个指定的过程。对于中间件，这种事件常指接收到消息或消息的发送。

CORBA2.2 规范引入了截取器，就是采用了回调的方法。截取器允许用户监视调用请求和响应，既可用于客户方，也可用于服务器方。在每一方，都可以安置多个截取器，它们将被依次处理。规范定义了两种不同类型的截取器:请求层截取器(Request-level interceptor)和消息层截取器(Message-level interceptor)。ORB 调用请求层截取器，并传递结构化的请求信息；而当 ORB 调用消息层截取器时，传递的是经过了编码的、非结构化的消息缓存。

CORBA 的截取器与 RECOM 的反射层相比，最大的局限性在于它不能改变中间件系统中消息处理的基本控制流。图 10-9 给出了两者之间的比较。

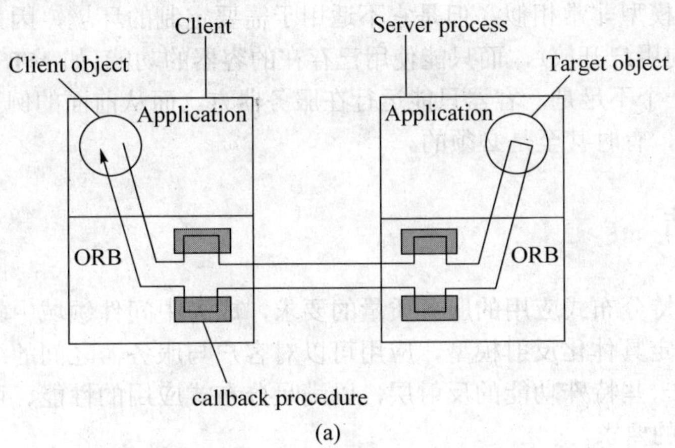

(a)

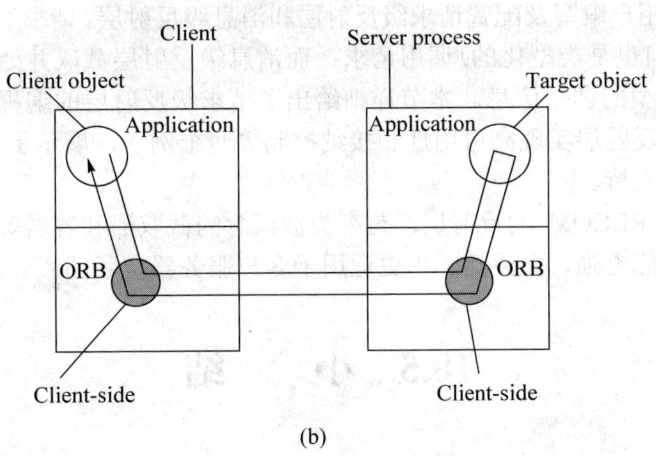

(b)

图 10-9　截取器与反射层之比较

考虑前面介绍的高可用性的例子。在这个例子中，反射层维护了一些状态数据(max_retry)、捕获异常、抛出异常或重新发出调用。各个过程很难用基于回调的截取器完成。首先状态信息可能要放在全局变量中，多个回调才能共享；不能将异常直接抛给回调，因此回调过程也就不可能捕获异常；不可能重新发出应用层的调用，因为回调返回后，中间件自己执行这些调用。

另外一点是，目前截取器的结构尚未完全确定且难以实现(关于 Portable Interceptor 的 RFP 正着眼于解决这些问题)，相比之下，反射层的设计比较简单。从以上分析可以看到，反射层的功能更强、更灵活、也更适用于客户服务器交互的 QoS 定制。

2. 容器

另一个实现截取的方法是容器。基于这种方法的常用系统是 Microsoft Transaction Server(MTS)。MTS 为服务方的 DCOM 应用程序提供了一个容器，来为这些对象生成事务处理上下文。当服务器被调用时，调用被 MTS 截取，并启动一个事务处理，然后服务器被调用，根据服务器设置的状态，这个事务处理要么执行要么放弃。同样的技术也用在 Enterprise Java Bean(EJB)中。

容器与反射层模型非常相似。但是它不适用于需要定制的环境，因为容器不允许用户增加新的定制(未向用户开放)，而只能使用已存在的容器的功能(如 MTS 和 EJB 中的事务处理功能)。另外一个不足是，容器只能运行在服务器方。而从前面的例子可以看到，客户方的截取同样有用，有时甚至是必须的。

10.4.5 本节小结

在中间件中支持分布式应用的服务质量的要求，成为中间件领域中的研究热点。由于 RECOM 采用了绑定具体化反射模型，应用可以对客户与服务器之间的绑定进行检查和调整。典型地是插入一些特殊功能的反射层，以满足分布式应用的性能、可靠性、安全、负载平衡等服务质量的要求。

RECOM 允许用户编写及配置请求级反射层和消息级反射层。请求级反射层截取并处理的是通用形式的(但也是类型化的)调用请求；而消息级反射层截取并处理的是已被编码成字节流形式的无类型的调用信息。本节详细给出了请求级反射层的编程模型及编程模型的特点，并通过利用反射层实现高可用性和接纳控制等两个例子，展示了 RECOM 对分布式应用的服务质量的支持。

本节最后还将 RECOM 的反射层，与有类似概念的截取器和容器等进行了比较。可以看出，反射层的功能更强、更灵活、也更适用于客户服务器交互的服务定制。

10.5 小　结

反射，是系统的一种推理和作用于自身的能力。反射系统，是支持因果相联的自表示的系统。通过反射，客户可以检查和调整系统的下层实现，可以从不同角度对反射进行分类(如结构反射与行为反射、过程性反射与说明性反射等)。

反射的应用已从最初的编程语言设计拓展到其他领域。不同的反射系统采用了不同的反射机制，但都保留了反射的本质要素——显式的因果相联的自表示。鉴于面向对象思想和技术的广泛运用，本章集中讨论面向对象的反射。一个反射系统的结构可以看做是一个反射塔，基层的基对象对应用领域中的实体进行计算；其他层，即元层的元对象，对其相邻低层的对象执行计算。每一次反射计算可以被分为两个逻辑部分：计算流上下文切换和元行为。在一个反射模型中，创建自表示的过程就称为具体化，也就是将原本隐藏的方面显式化。反射模型的一个关键特色是反射透明性。本章给出了反射中间件的概念：反射中间件是指通过适当的因果相联的自表示，而能够检查和调整其行为的中间件系统。本章还介绍了相关工作，如 dynamicTAO、OpenORB、FlexiNet 等。

10.6　习　题

1. 如何理解反射？
2. 传统中间件在反省方面有何缺点？
3. 简述反射中间件模型。
4. 简述如何利用反射层实现服务定制。
5. 实践 Java 等语言中的反射接口及常见的反射中间件。

第 11 章　网络即插即用中间件

知识点：

- ❖ 网络即插即用概念
- ❖ Jini 体系结构
- ❖ Jini 核心服务
- ❖ Jini 代理结构
- ❖ Jini 图形用户界面

本章概述：

Jini 系统的目标是将网络转变成一个易组织、易管理的环境，通过这个环境，用户能够找到他们感兴趣的资源并加以利用。这里的资源既包括硬件设备，也包括软件程序，或者是两者的结合。Jini 着力于使网络变成一个更富有动态性的环境，可以灵活地增加和删除服务，从而环境能更好地适应实体的动态化，所以此种中间件技术非常重要，本章重点介绍了其体系结构、服务及应用。

11.1　Jini 的系统假设

当今的时代是一个计算机快速增长的时代，处理器速度已经翻了很多倍，网络带宽每年都在快速增长，磁盘和 RAM 的存储容量也有了很大提高，在台式机上拥有 1GB 到 2GB 的 RAM 已经不再是梦想。促进所有这些进步的最积极的因素是这些部件的成本在过去的几年中一直呈螺旋式下降。

另一方面，计算机网络已经扩展到了很大的范围。随着 Internet 的出现，人们现在正和超过百万个固定结点的网络打交道。最近，配件革命也加入到网络中来，例如蜂窝电话、掌上电脑和 PDA 这样奇特的手持设备也通过无线或拨号连接成为了网络上的动态结点。但是为这种可扩展性需求而设计的系统并不是很多。今天，由于可以使用更小、更便宜的处理器、存储器和网卡，几乎所有设备都可以通过采用以下某一种部件而变得智能化，这些部件是：处理器、存储器和网卡。不用太多花费就可以把家中的任何设备连入网络，从电源开关到洗衣机、电视机、音响设备或者微波炉等。

因此当今的计算主题是普遍而且广泛存在着的动态分布式计算。目前，还没有任何技术能够处理这样的需求，而 Sun Microsystems 于 1999 年初提出的 Jini 技术正朝着这一目标努力前进。

Jini 的体系结构建立在以下环境假设基础上：

- 有一个网络，并具有合理的网络延迟。这将保证网络的延迟不会影响到Jini系统的性能，因为Jini在很大程度上依赖于Java的移动代码特性。
- 每个支持 Jini 的设备都有一定的内存和处理能力。对于没有处理能力或内存的设备，则存在一个即有处理能力又带有内存的代理(surrogate)。这是一个很强的假设条件，因为往往希望所有网络成员都拥有所需的最少的计算能力、内存和通信能力。
- 每个设备都需要装备一个 Java 虚拟机。由于能够得到的 Java 虚拟机的内存占用可以有所不同，这就使得对于其他设备更容易实现Java支持。
- 服务组件要利用Java实现。这是对于要加入某个Jini群体的软件组件所做的假设。所有服务组件必须以Java对象的形式存在，从而方便服务的请求者能够动态地下载或运行代码。这里需要注意的一点是，Jini并不要求必须是Java服务的实现，而只需要一个Java包装器。

11.2　Jini的历史

了解Jini的历史可以更好地理解Jini。从某种意义上说，Jini的历史就是Java的历史。Java 的最初目标是在各种面向用户的设备之间方便地交换数据和代码。Java 语言最初被称为Oak，1990 年出现在Sun公司的实验室，设计这种语言的目的是实现一种为嵌入式处理器编写程序的可移植工具。在项目完成之际，Oak语言被用于一些新型的设备，同时也被用来构造数字电视和其他的娱乐软件的界面。

对于Oak的命运起决定性变化的是它被应用到了Web上。在1994年，Sun公司的两位工程师Patrick Naughton和Jonathan Payne，全部使用Oak语言编写了一个Web浏览器，它被称为 WebRunner 的浏览器，是后来被称为 HotJava 的浏览器的基础。由于它可以从 Web 服务器上下载被称为applet的小程序，然后在浏览器内安全执行，因而一举成名。1995年5月，这种语言被改名为Java(因为发现过去别人开发的语言中有称为Oak者)，随浏览器一起发布，从此Internet的历史也随之改变。

Java 原来为消费类电器所设计的很多目标，例如在设备之间移动代码、平台无关性、安全性、简洁性等，自然而然地在Internet上找到了用武之地。

尽管这时Java通常只被认为是构造applet的工具。但在Sun公司内部，Java面向消费类电器的最初目标并没有丢弃，公司内的一些工程师认为这种想法仍然具有前瞻性和挑战性。虽然Java使得在机器间移动代码成为可能，但要想达到最初的目标，仍然存在很多棘手的问题需要解决。

为了实现把大量的设备和软件服务简单而可靠地组织起来协同工作的构想，Sun公司的一个研究小组决定提供一种可以圆满地实现最初目标的架构，他们计划在Java的基础上建立一个具有可靠性、可维护性、可扩展性和具有自发性的软件层，这个项目就是 Jini。Jini的设计建立在一组 Java 开发者熟悉的核心概念之上：移动代码、强类型、界面和实现分离等。除了这些 Java 原有的概念之外，他们还加入了 Jini 独有的新概念，其中包括一个分布式存储模型，这个模型基于耶鲁大学David Gelernter的Linda系统，可作为通用设备存储和检索对象。Jini还借用了一个在RMI中使用的概念——租借(leasing)，作为自动管理网上资源的方案。另外，Jini 大量使用周期性的组播(multicast)来完成协作的 Jini 应用和服务间彼此的通告。

Jini 项目一直在 Sun 公司内部秘密执行，直到 1998 年，美国纽约时报的记者 John Markoff 才在报纸上公布了有关 Jini 的新闻。1999 年 1 月 25 日，Jini 正式对公众发布。1999 年 4 月，Jini 第一次社区大会在美国科罗拉多州的 Aspen 举行，在会上，Sun 公司主要的 Jini 奠基人 Bill Joy 和 Jim Waldo 阐述了 Jini 是如何从根本上改变了计算系统的体系结构。

11.3 系统目标

Jini 系统的最终目标由以下几部分组成。

- 提供一种基础设施，从而可以在任何时间、任何地点与任何对象实现连接。Jini 的远景是提供一个能够帮助不同的网络用户在任何网络群体自然地完成发现、加入和参与的基础设施。
- 提供一种基础设施，从而支持“网络即插即用”。Jini 的目标是无需花时间在安装和配置上，即可为其他用户提供所有加入到网络中的服务。其远景是零安装和零配置，就像把电话插入到电话插孔中再加以使用一样简单。不过这还不现实，实际上，目前的服务更集中于操作系统和驱动程序。即使在下载了正确的驱动程序和合适的配置文件后，仍然像是在“即插即请求”而非“即插即用”。
- 通过抽象硬件/软件的差别，支持基于服务的体系结构。Jini 的方向是提供一种以服务网络为中心的体系结构，而不是计算机网络或设备网络。Jini 的体系结构通过把所有对象都处理为服务，从而简化泛在计算的实质。这种服务可以由硬件或软件提供，也可以通过硬件与软件的组合来提供。采用这种方式进行抽象的优点在于支持将基础设施设计为提供一种单一类型的实体，即服务。所有协议，例如加入或离开网络，都可以按照这种服务类型来定义，而不是根据各个不同的类型来定义。如此抽象将有助于使服务提供者的实现对服务请求者加以隐蔽。
- 提供一种体系结构以处理部分失败。除非能够提供某种机制来处理部分失败，否则不能称其为完整的分布式体系结构。Jini 的目标就是提供某种基础设施以及一个附加的编程模型，从而可以处理部分失败，并帮助建立一个“自愈合”的服务网络。

Jini 系统在网络概念上扩展了 Java 应用环境，将其由单个虚拟机延伸到网络。Java 应用环境通过代码的动态下载为分布式计算提供了一个良好的计算平台；内置的安全机制使用户能安全地运行来自网络中动态下载的代码；强类型的运用使得编译后的类代码可以不用重新编译就可以在任意虚拟机上运行。最终构建一个网络系统，可以支持对象的动态配置，并且对象可以根据需要从一个地方移动到另一个地方，以及调用网络中其他部分来共同完成操作。

Jini 体系结构充分利用了 Java 应用环境的特点来简化分布式系统的组建，同时增加了一套自动的服务搜寻机制，增强了分布式系统中的各组成部分的流动性，使对象可以轻松地在整个网络中移动。

Jini 技术基础设施为设备、服务、用户提供了加入和退出网络的机制，加入和退出一个网络系统将是非常轻松和自然的。相对于目前主要由手工配置网络参数而言，Jini 的动态性能显示出了极大的优越性。

11.4 核 心 概 念

Jini 体系结构的目标就是将一组设备和软件联合起来形成一个单一的、动态的分布式系统。这个最终的联邦可以提供简便的访问和轻松的管理。

11.4.1 服务(Service)

服务是 Jini 体系结构中最重要的概念。一个服务是具有一定功能、可被用户、程序或其他服务所使用的实体。服务可以是计算、存储、与其他用户的通信、软件过滤器、硬件设备等。

Jini 系统的成员组成联邦共享服务。一个 Jini 系统不能简单地认为是一组客户和服务，或用户和程序的组合。实际上，一个 Jini 系统是由一群服务所组成的用于完成特定任务的联合体。一个服务可以使用其他服务，而且一个服务的客户本身可能就是另一个服务，也可以有自己的客户。Jini 的动态特性使服务可以根据用户的需求随时地加入或离开一个 Jini 系统。

Jini 系统提供了一套分布式系统中服务的构建、查找、通信、使用的机制。通过 Jini 的基础设施和编程模型，可以创建服务，将其加入一个或多个 Jini 系统，并向这些系统中的其他部分宣告其存在；客户根据需要查找服务，找到相匹配的服务后客户按服务要求的通信协议与该服务建立通信，并以方法调用的形式来使用服务。

从服务实现的角度来看，服务是以 Java 语言的对象形式出现，该对象可能由多个其他对象组成。每个服务带有请求其服务的一组操作界面，其中一部分界面可以被应用程序调用而直接获得服务；另一部分界面则用以实现用户与服务之间的交互。所谓的服务类型，则对应于 Java 语言的接口，它确定了该服务的功能，同时定义了上述的操作界面，这些界面体现了 Java 语言的方法调用。

从客户的观点来看，服务无论是由另一台机器上的对象实现，还是服务的代码被下载到本地地址空间运行，或者由硬件实现等，对客户来说都是无区别的。这些服务都是可以从网上获得，并具体表现为 Java 语言的对象。客户关心的是服务的功能和操作界面，而不是其实现方式。因此，服务的一种具体实现方式可以被另一种实现方式取代，它无须知道客户的信息，也不要求客户程序做任何改动。

Jini 系统中的服务之间使用服务协议进行通信，这是一组用 Java 语言写成的接口，基本的 Jini 系统通过这样的服务协议来实现关键服务之间的交互。

11.4.2 查找服务(Lookup Service)

查找服务是 Jini 体系结构中的一个基本的组成部分，它为 Jini 系统中可用的服务提供集中的注册机制。Jini 系统中的对象是通过查找服务来实现相互发现和交互的。查找服务是 Jini 系统与用户之间以及 Jini 系统之间相互联系的关键纽带。一个实体(服务或应用)在加盟 Jini 环境之前，都必须先找到一个或多个 Jini 系统，方法就是寻找该系统中的查找服务。一旦找到查找服务，该实体就可按照加入协议的一系列规范加入到该系统中，并在该系统中发布服务。

网络上的每个查找服务都可以为一个或多个系统提供服务，每个系统也可以有一个或多个查找服务支持。查找服务提供了对可供服务的服务项目(包括代理和属性)的管理。代理由服务提供，表明该服务所提供的功能。发布在查找服务上的服务的属性，可以便于用户寻找匹配的服务。

查找服务中注册的对象也可以是其他查找服务，通过这种方法可以实现查找服务的层次树结构。如果提供相应的机制，一个查找服务中还可以包括名称和目录解析服务，从而在 Jini 查找服务和其他形式的查找服务之间建立一个“桥梁”。当然，Jini 查找服务的引用也可以放在其他的名称和目录解析服务中，为其他服务访问 Jini 系统提供一种方法。

服务要加入到查找服务中，需要通过一对协议，即发现协议(Discovery)和加入协议(Join)。发现协议用于寻找一个合适的查找服务，然后通过加入协议实现具体的加入过程。

代理(Proxy)

与大多数分布式系统一样，代理是 Jini 的核心概念之一，所谓代理就是代表远程对象的本地对象。代理是序列化的 Java 对象，它在服务中是惟一的。当其他的实体(无论是想利用此服务的应用还是另外的 Jini 服务)在找到服务项目时，代理对象就会被复制到该实体的 Java 虚拟机中，实体通过调用此代理对象的方法来使用服务。

对客户而言，代理具有和远程服务相同的编程接口，通过代理与相应的远程服务通信，这样可以屏蔽下层网络细节。代理将客户的调用参数传送给远程服务，然后接收远程服务的返回值，再交给客户。代理在 Jini 系统中的移动和所起的作用如图 11-1 所示。

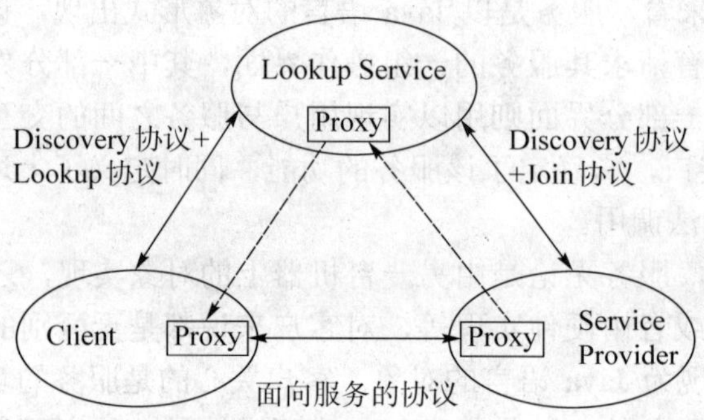

图 11-1 Jini 系统中代理的移动和作用

服务提供者(Service Provider)通过 Discovery 协议找到 Lookup Service，再由 Join 协议将所提供的服务注册在 Lookup Service 中，注册信息包括：服务标识号、服务实体(含服务类型的信息)和服务属性。Proxy 作为服务实体从 Service Provider 上载到 Lookup Service。

服务请求者或称客户(Client)通过 Discovery 协议找到 Lookup Service，再由 Lookup 协议按照所需服务的类型和属性寻找服务，找到匹配的服务后，再将该服务的 Proxy 下载到本地。

Client 通过 Proxy 使用服务，而 Proxy 与 Service Provider 之间以特定的服务协议进行通信(由于 Proxy 是由 Java 字节码组成，这就保证了 Proxy 可以跨平台运行)。

不难看出，Client 利用 Proxy 与 Service Provider 进行通信，而这个 Proxy 最初就来自于 Service Provider。因此，Client 只需要知道 Proxy 所支持的 Java 语言接口就可以调用服务。

而 Proxy 和 Service Provider 之间可以采用任何面向服务的协议进行通信，并且通信协议改变时，Client 也无须做任何改动，甚至可完全不关心那些协议的变化。

由此可见，通过代理的应用，Client 可以透明地使用服务，亦即只需预先知道服务能做什么，而不必了解该服务是如何去做的，包括实现该服务的语言、软硬件平台、物理位置、通信协议等。

这种 Proxy 代码由 Service Provider 转移到 Client 的能力，既是 Java 的特色，也是 Jini 与其他分布式系统，如 CORBA (common object request broker architecture) 和 DCOM (distributed common object model) 的显著区别。在那些系统中，客户用于和服务进行通信的代码采用了依照 IDL (interface definition language) 定义的静态协议，通信协议改变时，要求客户和服务也同时做相应修改。

11.4.3　租约

为了提供系统自行维护的能力，保证系统中部分失败能被识别并且清除，减少人为地管理系统，Jini 使用了租约 (lease) 的概念。租约的基本思想是：不允许使用者在无限制的时间内访问资源，资源只是在一段有限的时间内“借给”某使用者，Jini 租约要求那些能证明其确实与某部分资源密切相关的使用者才能继续占有资源。

租约提供了释放 Jini 中未用或不需要的资源的办法。对客户而言，当租约到期 (expire) 时，资源就被回收；如果客户在租约未到期前就已完成对资源的使用，则客户可以显式地取消 (cancel) 租约、释放资源；假如还要继续使用资源，客户则要不断地更新 (renew) 租约 (即向资源分配者申请更长的租约)。

这种租约机制也运用在资源将其服务注册到 Lookup Service 的过程中。一个资源在 Lookup Service 中注册它所提供的服务，获得一个注册租约，取消租约就相当于注销相应服务。因此，如果 Service Provider 想让其提供的服务出现在 Lookup Service 中，以便客户选择使用，就要不停地更新对应的租约。当出现网络故障、服务崩溃或资源设备和网络断开等情况时，该租约不能再被更新，则当其到期后，对应的服务就从 Lookup Service 中注销。

租约的使用有如下几方面的作用。

- 使局部的错误不会破坏整个系统。Jini 统一了程序错误和网络错误、机器故障的处理方式。出现错误的不可靠者会使自己退出群体，对其他部分不会造成损害。资源的使用者所看到的只是服务的租约已经过期，不可再用。
- 使得 Jini 系统的成员所使用的固定存储空间确实能做到不需要维护。系统能够通过租约确认哪些服务活跃、哪些服务不活跃、哪些服务在系统中遗留了垃圾数据，并能够识别出哪些是不被使用的资源并释放它们。
- 租约还有一个显著的特点，就是允许第三方代表另外的实体实施租借。第三方只是完成租约的整个过程，租约对委托者而言将具有实效。

11.4.4　事件

同 Java 类似，Jini 也使用事件的概念来处理异步通知，但 Jini 体系结构采用的是分布式事件模型。相对于 Java 的在同一个 Java 虚拟机上发送异步通知，Jini 模型中的某个对象允许处于其他虚拟机或者其他实际机器上的对象在其上注册他们感兴趣的某种类型的事件，并且当这类事件发生时，这些对象可以收到相应的通知。这使得基于分布式事件的程序可以更可靠和更健壮。

分布式事件模型是在分布式对象之间通知状态变化信息的机制，相对于单一地址空间的事件模型，它有自己的特点和要求。在本地的情况下，如果指定了某一部分是事件的接受者，发送者就知道事件可安全到达，而在异地的情况下，问题就复杂得多。远端事件的接受方可能突然从网络中退出，而此时发送方不知道这一情况，只能继续尝试发送；也有可能接收方已经崩溃，这时发送方应考虑丢弃事件；或者还有可能接受方在一段时间内处于非活跃状态，不能处理事件，这种情况在接收方使用 RMI 激活框架时会经常发生；也有可能远程对象传来的事件未按顺序到达，甚至根本就没到达。

Jini 的分布式事件编程模型与普通事件模型的主要差别如下。

- 所有希望接收远程事件的对象所使用的基本接口 RemoteEventListener 是一个 RMI Remote 接口，这意味着接口中的惟一方法 notify()可以由另外地址空间中的对象通过 RMI 进行调用，并有可能产生 RemoteException 异常。
- Jini 模型的类和方法特别少：所有希望接收远程事件的对象只要实现一个接口——RemoteEventListener，而且此接口中只有一个方法 notify()。另外 Jini 中用于远程事件调用的也只有一个类 RemoteEvent。
- Jini 采用第三方代管程序来具体实现事件的发送和响应。通过创建一个“通用”的第三方代管程序，使之插入到事件传送的链中，从而可以感知到所有事件，然后调用真正的接受器。第三方对象不必知道各个事件的具体含义，就可以使用、转发和存储 Jini 远程对象，这是因为所有的 Jini 事件都是一个第三方可以理解的类，即 RemoteEvent。第三方不必知道更多的类细节，只要完成一个 notify()方法就可以用于接收所有的 Jini 事件。

分布式事件的接口模型有如下要求：

- 指定当事件发生时被用来发送通知的接口。
- 指定通知中所包含的信息。
- 允许通知传送具有受保证的不同等级。
- 支持可调度通知的不同策略。
- 允许插入对象用于收集、存储、过滤和转发通知。

11.5 Jini 的组成

Jini 系统在逻辑上由三部分组成：基础设施(infrastructure)、编程模型(programming model)和服务(service)。基础设施用于构建一个 Jini 联邦系统，服务则是这个系统中的实体。编程模型则是一组接口，用于构建可靠的服务，既包括基础设施中原有的服务，也包括新加入联邦的服务。

Jini 体系结构的三个组成部分，它们看似各自独立，但实际上在很大程度上是联系在一起的。虽然在构建 Jini 系统或 Jini 系统的部分功能时，可以使用上述全部的组成部分或只使用其中一部分，但为了使建成的系统具有更完善的功能，通常情况下都包括基础设施、编程模型和服务的概念。

一个 Jini 系统可以看做是建立在基础设施、编程模型和服务之上，在单个机器上的 Java 应用环境向分布式环境的扩展。表 11-1 列出了 Jini 体系结构与 Java 应用环境中相应部分的比较。

表 11-1 Jini 体系结构与 Java 应用环境中相应部分的比较

	基础设施	编程模型	服务
基础 Java	Java 虚拟机(JVM) 远程方法调用(RMI) Java 安全模型	Java APIs Java Beans . . .	JNDI 企业 Beans JTS . . .
Java + Jini	发现/加入 Discovery / Join 查找服务(lookup) 分布式安全模型	租借(leasing) 事件(events) 事务(transactions)	打印 事务管理器 r JavaSpaces 服务 . . .

11.5.1 基础设施

Jini 技术基础设施定义了最小化的 Jini 技术核心，其目标是为设备、服务和用户提供相应的机制用于发现、加入网络或离开网络。基础设施包括以下几个方面：

◆ 发现协议和加入协议

在 Services Provider(包括硬件和软件)向 Lookup Service 注册服务之前，通过发现(discovery)协议找到网络上的 Lookup Service，随即利用加入(join)协议进行服务注册。

◆ 查找服务

查找服务(Lookup Service)相当于目录服务器，查找服务中所注册的服务项目是用 Java 编程语言写成的对象，这些对象可以被其他客户或服务远程下载，并作为服务的本地代理存在于查找服务上。

◆ 分布式安全系统

分布式安全系统集成在 Java RMI 中，将 Java 平台的安全模型扩展到分布式系统之中。

◆ 远程方法调用

远程方法调用(RMI)在分布式体系结构环境下允许下载服务代理。

综上所述，Jini 的发现和加入协议定义了各种服务加入到 Jini 系统中的方法；查找服务则反映了当前系统中成员的情况及帮助系统中成员寻找其他合作者；RMI 定义了 Jini 服务之间通信的基础机制；分布式安全模型及其实现定义了服务项目如何标识以及是否有权限完成某项动作。

11.5.2 编程模型

Jini 的编程模型由三组调用接口组成，它们将单台 Java 虚拟机的编程模型扩展到适用于多台虚拟机上的分布式对象协作的情形。具体包括如下几方面。

- 租借模型(lease model)：利用租借的概念解决了分布式系统中资源的动态分配和回收问题。
- 分布式事件模型(distributed event model)：是 Java Beans 的事件模型在网络环境下的扩展，它使分布式服务对象之间能传递控制流和相关数据。
- 事务处理模型(transaction model)：提供了分布式环境下的两阶段提交协议。

租借模型扩展了 Java 编程语言模型，通过对资源引用的概念增加了时间上的限制，使得在出现网络故障时，被使用着的资源能够及时归还。

分布式事件模型扩展了标准的 Java Beans 组件和 Java 应用环境中使用的事件模型，使之适合于分布式环境，并且使事件能够被第三方托管程序收集、存储、过滤和转发通知。

事务模型提供了一个轻量级的、面向对象的协议，用于使 Jini 应用更加可靠和健壮，从而避免部分失败可能带来的严重后果，这种协议就是“两阶段提交协议”。第一阶段是预提交，每个对象的完成任务将为第二阶段做好准备。接下来，事务管理器搜集所有预提交参与对象的结果。

11.5.3 服务

Jini 技术的基础设施和编程模型都是用来使服务能够在网络中被发布和发现的。Jini 服务之间使用基础设施来相互发现和相互调用，对其他用户和服务宣告自己的存在。服务表示了 Jini 体系结构中的一个很重要的概念，而且正是利用此概念来表示组织在一起形成 Jini 群体的各个实体。实体可以是硬件、软件或者是软硬件的结合。服务被标识为 Java 对象，每个服务都有一个接口，此接口定义了可以向这个服务请求的操作，还反映了服务的类型。实际上，作为 Jini 体系结构核心的查找服务，也被实现为一个 Jini 服务。其他作为 Jini 体系结构组成部分并实现为 Jini 服务的内容包括如下几个方面。

- JavaSpaces 服务：它为 Jini 群体中的对象提供了一个可选的分布式对象保存机制。
- 事务管理器服务：它为分布式对象提供了分布式事务。

11.6 服务体系结构简介

服务在编程级和用户界面级构成了 Jini 系统的交互基础。为了更好地理解服务体系结构的细节，下面先介绍 Jini 的发现和查找协议。

11.6.1 发现和查找协议

Jini 系统的核心由三个协议组成：发现、加入和查找协议。其中的一对协议——发现和加入，用于当设备插入到系统中时。当某个服务为了注册需要找到查找服务时，则用发现协议；在服务已经找到查找服务并希望加入时，则使用加入协议。客户若想使用服务，则需要首先找到查找服务，然后就使用查找协议。

Jini 支持多个发现协议，分别用于不同的环境下，发现协议之间的关系如图 11-2 所示。

在图 11-2 中，组播请求协议（multicast request protocol）。当一个应用或服务被首次激活，需要寻找附近活跃的查找服务时使用此协议。

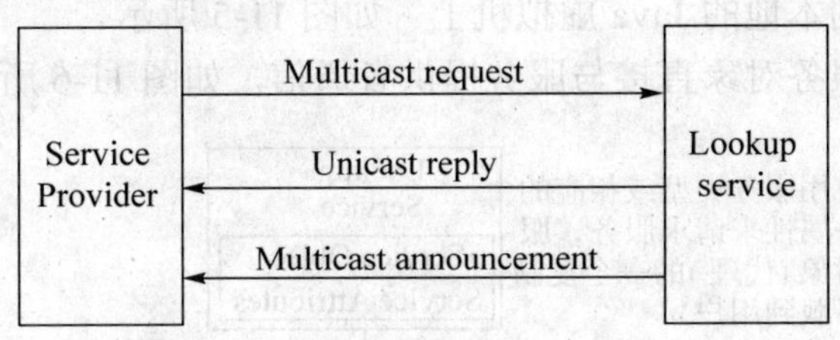

图 11-2　Jini 的 Discovery 协议间关系

组播通告协议（multicast announcement protocol）。查找服务用此协议声明自己的存在，当在已存在的系统中启动一个新的查找服务时，其他相关的参与者都可通过组播通告协议来被通知到。

单播发现协议（unicast discovery protocol）。在一个应用或服务已经知道了要连接的特定查找服务时，使用此协议。单播协议用于直接连向某查找服务，可能此服务并不在本地网络，只是知道它的名称。当需要在服务和查找服务之间建立静态连接时，也可使用单播发现协议。

Jini 的发现和加入协议实现了一个服务加入到具体的 Jini 系统的过程。服务提供者是服务的载体，可以是设备或者软件。首先，服务提供者通过多播请求利用发现协议找到本地网络中的查找服务，如图 11-3，表示了发现的过程。

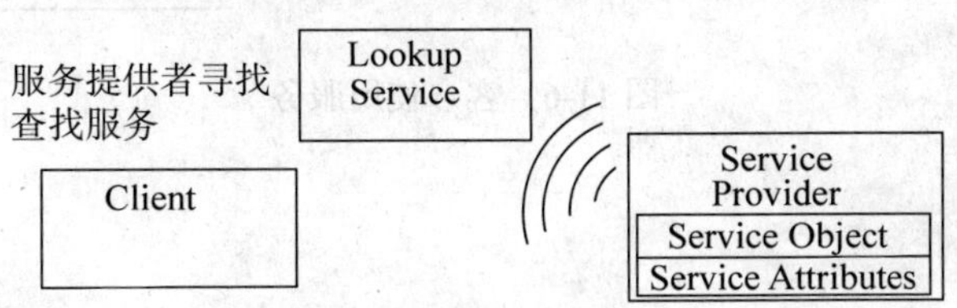

图 11-3　发现协议

然后，服务提供者的服务对象（service object）上传到查找服务之中，如图 11-4 所示。服务对象包含了该服务的 Java 编程语言接口，用户或应用程序可以调用接口中的方法来使用服务，同时也可以通过服务的属性来确定服务的类型。

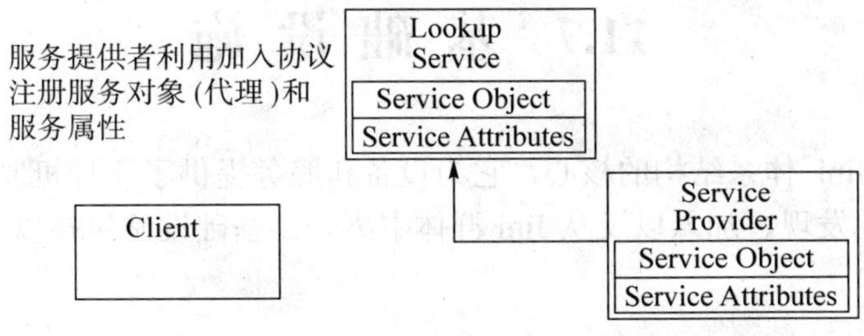

图 11-4　加入协议

服务在完成了加入的过程之后，便可以被其他客户或服务查找并使用，客户利用单播发现或组播发现协议来找到查找服务，然后利用查找协议，用户可以通过所需服务的类型(由 Java 编程语言写成的接口)，与其相应的服务属性找到想使用的服务。在找到服务后，客户将服务对象下载到本地的 Java 虚拟机上。如图 11-5 所示。

最后，客户通过服务对象直接与服务提供者通信，如图 11-6 所示。

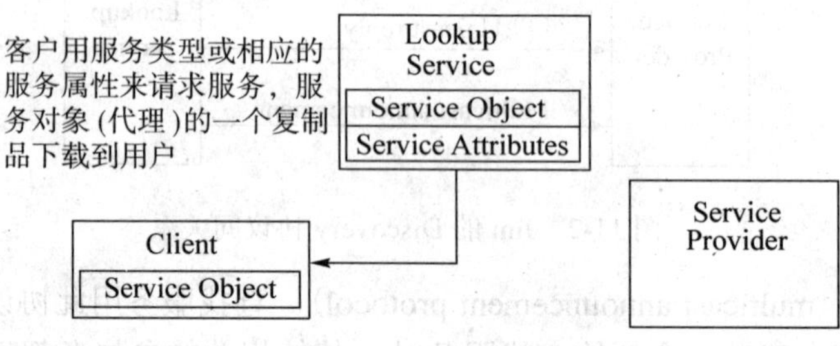

图 11-5 查找协议

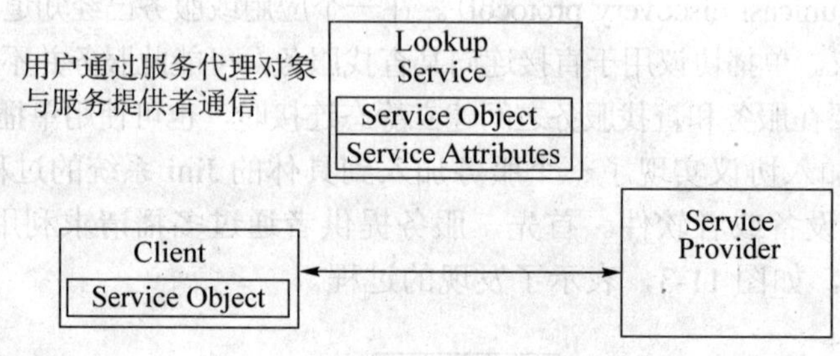

图 11-6 客户使用服务

11.6.2 服务实现

服务可以由对象实现，通常对象都被设计为运行在一定的单一地址空间中，并可能具有存储或安全性方面的要求。由这些对象构成了对象组，不同的对象组分别运行于不同的地址空间或不同的虚拟机上。同时，服务也可以直接或间接地由特定的硬件实现。对客户而言，无论服务如何实现，都是无区别的，也无须因服务的实现方式的改变而改变。

11.7 基础设施

基础设施是 Jini 体系结构的核心，它为设备和服务提供了一种机制，可以使这些设备和服务能够动态地发现、加入以及从 Jini 群体中离开。基础设施包括以下几个部分：

- 查找服务
- 发现协议
- 加入协议
- 安全

- RMI 环境

11.7.1 查找服务

查找服务是 Jini 群体基础设施的核心部分，它为加入 Jini 群体的设备和服务提供了一种集中的注册机制，所有想要加入 Jini 群体的设备和服务都要首先找到一个可用的查找服务并在其中注册自己的代理，而那些想要使用 Jini 群体中的服务的客户(服务请求者)也要首先找到查找服务，并根据一个已经协商好的查询模板在查找服务中查找自己感兴趣的服务。

1. 传统的分布式定位服务

分布式系统中必须存在一种方法，利用这种方法可以找到各种分布式实体。当前的分布式技术，如 CORBA、RMI 和 DCOM 均通过命名(naming)或交易器(trader)服务、目录服务、注册服务或者组合这些服务来支持这种分布式实体的定位。这些分布式服务存在着以下的局限性：

- 服务请求者(客户)必须知道命名或注册服务的位置，即服务请求者必须提前与命名或注册服务进行绑定。
- 当前的分布式定位服务只支持基于名字的查询(对象名)模型，不支持通过类型进行查询(使用接口和类加以定义)。
- 命名服务中保存的服务条目是静态的。
- 存在单点失败的情况，任何命名或注册服务的失败都会使分布式系统中断。

2. Jini 查找服务

Jini 的查找服务保持了传统的分布式定位服务的优势，在克服了传统的分布式定位服务的局限性的同时引入了一些新的特性：

- Jini 的查找服务的位置无需与服务提供者或者服务请求者提前进行绑定。服务请求者或服务提供者利用一种动态的协议(发现协议)来寻找查找服务的位置。
- Jini 的查找服务不仅支持基于名字的查询，还支持基于实体类型的查询，这是通过使用接口或类而加以定义的。
- Jini 的查找服务中保存的服务条目不再是静态，而是动态变化的，是与时间绑定的。服务提供者在查找服务中注册其自己的服务代理时，会同时提供一个该代理在查找服务中存留的时间，这个时间称为租借时间或租期。此后，服务提供者必须不断地刷新该租期。当租借时间到期时，如果服务提供者没有续订该租期，查找服务则不再保留该服务提供者的代理。
- 可以避免单点失败。可以在 Jini 网络中为一个查找服务运行多个实例，服务提供者也可以在查找服务的多个实例中注册。
- Jini 的查找服务中保存的不仅仅是对象的引用，还可以保存服务提供者的代理和用于与服务提供者交互的用户接口 bean。
- Jini 的查找服务可以基于服务 ID 等属性进行特定查询和精确查询。服务 ID 是服务提供者在查找服务中注册时，由查找服务分配的全局性和惟一性的 128 位数字。

3. 查找接口

与查找服务有关的接口和类主要有以下一些。

◆ 服务注册器接口

所有查找服务都必须实现服务注册器接口(service registrar interface)，查找服务均被识别为 ServiceRegistrar 类型，该接口提供了查找服务的核心功能。

◆ 服务项类

服务项类(serviceItem class)表示了在查找服务中注册的服务提供者。服务项可以用以下属性来描述。

- ServiceID：惟一用来识别该服务项的值。
- 一个条目类(entry class)，每个条目表示一个服务属性。
- 服务提供者的代理对象，它表示为一个 Java 对象，可由服务请求者下载。
- 服务注册接口(service registration interface)：当服务提供者在查找服务中注册其服务时，查找服务返回给服务提供者的就是服务注册对象(service registration object)。服务提供者可以利用该对象控制输出到查找服务中的服务对象，例如可以获得服务的 ID、修改已输出到查找服务中的服务属性等。

◆ 服务模板类

服务模板类(service template class)提供了一个模板机制，服务请求者可以利用该模板在查找服务中查询一个特定的服务。该类还特别有助于查找服务提供基于类型的查询功能。服务模板类包括如下几方面属性：

- 服务 ID(用于匹配)。
- 服务类型(用于匹配)。
- 条目(每个条目表示应得到匹配的服务属性，所设置的属性表示服务提供者除所定义的接口类型外的所有额外属性集)。

  服务模板的所有属性可以设置为特定的值，也可以设为空(null)。空值表示查询匹配所有的服务。
- 服务事件类(service event class)：服务事件类表示的是 Jini 体系结构中的远程事件类型。查找服务使用这种类型生成远程事件。该类扩展了 Jini 的远程事件接口(remote event interface)，并且包括一个服务 ID 和过渡标记，由此可以找到该事件。
- 服务 ID 类(serviceID class)：当服务提供者首次在查找服务中注册时，查找服务返回给服务提供者一个惟一的数值，用于标识此服务提供者。在 Jini 网络中，要求服务提供者在查找服务的不同实例中注册时必须有同一个服务 ID。通过这种方法，在整个 Jini 网络中服务提供者将只有一个身份。服务 ID 对于比较由两个不同的查找服务得到的任意两个服务时非常有用。如果两个服务表示的是同一个服务，那么即使它们由两个不同的查找服务得到，其服务 ID 仍然是相同的。

11.7.2 发现协议(discovery protocol)

发现协议定义了一个服务提供者或一个服务请求者如何找到某个查找服务。下面列举了三种类型的发现协议。

- 组播请求协议(multicast request protocol)：无论是服务提供者还是服务请求者都要利用组播请求协议来发现一个或多个附近的查找服务。
- 组播通告协议(multicast announcement protocol)：由查找服务用来向已注册的服务提供者或服务请求者公布查找服务的存在性。
- 单播发现协议(unicast discovery protocol)：如果查找服务的位置是已知的，服务提供者和服务请求者则可以使用单播发现协议找到查找服务。

1. 组播请求协议

组播请求协议被服务提供者和服务请求者用来定位一个附近的查找服务。该协议有如下四个参与者。

- 组播请求客户(multicast request client)：服务提供者或服务请求者均使用组播请求客户每隔一段时间进行组播，从而发现附近的查找服务。
- 组播响应服务器(multicast response server)：在组播了指定的时间后，服务提供者或服务请求者停止组播并转为监听模式，现在则要使用组播响应服务器来监听来自查找服务的响应。
- 组播请求服务器(multicast request server)：位于查找服务上的组播请求服务器要监听来自服务提供者和服务请求者的组播请求。
- 组播响应客户(multicast response client)：查找服务使用一个组播响应服务器和查找服务代理从而为调用者处理各种组播服务请求和响应。

组播请求客户和组播响应服务器位于服务提供者/服务请求者上，而组播请求服务器和组播响应客户则位于查找服务上，如图 11-7 所示。

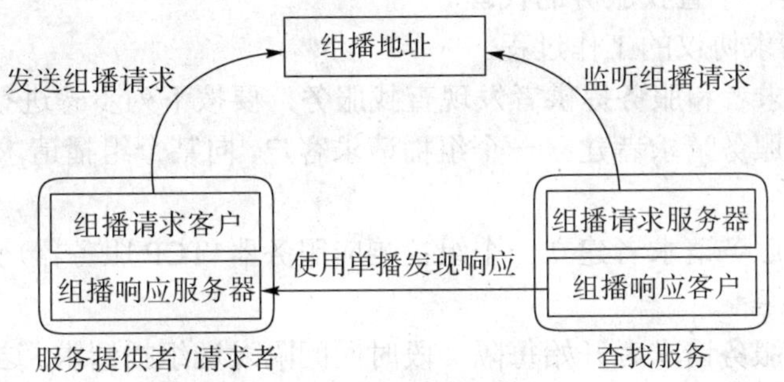

图 11-7　组播请求协议参与者

组播发现是由 LookupDiscovery 类来控制的，该类的详细情况如下：

```
package net.jini.discovery;
public class LookupDiscovery {
    public static final String[] ALL_GROUPS = null;
    public static final String[] NO_GROUPS = new String[0];
    public LookupDiscovery(String grps) throws IOException;
    public void addDiscoveryListener(DiscoveryListener l);
    public void removeDiscoveryListener(DiscoveryListener l);
```

```
    public void discard(ServiceRegistrar reg);
    public String getGroups( );
    public void setGroups(String[] grps) throws IOException;
    public void addGroups(String[] grps) throws IOException;
    public void removeGroups(String[] grps);
        public void teminate( );
}
```

◆ 组

组(group)用于限制服务，只对组内的用户使用，可以指定组来加入到属于特定组的服务群体中，若构造方法中组名为空字符串，则表示为“公共”组。

◆ DiscoveryListener 接口

```
package net.jini.discovery;
public abstract interface DiscoveryListener {
        public void discovered(DiscoveryEvent e);
public void discarded(DiscoveryEvent e);
}
```

任何想要通过组播请求协议发现查找服务的对象，都必须实现此接口。

discovered( )在找到了新的查找服务时调用；在以前找到的查找服务不在可用时调用。

◆ DiscoveryEvent 接口

```
package net.jini.discovery;
public Class DiscoveryEvent {
    public net.jini.core.lookup.ServiceRegistrar[] getRegistrars();
}
```

这个接口封装了发现信息，它的 getRegistrars( )方法返回一个 ServiceRegistrar 实例的数组，每个实例都是一个查找服务的代理。

下面列举组播请求协议的工作过程。

(1) 针对服务请求者和服务提供者发现查找服务，要按下列步骤进行：

① 服务提供者/服务请求者建立一个组播请求客户，向某个组播请求服务器监听的组播地址发送数据包。

② 服务提供者/服务请求者建立一个组播响应服务器(TCP 服务器)套接字，监听通过单播发现协议返回的应答。

③ 服务提供者/服务请求者开始每隔一段时间间隔发送组播请求。这些请求中包含对组播响应服务器的连接信息，并包含它最近收到的查找服务的服务 ID 集。经过一段时间后，服务提供者/服务请求者将停止发送组播请求，转而开始监听。

④ 对于每个通过组播响应服务器所接收的响应，服务提供者/服务请求者将把该查找服务的 ID 增加到它所维护的已知的查找服务 ID 集中。

(2) 针对查找服务，要按以下步骤进行：

① 查找服务建立一个组播请求服务器，将一个数据报套接字与公开的组播请求端点进行绑定，这样查找服务就能接收到来的组播请求。

② 查找服务建立一个组播响应客户，以便对来自服务提供者/服务请求者的组播请求做出响应。

③ 查找服务接收到一个组播请求时，查找服务将检查请求中的服务 ID。如果请求中并没有所接收的查找服务的 ID，而且如果服务提供者/服务请求者所查找的组能与查找服务所属的组相匹配，则该查找服务将会做出响应；否则，查找服务不会做出响应。

④ 查找服务在做出响应时，将根据组播请求包中提供的定位信息与服务提供者/服务请求者的组播响应服务器建立连接。由于此时服务提供者/服务请求者的位置是已知的，查找服务将使用单播发现协议做出响应。

2. 组播通告协议

查找服务使用组播通告协议向指定的组播范围内的关注方宣布其存在性，其使用组播 UDP 数据报以实现通信。该协议有两个如下参与者。

- 组播通告服务器：该服务器存在于向查找范围发出组播请求的服务提供者/服务请求者处。
- 组播通告客户：存在于查找服务上。

组播通告协议的工作过程如下：

(1) 针对查找服务

① 查找服务建立一个单播发现服务器。

② 将一个数据报套接字绑定到公开的组播地址上。

③ 每隔一段固定时间，发送一个组播通告数据包。

(2) 针对监听组播通告的服务提供者/服务请求者

① 建立一个组播通告服务器，用来接收来自查找服务的组播通告数据包。

② 将一个数据报套接字绑定到公开的组播地址上。

③ 对于接收到的每个通告信息，服务提供者/服务请求者将检查通告信息中的查找服务 ID 是否在已经监听到的 ID 集合中。如果此条件满足，服务提供者/服务请求者就会忽略此通告信息；否则，服务提供者/服务请求者就会根据通告信息中提供的主机名和端口地址执行单播发现以获得查找服务的代理。最后，这个查找服务的 ID 也会增加到已知的查找服务 ID 集中。

3. 单播发现协议

单播发现协议要求服务提供者/服务请求者提前知道查找服务的位置，因此，单播发现协议与位置有关。

单播发现协议在以下两种情况下发挥作用，如图 11-8 所示。

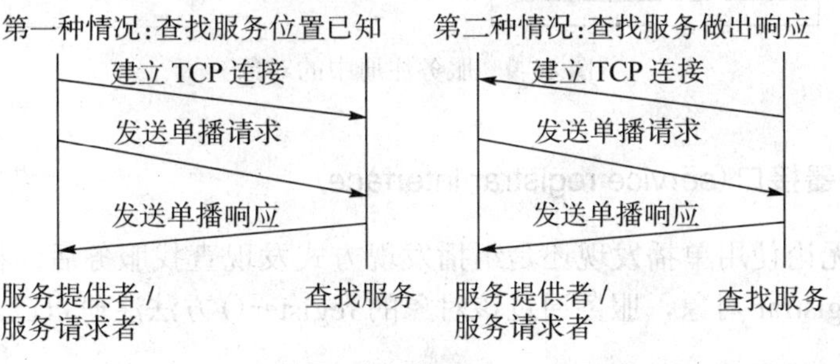

图 11-8　单播发现

- 服务提供者/服务请求者知道它所要连接的查找服务的主机名和端口地址。查找服务可以在 LAN 中，也可以在 WAN 中。
- 查找服务对一个组播发现请求做出响应。查找服务利用组播发现请求中包含的服务提供者/服务请求者的地址和端口号与服务提供者/服务请求者建立一个单播 TCP 连接。

单播发现使用 LookupLocator 类来控制，这个类用在服务提供者或者服务请求者已经知道要交互的查找服务的名称，只需在获得该查找服务的代理的情况下。

```
package net.jini.core.discovery;
public class LookupLocator {
    LookupLocator(java.lang.String url)
                 throws java.net.MalformedURLException;
LookupLocator(java.lang.String host,int port);
String getHost();
int getPort();
public ServiceRegistrar getRegistrar()
                    throws java.io.IOException,
                    java.lang.ClassNotFoundException
}
```

功能：

getHost()和 getPort()用于获得从传递给构造方法的参数中所提取的主机名和端口号。

调用 getRegistrar()方法实际用于启动单播发现协议，返回构造方法所指定的查找服务的代理。

11.7.3 加入协议

加入协议制定了服务提供者在查找服务中注册时必须遵守的规则。服务提供者在发现一个查找服务后，将自己注册在查找服务中，以便客户可以找到并使用它。通过注册输出服务对象(代理)，服务完成了加入过程。图 11-9 给出了服务注册过程中对象的传递方向。

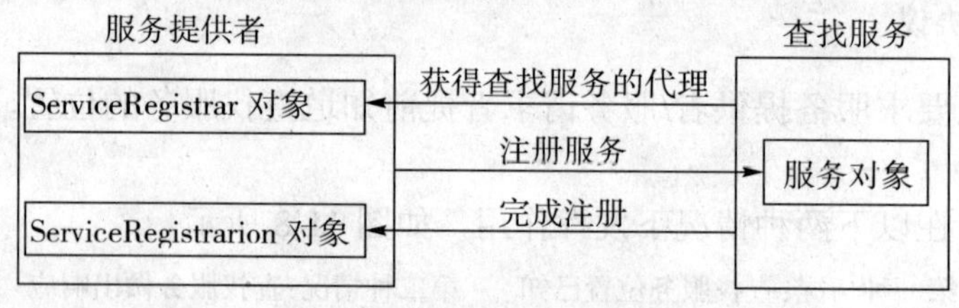

图 11-9 服务注册中的对象

1. 服务注册器接口(service registrar interface)

服务提供者无论使用单播发现还是组播发现方式发现查找服务后，将从查找服务中返回一个 ServiceRegistrar 对象，服务通过该对象的 register()方法注册自己。

```
package net.jini.core.lookup;
```

```
public Interface ServiceRegistrar {
  public ServiceRegistration register(ServiceItem item, long leaseDuration)
                                throws java.rmi.RemoteException;
  ... //其他部分此处省略
}
```

参数 item 是在查找服务中要注册的服务提供者。参数 leaseDuration 是服务向查找服务请求其租借的持续时间，单位为毫秒。

2. 服务项类(service Item class)

```
public Class ServiceItem {
        public ServiceID serviceID;
        public java.lang.Object service;
        public Entry[] attributeSets;
        public ServiceItem(ServiceID serviceID,
        java.lang.Object service,
                        Entry[] attrSets);
}
```

- 服务提供者将创建一个 ServiceItem 对象，并且作为 register()方法的参数用于服务注册。
- 第一个参数 ServiceID 在服务第一次注册时为 null，注册成功后查找服务会返回一个 ServiceRegistration 对象，包括服务 ID，服务再次注册时就使用返回的 ID。
- 第二个参数是服务用来输出到查找服务的服务对象(service object)，该对象是由服务提供者创建，将被序列化，并在客户请求时下载到客户方。
- 第三个参数是服务用来输出到查找服务的属性对象，包含了一些对服务功能的描述。

3. 服务注册接口(service registration interface)

```
package net.jini.core.lookup;
public interface ServiceRegistration {
ServiceID getServiceID();
Lease getLease();
void addAttributes(Entry[] attrSets) throws UnknownLeaseException, Remote-
Exception;
void modifyAttributes(Entry[] attrSetTemplates, Entry[] attrSets)
throws UnknownLeaseException, RemoteException;
void setAttributes(Entry[] attrSets)
throws UnknownLeaseException, RemoteException;
}
```

服务提出注册请求后，查找服务将创建一个 ServiceRegistration 类型对象返回给服务，用于控制服务输出到查找服务中的服务对象。服务可以用它的 getServiceID()方法获得服务 ID，同时也可以用

```
void addAttributes(Entry[] attrSets);
void modifyAttributes(Entry[] attrSetTemplates, Entry[] attrSets);
```

```
void setAttributes(Entry[] attrSets);
```

等方法来修改已输出到查找服务中的服务属性。

11.7.4 客户搜寻

服务请求者(客户)在通过发现协议找到查找服务后，将通过服务匹配找到自己所需要的服务。

1. 服务注册器接口(service registrar interface)

服务请求者(客户)无论使用单播发现还是组播发现方式发现查找服务后，将从查找服务中返回一个 ServiceRegistrar 对象，服务通过该对象的 lookup()方法在查找服务中搜寻所需的服务。Lookup()方法使用服务模板(service template)来匹配服务。

```
package net.jini.core.lookup;
public Interface ServiceRegistrar {
      public java.lang.Object lookup(ServiceTemplate tmpl)
                           throws java.rmi.RemoteException;
      public ServiceMatches lookup(ServiceTemplate tmpl, int maxMatches)
                         throws java.rmi.RemoteException;
    ... //其他部分此处省略
}
```

2. 服务模板类(service template class)

```
package net.jini.core.lookup;
public class ServiceTemplate{
    public ServiceID serviceID;
    public java.lang.Class[] serviceTypes;
       public Entry[] attributeSetTemplates;
       ServiceTemplate(ServiceID serviceID, java.lang.Class[] serviceTypes,
                 Entry[] attrSetTemplates);
}
```

客户使用模板中的三个字段来匹配服务：服务 ID、服务类型和属性。如果三者都为空值，则将匹配查找服务中的任何服务。

服务类型是指服务输出到查找服务上的服务对象所实现的接口，该接口是由 Java 类封装的。若客户要通过服务类型找到所需的服务，则必须明确知道服务代理对象实现的接口类。

客户可以在属性字段中指出它想要查找的 Entry[ ]的属性，通过与服务对象属性的匹配找到感兴趣的服务。

3. 服务匹配类(service matches class)

客户若试图得到符合需要的多个服务，则需要使用 lookup()的第二种方法，即通过设置参数中的最大匹配数，返回一个 ServiceMatches 对象。

```
public class ServiceMatches {
```

```
    public ServiceItem[] items;
    public int totalMatches ;
    ServiceMatches(SerivceItem[] items, int totalMatches); //构造函数
}
```

其中 ServiceItem 数组中为返回的匹配服务的代理，totalMatches 为返回的成功匹配服务的数量。

11.7.5　安全

Jini 作为一个基于服务的动态分布式体系结构，在设计时考虑到了 Jini 应用的安全问题。Jini 的安全性建立在 Java 平台的安全性基础之上，充分利用了 Java 平台提供的安全模型。

1. Java 平台安全模型

由 Java 虚拟机(JVM)表示的 Java 平台将安全作为其集成属性。作为支持类型安全的语言，Java 提供了多种安全 API，支持数字签名、JAR 文件(Java 归档文件)、消息摘要、访问控制列表(ACL)等。

作为一个操作平台，Java 建立了相应的机制可以检查、查看和限制某个应用程序的执行。在 Java 平台中，任何程序的执行与传统的操作系统中一般二进制执行有所不同，所有程序代码在载入到类装载器之前都必须利用字节码校验器通过一个静态的验证过程，安全管理器则完成运行时(动态的)校验。

图 11-10 显示了 Java 平台的安全模型。

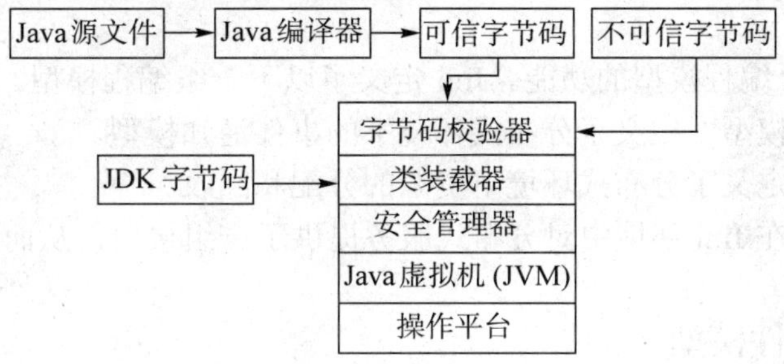

图 11-10　Java 平台安全模型

2. Jini 安全策略

Jini 应用的安全性建立在 Java 平台的安全模型基础之上，涉及到两个安全内容：一个是文件许可，另一个是套接字许可。文件许可设定了对相关的文件进行访问，如类文件、JAR 文件以及相关的文件，套接字许可设定了在规定的端口进行网络访问的权限。

一般情况下，存在一个 java.policy 文件(称为策略文件)，其中包括了与 Java 运行时环境相关的许可。所有特定应用的策略需要在一个单独的策略文件中设定，并在应用执行时指定该策略文件。Java 策略文件的语法为：

```
grant{
```

```
    permission file or package or socket name, permission allowed;
}
```

其中，permission 表示要对后面所跟的文件或包或套接字授予权限，permission allowed 则是这些文件或包或套接字所得到的权限，权限可取值有 read、write、delete、listen、connect 或 accept，权限的取值可以采用组合的形式。

◆ 文件许可权限

所有的代码都通过一个代码基(codebase)被授予一组对文件的操作权限。代码基是一个涉及地址的 URL 集合，代码可以由此得到加载。

◆ 套接字许可权限

Jini 的发现和加入协议建立在组播 UDP 和 TCP 基础之上，服务和服务请求者能够创建并利用套接字实现通信和监听，因此确定与套接字有关的权限变得很重要。默认的套接字策略为：

```
grant{
    permission java.net.SocketPermission "*:1024-65535", "connect,accept";
    permission java.net.SocketPermission " *:1024-", "listen";
}
```

第一条语句为所有非系统保留的端口授予了连接(connect)和接受(accept)权限，第二条语句则授权可监听所有非限定端口。

11.8 编 程 模 型

Jini 扩展了 Java 编程模型的功能。Jini 定义了以下一组编程模型。

- 分布式事件模型：定义了分布式环境下的事件通知模型。
- 租用模型：定义了分布式环境下资源的分配和回收。
- 事务模型：在 Jini 环境中对分布式服务提供了一组接口，从而可以处理事务。

11.8.1 分布式事件模型

1. 本地事件与分布式事件

从软件的角度来讲，事件一般可以理解为某个软件实体(如对象)状态上的改变。本地事件可以理解为在同一地址空间上软件实体状态的改变，而分布式事件可以理解为不同的地址空间中两个或者多个软件实体所发生的状态的改变。本地事件具有分发速度快、可靠、良序性、可类型化等特性。而对于分布式事件来说，由于存在网络延迟、带宽限制、网络失败以及不正确的路由等因素的影响，分布式事件存在分发速度慢、不可靠、不具有良序性、类型多变等特性。

2. Jini 对分布式事件的处理

Jini 的事件模型沿用了 Java AWT 和 JavaBeans 的事件委托模型，但是 Jini 针对分布式事件的特性，对分布式事件做了抽象处理。在 Jini 系统中，将所有的事件类型都抽象为远程事件(remote event)。远程事件对象包括事件序列号、生成事件的源对象的引用、事件类型标识符、远程对象等属性。所有的事件都只有一种监听者类型，称之为远程事件监听者(remote event listener)。所有的事件都只有一种监听者方法 notify()，并以远程事件作为其参数。图 11-11 为 Jini 远程事件模型。

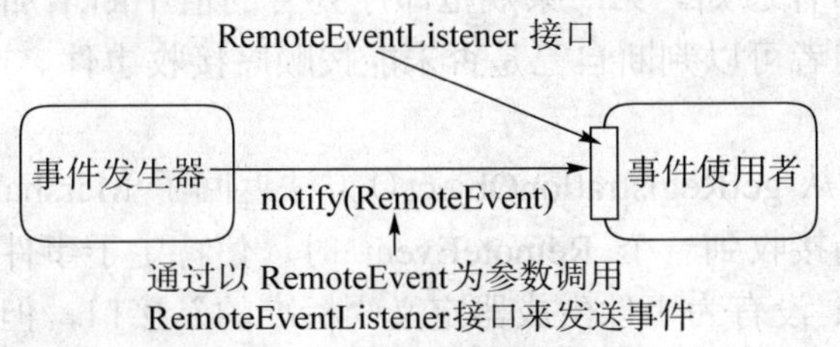

图 11-11　Jini 远程事件模型

3. Jini 事件模型编程接口

Jini 提供了一组 API 用以实现 Jini 的分布式事件模型。这其中最重要的是 RemoteEvent 类和 RemoteEventListener 接口。RemoteEvent 类是所有 Jini 远程事件的超类，产生的远程事件从事件发生器传送到事件使用者。而接口 RemoteEventListener 则定义了方法 notify (RemoteEvent event)，事件使用者必须实现此方法以接收事件。

◆ RemoteEvent 类

```
public class RemoteEvent extends java.util.EventObject {
    protected Object source;
    protected long eventID;
    protected long seqNum;
    protected MarshalledObject handback;
      public RemoteEvent ( Object source, long eventID ,long seqNum,
MarshalledObject handback);
      public long getID ( );
      public long getSequenceNumber ( );
      public MarshalledObject getRegistrationObject ( );
  }
```

RemoteEvent 类扩展了 java.util.EventObject。由于 EventObject 实现了 Serializable 接口，因此 RemoteEvent 可通过网络传输，并根据需要重构。RemoteEvent 的来源是产生事件的对象，它随事件发生器的不同而不同。

- 事件类型(类定义中的 protected long eventID 项)

每个 RemoteEvent 都有一个标识符，相对于生成事件的实体来惟一描述事件的类型，每一个惟一标识符应代表事件发生器中事件的独特类型，而不是事件对象的一个实例。

服务可能产生的标识符只对于它是惟一的。换句话说，不存在事件标识符的全局名称空间。

除了使用类型标识符外，Jini 服务也可以使用 RemotEvent 的子类来描述事件。

- 顺序号(类定义中的 protected long seqNum 项)

每一个事件都包括一个顺序号，供使用者用来判断所接收事件的顺序。序列号规范如下：当且仅当事件涉及事件发生器中两次不同的事件发生时，任何产生这些事件的对象需为事件使用不同的顺序号；对于任何两个来自同一发生器的有同一标识符的事件 A 和 B，当且仅当 A 的顺序号小于 B 的顺序号时，A 在 B 之前发生。

第一条规范使得客户的实现可以做到只对事件所代表的情况处理一次，而不管收到多少关于该情况发生的事件通知。第二条规范即序列号的值不断增加，保证了事件的严格保序性，这样使事件使用者可以判断自己是否未能按顺序接收事件。

● 返回数据

RemoteEvent 类中从 getRegistrationObject() 方法返回了 MarshalledObject。对于事件使用者来说，该对象是当接收到一个 RemoteEvent 时，使特定于事件的数据被“传递回来”的一种方法。尽管 Jini 没有为事件生成器定义“标准的”接口，但是大部分生成器都提供一个容许客户请求以接收事件的注册方法。不管这些注册方法的详细情况如何，它们都应该允许客户以某种方式传递进一个 MarshalledObject，以与该注册相关联。然后，无论一个事件何时被发送给使用者，该事件生成器都应该返回这个 MarshalledObject。

◆ RemoteEventListener 接口

任何想从其他对象接收远程事件通知的对象都必须实现该接口，即任何远程事件的使用者都应该实现此接口，该接口定义如下：

```
public interface RemoteEventListener
                    extends java.rmi.Remote, java.util.EventListener {
    public void notify ( RemoteEvent ev )
            throws UnknownEventException , java.rmi.RemoteException;
}
```

接口中只定义了一个方法：notify()，在事件生成器向客户传送事件时，客户中被指定为远程事件接收器的对象，其上的 notify() 方法将被调用。

由于 RemoteEventListener 接口扩展了 java.rmi.Remote，这就要求事件使用者和事件生成器之间使用 RMI 协议进行通信，这是 Jini 核心 API 中惟一要求使用 RMI 的地方。

同时，实现 RemoteEventListener 接口的对象必须是 RMI 的服务器对象，通常该对象也要实现 java.rmi.server.UnicastRemoteObject 接口。

另外 RemoteEventListener 接口扩展了 java.util.EventListener 接口，java.util.EventListener 接口在 Java AWT 和 JavaBeans 中被用来标明一个接口是事件通知的接收者。因此，Jini 的分布式事件模型沿用了 JavaAWT 和 JavaBeans 的事件委托模型，但对其做了扩展，以适应分布式系统环境。

◆ EventRegistration 类

RemoteEvent 类和 RemoteEventListener 接口是 Jini 远程事件模型定义的最核心的 API，它们使事件能够通过网络传送。然而在发送事件之前需要在事件生成器和事件使用者之间建立联系。EventRegistration 类封装了与客户对事件的具体请求相关的信息，并且提供了一个适当的方法来处理从事件注册过程中返回的信息。

```
public class EventRegistraton implements java.io.Serializable {
    protected long eventID;
```

```
    protected Object source;
    protected Lease lease;
    protected long seqNum;

        public EventRegistration ( long eventID, Object source,
                                    Lease lease, Long seqNum );
        public long getID();
        public Object getSource();
        public Lease getLease();
        public long getSequenceNumber();
    }
```

类 EventRegistration 是可以串行化的，因为需要将它发送给正在为事件注册的客户。类中租借对象用于控制客户的关于其事件注册的租约，保证事件生成器能清理行为不正确或已崩溃的客户。源(source)对象指示将传送远程事件的生成器，对应于事件注册产生的所有 RemoteEvent 中使用的源。eventID 是本次注册要求的 RemoteEvent 中所使用的标识符。seqNum 表示事件生成器对于给定的类型在注册被许可时最后使用的那个序列号。

注册的通用模式是向事件生成器注册，用在将来接收事件。在注册期间，事件生成器需要进行如下工作：向需要被通告的事件使用者列表中添加一个对 RemoteEventListener 的引用；通过向承租者请求一个租借，为这个对外部对象的引用创建一个租借。注册完成后，一个 EventRegistration 对象被返回，包含了一个客户可以续租的租借。图 11-12 显示了注册时的详细情况。

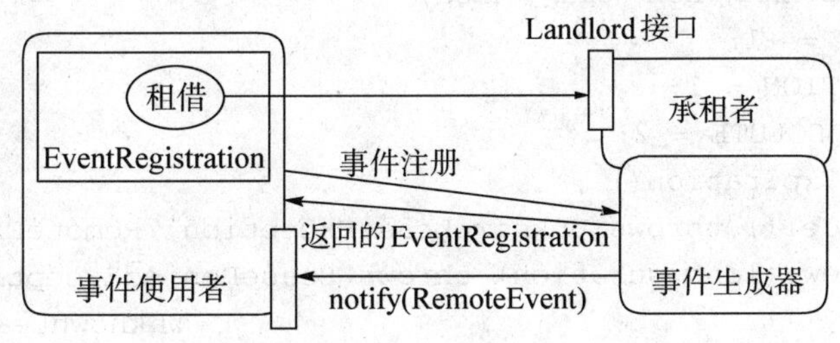

图 11-12　事件注册过程

11.8.2　租借模型

Jini 技术的发现和加入协议解决了服务群体的自发形成，并且可以彼此交换代码实现互操作。对于服务群体的稳定性、自修复能力、处理网络失败、机器崩溃以及软件错误，Jini 技术通过引入“基于时间的注册”和“基于时间的资源”，亦即采用了租借的思想解决这些问题。租借的基本思想是：不再保证可以在无限制的时间内访问资源，资源只是在一段固定时间内“租借给”某个使用者。租借时间到期后，如果资源使用者还想继续使用资源，则必须请求延长使用资源的时间，即续订租期。

1. 租借的概念

租借是一种合约，可以在一个已经协定好的时间段内使用资源或者服务。租借通常涉及到两方：一个出租者(提供租借的一方)和一个承租者(使用租借的一方)。任何承租者如果对使用某项服务感兴趣，就必须与服务的出租者协商使用服务的时间段。如果该时间段已到期，租借就会结束，同时资源也会被释放。租借到期前可以由承租者续租，也可以取消。如果承租者无法在租借到期前正常续租，则租借到期。

2. 租借的优缺点

租借的概念使得 Jini 系统具有自愈合、自管理、自配置的优点。自愈合也就是说可以立即清除过期和不再需要的信息；自管理就是说清除工作是自动进行的，无需手工干预；自配置也就是说任何服务请求者若想从查找服务中获得某个租借已经到期的服务时，就会产生相应的异常类型。同时，租借的引入也为应用人员带来了编程时的复杂性，因为所有在资源共享、资源锁定中涉及到的服务提供者和服务请求者都需要实现租借接口。

3. 租借模型编程接口

◆ 租借接口

租借接口(lease interface)为资源提供了一种统一的方法，从而可以完成租借的协商、获得、续租、取消以及处理到期租借等。

```
package net.jini.lease;
import java.rmi.RemoteException;
public interface Lease {
    long FOREVER = Long.MAX_VALUE;
    long ANY = -1;
    int DURATION = 1;
    int    ABSOLUTE = 2;
    long getExpiration() ;
    void cancel() throws UnknownLeaseException, RemoteException;
    void renew (long duration) throws LeaseDeniedException,
                                      UnknownLeaseException,
                                      RemoteException;
    void setSerialFormat(int format);
    int getSerialFormat();
    LeaseMap createLeaseMap(long duration);
    Boolean canBatch(Lease lease);
}
```

- 判断租约到期：getExpiration()方法将返回租借到期的时间，返回值为整数，代表从 1970 年 1 月 1 日起到现在的毫秒数。可以通过调用系统函数 System.currentTimeMillis()来检查当前时间与租借到期时间比较进行判断。
- 取消租约：租借对象代表的租约可由 cancel()方法取消。这时该租约有许可访问权的资源被释放，使资源对其他使用者可用。cancel()可能引发两种异常：RemoteException，出现在租借对象与租约授权者的通信遇到错误时；UnknownLeaseException，出现在租约已经过期，或租约管理逻辑有错误时。

- 续订租约：renew()方法用于续订已被许可的租约，带有指出所需租约的持续时间的参数。若授权方允许，则将以参数指定的时间重新成为新的租借期。renew()可能引发异常，若请求续订时授权方拒绝，则抛出 LeaseDeniedException 异常。
- 租借序列化：setSerialFormat()方法和 getSerialFormat()方法用于租约序列化。对租借序列化有两个原因：一是租借对象要作为 RMI 调用中的参数或返回值在机器间传送；二是服务需要记录其持久状态时，要将租约和其他信息写入永久存储器。
  当租借对象在不同的机器间通过序列化传输时，需要保证租约到期时间以相对时间而不是绝对时间形式发送(因为无法保证不同的机器的时间同步)，在租约接口中用常量 DURATION 表示。而在租借被保存到永久存储器时，使用的则是租约的绝对时间，以避免租约被人为地增加和减少，在租约接口中以常量 ABSOLUTE 表示。通过使用这两个方法和两个常量，保证了租借对象在被序列化时具有正确的行为。
- 批处理租约：资源使用者可能同时管理多个租约，以获得更高的处理效率。在批处理租约时，通过 LeaseMap 数据结构将多个租约组织在一起，使得所有租约能同时续订或取消。

LeaseMap 是用来组织使用方持有的可批量化的租借对象，即一个 LeaseMap 通常只包含来自同一租约授权者的租借对象，来自不同授权者的租约在续订或取消时必须与特定的授权方联系。

租借接口中用两个方法支持租约批处理：createLeaseMap()和 canBatch()。后者用于判断来自一个特定租借实现的对象是否可与其他租借对象一起批处理。

◆ 租借映射接口

租借映射接口(leasemap interface)处理的是租借管理的批处理模式。租借映射中的租借集将成批地得到续租或者成批地被取消。但是有一个前提条件，即租借必须是一个租借映射的成员。租借映射接口要验证一个指定的租借是否能够得到批处理。只有当租借的某些属性(如续租时间或取消时间)能够成批处理时，该租借才能够得到批处理。

```
package net.jini.lease;
import java.rmi.RemoteException;
public interface LeaseMap extends java.util.Map {
     boolean canContrainKey (Object key) ;
     void renewAll ( ) throws LeaseMapException,
                                    RemoteException;
     void cancelAll ( ) throws LeaseMapException,
                                    RemoteException;
}
```

- LeaseMap 扩展了 java.util.Map 界面，支持将关键字和值关联起来，主要作用是在对象中添加和删除关键字-值对(Key-Value Pair)。
- LeaseMap 维护的关键字为租借对象，值是类 Long 的对象，即租借所需持续时间。
- LeaseMap 将保证添加进来的任何租借都与原有的相兼容，canContrainKey()用于判断一个候选的租借是否与 LeaseMap 中其他租借兼容。

- 在租借添加到 LeaseMap 后，可以调用 renewAll()和 cancelAll()方法来控制租借的行为。

在执行租约续订或取消操作时，若有任何续订或取消失败，则该对象从 LeaseMap 中删除。当再次在 LeaseMap 上调用 renewAll()时，原来的续订不会重复。这种情况下将引发 LeaseMapException 异常，异常中包含所有续订或取消失败的租约。

◆ 租借更新管理器类(LeaseRenewalManager Class)

LeaseRenewalManager 用于管理全部租约集的续订。程序创建一个租约更新管理器，并给它提供要管理的租约，在向它传递租约的，同时告知这个租约可持有多长时间。一定时间后，程序通知 LeaseRenewalManager 延长租约到期时间，或从被管理的租约集中删除某个租约，或是取消一个租约。

由于租约授权者可提供的租借期有一定范围，通过 LeaseRenewalManager 可以请求更长的租约时间，尤其进行不断的续订，直到租借到期或是程序主动停止租借。

LeaseRenewalManager 内容主要包括：

```
package net.jini.leases;

public class LeaseRenewalManager {
        public LeaseRenewalManager ();
        public LeaseRenewalManager (Lease lease, long expiration,
                                    LeaseListener listener);
    public void cancel ( Lease lease ) throws UnknownLeaseException,
                                       RemoteException;
    public void clear ( );
    public long getExpiration (Lease lease);
    public void remove (Lease lease) throws UnknownLeaseException;
    public void renewFor (Lease lease, long duration, LeaseListener listener);
    public void renewUntil (Lease lease, long expiration, LeaseListener
    listener);
    public void setExpiration (Lease lease, long expiration)
                                   throws UnknownLeaseException;
}
```

- 新的 LeaseRenewalManager 可以创建为空，即开始时不管理任何租约，也可以在创建时指定一个初始租约。
- 指定租约时需提供三个参数：租约、到期时间和租约接收器。
- renewFor()和 renewUntil()用于向被管理的租约集中添加新租约。前者的参数为从当前时间开始的持续时间，后者的参数为绝对的到期时间。
- 可以通过给 renewFor 传递参数 Lease.ANY 使得租约授权者可以自由选择许可的租借期。在 LeaseRenewalManager 的上下文中，为租约使用 ANY 参数意味着租约将不断地在授权者认为合适的情况下续订，直到被显式地取消。
- 若租约由于某种原因不能被续订而提前到期的情况下，管理器通过租约注册在其上的接收器通知程序，并可能引发 LeaseDeniedException，UnknownLeaseException，RemoteException 异常。

11.8.3 事务模型

事务可以定义为一组原子操作的集合，所有的操作要么成功，要么失败。原子操作意味着该操作不能被中断。默认的事务语义定义了的 ACID 属性如下。

- Atomicity(原子性)：所有在一个事务下的操作全部发生或者一个也不发生。
- Consistency(一致性)：事务的完成必须使系统保持在一致的状态。事务只是一个保证一致性成为可能的工具，而它本身并不是一致性的保证者。
- Isolation(隔离性)：正在执行的事务不应彼此影响。一个事务的参加者应该只能看到自己事务中操作的中间状态，而不能看到其他事务的中间状态。
- Durability(持久性)：事务提交的结果应像事务提交的对象实体一样持久，但这个保证只能由对象来完成。

1. Jini 的分布式事务与两阶段提交协议

◆ 分布式事务

事务在分布式计算中尤其重要，它提供了使一个或多个远程参与者对一系列操作的结果保持一致的方法。传统的事务系统通常以事务处理监控器为中心，事务处理监控器要确保一个事务的所有参与者提供的事务语义正确完成。Jini 系统提供的事务语义与传统的事务系统有所不同，Jini 系统将事务语义的实现交由事务中的各个对象来处理，系统主要提供一种协调机制，用于对象之间确认事务的一致时交换必要的通信信息，目标是提供最小的协议和接口的集合，用以让对象实现事务语义，而不是提供接口、协议与策略的最大集合以确保任何可能的事务语义的正确。这样完成协议就从特定事务的语义中分离出来了。

◆ 两阶段提交协议

Jini 描述的完成协议由分布式系统的两阶段提交协议组成。两阶段提交协议定义了分布式对象和资源之间的通信模式，允许分布式对象和资源包装一组操作使这组操作看起来像一个单一的操作。这个协议需要一个管理器来保证操作的一致性，即保证所有的参与者最终知道它们是应该提交操作(前滚)还是放弃操作(回滚)。

依赖于参与者来实现 ACID 属性是两阶段提交协议与传统事务处理系统的最大不同之处。两阶段提交协议的定义使用了三种主要类型：

- Transactionmanager——事务管理器创建新的事务并协调参与者的动作。
- NestableTransactionManager——一些事务管理器能够支持嵌套的事务。
- TransactionParticipant——当操作是在一个事务之下进行时，参与者必须加入这个事务，向管理器提供一个对 TransactonParticipant 对象的引用，以便用来表决、前滚或者回滚。

2. Jini 事务中涉及的实体

Jini 事务主要涉及三方，即事务管理器、事务参与者和事务客户。

- 事务管理器：事务管理器实际是一个完整的 Jini 服务，它在被请求时运行两阶段提交协议。事务管理器为每个事务保存有一组参与者。对每个参与者来说，事务管理器都将发送消息告诉它进入哪个阶段，管理器实质上只负责管理两阶段提交协议的信号。所有的事务管理器服务，包括 Sun 的参考实现中的事务管理器(即 Mahalo)，都要实现 net.jini.core.transaction.server.TransactionManager 接口。

- 事务参与者：事务中的参与者是执行操作的程序，此操作与其他操作一起被组织到事务中。通常，它是允许自己的操作“可事务化”的 Jini 服务，即允许它的操作接受一个事务参数以使此操作可与其他操作组织到一起。在 Jini 中，事务参与者要实现 net.jini.core.transaction.server.TransactionParticipant 接口。
- 事务客户：事务客户是启动整个事务过程的实体。它可能是一个需要执行多个服务上的操作并要求这些操作同时发生的应用程序，也可能是需要使用其他服务中操作的 Jini 服务。无论是什么上下文，都没有要求事务客户必须实现的接口。但是 Jini 提供了一些“助手”类，客户可使用它们使得对事务的使用更容易。这其中最重要的是 net.jini.core.transaction.Transaction 接口，它提供对被组织到事务中的一组操作的对象表示。net.jini.core.transaction.TransactionFactory 类可帮助创建新的 Transaction 实例。

3. Jini 事务操作过程

首先，客户要获得一个 Jini 事务管理器的引用，这通常是通过标准的发现和查找过程。然后调用 TransactionFactory 来创建一个新的 Transaction 对象，这个对象将由事务管理器管理。在获得了 Transaction 对象之后，就开始把组成事务的操作组织在一起。在 Jini 中，这一般是通过把 Transaction 对象发送到各个参与者，将其作为执行某操作的方法的参数来完成。在所有的成员操作被组织到事务后，客户通过调用 Transaction 上的 commit( )方法来提交操作。这个方法实际启动两阶段提交过程，或者说它通知管理器启动两阶段提交过程并处理与所有成员参与者之间的消息交换。若 commit ( )调用正常结束，客户则可以认为所有的成员操作都已成功结束。若有参与者不能完成准备阶段，调用则会引发 net.jini.core.transaction.CannotCommitException 异常。

4. Jini 事务编程模型接口

◆ 事务管理器接口(TrasactionManager Interface)

Jini 事务模型中最重要的部分是事务管理器。事务管理器本身是一个代表客户经历两阶段提交协议的服务。由于事务管理器是一个服务，它可以被 Jini 群体中的其他服务或客户共享。

所有需要完成一个事务管理器角色的实体均要实现此接口。

```
package net.jini.core.transaction.server;
public interface TransactionManager extends Remote, TransactionConstants {
public static class Created implements Serializable {
public final long id;
public final Lease lease;
public Created(long id, Lease lease) {...}
}
Created create(long leaseFor)  throws LeaseDeniedException;
```

```
void join(long id, TransactionParticipant part, long crashCount);
void commit(long id)  throws UnknownTransactionException,
CannotCommitException, RemoteException;
    ...
}
```

所有事务都有一个事务标识符，此标识符可以从事务管理器获得，参与事务的所有实体要利用此标识符与事务管理器通信。事务中的实体可能会消失，事务管理器甚至也可能消失，因此要通过租借来管理事务，除非续租，否则会到期。向事务管理器请求一个新事务时，事务管理器将返回一个 TransactionManager.Created 对象，其中包括事务的标识符和租借对象。在租借期内，Created 对象可以在多个实体间传递。

◆　事务工厂类(TransactionFactory Class)

客户通过通常的查找过程得到了 TransactionManager 的引用后，就可以根据需要创建事务了。客户不是直接通过 TransactionManager 创建事务，而是使用事务工厂类创建事务。

```
public class TransactionFactory{
    static NestableTransaction.Created creat(NestableTransactionManage mgr,
            long leaseTime) throws LeaseDeniedException,RemotException;
    static Transaction.Created create(TransactionManager mgr,long leaseTime)
            throws LeaseDeniedException,RemotException;
}
```

TransactionFactory 类的两个静态方法根据传递的 TransactionManager 对象创建新的事务。事务是租借的，即 TransactionManager 其实是向客户租借事务。如果执行一个事务需要很长时间，在事务结束前则要续订事务的租约。

第一个 create() 方法用来创建可嵌套在其他事务中的事务。在 Jini 模型中，事务可以分级。因此如果有些操作依赖于其他操作子集的成功结束，则可以在嵌套事务中执行那个子集。

第二个 create() 方法返回一个 Created 实例，Created 类是 Transaction 类的静态内部类，是一个简单的容器类，用来保存新创建的 Transaction 对象以及可用于续订或取消事务租约的租借对象。

◆　事务接口(Transaction Interface)

客户在成功地找到了一个 TransactionManager 的代理并创建了新的 Transaction 后，他的大部分操作将通过 Transaction 对象来执行。

```
public interface Transaction {
public static class Created implements Serializable {
public final Transaction transaction;
public final Lease lease;
Created(Transaction transaction, Lease lease) {...}
}
void commit() throws UnknownTransactionException,
CannotCommitException, RemoteException;
void commit(long waitFor) throws UnknownTransactionException,
CannotCommitException,TimeoutExpiredException, RemoteException;
void abort() throws UnknownTransactionException, CannotAbortException,
```

```
RemoteException;
void abort(long waitFor) throws UnknownTransactionException,
CannotAbortException, TimeoutExpiredException, RemoteException;
}
```

abort()方法用于使事件被放弃，这意味着事务管理器取消事务。只能在未提交的事务上调用 abort()，已提交的事务被认为已经结束，不能恢复。如果还未提交，abort()则会停掉整个事务，使参与者清除所有在准备执行事务的过程中积累的状态。在已提交的事务上调用 abort()，将引发 CannotAbortException 异常。如果事务的租约已经过期，也引发此异常。

commit()方法被客户用来启动两阶段提交过程，调用 commit()即通知事务管理器启动两阶段提交协议。若有任何参与者不能到达准备状态，或者事务的租约已经过期，或者事务已被放弃，则会引发 CannotCommitException 异常，这时客户可被保证没有任何组成操作发生。否则，本方法将在管理器进入提交阶段后返回，这意味着所有参与者已完成了准备阶段，并且管理器已记录了它将提交的事实，但还没有通知到各参与者。这也就是说，当 commit()返回时，修改已保证要发生，但其结果还没有传播到各参与者。和 abort()的行为一样，这种方式也是为了防止客户阻塞太久。

除了各自可能引发的异常外，所有这些方法都可能引发 UnownTransactionException 异常。如果过久地持有一个 Transaction 对象，以致于它对于事务管理器已经不可知，则会引发 UnknownTransactionException 异常。通常引起这个异常的原因是客户持有的事务以前已放弃或提交，事务管理器已清除了相应的记录。

11.9 服务组件

在 Jini 体系结构中，任何实体均被看做服务，由这些服务构成了 Jini 群体。任何人都可以编写任何类型的服务，但是必须遵循 Jini 体系结构规范。Jini 提供了一些已经完成的服务供开发 Jini 应用时使用。这些服务主要包括：

- JavaSpaces 服务(Outrigger)
- 事务服务(Mahalo)
- 查找服务(Reggie)
- 查找发现服务(Fiddler)
- 租借续租服务(Norm)
- 事件邮箱服务(Mercury)

11.9.1 JavaSpaces 服务(Outrigger)

很多使用 Jini 的服务都需要一种方式存储持久性数据以与其他服务共享使用，JavaSpaces 提供了一种方便的基于对象的存储方式。JavaSpaces 在 Jini 目前的分发版本中被实现为 Outrigger 服务，该服务实现了 net.jini.space.JavaSpace 接口。利用 JavaSpaces，Jini 服务和客户可以创建并控制 Java 对象的“空间”(spaces)，它们可以为 Java 对象得到租借的存储区，可以在存储空间内搜寻存储的对象或删除存储对象。

JavaSpaces 技术来源于 David Gelernter 所提出的元组(tuple)和元组空间(tuple spaces)思想，元组是把数据组合在一起的集合，元组空间则是供应用存进和取出元组的共享区域。JavaSpaces 对其做了扩展，分别引进了条目(entry)和空间(spaces)的概念。

每个保存在 JavaSpaces 中的对象称为条目(entry)，它必须实现 net.jini.core.entry.Entry 接口。一个条目可以表示一个对象，也可以表示一组对象。Java 对象可以利用模板来查找，模板即为一个条目对象类型。此模板的属性可以设置为一个特定的值，也可以设置为空(null)，若设置为空则表示可以匹配所有的对象。JavaSpaces 服务支持完成以下几方面操作。

- 读(read)：可以从 JavaSpaces 中读一个对象。
- 写(write)：可以将对象写入 JavaSpaces 中。
- 取(take)：可以从 JavaSpaces 中取一个对象(相当于读并删除被读的对象)。
- 通知(notify)：可以注册一个监听者，当向 JavaSpaces 中写入一个对象时通知该监听者。

所有这些操作都支持普通 Jini 中的租借概念，被存储的对象实际是租借的，客户必须为存储的对象续订租约，否则 JavaSpaces 将删除此对象。同样，JavaSpaces 服务也租借事件注册，就像查找服务一样。

11.9.2　事务服务(Mahalo)

Mahalo 是一个 Jini 分布式事务服务，它是 Jini 事务管理器接口的实现。此服务支持两阶段提交协议、嵌套事务、租借和事件通知，是一个可激活的服务，涉及两个 JVM：一个在 rmid 注册，另一个则运行服务。rmid 是一个启动系统后台程序的工具，可激活对象在激活系统注册前，或者在某个 JVM 中得到激活之前，必须先启动此激活系统后台程序。

一个想使用事务服务的客户必须完成以下步骤：

(1) 与查找服务联系，找到一个可用的事务服务(事务管理器)，并获得其代理。

(2) 使用此代理来请求事务管理器帮助处理一个事务。

(3) 事务管理器接受此请求，返回一个语义事务对象(一个 Jini 事务语义对象包括事务 ID 和租借信息)。

(4) 客户与在此事务中所需的所有事务参与者建立联系，并向其提示在此事务 ID 环境中要求它们实现或参与的进程。事务管理器将此语义事务对象传递给参与者。

(5) 某个事务参与者通过注册事务管理器表示并发性。

(6) 操作完成时，客户根据其需要请求事务管理器提交或终止事务。事务管理器利用两阶段提交协议来满足客户的需求，并返回相应的报告。

11.9.3　查找服务(Reggie)

Reggie 是由 Sun 实现的查找服务，是 Jini 体系结构中核心的基础设施组件，它为设备、服务和客户提供了相应的机制，从而使得它们能够发现、加入或者由 Jini 网络中离开。

11.9.4 查找发现服务(Fiddler)

Fiddler 又称为查找发现服务，是一个代表其客户实现组播和单播发现的辅助服务。Fiddler 可以监听和处理来自查找服务的组播通告信息，当有新的查找服务出现时负责通知客户。

11.9.5 租借续租服务(Norm)

Jini 的租借模型提供了一个基本接口，出租者利用此接口向承租者提供一个租借对象，承租者利用该租借对象来完成一些租借维护工作，如续租、取消和租借映射等。无论是出租者还是承租者都可以选择将这些工作委托给一个第三方实体来负责，这个第三方实体代表出租者或者承租者处理所有与租借相关的任务。在 Jini 目前的分发版本中提供了一个 Norm 服务，可以代表客户完成租借工作。

Norm 服务为使用该服务的客户提供了一个 LeaseRenewalService 接口，客户可以利用该接口的方法 createLeaseRenewalSet()创建一个 LeaseRenewalSet 对象，利用该对象上的方法完成诸如租借续租、租借取消等工作。

11.9.6 事件邮箱服务(Mercury)

Jini 中大量使用了远程事件，由于远程事件的异步特性，有时候接收这些事件会带来困难，例如一个可激活的服务，当其处于非激活状态时就不能接收远程事件。事件邮箱服务可以储存并保留这些远程事件直到客户准备接收这些事件，并将所存储的事件通知根据需要分发给客户。

Mercury 为客户提供了 EventMailbox 接口，客户可以调用该接口的方法 register()来访问 Mercury。而 EventMailbox 依赖于 MailboxRegistration 接口中的方法实现与客户的交互。

一个想使用 Mercury 服务的客户必须完成以下步骤：

(1) 调用 Mercury 的方法 register()，它将返回一个 MailboxRegistration 类型对象。

(2) 使用 MailboxRegistration 接口支持或者取消事件分发。MailboxRegistration 接口提供了一种机制，可以对在分发时必须得到通知的监听者对象做出提示。

11.10 Jini 与 CORBA

CORBA 提供了一个特定于位置和协议的分布式体系结构，也就是说，客户必须与命名服务的位置提前绑定，而且必须有相关的 ORB 库，从而可以使用 IIOP 实现通信。而 Jini 则是与位置和协议无关的分布式体系结构，即 Jini 客户无需知道查找服务以及其他服务的位置，也不需要客户与服务提供者实现通信。Jini 使用发现协议来找到查找服务，而且一旦客户得到了代理，就可以使用任何分布式协议来与服务提供者通信，这其中也包括 IIOP。

CORBA 不支持网络类加载，特别是在使用非 Java 语言实现的时候更是如此。Jini 则不同，它充分使用了网络类加载，从而可以为分布式系统提供动态特性。

11.11　Jini 与其他即插即用技术

11.11.1　Jini 与通用即插即用(UPnP)

1. UPnP 概述

微软的通用即插即用是一个开放的分布式网络体系结构，它面向普遍存在的智能设备的点对点连接。即插即用技术首次出现在 1993 年，它是由 Microsoft 和 Intel 联合制定的用于计算机外围设备的一项规范，利用该技术使得计算机硬件的安装、配置、添加都易于实现。Windows 95 操作系统成功地应用了这一项技术。该技术一出现，立即受到计算机和外设生产商的欢迎，并逐渐得到广泛的认同和接受。通用即插即用技术将 PnP 功能扩展到网络环境，使得设备和服务诸如打印机、网关、以及消费类电子设备等，一旦接入网络，就可以立即使用。但 UPnP 并不仅仅是 PnP 外围设备模型的简单扩展，UPnP 模型设计为可以支持大量设备制造商的不同类型设备的“零”配置、自主联网、自动发现等。通过 UPnP，设备可以动态地加入网络，获得 IP 地址，发现网络上的其他设备及其提供的功能，所有这一切均是自动完成，从而真正实现网络的“零”配置。UPnP 使用的是已建立的 Internet 标准，如扩展标记语言(eXtensible Markup Language，XML)、超文本传输协议(HTTP)和服务定位协议(Serivce Location Protocol，SLP)，从而可以提供动态分布式计算功能。

2. UPnP 的假设

UPnP 建立在以下假设的基础上。

- 存在一个网络：设备之间可以保持连接性。
- 设备有 IP 寻址的功能：每个设备必须有一个 DHCP 客户，设备在第一次连接到网络中时，搜索一个可用的 DHCP 服务器，由 DHCP 服务器给该设备分配一个 IP 地址。如果没有可用的 DHCP 服务器，设备则使用 AutoIP 机制获得一个 IP 地址。AutoIP 是一种机制，通过该机制，可以从一组保留地址中选择一个 IP 地址。
- UPnP 面向的是设备：UPnP 还不能用于其他形式的服务，如软件服务等。
- 设备之间的通信采用简单对象访问协议(Simple Object Access Protocol，SOAP)。

3. UPnP 的主要组件

◆ 设备(Devices)

在 UPnP 中，设备指的是一个设备提供者。一个 UPnP 设备是服务和内置设备的容器。例如，一个 VCR 录像机可能包含磁带传输服务、调谐服务以及时钟服务等。又如，一个 TV/VCR 的组合设备不仅仅包含服务，还可以包含一些内置的设备。不同种类的 UPnP 设备可以和不同组别的服务以及嵌入式设备相关联，例如，VCR 提供的服务不同于打印机提供的服务。因此，不同的工作组应针对不同类型的设备提供的服务进行标准化。所有这些信息包含在设备的 XML 描述文档中。除了服务的组别外，设备的描述信息还应包含与设备有关的一些属性(诸如设备名称和图标等)。

◆ 服务(Services)

服务是 UPnP 网络的最小控制单元。服务通过状态变量呈现其行为和状态。例如，一个闹钟服务可以看成为这样的模型：它包含一个状态变量(current-time)，用于定义闹钟的状态；还包含两个行为，一个为设置时间(set-time)，另一个为取得时间(get-time)，通过这两个行为，可以对服务进行控制。同设备描述信息类似，上述信息是 XML 服务描述文档(由 UPnP 论坛进行标准化)的一部分。指向服务描述文档的 URL 包含在设备描述文档中。一个 UPnP 设备的每个服务都包含一张状态表、一个控制服务器和一个事件服务器。当服务的状态发生变化时，应及时更新状态表中的变量。控制服务器收到动作请求时执行动作，并更新状态表，返回响应信息。事件服务器的作用是每当服务的状态发生变化时，将这种变化回馈给对此变化感兴趣的注册者。例如，火警服务处于“响铃”状态时，将此事件发送给注册者。

◆ 控制点(Control Points)

在 UPnP 网络中，控制点起着控制器的作用，能够发现和控制其他设备。当一个 UPnP 设备连入网络，发现控制点或控制点发现设备后，控制点可以执行以下功能：

- 取回设备描述信息同时获得相关服务的列表。
- 取回感兴趣的服务的描述信息。
- 激活动作以控制服务。
- 向服务事件源注册。每当服务的状态发生变化时，事件服务器向控制点发送事件。

4．UPnP 的工作过程

◆ 获得一个 IP 地址

无论是设备还是控制点，如果要加入到 UPnP 网络中，必须首先获得一个 IP 地址，可以从一个 DHCP 服务器得到，或者采用 AutoIP 机制从一组保留的 IP 地址中得到一个地址。

◆ 发现

一旦设备连入网络并且获得了 IP 地址后，接下来便进行发现过程。这个过程是借助于 SSDP(简单服务发现协议)实现的。SSDP 允许设备向控制点(control points)广播其服务。SSDP 也允许控制点搜寻连入网络的设备。在这两种情况下，设备和控制点交互的基础是一组发现信息(discovery message)，发现信息包含设备及其服务的基本情况，例如，设备的类型、标识号以及指向设备的 XML 描述文档的指针。

◆ 搜集信息

控制点发现设备后，除了知道设备的位置外，对设备的其他情况仍一无所知。为了对设备的情况及其能力有更多的了解或能与设备进行交互，控制点必须根据设备提供的发现信息中包含的指针(URL)取回设备和服务的描述信息。设备和服务的描述信息是用 XML(可扩展标记语言)表达的。前者包括具体的设备销售商和制造商的信息，如型号名称、型号数字、序列号、生产厂商名、销售商的 Web 地址等；后者包括服务收到请求时做出响应的动作列表以及每个动作的参数，也包括服务在运行时表征其状态的变量。

◆ 执行操作

一旦一个控制点得到了设备的描述信息，就可以使用简单对象访问协议(SOAP)对设备进行操作了。为了控制设备，控制点向服务发送动作请求，这是通过向设备或服务的描述信息中包含的 URL 发送控制信息来实现的。同描述信息一样，控制信息要利用 SOAP 进行格式化，并使用 XML 进行表示。

◆ 事件响应

服务的描述信息中包括服务收到请求时做出响应的动作列表，也包括服务在运行时标识其状态的变量列表。当变量改变时，服务发布事件更新消息，其中包括状态变量的名称和当前值，对此事件感兴趣的控制点可以注册为事件接收者，并且做出适当的响应。这是利用通用事件通知体系结构(Generic Event Notification Architecture，GENA)来实现的。

◆ 呈现服务

UPnP 设备中包括一个呈现 URL 元素。所有控制点可以使用一个简单的 HTTP GET 请求，由此 URL 获得页面。此页面可以装载到一个浏览器上，而且可根据页面的功能，允许用户查看一个设备的状态或者控制某个设备。

5．Jini 与 UPnP 的比较

与 Jini 相比，UPnP 目前还缺乏安全机制。同 Jini 一样，UPnP 也提供一个标准化的服务接口，但是其服务的搜索基于字符串，缺少 Jini 服务搜索时的灵活多样性。UPnP 还面临这样的问题，即当几个客户同时使用设备服务时，设备的状态变量会同时被几个客户控制和修改。在 Jini 中则不存在这样的问题。因为代表某个服务的代理对象位于客户端，代理对象本身包含服务的状态。两种技术都基于 IP，因此要实现互操作比较容易。

11.11.2　Jini 与 Salutation

1．Salutation 概述

Salutation 是由国际上的一些工业组织和研究机构结成的联盟设计的开放性标准。设计 Salutation 体系结构的目的是为了解决在具有广泛连接性和移动性的环境中的大量各种类型的设备相互之间自动发现其服务并动用服务的问题。和 Jini 不同，Salutation 的体系结构允许服务之间以对等(peer-to-peer)方式通信，并不一定要求有一个集中式的服务存储机制，当然也可以像 Jini 那样采用集中式的服务存储机制。和 Jini 以及 UPnP 一样，Salutation 旨在实现与平台无关、与操作系统无关，除此之外，Salutation 还与网络无关、编程语言无关。

2．Salutation 的主要组件

Salutation 的主要组件包括以下三个部分。

- Salutation Manager(SLM)：SLM 的作用类似于 Jini 的查找服务(Lookup Service)，每个设备可以有一个嵌入其中的 SLM，也可以使用一个具有 SLM 的代理。SLM 起着充当客户代理的作用，并代表客户与服务进行交互。
- Transport Manager(TM)：TM 的作用是隔离 SLM 与传输层，使得 SLM 的具体实现

与采用的传输层协议无关，因而使得 Salutation 独立于网络。每个 TM 都绑定到一个特定的传输协议。

- Functional Unit（FU，功能单元）：在 Salutation 中，服务是由一个或多个原子性的功能单元组成的（例如，一个传真服务可能由“发送”、“打印”、“扫描”等功能单元组成）。功能单元由 Salutation 技术委员会制定，目前已定义的功能单元包括打印、传真、存储、地址薄以及语音邮件等。每个功能单元由该单元具有的“能力”来描述。典型地，该“能力”是一些“属性-值对”（attribute-value pairs），用来描述与功能单元对应的实体的状态。这些“属性-值对”对与客户发出请求时需要的“能力”进行匹配，以完成服务发现的过程。功能单元同时还定义了可以使用的标准协议、数据格式、API 等。

3. Salutation 的工作过程

加入网络的服务在本地 SLM 或远程 SLM 中注册自己。为了找到一个特定的服务，客户向最近的 SLM 发出请求开始服务发现的过程。该 SLM 使用 Salutation 协议以及 TM 与其他的 SLM 进行交互，以找到该特定的服务。一旦发现了可用的服务，客户可以使用两种方式使用该服务。第一种方式是 native mode，设备之间在没有 SLM 参与的情况下通过使用公开的协议和数据格式互相通信；第二种方式是 Salutation mode，SLM 充当设备的代理并使用 FU 中定义的协议和数据格式与服务进行通信。

4. Jini 与 Salutation 的比较

Salutation 在功能上与 Jini 类似，且具有与语言、网络、传输协议无关的优点。Salutation 可以采用 C 或者 Java 实现，也可以采用其他语言实现。Salutation 用于商业用途时没有版权税的限制，而 Jini 有。Salutation 的缺点是目前的规范还没有涉及安全和可靠性的问题。

11.12 Jini 代理体系结构

对于想要加入支持 Jini 技术的服务网络（即 Jini 网络）的硬件部件或软件组件来说，必须满足几个关键性的要求：能够参与 Jini 的发现和加入协议；能够下载和执行用 Java 语言编写的类文件。此外，在必要的时候还必须能够输出类文件以供远程实体下载。这些要求对多数硬件部件或软件组件来说并不难满足。然而，对于不能满足上述要求中的一个或全部的硬件部件或软件组件，则不能直接参与到 Jini 网络中来。Jini 代理体系结构旨在定义一种方法，通过这种方法，这些部件或组件在第三方实体的帮助下，能够参与到 Jini 网络中来，同时仍旧保持 Jini 的即插即用模型。

代理体系结构使那些资源有限的设备能够利用 Jini 技术的优势，充分地参与到与其他支持 Jini 技术的服务和设备交流的行列当中。在代理体系结构中，资源有限的设备通过将自己的代理（这里的代理称为 surrogate）上载到代理主机中，由代理主机初始化该代理，将其在查找服务中注册（注册后的代理称为 proxy），从而参与到 Jini 网络中。

11.12.1　代理体系结构的目标

代理体系结构针对的硬件部件或软件组件具有以下的共同属性：没有下载代码的能力，或是由于计算资源不足(如处理器能力不足、存储容量不够)，或是网络连接性上的限制(不能直接参与到 Jini 网络中)。

Jini 代理体系结构的三个目标可以表述如下。

- 设备类型独立：代理体系结构可以支持广泛的具有不同能力的硬件部件和软件组件。通过使用代理，设备不再依靠任何特定类型的软件或者硬件。
- 网络类型独立：代理体系结构可以容纳种类繁多的连接技术。网络类型独立包括在相同的物理传输层上，同时支持不同类型的协议。亦即通过代理，设备不再依靠任何特定类型的网络。
- 保持即插即用：代理体系结构要保持 Jini 技术的即插即用模型。这包括发现、代码下载、分布式资源的租用等概念。亦即通过代理，设备一定能够发现 Jini 网络，在需要的时候下载代码，租借使用网络中的分布式资源。

11.12.2　代理体系结构概述

Jini 代理体系结构允许原本不能加入 Jini 网络的设备可以加入网络。例如大多数移动和无线设备就属于这一类。它需要使用一个能够与 Jini 网络交互的对象来连接设备及其环境。为做到这一点，需创建一个对象(或代理)来代表设备。通过向代理主机提供 JAR 文件或 JAR 文件的位置，设备在其“本地”网络环境找到代理主机，然后用它注册。代理主机实例化一个代理对象，该对象是从该 JAR 文件获得的。这个代理对象随即成为该设备在 Jini 网络上的代表。

1. 相关术语

- 代理(surrogate)：代表设备的对象。对象的实现可以是 Java 软件组件和其他资源的集合。
- 可成为主机的机器(host-capable machine)：Jini 网络的一部分，可以下载代码、运行代理，提供代理的硬件或者软件组件可以访问该机器。
- 代理主机(surrogate host)：驻留在可成为主机的机器上，为代理体系结构中的组件运行提供 Java 应用环境。除了提供计算资源、执行环境、生命周期的管理外，代理主机也可以提供其他的主机资源以辅助该体系结构中的组件。
- 输出服务器(export server)：是一个组件或一组组件的集合，可以是代理主机的一部分，也可以与代理主机一起工作，为代理资源的输出提供一种方法，以便远程实体可以下载这些资源。这些可供输出的资源(特别是类文件)，对 Jini 环境中的许多操作而言都是必不可少的。
- 交互连接(interconnect)：代理主机和设备之间的逻辑或物理上的连接。对一个物理连接来说，在该物理连接上定义的交互连接可能不止一个。

- 交互连接协议(interconnect protocol)：特定于交互连接的机制，用于发现、取回代理和代理生命周期的管理。
- 交互连接适配器(interconnect adapter)：一个特定于交互连接的组件或者组件的集合，它或者与执行交互连接协议的代理主机一起运行或者作为代理主机的一部分。

2. 基本工作原理

图 11-13 是代理体系结构的原理图。代理体系结构最基本的假设是网络中必须存在一个能成为主机的机器，该机器在 Jini 网络和设备之间充当代理的作用，并且有足够的计算资源从设备下载代码，负责代表设备执行用 Java 语言编写的代码。一个可成为主机的机器可以容纳一个或多个代理主机。代理主机和设备之间的连接方式遵循 Jini 技术 IP 交互连接规范(Jini Technology IP Interconnect Specification)。

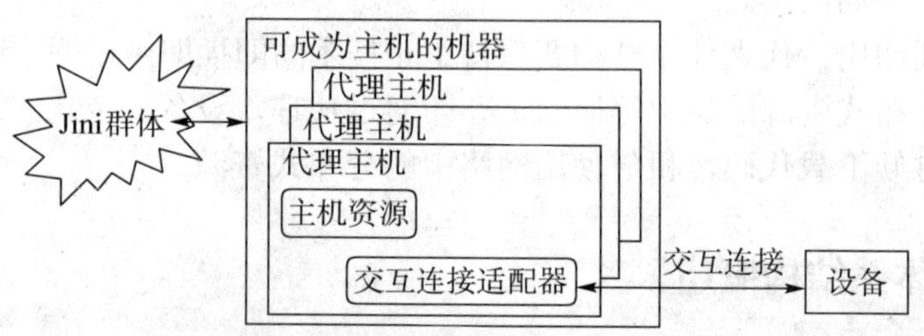

图 11-13　Jini 代理体系结构图

其基本的工作机制如下。

(1) 发现有两种方式可使设备和代理主机相互发现对方。

- 设备进行广播：设备在网络中广播它的出现，然后等待某个代理主机响应并找到它，这种方式类似于 TCP/IP 网络中的 DHCP(Dynamic Host Configuration Protocol，动态主机配置协议)。一个设备持续广播它是网络中“新来的”，直到某个服务器向它提供参与到网络中所需的信息。
- 代理主机进行设备探测：代理主机主动探测网络中的设备，等待网络中可能出现的设备或不停地进行轮询、查找设备。这类似于 USB 连接寻找设备的方式。代理主机始终保持对新连接设备的监听，而且一旦代理主机探测到这样一个设备，就会初始化一个使设备参与到 Jini 网络中的过程。

(2) 获取代理——代理主机获取设备的代理可以采用以下三种方法。

- 设备上传代理：设备将代理上传到代理主机，也就是设备开启一个与代理主机的套接字连接，向其中写进一定数量的字节码(byte code)，这些字节码相当于代理的 Java 类文件或者经过打包的 JAR 文件。
- 代理主机从设备中抽取代理：如果设备本身嵌入了一个 Web 服务器，代理主机就能够建立一个 HTTP 请求，从而下载设备的代理类文件或者 JAR 文件。
- 代理主机从其他地方下载代理：代理主机使用设备提供的 URL 从网络上下载代理。

(3) 激活代理——代理获取后，下一步就是激活代理。激活代理要经过以下六个步骤。

- Manifest 检查：代理主机必须检查 manifest 文件中的 Surrogate-Class 头信息，此文

件位于代理 JAR 文件内。

- 资源提取：代理主机必须寻找代理 JAR 文件中的 Surrogate-Codebase 头信息。
- 生成执行环境：为代理生成一个新的线程和类载入器(class loader)。
- 实例化对象：初始化代理对象。
- 获得代码基(codebase)：如果接口是可获取的，那么就可以设置代码基注释。
- 激活：激活代理对象。

(4) 运行代理——代理一旦由代理主机激活后，就可以代表设备执行任何需要的任务，包括参与到 Jini 网络中去。代理和设备之间通信的协议可以是任何类型的私有协议，如图 11-14 所示。

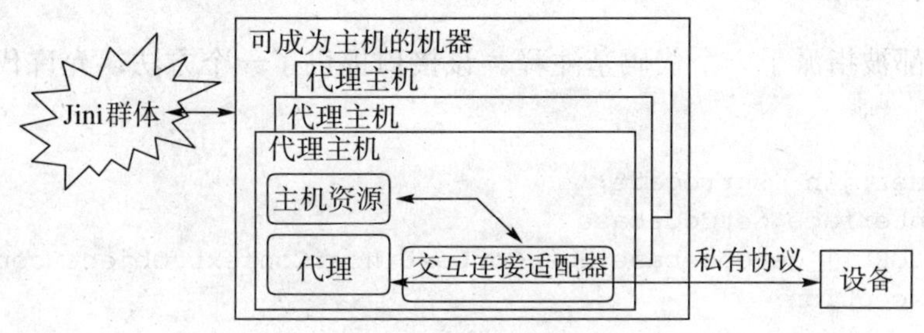

图 11-14　运行中的代理

(5) 代理生存期——代理被加载到代理主机并被激活后，由代理或者代理主机监测设备的可用状态。设备处于可用状态意味着在代理和设备之间有一条可用的通信连接，并且代理和设备均处于活动状态。如果代理主机、代理、设备和代理主机之间的交互连接、设备中的任何一方出现问题，都有可能造成通信连接的中断。如果出现通信连接被中断的情况，则代理必须被解除激活(Deactivation)。

(6) 代理解除激活——代理被解除激活，包括以下三个步骤。

- 解除代理激活：通过调用代理的 deactivate()方法将代理置为不活动状态。
- 释放资源：代理运行时使用的资源应该被释放。
- 销毁运行环境：将代理的执行环境销毁。

11.12.3　代理体系结构编程模型

代理体系结构提供了一组编程模型，任何想参与到 Jini 网络中的设备，只要实现了该编程模型，就可以与 Jini 网络中的其他服务相互交互，即可以作为服务提供者，也可以作为服务请求者。

1. 代理接口(Surrogate Interface)

代理接口定义了 activate()和 deactivate()方法，这两个方法由代理主机用来控制代理的执行。该接口也提供了代理访问其执行环境的方法。代表设备的任何代理类都必须实现这个接口。

```
package net.jini.surrogate;
public interface Surrogate(){
    void activate(HostContext hostContext,Object context) throws Exception;
    void deactivate();
}
```

功能：

activate()和 deactivate()方法由代理主机分别用来激活代理和解除代理的激活。参数 hostContext 用来访问代理的运行环境，运行环境由接口 HostContext 定义，参数与设备和代理主机之间的交互连接类型有关。

2. 获取代码基接口(GetCodebase Interface)

每个代理都被指派了一个代码基注释。该接口提供了一个方法，允许代理设置自己的代码基。

```
package net.jini.surrogate;
public interface GetCodebase {
java.net.URL[] getCodebase(HostContext hostContext,Object context)
throws Exception;
}
```

功能：

如果代表设备的代理实现了这个接口，则表明代理特别指定了自己的代码基。代理主机在调用 activate()方法激活代理前先调用 getCodebase 方法，由返回的 URL 设置代理的代码基。如果方法 getCodebase 抛出异常，代理主机则认为代理无法被激活，于是代理便会被代理主机丢弃。

3. 主机上下文接口(HostContext Interface)

主机上下文接口向代理提供了访问代理主机上的运行环境的方法。这是通过向 activate()和 getCodebase()方法传递一个 HostContext 对象来实现的。

```
package net.jini.surrogate;
import net.jini.discovery.DiscoveryManagement;
public interface HostContext {
DiscoveryManagement getDiscoveryManager();
void cancelActivation();
SurrogateController newSurrogate(InputStream surrogate,Object context,
DeactivationListener listener)
throws SurrogateCreationException;
}
```

功能：

方法 getDiscoveryManager()返回一个实现 DiscoveryManagement 接口的对象，该对象定义了针对于该代理的 Jini 发现管理策略。

方法 cancelActivation()用来通知代理主机设备的代理必须被解除激活。一个处于活动状态的代理可以在任何时候调用该方法，向代理主机提出请求，以便解除这种激活状态。

代理主机得到通知后，将该代理做上标记，然后以异步方式调用方法 deactivate()。

方法 newSurrogate()要求代理主机加载并激活一个新的代理，这个新的代理称为子代理，而调用该方法的代理称为父代理。如果在加载和激活新代理的过程中出现任何错误，则抛出 SurrogateCreationException 异常。参数 surrogate 为输入流的形式，典型地是一个 JAR 文件。参数 listener 是一个 DeactivationListener 对象，当这个新生成的代理的 deactivate()方法被调用时，用来通知解除激活收听者。

4. 解除激活收听者接口(DeactivationListener Interface)

当子代理被解除激活时，这个接口用来通知父代理。

```
package net.jini.surrogate
public interface DeactivationListener {
public void deactivated();
}
```

功能：

当子代理通过方法 deactivate()被解除激活时，由代理主机调用方法 deactivated()。

5. 代理控制器接口(SurrogateController Interface)

这个接口用于父代理解除对子代理的激活。

```
package net.jini.surrogate
public interface SurrogateController {
public void deactivate();
}
```

功能：

方法 deactivate()请求代理主机将控制器代表的子代理解除激活。如果子代理已经被解除激活，调用此方法则不会有任何结果。

6. 代理创建异常类(SurrogateCreationException Class)

当调用 HostContext 接口的 newSurrogate()方法创建新的代理失败时，抛出此异常。

```
package net.jini.surrogate;
public class SurrogateCreationException extends java.lang.Exception {
public SurrogateCreationException(String message) {...}
public SurrogateCreationException(String message,
Throwable nestedException) {...}
public String getMessage();
public Throwable getNestedException();
}
```

功能：

方法 getMessage()返回抛出的异常，包括嵌套的异常(如果有的话)。

方法 getNestedException()返回嵌套的异常(如果有的话)，否则返回 null。

11.13 Jini 图形用户界面

要使用一个服务对象，必须向服务实现的接口中的方法发出远程调用。但是在需要用户与服务进行交互的场合，客户没有办法直接与服务接口中的方法发出调用，此时，需要一个用户界面。用户界面(UI)充当用户适配器(user adapters)的作用，将用户不能直接交互的服务对象接口转变为可以直接进行交互操作的形式。一个用户界面可以拥有图形、文字、语音甚至是 3D 类型的界面。通常，用户界面是和应用的功能紧密结合在一起的，这在传统的桌面应用中非常普遍。但是，由于 Jini 广泛的适用性，从各种小型设备(如蜂窝电话、PDA等)到台式机，再到大型主机，由于这些设备各自拥有的资源互不相同，因此对用户界面的需求就互不相同。如果将应用的用户界面和功能结合在一起，对一个资源有限的设备(如蜂窝电话)来说将变得不可能。因此，应该针对不同的应用类型设计不同的用户界面。Jini 体系结构主张如下：

- 用户界面和功能应该分开。
- 用户界面和功能都应该被包装在各自的对象之中。
- 用户界面代码和功能代码的结合点应该是服务对象接口。

Jini 服务对象(代理)应纯粹代表服务的功能(功能是通过服务对象接口上的方法表达的)，而不应为个人用户提供任何形式的访问服务的方法。应为个人用户访问方法提供单独的用户界面对象(UI object)。使用户界面和功能分开，可以为一个单一的服务提供不同类型的用户界面。

要通过用户界面使用服务对象的方法应遵循 Jini 服务用户界面规范。该规范定义了一种标准方法，用户界面提供者可以将一个 UI 对象和一个 Jini 服务结合在一起，同时为客户程序提供了在同一个服务的多种用户界面中找到最适合自己的一种方法。要为服务增加用户界面，用户界面的提供者(主要是服务提供者，也可以是第三方)必须提供以下三项：

- UI 描述器(UI descriptor)用于描述 UI。
- UI 工厂(UI factory)，用于产生 UI。
- UI 本身。

UI 工厂是一个对象，该对象具有一个或多个工厂方法，用于产生和返回用户界面。UI 描述器是 net.jini.lookup.entry.UIDescriptor 的一个实例，作为一个容器容纳 UI 工厂及由工厂产生的其他描述用户界面的对象。由于 UIDescriptor 实现了 net.jini.core.entry.Entry 接口，因此可以被包含在 ServiceItem 的属性列表中，由此就将用户界面和服务联系在了一起。UI Descriptor 包括如下四个公共域。

- 工厂(factory)：是 java.rmi.MarshalledObject 的引用，包含了 Marshalled 形式的 UI 工厂对象。一个 Marshalled 形式的对象是序列化了的对象，仅在需要时从指定的代码基加载，这样做可以不加载未使用的对象，从而节省内存。
- 属性(atributes)：是 java.util.Set 形式的属性对象集合，用于描述由工厂产生的 UI。
- 工具集(toolkit)：字符串对象，给出了 UI 需要的工具集的主要包的包名。这是最常见的用于搜索的属性。

- 角色(role)：字符串对象，给出了代表 UI 的角色的 Java 接口类型的全名，如 MainUI。

使用属性、工具集和角色字段的目的是用来描述 UI 工厂产生的用户界面。用户可以通过这些字段在与服务相关的 UI 中选择合适的界面，一旦选定相应的用户界面，用户就可以通过使用 factory 创建所选择的 UI 对象。使用 UI 描述器和经过编组的工厂(marshalled factories)而不直接将 UI 保存在 ServiceItem 的属性集合中的好处如下。

- 由于描述器描述了 UI，因此在实际生成 UI 前，已经知道需要以及会得到的 UI(如 Panel、Frame、JFrame 等)。
- 由于工厂是经过编组的，因此如果不想使用 UI，就没有必要加载需要的类。
- UI 可能相当大，特别是存在几个不同种类的 UI 时。工厂仅仅包含一些描述工厂的属性，UI 仅在需要时被实例化。

11.14　小　　结

本章对 Sun 公司的 Jini 技术做了简要介绍，这是一个新型的分布式计算环境，提供对网络设备的即插即用支持。文中首先介绍了 Jini 的假设条件和历史，其系统目标是将网络转变成一个易组织、易管理的环境，通过这个环境，用户能够找到他们感兴趣的资源并加以利用。

Jini 使用了一些核心概念，包括服务、查找服务、代理、租约和事件。Jini 支持的群体自发创建及自修复等能力，都基于这几个核心概念。服务能自动寻找网络中的群体并加入到其中，是 Jini 完成自发创建群体功能的部分；查找服务用于管理服务提供者如何将自身的服务提供给服务的使用者；代理实现服务与其使用者之间的通信；租约使 Jini 具有自修复的能力，它保证了一个群体在某些关键服务失败的情况下，一段时间之后可以恢复；事件是 Jini 服务彼此通报状态变化所使用的机制。

Jini 系统在逻辑上由三部分组成：基础设施、编程模型和服务。基础设施用于构建一个 Jini 系统，服务是这个系统中的实体。通过发现、查找和加入协议实现具体的系统构成；编程模型则是一组接口，用于构建可靠的服务，既包括基础设施中原有的服务，也包括新加入 Jini 群体的服务。

针对构建一个 Jini 服务体系的问题，本章对 Jini 代理体系结构、构建服务体系时的选择以及服务的图形用户界面做了较为详细的分析。代理体系结构解决了大量的小型设备加入 Jini 网络的问题。这些小型设备由于自身资源的限制，不能直接运行 Jini 技术，从而不能加入 Jini 群体为其他成员提供服务。它们必须借助于一个代理，代理实现了设备提供的功能，设备提供将代理委派到一个能运行 Jini 的代理主机，由代理主机负责代表设备为群体中的其他成员提供服务。在构建 Jini 服务体系时，应根据设备或者软件组件各自不同的情况设计不同的方案。而在一个服务体系中，服务可以通过添加图形用户界面为客户提供直观的使用方法。

11.15 习　　题

1．简述网络即插即用的需求。

2．简述 Jini 体系结构。

3．简述 Jini 核心服务。

4．简述 Jini 代理结构体系结构及其用途。

5．实践 Jini(桌面环境与掌上电脑及其小型机器人环境)。

6．比较 Jini 发现机制与 ODP、CORBA 交易器服务的异同。

第 12 章　Web 服务

知识点：

- ❖ Web 服务
- ❖ SOAP
- ❖ UDDI
- ❖ Web 服务扩展
- ❖ Web 服务在电信中的应用

本章概述：

本章首先系统介绍了 Web 服务的架构及关键技术，随后在此基础上介绍了 Parlay Web 服务及其 Parlay X API 技术。分析了 Parlay X API 中的主要组成部分及典型流程。

12.1　Web 服务基础

12.1.1　Web 服务简介

Web Service 是在 Internet 上进行分布式计算的基本构造块。开放的标准以及对用户和应用程序之间的通信和协作的关注产生了这样一种环境：在这种环境下，Web 服务成为应用程序集成的平台。应用程序是通过使用多个不同来源的 Web 服务构造而成的，这些服务相互协同工作，而无论它们位于何处或者如何实现。

有多少个构建 Web 服务的公司，就可能有多少种 Web 服务定义。不过几乎所有定义都具有以下共同点：

- Web 服务通过标准的 Web 协议向 Web 用户提供有用的功能。多数情况下使用 SOAP 协议。
- Web 服务可以非常详细地说明其接口，使用户能够创建客户端应用程序与它们进行通信。这种说明通常包含在称为 Web 服务说明语言（WSDL）文档的 XML 文档中。
- Web 服务已经过注册，以便潜在用户能够轻易地找到这些服务，这是通过通用发现、说明和集成（UDDI）来完成的。

Web 服务体系结构的主要优点之一是：允许在不同平台上、以不同语言编写的各种程序以基于标准的方式相互通信。SOAP 比以前的方法要简单得多，因此要实现与标准兼容的 SOAP，障碍也要少得多。引入 Web 服务与引入以前的技术相比，其成本要低得多。

12.1.2 SOAP

SOAP 是 Web 服务的通信协议。SOAP 用来定义消息的 XML 格式，包含在一对 SOAP 元素中的、结构正确的 XML 段就是 SOAP 消息。

SOAP 规范的其他部分介绍如何将程序数据表示为 XML，以及如何使用 SOAP 进行远程过程调用(RPC)。这些可选的规范部分用于实现 RPC 形式的应用程序，其中客户端将发出一条 SOAP 消息(包含可调用函数，以及要传送到该函数的参数)，然后服务器将返回包含函数执行结果的消息。目前，多数 SOAP 实现方案都支持 RPC 应用程序，这是因为习惯于开发 COM 或 CORBA 应用程序的编程人员熟悉 RPC 形式。SOAP 还支持文档形式的应用程序，在这类应用程序中，SOAP 消息只是 XML 文档的一个包装。文档形式的 SOAP 应用程序非常灵活，许多新的 Web 服务都利用这一特点来构建使用 RPC 难以实现的服务。

SOAP 规范的最后一个可选部分定义了包含 SOAP 消息的 HTTP 消息的样式。此 HTTP 绑定非常重要，HTTP 绑定虽然是可选的，但几乎所有 SOAP 实现方案都支持 HTTP 绑定。基于这一原因，人们通常误认为 SOAP 必须使用 HTTP。其实，一些其他实现方案也支持 MSMQ、MQ 系列、SMTP 或 TCP/IP 传输。

开始使用 SOAP 时，最容易混淆的是 SOAP 规范及其许多实现方案之间的差异。多数使用 SOAP 的用户并不直接编写 SOAP 消息，而是使用 SOAP 工具包来创建和分析 SOAP 消息。这些工具包通常将函数调用从某种语言转换为 SOAP 消息。例如，Microsoft SOAP Toolkit 2.0 将 COM 函数调用转换为 SOAP，而 Apache Toolkit 将 Java 函数调用转换为 SOAP。函数调用的类型和支持的参数的数据类型随每个 SOAP 实现方案的不同而不同，因此适用于一个工具包的函数可能并不适用于另一个工具包。

HTTP 的普及和 SOAP 的简单性使得几乎可以从任何环境调用它们，因此成为 Web 服务的理想基础。

12.1.3 WSDL

WSDL(Web Services Description Language)为 Web 服务说明语言，可以认为 WSDL 文件是一个 XML 文档，用于说明一组 SOAP 消息以及如何交换这些消息。WSDL 对于 SOAP 的作用就像 IDL 对于 CORBA 或 COM 的作用。由于 WSDL 是 XML 文档，因此很容易进行阅读和编辑。

WSDL 文件用于说明消息格式的表示法以 XML 架构标准为基础，这意味着它与编程语言无关，而且以标准为基础，因此适用于说明可从不同平台、以不同编程语言访问的 Web 服务接口。除说明消息内容外，WSDL 还定义了服务的位置，以及使用什么通信协议与服务进行通信。有几种工具可以读取 WSDL 文件，并生成与 Web 服务通信所需的代码。其中一些最强大的工具可在 Microsoft Visual Studio® .NET 中找到。

12.1.4 UDDI

通用发现、说明和集成(UDDI)是 Web 服务的黄页。与传统黄页相同，可以搜索提供所需服务的公司，进行阅读以便了解其所提供的服务，然后再与某人联系以获得更多信息。

UDDI 目录条目是介绍所提供的业务和服务的 XML 文件。UDDI 目录条目包括三个部分，它们分别是：白页、绿页和黄页。白页介绍提供服务的公司，如名称、地址、联系方式等；黄页包括基于标准分类法的行业类别；"绿页"详细介绍了访问服务的接口，以便用户能够编写应用程序以使用 Web 服务。服务的定义是通过一个称为类型模型(或 tModel)的 UDDI 文档来完成的。多数情况下，tModel 包含一个 WSDL 文件，用于说明访问 Web 服务的 SOAP 接口，但是 tModel 非常灵活，几乎可以说明所有类型的服务。

UDDI 允许查找提供所需的 Web 服务的公司。如果已经知道要与谁进行业务合作，但尚不了解它还能提供哪些服务，这时该如何处理呢？WS-Inspection 规范允许浏览特定服务器上提供的 Web 服务的集合，从中查找所需的服务。

12.2 Web 服务缺陷

Web 服务体系结构要适合企业还需要改进以下方面。

- 安全性/隐私权：Web 服务体系结构级安全性由网络级安全性和内容级安全性两个级别构成。在网络级上，安全套接字层(Secure Sockets Layer，SSL)已经被为数众多的企业实现了。在内容安全性方面，W3C 已经在保护 XML 内容的安全方面做了大量工作。
- 消息传递/路由、可靠性/质量服务和事务处理：为请求、提供和接收各种服务。Web 服务应用程序需要来回发送许多消息，因此消息传递/路由的效率极其重要。如果发生了故障，系统管理员能够跟踪和了解消息发生了什么事，这一点也极其重要。对于事务来说，如果发生了故障，它们应该能够得体地回滚。Web 服务需要在消息创建/消息跟踪方面加以改进。它们需要更复杂一些以便在事务处理和消息的审计跟踪过程中提供更好的可靠性。
- 可管理性(Manageability)：可靠而高效地操作分布式计算环境，系统管理员需要一些程序、工具和实用程序使他们能够深入了解系统和网络的情况，以及他们的应用程序的状态和行为模式。
- 性能/调优：对于事务处理和网络/系统/应用程序管理，W3C 已经选择把重点放在协议和基础架构上，而不是放在为用于分布式 Web 服务应用程序及服务器的调优工具和实用程序制定规范上。
- 互操作性：为使 Web 服务体系结构充分发挥它的潜能(作为一种跨平台的、程序对程序通信的体系结构)，必须解决不同供应商的平台和 Web 服务实现之间的互操作性问题。

12.3 Web 服务安全

12.3.1 Web 服务安全简介

通常，刚接触 SOAP 的用户提出的第一个问题就是 SOAP 如何解决安全性问题。在其早期开发阶段，SOAP 被看做是基于 HTTP 的协议，所以认为 HTTP 的安全性对于 SOAP 已经足够了。毕竟目前有数以千计的 Web 应用程序都在使用 HTTP 安全性，所以这对于 SOAP 确实已经足够。因此，当前的 SOAP 标准假定安全性属于传输问题，而并不作为安全性问题处理。

当 SOAP 扩展至更为通用的协议，并运行于众多传输之上时，安全性问题就变得突出了。例如，HTTP 提供若干种方法对进行 SOAP 调用的用户进行身份验证，但是当消息从 HTTP 路由到 SMTP 传输时，怎样传播该身份标识呢？SOAP 是作为构造块协议进行设计的，所以幸运的是，已经有了相应的规范基于 SOAP 为 Web 服务提供额外的安全保护功能。WS-Security 规范定义了一套完整的加密系统，而 WS-License 规范定义了相应的技术以保证调用者的身份标识，并确保只有授权用户才可以使用 Web 服务。

12.3.2 WS-Security

WS-Security 为 Web 服务提供了一种保障服务安全性的语言。WS-Security 提供了三种能力来描述了 SOAP 消息的扩展：信任传输、消息集成和消息机密性。这些功能自身并不提供完全的安全解决方案；WS-Security 能和其他 Web 服务协议一起用来满足多种类型的应用安全性的需要。

WS-Security 提供了一个通用的机制来将许可证(签署了的信任声明，如 x509 信任状或者 Kerberos tickets 等)与消息关联，而不需要指定特殊的格式。

XML Signature 可以保证消息的完整性，而许可证则用来确保消息在传递时不被修改。同样地，消息机密性可以由 XML Encryption 和许可证一同提供，共同保证 SOAP 消息各部分的机密性。

注意，在下面描述的消息指的都是 SOAP 消息。

1. 架构组成

通过使用 SOAP 扩展模型，这个基于 SOAP 的规范被设计用于和其他一些机制进行组合，从而提供一个完善的消息环境。同样地，WS-Security 自身没有提供一个完全的安全解决方案，但是 WS-Security 能够和其他 Web 服务协议一起来满足多种类型应用的安全性需要。

- credentials(信任状)，为了让两个或更多的实体之间实施安全的通信，它们常常需要交换安全信任状。WS-Security 可以用来交换多种安全信任状。
- license(许可证)是一种信任状，包括一组经过授权签署的声明。其中一些声明是关于密钥的，这些密钥是非常重要的，它们能够被用来签署或加密消息。许可证的例子包括 X.509 证书和 Kerberos tickets。

- testament(证明)是用来确诊许可证拥有者的信息。证明的例子可能包括一个私钥(相对于 X.509 证书中的公钥来说的)或一个会话密钥(相对于 Kerberos ticket 中的已加密会话密钥来说)。

在一个许可证中，密钥能够用两种形式来描述(通过一个声明)：公钥或是对称密钥。而核心的加密方法的使用与低层的机制和语言是彼此正交、互相中立的。

2．为消息安全使用许可证

为了发送一个安全的消息，典型的发送者需要签署和加密发出的消息。发送者使用发送者的 testament 签署消息。发送者然后使用接受者许可证内的密钥来加密消息。为了使接受者相信，发送者可以把发送者的许可证也附在消息上。

当一个消息被一个预期的消息接受者接受时，接受者验证签名。这些签名使用的密钥是由 XML Signature 信息块描述的。如果已经提供了许可证，接收者能够通过签名密钥来定位许可证。如果消息签名被验证了，那么接收者将可以明明白白地知道自己是否应该相信那些与发送者许可证里面的密钥相关的声明。而对于信任假设的处理则不在 WS-Security 规范所要讨论的范围之内了。

3．符号定义

在 WS-Security 之后的描述中，将使用表 12-1 的速记符号。

表 12-1　符号定义

L[x]	实体 x 的许可证
L[X->Y]	实体 x 用于和实体 y 进行通信的许可证
T[X]	实体 x 的证明
K[X]	实体 x 的密钥
{m}(E=x)	使用密钥 x 加密的消息 m
{m}(S=x, E=y)	使用密钥 x 签署，密钥 y 加密的消息 m
{m}(S=x, E=y/z)	这是{m}(S=x, E=y)和{y}(E=z)的连接

4．简单安全消息交换

使用 WS-Security 体系结构进行安全消息通信的最简单的形式可以考虑为从 A 发送一个消息 M1 到 B，并且相应地有一个响应消息 M2。

A -> B：{M1}(S=T[A], E=K[B])，L[A] A <- B：{M2}(S=T[B], E=K[A])，L[B]

A 使用自己的证明签署了消息 M1，同时使用 B 的许可证中的密钥加密了消息。而且作为代表性的使用方式，A 同时在消息中包括了它自己的许可证。作为回应，B 则做了相反的事情，B 使用自己的证明签署了消息 M2，同时使用 A 的许可证中的密钥加密了消息。而且，作为代表性的使用方式，B 同时在消息中包括了它自己的许可证。

注意到，WS-Security 规范的作用领域主要就是针对上面描述的操作。WS-Security 规范没有描述 A 如何包括 B 的许可证，也没有描述 A 或者 B 如何去信任对方的许可证。这些行为留给更高级别的协议和应用逻辑，这些已经在规范的说明范围之外了。

5．实例

Alice 获得了一个许可证(L[B])，她也有她自己的许可证 L[A]。在此例中，假设两个许可证都是基于公钥的。但是应该注意到，这里描述的基本步骤同样被运用于对称密钥加密技术。

Alice 能够使用下面的方法和 Bob 开始一个安全会话。

Alice 决定使用密钥 K[B]。她只是简单地从 Bob 的许可证中取出公钥。

Alice 使用 WS-Security 签署消息 M。通过使用 WS-Security 规范算法计算出一个消息摘要，并且通过使用集成的 Header 把加密后的消息摘要附在消息上，此时，她完成了消息的签署，其中消息摘要是使用她自己的证明 T[A]加密的，相对于公钥的私钥包含在她的许可证 L[A]中。

接着，Alice 使用 WS-Security 加密消息 M 的主要部分。如果使用公钥算法加密整个消息的话，花费会很大(一般常见的有 RSA)。为了减少这种花费，Alice 建立了一个对称密钥 K[X]来加密 M(比如 DES)。然后使用 K[B]来加密 K[X]，并把它附在消息里面，这个消息和密钥加密是使用 XML Encryption 机制的。

Alice 使用信任状消息头将她的许可证附在消息中，并把消息发送给 Bob。

当 Bob 收到了消息，他需要做下面的事：

Bob 通过定位 XML Encryption 标签(Tag)来检查消息。当定位到这个 XML 标签，Bob 通过使用他自己的证明 T[B]中相对于许可证中公钥的私钥来解密消息体。特别地，Bob 使用 T[B]来解密 K[X]，同时使用 K[X]解密消息。

Bob 通过定位集成的消息头检查消息，然后通过使用签名中解密而得到的密钥，使用这个消息头来验证解密的数据。基于这个钥匙，他定位到 Alice 的许可证(在信任状消息头中)，接着决定他是否应该相信 Alice 的许可证，如果是的话，Bob 将继续处理。

6．从公共密钥切换到对称密钥

下面的例子显示了基本的 WS-Security 机制如何组合从而形成高级的安全协议。注意，下面的例子特意做得比较简短，因此需要注意的是它是非标准化的，这点非常重要。

假如 Alice 和 Bob 想进行一个私密的会话，但不想对每个消息都使用公钥加密。Alice 能够产生一个会话密钥，并且使用他们现存的通道把它传给 Bob。在这个密钥交换的过程中，其使用的是私有的协议。另外一个方法是建立一个新的许可证，并通过发布新的许可证给其他成员，以此来使用基于对称密钥的 WS-Security 框架。

下面描述第二个方法是如何实施的。作为通信初始化的一部分(如上面所描述的那样)，Alice 发布了一个新的许可证 L[B->A]，她使用她的证明 T[A]来签署，并把它发给 Bob。更精确地，Alice 通过将自己视为认证方而重新发布最初的许可证 L[B]，这个许可证带有一个新的用于加密的对称密钥 K[B->A]，因为她信任最初的许可证 L[B]，所以她可以这样做。使用符号 L[B->A]来显示 A 给 B 用来从 B 到 A 通信的许可证。

除提供给 Bob 新的许可证 L[B->A]之外，Alice 需要提供 Bob 能够用来证明他拥有新许可证的证明。这个证明可以被引用为 T[B->A]，因为使用对称钥，所有密钥都是 K[B->A]。为了提供 Bob 这个 T[B->A]，Alice 签署并加密了 T[B->A]并且把它包含在发送消息中。

当 Bob 收到消息，能够取得这个新的证明，然后使用证明 T[B]签署发布新的许可证 L[A->B]，并通过适当加密后的证明把这个新的许可证提供给 Alice。在后来的消息中，Alice 将使用新的许可证。

用数学方法重定义，这个过程将成为：

◆ 交换初始化

```
Alice -> Bob: {M1}(S=T[A], E=K[X]/K[B]), L[A], L[B->A], {T[B->A]} (S=T[A],
E=K[B])
Bob -> Alice: {M2}(S=T[B], E=K[B]->[A]) L[B], L[B->A], L[A->B], {T[A->B]}
(S=T[B], E=K[B->A])
```

◆ 后继交换

```
Alice -> Bob: {M3}(S=T[A], E=K[A->B]), L[A], L[A->B]
Bob -> Alice: {M4}(S=T[B], E=K[B->A]), L[B], L[B->A]
```

需要注意的是：为了避免从 Alice 到 Bob 的初始化交换时出现两个公钥加密操作，Alice 可以使用 K[X]加密 T[B->A]和 M1。为了加强消息交换的安全性，Alice 和 Bob 会希望有单独的加密密钥。这也是可以实现的，可以通过在 Bob 许可证中为 L[A->B]包含一个不同的对称钥匙，而替换 Alice 在 L[B->A]中使用的那个。在这个例子中，为了提供非否认性，Alice 和 Bob 用他们的私钥签署消息，如果这点是不被要求的，那么可以通过使用共享的对称密钥来签署消息。

12.3.3 WS-License

Web 服务许可语言(WS-License)是一个建立在 WS-Security 规范之上的 Web 服务规范。WS-Security 描述了通过确保消息完整性和机密性来实施安全传输 SOAP 消息的机制。同时，它也提供了将其他的安全信任状和消息进行关联的机制。而 WS-License 规范则描述了如何编码信任状以便在 WS-Security 中使用。

1. 架构组成

通过使用 SOAP 扩展模型，这个基于 SOAP 的规范被设计用于和其他一些机制进行组合，从而提供一个完善的消息环境。因此，WS-License 本身不提供安全性的解决方案，WS-License 是用来和其他的 Web 服务规范或特殊应用的相关规范相联合使用，包括 WS-Security，以此提供多种类型的安全模型和加密技术。

2. 许可证介绍

为了两个或更多的通信方能够进行安全的通信，它们常常需要交换安全信任状。许可证(License)是一种信任状，包括一组经过授权签署的声明。其中一些声明是关于密钥的，这些密钥是非常重要的，它们能够被用来签署或加密消息。许可证的例子包括 X.509 证书和 Kerberos tickets。

许可证能够既支持公钥加密法也支持对称密钥加密法，这是基于使用的许可证的类型的。当使用公钥法时，一个许可证包括公钥并且密钥的拥有者有相应的私钥。当使用对称钥法时，许可证将包括所有被许可用户的用于加密的对称密钥。

举例来说，一个许可证也许是由政府组织发布的，这个许可证包括一个密钥和一个公钥，同时这个许可证被授权给拥有者 John Smith。注意，发布组织在发布许可证的时候也用它自己的私钥签署许可证，这样其他用户才可以信任该许可证。于是，当一个被这个许可证中的私钥签署的消息所接受时，接收用户就能够把这个消息和名为 John Smith 的许可证相关联。用户可以准确地决定能否信任与发送者许可证中的密钥相关的信息声明。而信任评估的处理则是在 WS-License 规范的范围之外的。

3. WS-License 的目的

WS-License 规范的目的是描述一组通常使用的许可证类型，并且描述它们在标签中是如何描述的(这部分的详细定义可参阅 WS-Security 规范，WS-Security 规范可以在站点 http://msdn.microsoft.com/ws/2001/10/Security/中查阅)。特别地，WS-License 规范描述了如何在 WS-Security 的标签中编码 X.509 证书、Kerberos tickets 以及其他二进制的许可。除了这些许可类型之外，WS-License 还描述了发送者如何放置一个二进制支持的信任状(例如一个加密的密钥)，而用户可以对这个信任状进行解码。

4. 信任状格式

WS-License 规范定义了一些抽象的元素，这些元素可以被具体的信任元素继承使用。表 12-2 具体列举了这些抽象元素的格式。

表 12-2 格式

abstractCredential	这是一个符合 WS-License 规范的所有信任状的基类。
abstractLicense	继承 abstractCredentia，这是所有符合 WS-License 规范的许可证的基类。
binaryLicense	继承 abstractLicense，该元素用来指明一个二进制编码的许可证。
binaryCredential	继承 abstractCredential，这个元素用来指明一个并非是许可证的，二进制编码的信任状。

CREDENTIALS 类型也在 WS-License 中有定义。其中说明了所有在 WS-Security 信任状消息头中放置的信任状必须是 CREDENTIALS 类型，CREDENTIALS 类型包含了从上述抽象元素中继承下来的所有许可证和信任状以及 XML Signature 的 KeyInfo 元素。

5. 扩展性和信任状约束

WS-License 被设计为可以通过扩展使用更多新的不同的机制。特别地，新的元素可以被定义为上述 credential 元素的子类型。

然而典型地，一个 Web 服务不会接受所有的信任状，代替它的是对传送过来的信任状有自身特别的要求。关于服务接受何种信任状的特别的协商细节，不在 WS-License 规范的讨论范围之内。

在使用二进制信任状时，WS-License 提供了一种机制，允许发送者提供一个描述类型的 URI 进一步描述信任状。在 XML Schema 中这种类型属性被用来定义一个元素的值空间。然而，因为数据被编码为二进制形式，类型被用于指明编码方式，而值类型以及值空间的类型并没有被这个类型 URI 所描述。因此，valueType 属性必须被包含，以便提供给 URI 用以定义值类型和二进制编码数据的值空间。

举例来说，一个发送者和接受者可以达成一致，使用 kerberos 许可证的一些特定的属性。所有这些特性都是由一组成员公司所发布的。他们可以决定通过使用 URI："http://biz.com/schemas/2001/10/our-license-type" 来命名这类 Kerberos 许可证。注意，所有的 out-license-type 类型的许可证都是 Kerberos 许可证，因此能够使用标准的 WS-License 机制来编码。一般地，发送者可能提供这种许可证类型给消息接受者，而消息接受者也许选择拒绝不包含这个类型许可证的消息。因为二进制编码没有相应的值类型和值空间，因此这个许可证类型的描述是必须的。

6. 实例

下面列举一个包括基于 Kerberos 许可证的 SOAP 消息，并使用 URI 来描述上述的 our-license-type 的许可证。

```
<soapEnv:Envelope xmlns:soapEnv="..."
                  xmlns:wssec="..." xmlns:wslic="...">
  <soapEnv:Header>
    <wssec:credentials>
      <wslic:binaryLicense xsi:type="xsd:base64Binary"
           valueType="http://biz.com/schemas/2001/10/our-license-type">
       FHE4895DFEJKTJKH
      </wslic:binaryLicense>
    </wssec:credentials>
   </soapEnv:Header>
  <soapEnv:Body>
   ...
  </soapEnv:Body>
</soapEnv:Envelope>
```

12.4 WS-Routing

Web 服务路由规范(WS-Routing)定义了路由 SOAP 消息的机制。SOAP 是一个轻量级的有线传输协议，定义了一系列传输交换机制，用来传输在应用层协议上使用的方法调用。SOAP 实际上没有定义从一点发送消息到另一点的机制，即使在它的规范中引用了一个虚拟的消息路径机制。WS-Routing(以前被称作 SOAP 路由协议)是一个无状态协议，它扩展了 SOAP 协议，WS-Routing 通过定义一个方法来说明一个预先设计好的路由或传输路径，这个路径将从消息源经过若干中介，最后到达消息的最终接受者。

通过使用 SOAP 扩展模型，这个基于 SOAP 的规范被设计用于和其他一些机制进行组合，从而提供一个完善的消息环境。WS-Routing 没有定义如何实施可靠的和安全的通信的方法，不过可以期望其他的 SOAP 扩展规范来提供这些能力。

WS-Routing 的设计目标是尽量采用最小的额外代价，将一个消息路径封装在 SOAP 消息里，使得这个消息包含足够的信息，用于在 Internet 上使用诸如 TCP 和 UDP 这样的传输协议实施消息传输。在 WS-Routing 中，要支持如下一些消息交换机制：

- SOAP message path model，SOAP 消息路径模型。
- Full-duplex, one-way message patterns，全双工单向的消息模式。
- Full-duplex, request-response message patterns，全双工请求/响应消息模式。
- Message correlation，消息相关。

WS-Routing 没有定义如何实施可靠的和安全的通信方法。不过可以期望其他的 SOAP 扩展规范来提供这些能力。同时，WS-Routing 也不会去尝试超越 SOAP，定义新的传输方式。

1. 细节

WS-Routing 定义了一个新的 SOAP Header 条目和相关的处理模式。为了说明这个新的处理模式，首先来考虑这样一个例子，SOAP 处理器 A 希望发送一个 SOAP 消息给最终接受者 D，其中需要通过 SOAP 中介 B，然后再通过 SOAP 中介 C，这就像在图 1 中显示的那样。

为了表示上例中所提及的路由，WS-Routing 定义了一个新的 SOAP Header 条目，名为“path”以及：

- 代表消息源的“from”元素。
- 代表消息最终接受者的“to”元素。
- 包含正向消息路径的“fwd”元素。
- 包含反向消息路径的“rev”元素。

WS-Routing 通过定义“rev”元素允许双向的消息交换。“fwd”和“rev”元素都包含“via”元素，“via”元素用于描述每一个消息中介(例如 B 和 C)，而“fwd”和“rev”元素包含的其他元素则用于定义消息的标识、相关性和目的。

下面的示例中描述了如何描述消息传输中使用的路径。需要注意的是，路径可以被动态地发现和修正。具体细节可参见后面的 WS-Referral。

```
<SOAP-ENV:Envelope
    xmlns:SOAP-ENV="http://www.w3.org/2001/06/soap-envelope">
  <SOAP-ENV:Header>
    <wsrp:path xmlns:wsrp="http://schemas.xmlsoap.org/rp/">
      <wsrp:action>http://www.im.org/chat</wsrp:action>
      <wsrp:to>soap://D.com/some/endpoint</wsrp:to>
      <wsrp:fwd>
        <wsrp:via>soap://B.com</wsrp:via>
        <wsrp:via>soap://C.com</wsrp:via>
      </wsrp:fwd>
      <wsrp:from>soap://A.com/some/endpoint</wsrp:from>
      <wsrp:id>uuid:84b9f5d0-33fb-4a81-b02b-5b760641c1d6</wsrp:id>
```

```
      </wsrp:path>
    </SOAP-ENV:Header>
    <SOAP-ENV:Body>
      ...
    </SOAP-ENV:Body>
  </SOAP-ENV:Envelope>
```

当一个消息沿着传输路径传输时，传输方向的每一次迁移都会把相关的 via 元素从"fwd"路径中转移到"rev"路径中去，这样就能动态地建立一条返回发送者的传输路径。除了这个消息处理规则外，WS-Routing 还需要处理一些其他的传输处理细节，比如网关和路由相关的 SOAP Fault 等。

2．包含

由于 WS-Routing 的描述信息是整体包含在 SOAP Header 中的，而 SOAP 消息是自包含和自描述的，因此基于 SOAP 规范的 WS-Routing 即为传输独立的。在 SOAP 中介之间的传输协议和传输方式并没有在 WS-Routing 中定义；而传输信息的封装则是由传输协议的实现直接提供的(例如，TCP 中的 TCP 包)。WS-Routing 定义了对 MIME、TCP、UDP 和 HTTP 的绑定。但是，如果读者使用 SSL、TLS、SOCKs 或者其他，结果也是一样的。

WS-Routing 支持单向的或请求/响应模式的消息交换。当与双向传输协议一起使用时(如 TCP)，完全可以在两个方向上分别发送单向消息或请求/响应消息，这和由哪个 SOAP 处理器初始化底层传输级的连接是独立的。

3．相关协议

WS-Routing 可以和其他基于 SOAP 的协议一起使用，从而为安全可靠的消息环境提供完全的服务。特别地，WS-Routing 定义的路径 SOAP Header 可以安全地和 WS-Security 所定义的 SOAP Header 组合在一起使用;后者可以涉及消息完整性和(/或)消息机密性的验证。同样地，WS-Routing 并不定义任何关于传输可靠性和消息重发的策略，期望可以有其他基于 SOAP 消息传输可靠性的协议来实现消息传输的可靠性。

12.5　WS-Referral

Web 服务指引规范(WS-Referral)是一个基于 SOAP 的协议，用来配置用于转发消息的 SOAP 结点(SOAP 路由器)中关于消息路径(路由条目)的指令。WS-Referral 是与 Web 服务路由协议(WS-Routing)相正交的协议，它提供了如何配置 SOAP 路由器以便建立一个消息路径的方法，而 WS-Routing 则提供了描述消息实际路径的机制。

WS-Referral 通过提供多种服务，来协助配置消息路径。SOAP 路由器除了可以提供诸如高性能负载消息传输、集团防火墙服务等转发服务(relay service)外，还会提供诸如负载平衡、镜像、高速缓存以及客户端认证等 Web 服务。举例来说，一个 Web 服务可以将它的部分职能委派给第三方服务，而对于用户而言并不知道这些职能是由第三方负载的。

1．架构组成

通过使用 SOAP 扩展模型，这个基于 SOAP 的规范被设计用于与其他一些机制进行组合，从而提供一个完善的消息环境。WS-Referral 没有定义并提供消息安全、路径描述以及服务发现等机制，不过可以期望其他的 SOAP 扩展规范来提供这些能力。

2．目标和非目标

WS-Referral 被设计以提供两个功能：第一个是用来管理准静态路由配置，第二个是支持动态路由构造。路由器能够在初始化后配置后得到修正，其中可能包括把消息转发给受委派的第三方服务。因为 WS-Referral 使用 SOAP 消息和 SOAP Header 来交换路由条目，因此它能按照时间量度更新路由器，而不必考虑下层协议路由表的传播时间。

WS-Referral 是可扩展的，它所有的关键组件都能够通过附加的元素增强功能。举例来说，它可以扩展新的元素，当指定的路由条目将要被应用于消息的时候，可以使用新的元素来扩展处理的逻辑。

3．指引语句

WS-Referral 的基本单位是指引语句，指引语句有如下五个元素。

- for：表示那些计划供指引使用的 URI(每个 URI 称为一个 SOAP 角色)。
- if：描述指引的接收者必须理解的一组条件，只有理解了这样一组条件，指引才能被使用。
- go：如果一个 SOAP 消息的消息头被标识为该消息是要发向一个 SOAP 角色的(这个 SOAP 角色是计划供该指引使用的)，而且那一组条件也满足，那么就通过在 go 元素中罗列的某一个 SOAP 路由器来发送该消息。
- desc：描述一些附加的信息，这些信息对于使用指引接收者来说并不是一定需要了解的，但也许会被发现很有用。
- refId：指引的惟一标识符，依靠这个标识符可以识别一个指引的指定表现形式。

当为了便于描述而将若干指引聚成一组一起描述的时候，每一条指引语句可以被独立评估，而无须考虑其他的指引语句。

通过将扩展元素分别归入“if”和“desc”元素，可以更细节地控制那些不理解新元素的 SOAP 路由器的行为。举例来说，一个应用通过增加了一个新的“if”条件来扩展 WS-Referral 的使用，这个条件可能是“仅当这条消息是从 bob@corp.com 发来的时候才使用这个指引”，这就确保了接受者除非能够理解条件，否则不会使用该指引。

WS-Referral 只定义了两个强制的“if”条件。第一个是“invalidates”，它能够用于取消先前的指引交换。第二个是“ttl”，用来设置指引有效性的时间限制。

“desc”元素用来携带一些对于接收者来说是可选使用的信息。举例来说，对于列在“go”元素里的不同 SOAP 路由器 WS-Referral 没有定义固有的规则来区分。如果一个应用想要就如何选择获得一点提示性的线索，如“选择离发送者最近的”，那么它可以在“desc”部分增加一个条件，对于“desc”部分而言，如果接收者无法理解其中的条件，它仍然可以不受影响地只用这个指引。

4．消息

指引语句能够通过如下三种机制来实施交换。

- 注册消息：这个 SOAP 消息指示接收者使用附加的指引语句。接收者应当明确地表示接受或拒绝注册。
- 查询消息：一个 SOAP 路由器可以被这个 SOAP 消息来实施对指引的查询。这个消息可以被扩展以允许复杂的查询。
- 指引头：任何 SOAP 消息可以扩展使用一个包括指引语句的指引 SOAP Header 条目。这一特性为 SOAP 消息交换提供了一种机制，用于将指引添加到现存的消息交换流中。

注册消息和查询消息，一般被管理员典型地用于在传输路径上配置一组 SOAP 路由器。注册消息提供了一个“push(推)”的方法来更新路由器中 SOAP 级别的路由表；而查询消息则提供了一个“pull(拉)”的方法使路由器能够用于了解消息路径的细节。

一个“指引”SOAP Header 条目一般用在动态的环境，此时对消息路径的更新将被缓存。作为一个当前存在的消息交换的一部分，一个 SOAP 路由器将会包含一个“指引”SOAP Header 条目以告知发送者一个更好的到达期望的 SOAP 角色的路径。

5．实例

下面通过一个在 WS-Referral 和 WS-Routing 之间交互的例子，说明如何使用 WS-Referral。下面的指引将导致一个绑定“soap://b.org”服务的 WS-Routing 消息的发送者添加一个附加结点到向前路径中。具体地，在向前路径的“via”元素中增加一个结点“soap://c.org”。

```
<r:ref xmlns:r="http://schemas.xmlsoap.org/ws/2001/10/referral">
  <r:for>
    <r:prefix>soap://b.org</r:prefix>
  </r:for>
  <r:if/>
  <r:go>
    <r:via>soap://c.org</r:via>
  </r:go>
  <r:refId>mid:1234@some.host.org</r:refId>
</r:ref>
```

上面代码中的“prefix”元素意味着任何以其包含的元素内容 URI 开头的 URI 都需要被考虑与指引进行匹配。而对于接收者而言是如何使用这个指引可以参见下面的消息示例。在消息示例中被添加的元素以粗体显示。

```
<S:Envelope xmlns:S="http://www.w3.org/2001/09/soap-envelope">
  <S:Header>
    <m:path xmlns:m="http://schemas.xmlsoap.org/rp/">
      <m:action>http://www.notification.org/update</m:action>
      <m:to>soap://b.org/service/</m:to>
      <m:fwd>
```

```
      <m:via>soap://c.org</m:via>
    </m:fwd>
    <m:from>soap://a.org</m:from>
    <m:id>mid:1001@a.org</m:id>
  </m:path>
</S:Header>
<S:Body>
  ...
</S:Body>
</S:Envelope>
```

12.6 DIME 和 WS-Attachments

尽管 XML 的功能十分强大，但在广阔的应用程序设计领域中，很多情况下将非 XML 数据发送到 Web 服务可能显得更为重要。例如，将二进制数据(如 JPEG 图像)连同 SOAP 消息一并发送出去可能更实用。将数据简单打包到一起同样很有必要。例如，一个 SOAP 消息可能包含其他 SOAP 消息，就像人们常常看到的电子邮件中的附件一样。直接 Internet 消息封装(DIME)规范提供了数据块打包机制。WS-Attachments 定义了如何使用 DIME 在 SOAP 消息中包含的附件以及如何在 DIME 数据包中引用这些附件。

1. SOAP 消息和附件

在 Web 服务时代，消息中仍需要附带额外的信息。同样，将备忘录及其附件打包到一起的功能应用于 SOAP 邮件也很重要，因为同通用信封一样，引用的信息在路由过程中也可能会丢失或发生改变。例如，SOAP 消息可能通过 URL 引用 XML 文档，但如果在从撰写 SOAP 消息之后到接收方收到该消息之前的这段时间中 XML 文档发生了改变，会出现什么情况呢？能够将 XML 文档与 SOAP 消息打包到一起是附件体系结构应具备的一个主要功能。

2. DIME

将 SOAP 消息及其附件打包到一起有许多种方法。直接 Internet 消息封装(DIME)规范以简单、有效的方式解决了所有问题。

DIME 这种打包机制，允许对任意格式数据的多个记录同时进行序列化。记录依次序列化为流，并且使用有效的二进制标头进行说明。DIME 消息中的第一个记录在标头中设置了 MB(消息开始)标志，最后一个记录设置了 ME(消息结束)标志。标头还包含一个固定长度部分，可以轻松计算出记录的绝对长度。以高效方式确定记录长度对于在流的记录之间快速移动十分重要。

对于较大的记录或最初不知道数据大小的记录，DIME 定义了“记录区块”。DIME 使用记录区块将单个记录分解成多个块。

与普通记录一样，每个记录区块都具有标头和有效负载，但记录区块在标头中设置了

CF(区块标志)。这表明该数据是分块记录的一部分，并且其后包含更多的数据。分块记录的数据从随后的记录区块中被连续读取，直到确定最后一个记录区块为止，这时将不再设置 CF。图 12-1 说明了一个具有五个记录的 DIME 消息。后三个记录是构成单个分块记录的记录区块。

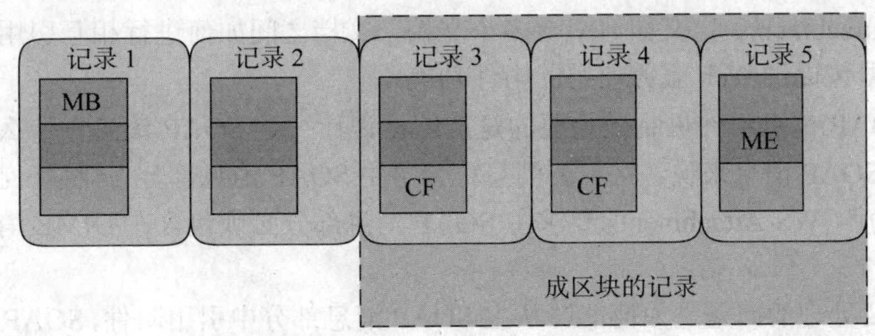

图 12-1　包含记录区块的 DIME 消息

如图 12-2 所示，除了记录长度信息和一些标志以外，DIME 记录标头还包含正在使用的 DIME 版本，关于记录有效负载中的数据的类型信息、惟一标识每个记录的 ID 以及对添加任何可选信息(可通过特定记录传输)的支持。记录的类型、ID、可选数据和有效负载的长度都可以改变，因此记录标头的开始部分是固定长度部分，包括版本、标志和记录的四个可变长度部分的长度。得知某个记录的开始位置后，就可以轻松地找到下一个记录的位置，方法是将标头固定区域的长度(12 字节)与可选数据、ID、类型和数据部分(这些信息位于标头的固定位置部分)的长度相加。

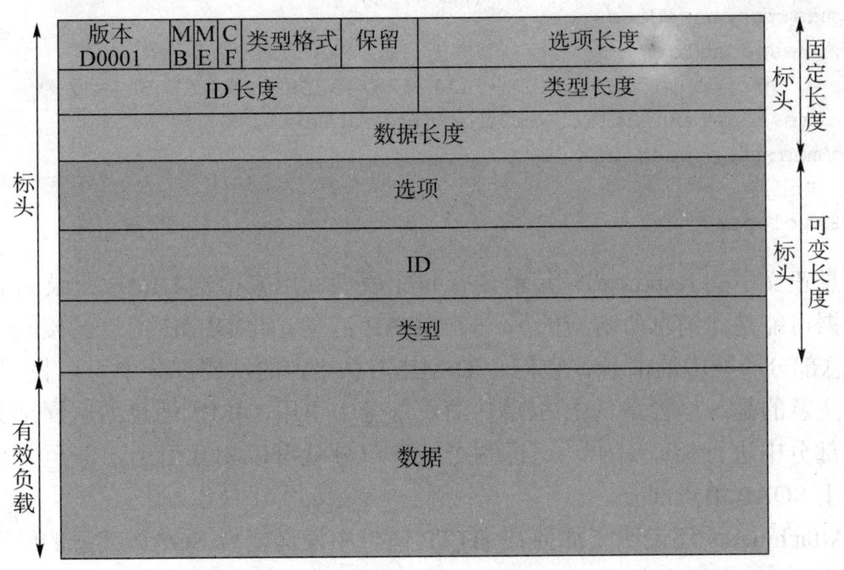

图 12-2　DIME 数据记录格式

DIME 显著功能之一就是其记录内容没有任何限制。实际上，DIME 记录的有效负载可以包含其他 DIME 消息，所含记录只需表明该记录的类型为“application/dime”。

3．WS-Attachments

DIME 本身只是一种用来对任意格式的数据记录集合进行打包的机制。它对于记录有效负载的内容、ID 字段中包含的内容或者如何将 SOAP 消息封装到 DIME 消息中等没有任何要求。WS-Attachments 定义如何组合多个文档，文档之间如何进行相互引用，以及如何使用 DIME 数据包提供 Web 服务使用的附件功能。

定义 SOAP 消息附件机制最重要的是能够标识什么是 SOAP 消息、什么是附件。对于包含附件的 SOAP 消息来说，将主要消息称为“主 SOAP 消息部分”，将任何附加的部分称为“从属部分”。WS-Attachments 要求主 SOAP 消息部分必须包含在 DIME 消息的第一个记录中。

接下来要处理的问题是如何能够从主 SOAP 消息部分中引用附件，SOAP 消息也必须能够引用其附件。WS-Attachments 说明了如何使用 href 属性生成此类引用。href 属性是可用来指向 HTTP URL(如果需要)的 URI。除此之外 WS-Attachments 还说明了如何使用 DIME 记录标头的 ID 字段引用特定 DIME 记录。如果 DIME 消息的从属部分的 ID 为 uuid:6FF57C24-74A1-426f-92D9-98861E105B4F，则引用了此类附件的主 SOAP 消息部分的代码，如下所示：

```
<?xml version='1.0' ?>
<s:Envelope
   xmlns:s="http://schemas.xmlsoap.org/soap/envelope/"
   xmlns:mes="http://example.org/message/response">
  <s:Body>
   <mes:responseMesssage>
     <responseTo
        href="uuid:6FF57C24-74A1-426f-92D9-98861E105B4F"/>
     <messageText>Hello World!</messageText>
   </mes:responseMessage>
  </s:Body>
</s:Envelope>
```

该消息正文中的 responseTo 元素具有 href 属性，用来指定 DIME 记录的 ID。DIME 记录中的数据可能是此消息所响应的另一个 SOAP 消息。此 DIME 消息的接收方无需跟踪主 SOAP 消息部分所响应的消息，它们在 DIME 消息指定的从属部分中可以找到该消息。

需要注意的是，尽管是从主 SOAP 消息部分中引用 DIME 消息的从属部分，但是也可以在从属部分中进行类似引用，这样两个从属部分就可以相互引用，甚至一个从属部分还可以引用主 SOAP 消息部分。

WS-Attachments 还说明了如何在 HTTP 请求中发送复合 SOAP 消息的细节。它基本类似于发送主 SOAP 消息部分，不同之处在于必须将 HTTP 的 Content-Type 标头设置为“application/dime”，且 HTTP 请求的正文为 DIME 消息，而不是 SOAP 消息。

12.7　Parlay X Web 服务

12.7.1　基本架构

Parlay X Web 服务的基本架构如图 12-3 所示。

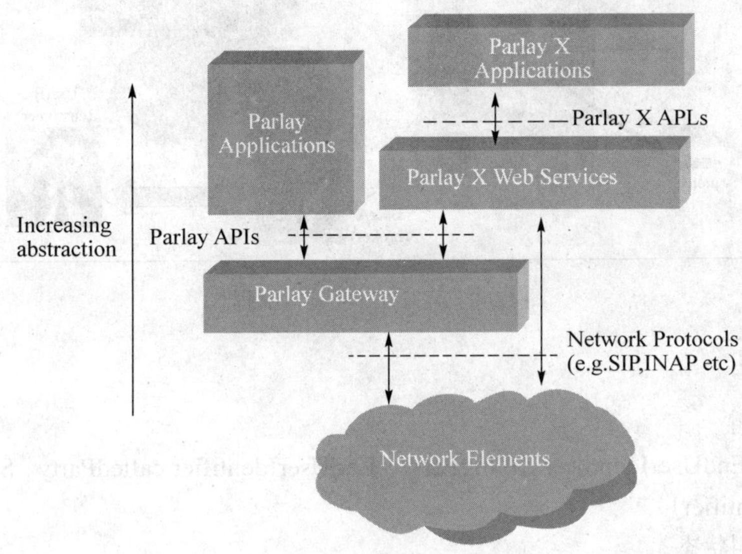

图 12-3　Parlay X 结构

- Parlay X Web 服务既可以提供同质能力(如呼叫控制)；又可提供异质能力(如终端位置和用户状态)。
- Parlay X 应用与 Parlay X Web 服务之间以同步请求/应答的 XML 形式交换消息。然而 Parlay X 网关可能以异步消息形式与 Parlay X 应用交换消息。
- Parlay X Web 服务能力与特定网络无关。
- Parlay X Web 服务基于 Web 服务技术，激活 Parlay X Web 服务的标准为 WSDL。

需要注意的是：Parlay X 是对 Parlay API 的简化，Parlay X 只支持 Web 服务；而 Parlay API 既支持 Web 服务，又支持传统的应用。

12.7.2　第三方呼叫控制

1．基本流程

如图 12-4 所示，当特定股票价格达到一值时，客户程序将激发在代理与对应客户之间的第三方呼叫对股票进行决策，然后第三方呼叫的 Web 服务调用 Parlay/OSA SCS-CC 中的 Parlay API 方法。此 SCS 发送消息给 MSC 来建立用户 A 与 B 之间的呼叫。

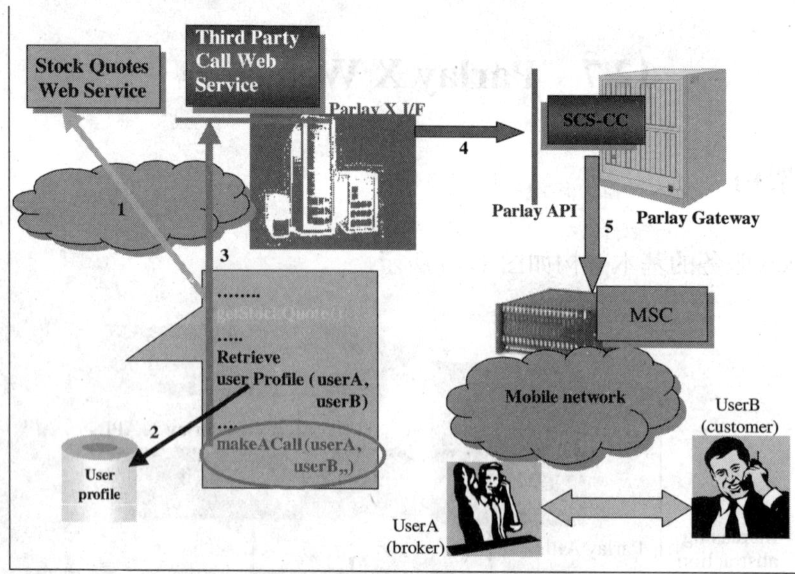

图 12-4　第三方呼叫基本流程

2. 呼叫 API

◆　建立呼叫

makeACall (EndUserIdentifier callingParty、EndUserIdentifier calledParty、String charging, out String callIdentifier)

◆　获取呼叫状态

getCallInformation (String callIdentifier、out CallInformationType callInformation)

◆　结束呼叫

endCall (String callIdentifier)

◆　取消呼叫请求

cancelCallRequest (String callIdentifier)

3. 数据类型与异常

◆　数据类型

数据类型如表 12-3 所示。

表 12-3　数据类型

名称	类型	描述
CallStatus	CallStatus	呼叫状态
StartTime	DateTime	开始时间
Duration	Integer	持续时间
TerminationCause	CallTermination Cause	中止原因

◆　异常

异常如表 12-4 所示。

表 12-4　异常

惟一 ID	字符串	含义
3PC1000W	CallConnectedException	呼叫已存在
3PC1001W	CallTerminatedException	呼叫已中止
3PC1002E	UnknownCallIdentifier Exception	CallIdentifer 已过期

4．WSDL 定义

```
<?xml version='1.0' encoding='UTF-8'?>
<wsdl:definitions
  name='third_party_calling_service'
  targetNamespace='http://www.csapi.org/wsdl/parlayx/
    third_party_calling/v1_0/service'
  xmlns='http://schemas.xmlsoap.org/wsdl/'
  xmlns:wsdl='http://schemas.xmlsoap.org/wsdl/'
  xmlns:soap='http://schemas.xmlsoap.org/wsdl/soap/'
  xmlns:xsd='http://www.w3.org/2001/XMLSchema'
  xmlns:tns='http://www.csapi.org/wsdl/parlayx/third_party_calling/
    v1_0/service'
  xmlns:port='http://www.csapi.org/wsdl/parlayx/third_party_calling/
    v1_0/service_port'>
<!—引入操作-->
  <wsdl:import namespace='http://www.csapi.org/wsdl/parlayx/
    third_party_calling/v1_0/service_port' location= 'par-
    layx_third_party_calling_service_port.wsdl'/>
<!—绑定操作-->
  <wsdl:binding name='ThirdPartyCallBinding' type= 'port:ThirdPartyCallPort'>
    <soap:binding style='rpc' transport='http://schemas.xmlsoap.org/
      soap/http'/>
<!—呼叫操作-->
    <wsdl:operation name='makeACall'>
      <soap:operation soapAction='ThirdPartyCall#makeACall' style='rpc'/>
        <wsdl:input>
          <soap:body use='literal'/>
        </wsdl:input>
        <wsdl:output>
          <soap:body use='literal'/>
        </wsdl:output>
        <wsdl:fault name='UnknownEndUserException'>
          <soap:fault use='literal'/>
        </wsdl:fault>
        <wsdl:fault name='InvalidArgumentException'>
          <soap:fault use='literal'/>
        </wsdl:fault>
        <wsdl:fault name='ServiceException'>
          <soap:fault use='literal'/>
```

```
            </wsdl:fault>
        </wsdl:operation>
    <!—获取呼叫信息操作-->
        <wsdl:operation name='getCallInformation'>
          <soap:operation soapAction='ThirdPartyCall#getCallInformation'
            style='rpc'/>
            <wsdl:input>
              <soap:body use='literal'/>
            </wsdl:input>
            <wsdl:output>
              <soap:body use='literal'/>
            </wsdl:output>
            <wsdl:fault name='UnknownCallIdentifierException'>
              <soap:fault use='literal'/>
            </wsdl:fault>
            <wsdl:fault name='ServiceException'>
              <soap:fault use='literal'/>
            </wsdl:fault>
        </wsdl:operation>
    <!—结束呼叫操作-->
        <wsdl:operation name='endCall'>
          <soap:operation soapAction='ThirdPartyCall#endCall' style='rpc'/>
            <wsdl:input>
              <soap:body use='literal'/>
            </wsdl:input>
            <wsdl:output>
              <soap:body use='literal'/>
            </wsdl:output>
            <wsdl:fault name='CallTerminatedException'>
              <soap:fault use='literal'/>
            </wsdl:fault>
            <wsdl:fault name='UnknownCallIdentifierException'>
              <soap:fault use='literal'/>
            </wsdl:fault>
            <wsdl:fault name='ServiceException'>
              <soap:fault use='literal'/>
            </wsdl:fault>
        </wsdl:operation>
    <!—取消呼叫请求操作-->
        <wsdl:operation name='cancelCallRequest'>
          <soap:operation soapAction='ThirdPartyCall#cancelCallRequest'
            style='rpc'/>
            <wsdl:input>
              <soap:body use='literal'/>
            </wsdl:input>
            <wsdl:output>
              <soap:body use='literal'/>
            </wsdl:output>
            <wsdl:fault name='CallConnectedException'>
              <soap:fault use='literal'/>
```

```
            </wsdl:fault>
            <wsdl:fault name='UnknownCallIdentifierException'>
              <soap:fault use='literal'/>
            </wsdl:fault>
            <wsdl:fault name='ServiceException'>
              <soap:fault use='literal'/>
            </wsdl:fault>
        </wsdl:operation>
    </wsdl:binding>
  <!—第三方呼叫服务操作-->
    <wsdl:service name='ThirdPartyCallService'>
        <wsdl:port name='ThirdPartyCallPort' binding
          ='tns:ThirdPartyCallBinding'>
          <soap:address location='http://localhost:6080/ ThirdPartyCall-
            Service/services/ThirdPartyCallPort'/>
        </wsdl:port>
    </wsdl:service>
  </wsdl:definitions>
```

12.8　小　结

最近出现的 Web Service 技术已经在 IT 领域得到应用，本章在阐述了 Web 服务的架构及关键技术、若干扩展之后，引出了其在电信中的应用，即 Parlay Web Service 及 Parlay X API 技术。

12.9　习　题

1．简述 Web 服务产生背景。

2．简述 Web 服务主要协议及其各自的功能。

3．简述 Web 服务的一些主要扩展。

4．简述 Web 服务在电信中的应用。

5．实验常见 Web 服务平台。

6．比较 Web 服务与 CORBA 等中间件各自的优缺点，并讨论 Web 服务与 CORBA 等中间件结合的途径。

第 13 章 其他中间件技术

知识点：

- ❖ P2P 中间件
- ❖ 普适计算中间件
- ❖ 网格中间件
- ❖ 安全中间件
- ❖ 下一代网络中间件

本章概述：

本章介绍了一些其他的网络通信中间件技术，如用于对等通信的 P2P、用于普适计算的中间件、安全中间件及用于下一代网络的中间件技术。

13.1 P2P 中间件

13.1.1 P2P 概念及其优点

P2P 计算可简单地定义为通过直接交换共享计算机资源和服务。当对等计算机在客户机/服务器模式下作为客户机进行操作时，还包含另外一层可使其具有服务器功能的软件。对等计算机可对其他计算机的要求进行响应，其请求和响应范围和方式都根据具体应用程序不同而不同。

P2P 计算模式可为从个人用户到大型机构的广泛用户提供技术资源和丰富的社会吸引力。

从技术角度而言，P2P 可提供利用大量闲置资源的机会，这些闲置资源包括大量计算处理能力以及海量储存潜力。

P2P 可消除仅用单一资源造成的瓶颈问题，也可被用来通过网络实现数据分配、控制及满足负载平衡请求。除了可帮助优化性能之外，P2P 模式还可用来消除由于单点故障而影响全局的危险。P2P 模式在企业采用，可利用客户机之间的分布式服务代替一些费用昂贵的数据中心功能，用于数据检索和备份的数据存储可在客户机上进行。此外，P2P 基础平台可允许直接互联或共享空间，并可实现远程维护功能。

P2P 丰富吸引力是由于其广泛的社会和心理因素所导致的。比如说，用户可在网络边缘轻松地组建独立的在线社区，并按他们自己的意愿进行运作。诸多这样的 P2P 社区都处于不断变化的动态状态，用户可随时进入或离开，也可处于活动或休眠状态。

13.1.2　P2P 应用

网络社区——任何有共同兴趣的群体，包括家庭或计算机业余爱好者，可利用列表和一个网站来创建他们自己的互联空间。

电子商务——P2P 可增加新的功能，包括分布式连接和开通供应链链路，分发信息、内容或软件，并利用中心目录或搜索功能使信息仍保留在原来的节点上。

游戏——P2P 方式可为开发非集中控制的在线社区游戏提供一个自然平台。开发人员可将重点放在游戏功能上，而不是放在与通信协议的接口上。

协同工作——应用范围包括从软件产品开发到为应用程序(比如：创建图形)编写文档。

搜索引擎——通过对搜索项目可能储存区域进行直接搜索，可查找最新的信息。

病毒防护——P2P 社区节点可合作进行病毒探测和报警，并对社区进行自动隔离，以免受到进一步的攻击。

边界服务——应用范例包括可使数据(在使用前)更接近需要数据的用户。比如说，为使在线受培训者能方便地利用大型数据文件，可将包含视频内容的在线培训模块放在离受训者较近的地方，从而能更好、更快地取得所需的效果。与中心服务器集中处理信息相比，多个用户内容分散保存空间提供了更灵活、更可靠的服务。

13.1.3　P2P 技术的三个代表系统

1．代表系统：Napster

Napster 技术在 1999 年由在美国东北大学就读的 Shawn Fanning 开发成功，并迅速在众多 MP3 数字音乐爱好者中传播开来。Napster 提供了一个客户端软件供 MP3 音乐迷在自己的硬盘上共享歌曲文件，搜索其他用户共享的歌曲文件，并从其他也使用 Napster 服务的用户硬盘上去下载歌曲。

2．代表系统：Gnutella

继 Napster 之后被认为是“令人称奇”的软件产品是 Gnutella。该软件自从开发面世以后，转眼间就迅速普及。只要利用“搜索功能及(音乐及电影)等多媒体交换软件”就可以在人与人之间收发各种软件。

Gnutella 还具备 Napster 所没有的特点。首先是 Gnutella 无偿向技术人员公开的功能，同作为免费操作系统(OS)被推广的 Linux 一样，正在不断涌现出改良版。

另外一个特点是不必使用进行信息管理的中央服务器。在 Napster 中交换音乐数据是通过由该公司管理的中央服务器来进行的。与此不同，Gnutella 则是直接连接个人电脑，不需要进行“统一管理”的服务器，而是直接从一台个人电脑直接传输给另一台个人电脑。

3．代表系统：SETI@home

SETI@HOME 项目是 P2P 应用的又一成功典范。它是一项旨在利用连入因特网的成千上万台计算机的闲置能力“搜寻地外文明(SETI)”的巨大试验。加州大学的科学家们将寻找的外生命的巨型射电望远镜从外太空所收集数据的分析任务分配给全球数百万台家庭用电脑中，这是目前最大的，也是运行时间最长的 P2P 计划。该项目组称，在不到两年的时间里，这种计算方法已经完成了单台计算机 345000 年的计算量。

SETI@HOME 程序是一类特殊的屏幕保护程序，像其他的屏幕保护程序一样，在用户离开计算机时开始运作，一旦用户返回工作它就停止。而在此期间它所做的工作却是独一无二的：在用户去喝咖啡、或吃午饭、或睡觉期间，计算机将通过分析世界上最大的射电望远镜获得的数据帮助搜寻外文明。

13.1.4 JXTA

1. 现有 P2P 系统的缺陷和 JXTA 的目标

现有的 P2P 系统有一些缺陷，大多数 P2P 系统用来实现一个单一类型的网络服务(Napster 用来音乐文件交换，Gnutella 用来普通文件交换)，由于网络服务的特性不同和缺少一个共同的底层基础，每一个供应商都使用不兼容的技术使它的用户同别的 P2P 通信相隔离。JXTA(JuXTApose 的缩写)通过提供一个简单的普遍的 P2P 平台解决这个问题。

JXTA 使用一些协议，每一个协议都可以很容易地实现和集成到 P2P 服务和应用中，这样，不同的 P2P 系统之间可以方便地互相通信、协同工作、向对方提供服务。

JXTA 被设计成独立于编程语言(如 C 或 JAVA)，独立于系统平台(如 WINDOWS 和 UNIX)，独立于网络平台(如 TCP/IP 和蓝牙)。而且被设计为能在任何数字设备上实现，包括传感器、消费电子产品、PDA 设备、网络路由器、桌面电脑、服务器和存储设备。

2. 术语

同位体(peer)：同位体是可以理解协议的任何实体。所以，同位体可以是处理器、机器或用户。

同位体组(peer group)：同位体组是提供通用服务的同位体的集合。

管道(pipes)：管道是发送和接受消息的通道，是异步的。

广告(advertisement)：广告是 XML 结构的文档，用来命名、描述和公布现有的资源，如同位体、同位体组、管道或服务。广告的一些具体格式请参考 JXTA 规范。

3. JXTA 的层次

JXTA 平台被分为三层。

- 平台(platform)：平台封装了最根本的东西，包括同位体、同位体组、同位体发现、同位体通信、同位体监视和相关的安全原语。
- 服务(services)：服务包括对于 P2P 网络不必需但很通用的内容，如查找、共享、索引、缓存代码和内容的机制。
- 应用(application)：应用包括 P2P 电子邮件系统、分布式拍卖系统等。

4．JXTA 协议

抽象地看，JXTA 技术实际上就是一些协议，目前定义了以下协议。

◆ 同位体发现协议

这个协议用来查找其他同位体的广告，通过它可以查找所有的同位体、同位体组或核心广告。这个协议是默认的发现协议，可以被替换。集合点同位体是这样一种同位体，它保存着一个已知的同位体和同位体组的表。如果这个表是完全及时的，那么往这个同位体发一个消息，就可以发现所有的同位体，当然，这是一种最简单的方式。

查找有两种方式，一种是上述的向集合点同位体发送消息，另一种是可以向一个范围内广播发送消息，这种消息叫做发现查询消息。发现响应消息返回一个或多个同位体和同位体组的广告。以上这两种消息的格式请参考 JXTA 规范。

◆ 同位体解决(resolver)协议

这个协议使一个晋升同位体可以通过发送和接收查询来查找同位体、同位体组、管道和一些与服务相关的信息，如服务的状态、通道端点的状态等。一个同位体组的每一个服务都可以注册一个 handler 来处理这些查询。每一个查询都包括惟一的 handler 的名字，指出由谁来处理它。同样，解决查询消息与解决响应消息的格式请参考 JXTA 规范。

◆ 同位体信息协议

当一个同位体被定位后，需要关心它的能力和状态，这个协议就是用来得到这些信息。如想要知道一个同位体是否被激活，就要向它发送 ping 消息。相关消息的格式请参考 JXTA 规范。

◆ 同位体成员资格协议

这个协议允许同位体：得到组的成员资格的要求和应用的证书；请求成员资格和得到成员资格的证书；更新现存的成员资格和应用的证书；除掉成员资格和应用的证书。协议定义的消息请参考 JXTA 规范。

◆ 管道绑定协议

这个协议被组的成员把管道的广告绑定到管道的端点。

◆ 端点路由协议

这个协议被同位体路由器用来发送消息给另一个路由器，用以找出一个消息到达目的的路由。

5．JXTA 原型实现

2001 年 4 月发布了第一个原型实现 JXTA version 1.0，由于 java 的跨平台特性，所以这个实现是基于 JDK1.1.4 的。

◆ 发现机制

JXTA 规范中并没有具体规定，JXTA version 1.0 支持以下发现机制基于局域网的发现。

通过邀请发现：一个同位体收到邀请，通过邀请的内容发现。

层叠发现：如果一个同位体发现了第二个同位体，若第二个允许的话，第一个可以通过第二个发现新的同位体、组和服务。

通过集合点同位体：它在前面已讨论过，集合点同位体就是得知其他同位体信息的同位体。

◆ 传播范围

JXTA 没有强制规定消息如何传播，一个消息可能只在局域网上传播，也可能在 INTERNENT 上传播。现在的 JXTA 实现把同位体组作为隐式的传播范围，因为在理论上，任何范围都可以用对应的同位体组的形式表示。

◆ 安全

JXTA Version 1.0 提供了以下安全原语：

一个简单的支持哈希函数(如 MD5)、对称加密算法(如 RC4)和非对称加密算法(如 RSA)的库；一个鉴别框架；一个简单的基于口令的登录策略；一个简单的存取控制机制，基于同位体组，一个组的成员自动地授权访问其他的成员共享的数据；基于 SSL/TLS 的安全传输策略。

13.2 普适计算中间件

13.2.1 背景

随着计算技术和通信技术的发展，不仅桌式计算机变得非常普遍，而且非 PC 设备也正以惊人的速度成为市场的主流，如机顶盒、移动电话、PDA、家用电器、汽车电子、游戏机等。特别是随着家庭网络和无线网络的发展，网络变得更加普遍。计算不只限于桌面，它已经渗透到人们生活和工作的各个环节，这就是所谓的无处不在的计算环境(pervasive computing，简称普适计算环境)。在这样的环境中，人们希望：即使他们在频繁地移动，或者各种资源在动态地加入或离开，都能够在任何地点、任何时间进入和控制信息，并且尽量减少自己所做的人为干预；特别是对于一些移动频率较高，从事的工作具有较强的持续性的用户来说，希望自己在各种环境中移动的时候，仍能够继续工作和充分利用当地的资源。

普适计算的基本思想是在人们的工作空间和生活空间中存在各式各样内置计算机的设备，这些设备互相协作，共同向用户提供对信息的统一且及时的进入，共同支持用户完成他们的工作。

传统的计算具有如下的特征。

- 桌面计算：人们主要运用桌面 PC 来完成他们的工作。
- 私有设备和私有软件：软件针对特定设备和特定平台。
- 单块应用：应用程序被编写成一整块内部组织紧密的软件，应用界面主要是与用户的接口。
- 计算任务到应用的人工映射：人们必须跟踪如何使用应用程序，并且配置它们进行相应的任务(任务是一个比应用程序更高的抽象，任务描述完成什么任务，而不是如何完成)。
- 使用较少的计算设备：一个计算任务只涉及几个有限的设备。

- 手工配置：配置应用程序是用户或设计人员的工作。
- 普适计算环境下的计算特征包括如下五个方面。
  - 计算的高度动态性：由于计算无所不在、环境千差万变、用户有可能在移动、设备和服务有可能随时增加或减少，所以计算需要在各种环境下正确且一致的完成。
  - 使用更多的计算设备：一个计算任务可能涉及较多的计算设备。
  - 单块应用变成了众多协同服务的联合：由于系统体系结构从一整块软件到众多组件的联合，组件不仅要求和用户进行交互，而且需要组件之间的交互。
  - 动态的任务到服务的映射：由于不同的环境有不同的计算设备，在不同的环境下完成相同的任务，可以由不同的计算设备联合完成。
  - 多个计算设备能更好地协调工作：随着一些新的工业标准（如 Jini, UpnP）的出现，计算设备能够自动地相互连接、融合为一体。

目前，实现这种计算模式的硬件和通信结构正在逐渐成为现实，然而却很少有应用程序运行于这样的环境中，这主要因为在普适计算的环境下，设计、建立和配置应用程序比较困难。现有的计算体系结构框架并不支持这样的计算模式，如果一个用户希望使用新环境下的计算资源，必须进行手工的修改工作配置。这样的手工修改在普适计算的环境下是不可接受的。因为普适计算意味着巨大的、分布较广的网络，在这个网络中存在数以万计的设备和服务，而且这些设备和服务是自治的，所以它们可以完全自主地加入和离开，特别是用户移动的时候，周围的设备和服务将会有较大的变动，如果完全由人工完成配置和转换工作将是不可接受的。

为此提出了一种适用于普适计算环境的中间件方案，其核心思想是：在普适计算环境中引入一个中间件体系结构框架，屏蔽下层设备的异构性，管理低层的事务，提供应用程序在普适计算环境下移动所需要的基础设施，使用户任务集中于他们关心的商务逻辑。该中间件框架应该具有如下三种基本功能：

- 支持用户任务的移动，支持设备和服务动态的加入和离去。
- 能自动利用当地和远地的资源进行最佳组合，完成用户任务。
- 在环境的改变中尽量减少用户的干预。

13.2.2 普适计算研究现状

美国排名前 10 位的大学无一例外地投巨资设立了以“普及计算”为主要方向的研究计划。目前有四个研究计划最具影响力，这些计划的目标是提出全新的体系结构、应用模式、编程模型等基础理论模型和方法。

- MIT 的 Oxygen 研究计划：该计划的研究人员认为，未来世界将是一个到处充斥着嵌入式计算机的环境，它们已经融入了人们的日常生活中。Oxygen 希望充分利用这些计算资源，达到“做得更少，完成更多（to do more by doing less）”的目的。
- CMU 的 Aura 研究计划：它致力于研究在普及计算时代，在用户和计算环境之间增加一层软件层（称为 Aura），由 Aura 代替用户去管理、维护分布式计算环境中频繁变化、松散耦合的多个计算设备，从而完成用户的目标任务。Aura 推崇的理念是：

"'人的精力'(User Attention)是最宝贵的资源，应该让它集中在用户要完成的任务上，而不是集中在管理、配置硬件和软件资源上"。

- UC Berkeley 的 Endeavour 计划：这是 UC Berkeley 进行的旨在通过运用信息技术，提供全新的、全球规模的信息基础设施，从根本上方便人们与信息、设备和他人进行交互的计划。这些信息设施应该能够动态实时地协调世界上任何可用的资源来满足用户计算的需要，其创新点之一是"流体软件"(Fluid Software)。这种软件能够自适应地选择在何处执行、何处存储，它通过协议获得可用资源并向其他实体提供服务。
- 华盛顿大学的 Portolano 计划：该计划提出了"数据为中心的网络"以适应让计算本身变成不可见(Invisible Computing)的要求。该计划认为目前计算机技术的发展仍然是技术驱动，而非用户需求驱动。为了改变这一现状，该计划致力于研究根据用户的位置变化而自适应地改变软件用户界面的机制、以数据为中心的网络以及新型的分布式服务模型。

13.2.3 支持普适计算的中间件体系结构框架

在普适计算的环境下，开发应用程序的主要挑战是：不论是设备或人员的移动，还是服务的增减，应用程序都应该向用户提供持续、有效的服务。所以普适计算环境下的中间件体系结构框架应该支持任务很方便地从一个环境到另一个环境的转移，而且允许用户充分利用本地资源(而不是利用远端的资源)，同时应该尽量减少用户的干预。不论是用户的移动，还是资源的增减，中间件都应该屏蔽这些变化，为用户提供平滑的服务，屏蔽下层的多样性，向应用提供统一一致的界面，使应用程序集中于用户的商务逻辑。与以上要求相适应的体系结构框架如图 13-1 所示。

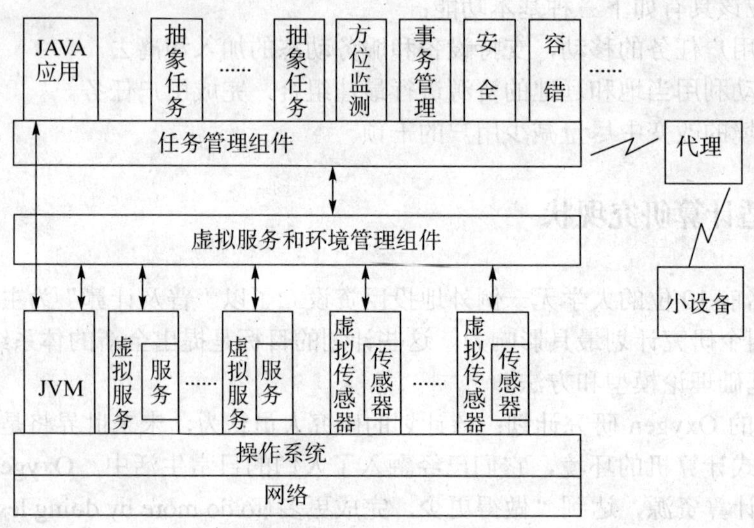

图 13-1 体系结构框架

13.2.4 主要理念和思想

1．抽象任务

抽象任务表达了用户的计算意图，一个任务可以包含一个行为，也可以包含多个行为，它应该是平台独立和应用独立的。所谓应用独立是指任务描述的是做什么，与用什么软件完成没有什么关系。所谓平台独立性是指与下层的操作平台无关。

2．虚拟服务

一个虚拟服务表达了一个抽象的功能，如显示功能和接受输入功能，这个抽象的功能通过虚拟服务的接口定义。为了激活一个虚拟服务，必须使用一些在实际环境存在的物理服务完成。所谓一个物理服务，代表了某个计算设备和在其上面运行的系统。多个虚拟服务可以对应一个物理服务，例如，虚拟服务拼写检查和虚拟服务文本编辑可以对应一个物理服务 Microsoft Word。同样，一个虚拟服务可以对应多个物理服务，例如，邮件服务可以对应 PC 上的 Outlook Express 和移动电话上的短消息服务。

在运行时，一个任务被表达成一个服务集合，一个服务集合代表一组协同工作的虚拟服务，同时每个虚拟服务在相应的环境中对应为一个物理服务，这些服务相互合作一起，来完成用户的任务。在具体环境中，一个任务通过相应的物理服务相互合作共同完成，一个任务在不同的环境中可以通过不同的物理服务相互作用达到同一个目的。一个物理服务可以根据需要加入或离去。

3．新的支持移动计算的方式

传统的支持移动计算的方案分为四种：第一种，移动设备上已经包含了所有的硬件、软件和信息；第二种，瘦客户通过网络与远端的服务器相连；第三种，具有标准接口的移动设备在标准的体系结构框架间移动；第四种，在各个环境中都配置一个统一的虚拟层(如 JVM)来支持相应的代码移动。

这些方案都假设环境之间存在一定程度的同质，同时缺乏动态管理资源的能力，不能充分运用环境中的资源。文章中的体系结构通过抽象任务，将用户的工作表达成独立于平台和独立于应用的任务，并且通过任务管理组件和虚拟服务/环境管理组件的配合，以及将物理服务包装成虚拟服务，共同支持用户的移动；当用户移动到一个新的环境之后，系统根据用户的计算意图和环境中存在的服务重新组合服务、完成用户的任务。这正是人们既支持动态计算，又充分利用当地资源的思想所在。

4．数据和功能的分离

在传统的分布式系统中，人们往往将数据和功能统一为对象。但是，这种数据和功能的统一并不一定适合于普适计算。

首先，将对象作为一种封装机制，主要基于两个假设：第一，实现和数据比对象的界面变化得频繁；第二，能设计基于不同实现的界面，随着系统的升级，界面保持相对的稳定是可能的。

然而，这些假设在普适计算环境中不一定能够成立。第一，在普适计算的环境中，由于用户的移动和服务的增减，完成同一任务的服务可能在不断地变化，但工作的内容却是相对稳定的，这时如果将实现与数据分离，会有利于用不同的服务完成同一个任务。第二，从系统安全性考虑，进入被动的数据比进入主动的对象更加容易。进入主动对象将带来严重的安全问题，从资源控制的容易度来看，进入被动的数据更加容易，这可以从当前的进入规则的 HTML 文档和 PDF 文档顺利的工作中得到证明。

5．应用程序从单块的软件转变为众多组件的联合

运用组件技术不仅会在应用程序的生产、维护和管理等方面带来革命性的进步，而且会将应用分解为众多组件的联合，这也是在新的环境中重新组合任务的必要条件。

13.2.5 框架构成及相关功能

中间件框架主要包含两个隔离组件：任务管理组件，用来提供统一的界面，体现个人环境的概念和虚拟服务和环境管理组件，用来隔离下层设备的多样性；管理虚拟服务组件，体现了环境的网关。还包含两个必要的抽象任务：方位检测组件，用来检测和跟踪移动用户和设备和事务管理，用来保证某些动作的原子性；虚拟服务提供组件，用来提供虚拟服务。

◆ 任务管理器

任务管理器体现个人环境的概念，努力减少用户的干预。当用户移动到一个新的环境时，任务管理器协调与用户任务相关的信息迁移，并且与新环境管理组件磋商，以提供任务支持；任务管理器监视支持用户任务的组件的服务质量，一旦相应组件消失或无法满足用户任务的需要，任务管理器询问虚拟服务和环境管理组件就会寻找一个替代服务；任务管理器监视用户的指示，一旦得知用户将结束当前任务、切换到新任务时，任务管理器就保存当前状态，并且相应地激活新的任务；用户任务的执行对上下文有一定的要求，一旦因为某种原因，要求不能得到满足时，任务管理器就会协调暂停当前任务或上下文的相关部分。

◆ 虚拟服务组件

提供虚拟服务的概念，不同的虚拟服务组件提供不同的功能；一个得到虚拟服务组件的方法是包装现有的任务，如对 vi、Microsoft word 或 Notepad 进行包装，都能成为提供文本编辑功能的虚拟服务组件。包装的这层软件主要提供从抽象服务描述到特定应用的映射。

◆ 方位检测组件

提供与物理上下文相关的信息报告，监测和跟踪移动用户和设备，方位监测组件可以有不同的复杂程度，在关于用户意图方面越复杂，任务管理器就越少依赖于用户的明确指示。

◆ 虚拟服务和环境管理组件

它体现到了环境的接口，意识到在当前的环境中存在什么服务，它们能被配置在哪里。当一个虚拟服务安装到一个环境中时，它首先向当地的环境管理器注册。当需要在一个新的环境中激活一个任务时，运用相应的发现机制查询注册、寻求响应的服务，发现机制可利用现有的技术，如：Jini、名字服务等，如果发现多个可利用服务，环境管理组件将进行评估，以选择一个最能满足用户要求的服务。它也为分布文件进入提供封装机制。

◆　连接器

所有的组件类型都有标准的接口，接口之间的互连是通过连接器来完成。各个连接器根据它们连接的组件运用不同的交互协议。每一种连接器对于不同的低层通信机制和所连接组件的分布情况有不同的实现。例如，若连接双方的组件在同一地址空间，则连接器的实现只是一个方法调用，若连接的组件分布在不同的地理位置上，连接器的实现则包含一定的远程通信机制，如 RPC。

◆　事务管理

在普适计算的环境中，一些动作必须在一个环境中全部完成，事务管理提供这种保障。

◆　小设备的接入

某些小设备由于自身有限的计算能力，不能具有上述的体系结构框架，同时又移动到了一个不具有上述环境的空间，如何通过小设备继续向用户提供连续的服务？这里有两种小设备接入的方式：第一，将小设备作为整个应用的众多组合组件的一个，通过远程通信协议加入到组件联合中；第二，将任务描述传递给具有计算能力的环境，之后相应的环境向小设备返回信息。

◆　对移动代码的支持

主要通过任务管理组件感应到用户任务是通过移动代码完成，所以并不在新的环境中重新组合任务，而是通过环境管理组件直接将移动代码置于相应的 JVM 之上。

◆　附加组件

附加组件是根据任务的性质来选择组件，如抽象安全任务，可以运用新环境中的虚拟服务向用户任务提供安全服务。抽象容错任务可以将一个虚拟服务对应为多个物理服务，从而向用户任务提供容错保证。

13.2.6　框架效用描述

一个会议讲演者正在家里进行即将召开的会议演讲的准备，但由于时间的紧迫，他不能完成全部的准备工作，需要在汽车中完成最后的编辑工作。在家里的时候，他可能是运用键盘输入和屏幕显示；在汽车上，可能最方便的输入方式变为语音输入。通过以下的工作过程，可以看到他是如何在具有前述中间件框架的普适计算环境下连续进行工作的。

其工作过程如图 13-2 所示。

起初，会议讲演者在家里进行准备工作。当他准备离开房间、前往办公室的时候，首先是方位监测组件意识到演讲者将要离开房间(可以通过相应的传感器得到相应信息，或者直接接受用户的命令)，于是方位监测组件告知任务管理组件演讲者将要离去，如图 13-2 的(1)所示。这个消息将引起任务管理组件进行状态转换(a)，并且挂起正在家里进行的作业。然后，任务管理组件要求环境管理组件检查每一个组成任务的服务的状态，保持相应的状态和文件，接着，在(3)中环境管理组件回收这些服务，并且保存相应的状态和文件到一个文件服务器(4)。然后，任务管理组件检查演讲者的时间安排，了解到他的行踪动向，

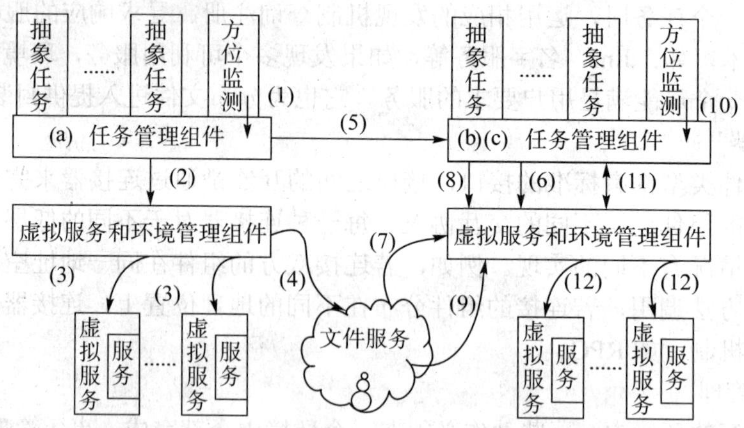

图 13-2 工作流程图

继而传送相应的信息(包括抽象任务描述)到汽车的任务管理组件(5)；这个消息将触发汽车的任务管理组件发生相应的状态转移(b)，同时将引起它要求汽车环境管理组件(6)得到更新的演讲者的工作描述(7)。

通过以上的操作，汽车任务管理组件将了解到哪些文件是继续演讲者工作必需的文件，然后将要求汽车的环境管理组件提取这些文件(8)，汽车环境管理组件检查当地的文件是否已经更新，如果没有，则提取这些更新的文件(9)。一旦汽车的方位监测组件了解到演讲者已经进入汽车环境，它就会立即通知任务管理组件(10)，这将引起任务管理组件经历相应的状态转变(c)。然后将向环境管理组件提出要求完成任务的服务支持(11)，接着环境管理组件在相应的分配的虚拟服务组件上恢复执行的状态，这样工作就可以在汽车环境中继续进行了。

13.2.7 本节小结

普适计算涉及到一个范围较广的环境，而且环境中的设备，不仅数量众多，而且结构各异。如何在这样的环境中为用户提供连续、平滑的服务是软件工作者所面临的挑战。文中所提出的基于中间件的体系结构框架主要包括两个隔离层：虚拟服务和环境管理组件屏蔽下层设备的异构性，任务管理组件向用户提供个人空间的概念，同时将用户任务视为多个组件的联合。在不同的环境中，可以用不同的组件组合完成同一个任务，同时提供与移动代码的兼容和支持小设备的接入。

13.3 网格中间件

13.3.1 内涵

网格计算(Grid Computing)是网络计算的另一个具有重要创新思想和巨大发展潜力的

分支。最初，网格计算研究的目标是希望将超级计算机连接成为一个可远程控制的元计算机系统(MetaComputers)。现在，这一目标已经深化为建立大规模计算和数据处理的通用基础支撑结构，将网络上的各种高性能计算机、服务器、PC、信息系统、海量数据存储和处理系统、应用模拟系统、虚拟现实系统、仪器设备和信息获取设备(如传感器)集成在一起，为各种应用开发提供底层技术支持，将 Internet 变为一个功能强大、无处不在的计算设施。

网格计算可以从如下三个方面来理解。

(1) 从概念上说，网格计算的目标是资源共享和分布协同工作。网格的这种概念可以清晰地指导行业和企业对各部门的资源进行基于行业或企业的统一规划、部署、整合和共享，而不仅仅是行业或大企业中的各个部门自身的规划、占有和使用资源。这种思想的沟通和认同对行业和企业是至关重要的，它将提升或改变整个行业或企业信息系统的规划部署、运行和管理机制。

(2) 网格是一种技术。为了达到多种类型的分布资源共享和协作，网格计算技术必须解决多个层次的资源共享和合作技术，制定网格的标准，将 Internet 从通信和信息交互的平台提升到一个资源共享的平台。

(3) 网格是基础设施，是各种网络综合计算机、数据、设备、服务等资源的基础设施。随着网格技术逐步成熟，建立地理分布的遍布全国或全球的大型资源结点，集成网络上的多个资源，联合向全社会按需提供全方位的信息服务。这种设施的建立，将使用户如同今天按需使用电力一样，无需在用户端配全套计算机系统和复杂软件，就可以简便地得到网格提供的各种服务。

13.3.2　关键技术

1. 网格结点

网格结点就是网格计算资源的提供者，它包括高端服务器、集群系统、MPP 系统大型存储设备、数据库等。这些资源在地理位置上是分散的，系统具有异构特性。

2. 宽带网络系统

宽带网络系统是在网格计算环境中，提供高性能通信的必要手段。通信能力的优劣对网格计算提供的性能影响甚大，要做到计算能力“即插即用”必须要有高质量的宽带网络系统支持。用户要获得延迟小、可靠的通信服务也离不开高速的网络。

3. 资源管理和任务调度工具

计算资源管理工具要解决资源的描述、组织和管理等关键问题。任务调度工具的作用是根据当前系统的负载情况，对系统内的任务进行动态调度，提高系统的运行效率。它们属于网格计算的中间件。

4．监测工具

高性能计算系统的峰值速度可达百万亿次/秒，但是实际的运算速度往往与峰值速度有很大的距离，其主要原因在于高性能并行计算机的并行程序与传统的串行程序有很大差异。而高性能计算应用领域的专家对编程技术并不擅长，很难充分利用各种计算资源。如何帮助使用人员充分利用网格计算中的资源，这就要靠性能分析和监测工具。这对监视系统资源和运行情况十分重要。

5．应用层的可视化工具

网格计算的主要领域是科学计算，它往往伴随着海量的数据，面对浩如烟海的数据，要想通过人工分析得出正确的判断十分困难。如果把计算结果转换成直观的图形信息，就能帮助研究人员摆脱理解数据的困难，这就要研究能在网格计算中传输和读取的可视化工具，并提供友好的用户界面。

为了促进网格计算的广泛应用，实现让用户随心所欲地共享网格计算中的各种资源，还必须解决以下问题：

- 要解决目前互联网的数据传输能力不足的问题。
- 要进一步解决人机通信的问题。
- 要解决网格上资源共享中的知识产权问题。
- 要保障网格计算的安全性。

13.4 安全中间件

安全中间件就是把信息安全技术和中间件技术相结合，利用 OO 和组件技术，分析各种应用系统中的公共安全服务请求，把这部分软件从整个系统中分离出来，提出相应的安全服务接口，使之成为通用的松耦合的软件，来解决目前信息安全领域软件的高代价、易用性和互操能力差等问题。安全中间件是验证、授权、机密性和安全性四个支柱的有机组合平台。

安全中间件可以屏蔽各种安全算法实现的差异，提供统一的接口，增强互操作性和实现资源共享，并使多个应用请求可以享用有限的安全服务提供者。而安全服务提供者设计的优劣，直接关系到中间件系统的安全和速度。

13.4.1 安全中间件的系统结构

安全中间件不是一个简单的概念，它是实现安全策略和安全服务的基础构架，包括六大部分、五层结构和四级接口。六大部分包括应用程序、组件服务层、安全服务层、通用安全管理器、安全服务提供者和资源信息服务器，其体系结构如图 13-3 所示。

可以看出，安全服务提供者是安全中间件中各种安全算法的具体实现，是所有安全操作具体执行者，也处于最底层、最核心的部分，它实现了引擎和算法两个概念的抽象。

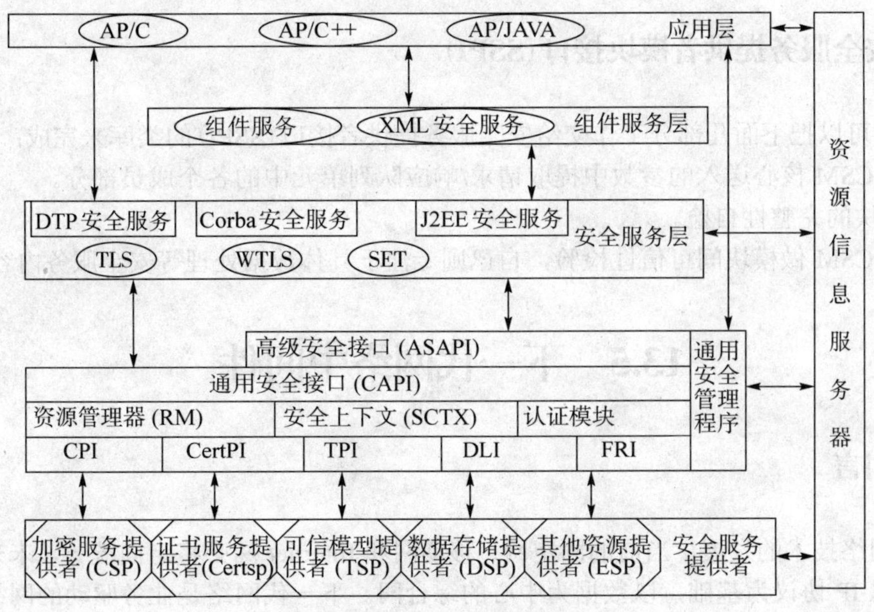

图 13-3　安全中间件体系结构

13.4.2　安全服务提供者(SSPM：Security Service Provider Modules)

SSPM 是指由模块开发者提供的符合通用安全管理器(CSM：Common Security Manger)接口规范的，能提供一定安全服务能力的动态链接库及相关资料信息。在需要的时候被 CSM 加载到内存中，在收到用户的服务请求时，返回用户的请求调用所指定的安全服务提供者模块的运行任务函数，完成对用户的请求，将结果返回给用户。在不需要该模块的时候，由 CSM 从内存中卸载。

根据安全服务类型的不同，SSPM 可分为：密码服务提供者(CSP)、证书服务提供者(CertSP)、可信模型提供者(TSP)、数据存储提供者(DSP)以及其他服务提供者(ESP)。CSP 主要功能是用于密钥生成、用户数据摘要、用户数据加密/解密和用户数据签名/验证。

在 SSPM 和 CSM 之间可以为每种操作设立一个接口，如密码服务提供者(CSP)和 CSM 之间的接口应该有加密接口、解密接口、签名接口和验证接口等。但这样必须为每种 SSPM 都设计若干接口，而且 CSM 中还必须判断对于特定的请求使用的是 SSPM 的哪个接口来产生服务，这样极大地增加了工作量。

CSM 在使用模块的服务功能时，把请求/响应队列单元数据作为参数输入调用函数，在该函数的内部应对参数进行分析，判断请求的类型、完成请求服务，并返回最后的结果。这样做把请求的分析工作放到了 SSPM 的内部，虽然增加了 SSPM 的开发工作量，但消除了各个模块间的差异，并且使得 SSPM 在提供服务时更加自由。

SSPM 在被加载或第一次被调用时，要对自己做完整性检验。如有必要，还要与 CSM 核心进行相互间可信性检验。

13.4.3 安全服务提供者模块接口(SSPI)

SSPM 可以把下面几部分工作交给安全服务提供者接口(SSPI)的类库来完成：

- 从 CSM 核心送入的参数中提取请求/响应队列单元中的各个成员部分。
- 模块的完整性自检。
- 与 CSM 做模块间可信性检验，自己则专注于具体数据处理等安全服务内容。

13.5 下一代网络中间件

13.5.1 引言

随着网络技术的发展，当前的固定网、移动网和 Internet 网必将走向统一，未来的网络将是一个以 IP 协议为基础，以数据为中心的综合网。下一代网络是业务驱动的网络，为了有效充分地利用这一网络，更快的业务开发和部署显得更为迫切。但是，在提供标准应用接口上，QoS、安全却做得不如人意。CORBA 技术对于 NGN，尤其是标准应用接口上提供了一种理想的解决方案，同时在网络服务层(Network Service Layer)也提供了一种很好的选择。目前 Parlay 也已经把 CORBA 作为其开放性 API 接口信息模型规范的首要解决方案，为软交换业务开放提供了思路。但下一代网络的特点决定需要仔细研究中间件技术，本节的内容正是对适合于下一代网络的中间件技术进行探讨。

13.5.2 适用于下一代网络的中间件的难点、对策及其关键技术

1. 下一代网络特征

下一代网络是可以提供包括语音、数据和多媒体等各种业务的综合开放的框架结构，NGN 应具有的特征如下所示。

- 开放的网络体系结构：遵从 ISO 开放系统互联的体系结构，其功能结构、控制结构、网络终端和网络管理都是开放的，可以支持各种传统的电信业务(如电话业务、数据业务、智能业务等)和将来可能出现的各种业务。
- NGN 的核心技术是基于分组化的。
- NGN 是由业务驱动的，其功能特点是：业务与呼叫控制分离，而呼叫与承载分离。分离的目标是使业务真正独立于网络，灵活有效地实现业务的提供。用户可以自行配置和定义自己的业务特征，不必关心承载业务的网络形式以及终端类型，从而方便灵活地获得各种所需的业务。
- NGN 是保证质量和有足够的安全性和可靠性的保证：采用分布式结构，电信级的设备可靠性保证了网络中无单点故障，安全保护机制则确保数据传送及业务实现的安全性。

- NGN 应是可方便的管理、调度和维护的：设置相应的功能服务器，对现有网络的计费、鉴权、认证和网管系统进行简化，同时通过基于策略的操作维护系统对网络的动态特性进行调整。

2．适用于下一代网络的中间件的难点及对策

下一代网络中由于融合了很多新兴技术，使得适用于下一代网络的中间件面临若干难点。

- 目前的分布式系统主要考虑的因素是设备、网络连接、执行环境；针对中间件，则需要考虑计算负载、通信模式和上下文表示等方面。由于移动中间件所处的环境与常规中间件所处的环境有很大的差异，因此移动中间件在设计时需要考虑本身固有的因素：系统应当是轻量级的，移动主机(或者称为移动终端)上运行的中间件本身不应当占用过多的资源；由于连接的不稳定，异步交互方式往往更加有效；移动系统往往在动态的环境中执行，移动中间件与应用以一定的方式结合，共同完成对环境的自适应调整。
- 由于移动中间件和常规中间件的运行平台不同，所以需要解决运行于不同中间件平台的应用组件的互操作问题。
- 下一代网络，无论是固定网，还是移动网，都将提供丰富的 QoS 机制。中间件不但要利用网络提供的 QoS 机制，还要对端系统的资源(CPU、缓冲等)进行控制。而目前的许多研究往往只关注网络 QoS，没有将两者统一起来。资源管理需要将两者结合起来，才能建立有效的资源管理机制。
- 解决应用如何发现和利用环境信息的问题，目前大多采用上下文感知(context aware)技术。上下文指应用所关注的环境状态和设置的集合，决定应用行为或应用事件的发生，可以分为几类：计算上下文，如网络连接、通信成本、带宽等；用户上下文，如用户位置；时间上下文，如日期、季节等。不同类型的上下文需要不同的表达和建模方式，目前多数系统没有统一的模型表达上下文信息，而且多数研究仅局限于位置信息。对于上下文感知，需要将它与应用分离，并将收集的原始信息转换为可以理解的格式(使用 XML 来表示)，分发给感兴趣的应用。
- 目前的中间件具有很多透明性，如访问透明性、迁移透明性、重定位透明性、复制透明性、持久透明性、位置透明性和事务处理透明性。但对应用完全透明的方式往往会牺牲功能或性能，有时自适应效果并不充分，甚至产生副作用。而完全应用实现的方式则过度依赖应用本身，造成应用开发困难。鉴于两种极端的局限性，理想的方式是采用自适应策略(折衷策略)。即系统保证主要的自适应优化，对于应用必须参与的调整，则通过与应用特殊的接口进行。而反射技术应用在这里恰好可以解决这一问题，即通过反射接口进行必要的调整，使得自适应更具个性化。
- 下一代网络中间件由于所涉及到的网络环境多样化，应为不同的应用提供相适应的编程模型。除了典型的 C/S 模型外，还需要适应于不同网络情况和应用逻辑的高度灵活的编程模型，如移动 agent 模型、P2P 模型和异步消息传递模型。
- 下一代网络一方面规模庞大，异质因素较多；另一方面又迫切需要快速、低成本、有效地开发各种应用。OMG 提出了模型驱动结构(Model-Driven Architecture)可用

来解决一个应用在不同中间件平台的各部分的互操作问题。这一方法的关键在于对应用的抽象建模，建立平台独立模型(Platform-Independent Model)，并将其映射为具体平台模型(Platform-Specific Model)。

13.5.3 适用于下一代网络的中间件的解决方案

针对上述对策，在实现下一代网络中间件时总的解决方案如图 13-4 所示。

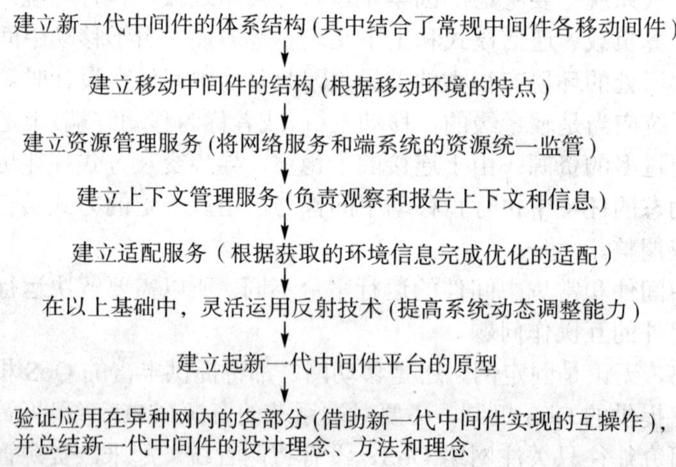

图 13-4 技术方案

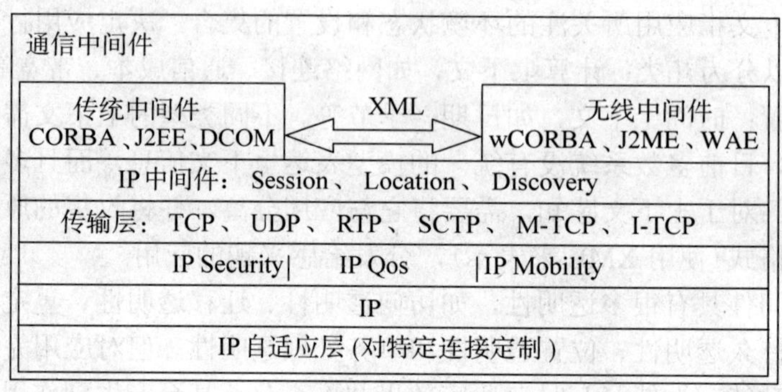

图 13-5 中间件的体系结构

下面分别对其进行阐述。

- 首先根据建立整个中间件的体系结构，如图 13-5 所示，这一结构结合了常规中间件和移动中间件部分，而采用的方法仍然是分层的方法。在网络层以 IP 为基础，上面体现了 QoS、移动和安全需求，最上层的传统中间件与移动中间件之间的数据交换采用 XML 接口。
- 根据移动环境的特点，建立移动中间件的结构，以解决移动环境的特殊要求，如资源有限、连接不稳定等问题。特别是针对客户(终端)的移动，引入服务代理和传输隧道的概念。其主要思想是让移动终端与服务代理连接，将请求提交给服务代理，服务代理代表移动终端并根据请求与服务器交互，然后将得到的结果返回给移动终端。这方面可以借助于无线 CORBA 规范，构筑如下的结构：

如图 13-5 所示，其系统架构可分为终端域、访问域(进一步分为以前访问的域和当前访问的域)和宿主域。终端域为移动终端活动的区域，处于移动网络中，一般为客户端，是整个服务的发起者。它主要包括 ORB 服务 agent、移动事件提供者和终端桥三部分。访问域为CORBA服务提供域，一般存在于固定网络环境中，但CORBA服务提供者也会在特定的场合下(如系统崩溃)做移动，它主要包括服务和访问桥。宿主域是一个位置向导，提供位置透明服务，一般存在于固定网络环境中，且不会移动，它包含命名服务和宿主位置 agent。

- 建立资源管理服务(Resource Service)，将网络资源和端系统的资源统一起来进行监控和管理。如图 13-6 所示，资源管理服务提供了应用、上下文服务和适配服务可以访问的接口。

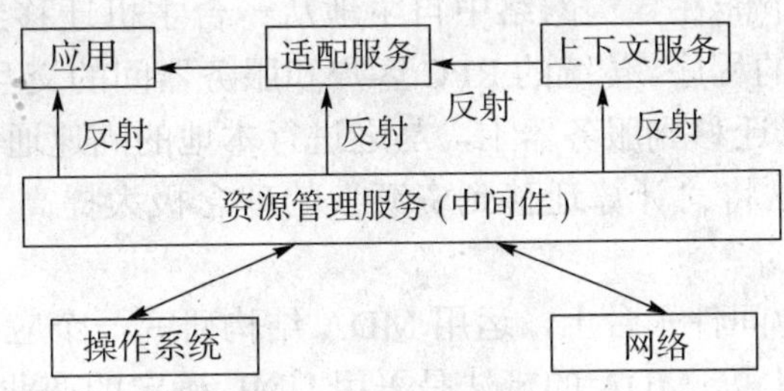

图 13-6　资源管理服务

- 利用上下文服务(CS)负责观察和报告上下文的信息，包括：系统资源(端系统和网络)、用户位置及其他信息；其中有关资源的信息可以直接从资源管理服务中获取。上下文信息利用 W3C 的 CC/PP(Composite Capability/Preference Profile)交换协议进行描述。CC/PP 协议提供了与数据库字段等价和相关的模型来形式化上下文信息，并使用了 RDF(资源描述框架)。W3C 将“资源描述框架(RDF)”设计为常规元数据建模工具，但它还提供了许多功能，使之成为 XML 数据的理想搭档。作为知识管理工具的 RDF，其基本用途是允许用户组织、关联、分类这些知识，所以使用 RDF 可以描述资源的能力(如 CPU、网络带宽)和应用的需求。上下文服务是一个垂直的结构，它从应用到中间件再到操作系统、网络，都有相应的接口。上下文的信息主要作为适配服务的输入。
- 利用适配服务(AS)，根据获取的环境信息完成适配，主要使用上下文服务提供的 CC/PP 描述。适配服务将根据环境的状态和应用的需求，找出尽可能优化的适配方案。适配服务提供了两种方式：自适配方式和应用干预方式。对于自适配方式，应用事先设置后适配策略，当环境发生动态变化后，适配服务根据适配策略进行自适配操作。而对于应用干预方式，当环境发生动态变化后，适配服务请求用户干预进行调整。适配服务与上下文服务交互时，可以采用推或者拉的方式，同时可以预订感兴趣的信息，而过滤掉不需要的信息。对网络资源和端系统的适配操作，主要通过资源管理服务来完成。

- 利用反射技术提高系统动态调整的能力。反射抽象地说，是系统的一种推理(reason about)和作用于(act upon)自身的能力。反射系统，是指这样一种系统：它提供了关于自身行为的表示，这种表示可以被检查和调整，且与它所描述的系统行为是因果相连的(causally connected)。因果相连，意味着对自表示(self-representation)的改动将立即反映在系统的实际状态和行为中(这也是使用"反射"这个词的由来)，反之亦然。反射技术通过某种手段将系统内部原本对应用透明的一些数据、结构、甚至行为呈现出来，是外部可以访问或者修改的。人们在几个部分中设置了反射接口：适配服务、资源管理服务以及中间件的内部。如图 13-6 所示，应用通过适配服务提供的反射接口改变自适配操作行为，适配服务也可以使用资源管理服务和中间件提供的反射接口改变其内部的数据结构和操作行为，进而达到动态调整的效果。
- 除了典型的 C/S 编程模型外，中间件还应当提供其他的编程模型，如应用级的数据传递方式(松耦合的消息方式+XML 的数据描述)、异步调用模型和移动 agent 模型。移动 agent 是一个能在异构网络中自主地从一台主机迁移到另一台主机并与其他 agent 或资源交互的程序，传统的 RPC 客户和服务器间的交互需要连续的通信支持；而移动 agent 可以迁移到服务器上，与之进行本地的高速通信，这种本地通信不再占用网络资源。这将"计算迁移到资源"的理念极大提高了低带宽环境下计算的效率。
- 在已经建立好的中间件平台上，运用 MDA 结构研究一个应用在不同中间件平台的各部分的互操作问题。MDA 的想法是采用 UML 确定的商业模式，并把它们转换成具体的硬件和软件模型，然后制作出代码。这种代码将与微软的.Net 服务器、J2EE 应用服务器或网络服务软件等中间软件产品兼容。信息系统开发经历了以处理为中心、数据为中心、对象为中心(数据与处理一体化)和正在发展的以模型为中心的四个阶段。以模型为中心的阶段出现，使信息系统开发成为一个由信息模型(Information Model)驱动的过程，信息模型将贯穿于信息系统的分析、设计、实现、配置、维护和管理的各个阶段。通过模型驱动体系来构架、简化和集成各类应用系统，从根本上提升管理系统的集成性、统一性和技术平台无关性。

13.5.4 适用于下一代网络的中间件的内部接口、数据与控制流

适用于下一代网络中间件的内部接口与数据、控制流如图 13-7 所示，中心部分为集成的中间件核心，外围分别为其适配服务接口、资源管理接口和上下文服务接口。中间件核心与外围服务之间通过适配操作和反射接口进行交互，上下文则通过 CC/PP 进行资源描述。

13.5.5 下一代网络中间件在软交换网络中的应用

图 13-8 为下一代网络中间件在软交换网络中的应用拓扑。图中中间件是整个业务软件通信的逻辑通道，Parlay 网关与应用服务器之间的通信接口采用此中间件，以屏蔽网络的异质性，图中 A 域与 B 域硬件、操作系统、网络通信协议皆可不同，并具有分布性和容错性，

避免了传统集中式网络的单点失效性。同时通过中间件，还可提高网络资源利用能力，具有部分的端到端服务质量保障。另外中间件的安全接口也提供了安全服务。

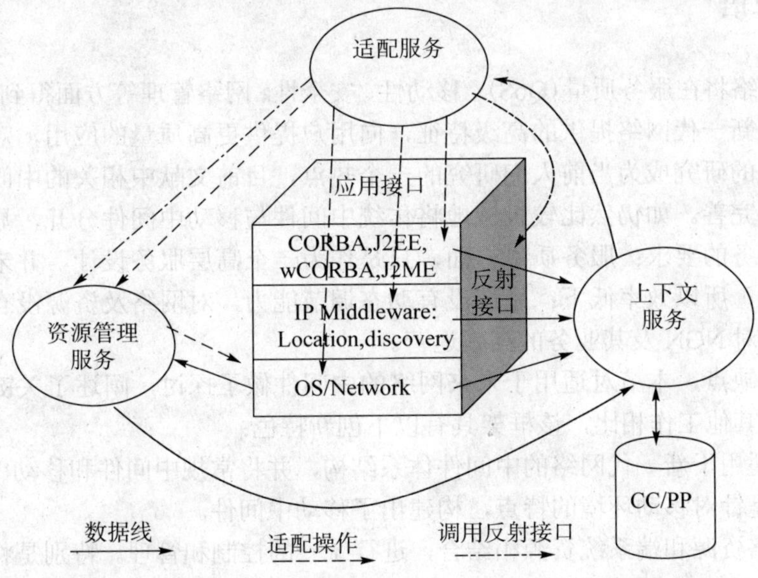

图 13-7　下一代网络的中间件的内部接口、数据及控制流

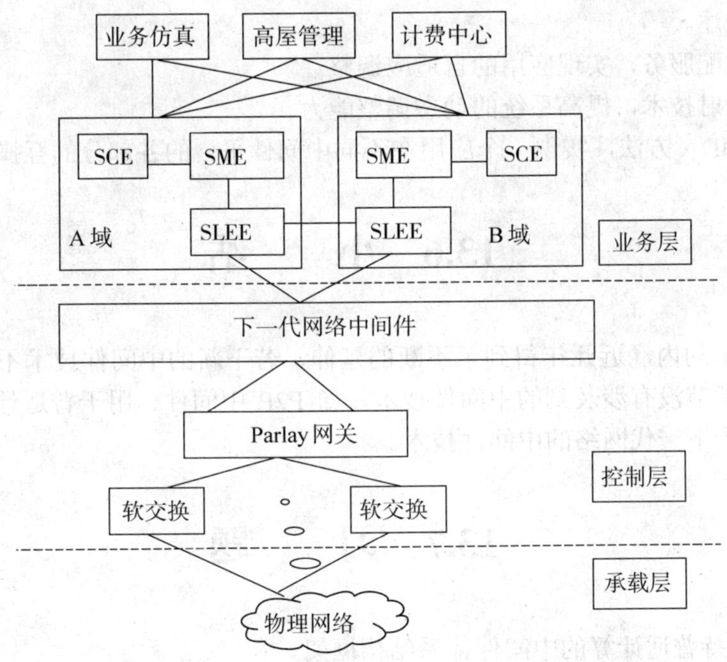

图 13-8　下一代网络中间件在软交换网络中的应用

业务支撑环境位于下一代网络的业务层，主要包括 SCE(业务生成环境)、SME(业务管理环境)和 SLEE(业务逻辑执行环境)。SLEE 提供各种增值业务和智能业务的业务逻辑驻留和执行环境，通过开放的 API、中间件与软交换设备交互来间接地利用底层的网络资源，从

而实现了业务与呼叫控制的分离，有利于新业务的引入。

13.5.6 结束语

下一代网络将在服务质量(QoS)、移动性、安全性、网络管理等方面得到进一步的完善。为了充分利用新一代网络提供的高级特征，向用户提供更高质量的应用，对适用于新一代网络的中间件的研究成为当前人们研究的一个热点，目前文献中相关的中间件结构多种多样，但都不够完善。如仍然比较机械地将传统中间件与移动中间件分开，显然不适应下一代网络及其业务的要求；服务质量方面，只是作为一个高层服务设计，并未有机融入中间件内部机制中，所以效率低下；系统没有动态调节能力，对网络及资源没有感知性，直接制约着运营商对 NGN 及其业务的高效运营。

针对上述缺点，本节对适用于未来网络的中间件做了探讨，阐述了关键技术并给出了系统框架，同其他工作相比，该框架具有以下创新特色：

- 建立适用于新一代网络的中间件体系结构，并将常规中间件和移动中间件相结合。特别是针对移动环境的特点，构建出了移动中间件。
- 将网络资源和端系统资源相结合，进行统一的控制和管理。特别是将网络的服务质量管理融入中间件，使得应用可以使用下一代网络提供的高级特征。
- 打破中间件层次化的结构，实现上下文感知，并使用 RDF 对上下文信息进行形式化的描述。
- 通过适配服务，实现应用的自适应调整。
- 通过反射技术，提高系统的动态调整能力。
- 通过 MDA 方法，实现一个应用在不同中间件平台的各部分的互操作。

13.6 小　结

中间件技术的内涵近几年得到了不断的延伸，若干新的中间件技术不断出现。本章介绍了一些前面章节没有涉及到的中间件技术，如 P2P 中间件、用于普适计算的中间件、安全中间件及用于下一代网络的中间件技术。

13.7 习　题

1．简述支持普适计算的中间件体系结构框架。
2．简述网格中间件内涵和关键技术。
3．简述安全中间件系统结构。
4．简述适用于下一代网络的中间件的难点、对策及其关键技术。
5．简述下一代网络中间件在软交换网络中的应用。

第 14 章　中间件的典型应用

知识点：

- ❖ 中间件特点及其应用优势
- ❖ 中间件在软件无线电中的应用
- ❖ 中间件在电信网管系统中的应用
- ❖ 中间件在软交换网络中的应用

本章概述：

中间件技术由于其自身的优良特性，使得其适合于很多领域的大型应用。本章主要介绍中间件技术在电信领域中的应用，重点介绍了中间件在软件无线电、电信网管系统和软交换网络中的应用。

14.1　中间件在软件无线电中的应用

14.1.1　软件定义无线电的历史

20 世纪 90 年代以来，无线通信在全球范围内取得了突飞猛进的发展，无论是军用还是民用无线通信，在各种频段上都出现了许多新的系统和模式，为人们提供了多种多样的服务，满足了社会上各种各样的需求。与此同时，多种频段和多种模式的无线通信之间的互连互通与相互兼容就成了急需解决的问题。软件无线电(Software Radio)是以开放体系结构为基础，在硬件的平台上应用软件工程技术来实现。由于它是具有极大灵活性和适应性的无线通信功能的系统，所以 Joseph Mitola III(美)在 1992 年提出这一概念时就掀起了各国研究软件无线电的热潮。但是由于前一阵的技术水平实现理想的软件无线电尚有难度，于是 Joseph Mitola III 又提出了软件定义的无线电(Software-Defined Radio：SDR)的概念。

14.1.2　软件无线电的体系结构概述

在工业界，体系结构是一个相当重要的基础设施，体系结构可以定义为“一种计算机硬件、软件或者两者共同的基本设计”。软件无线电的体系结构定义必须与服务、系统、技术以及经济相关，因此体系结构被定义为功能、部件以及设计规则的一个综合、统一的集合，从而使得无线通信系统可以被组织、设计、建立、部署、运行以及不断演进。体系结构应该区别出功能和部件，不同的功能被清楚地分配给不同的部件，部件间的物理接口对应于功能的逻辑接口。另外，体系结构如果支持即插即用，其设计规则则应能使不同供应商提供的硬件和软件模块可以在插入一个现存系统时工作在一起。若硬件模块能够即插即用，由此模块所支持的物理接口及功能的逻辑结构则应与主机硬件平台的物理接口、功能分配和其他设计规则兼容。这样确定的设计规则将获得开放结构的优势，其中包括使用设计模式以及定义接口标准。软件无线电的逻辑层次如图 14-1 所示。

通信服务	应用与相关服务 (如空中下载)
无线电应用	空中接口 (“波形”) 状态机、调制器、交织、多路、FEC 控制与信息流
无线电结构	数据移动；激励器；干扰服务路由、存储管理、 共享资源
硬件平台	天线、模拟 RF 硬件、ASIC、FPGA、DSP、微处理器、 指令设计结构、操作系统

图 14-1 软件无线电逻辑分层

在定义层与层之间接口的时候，一种方法是定义从一层到另外一层的应用编程接口(API)，API 通信是水平层之间的垂直接口。目前，软件无线电的一种演进是将 CORBA 集成到此体系结构中。CORBA 用于定义软件模块间的接口，IDL 为定义软件模块间的接口提供了方便，由于每个新的软件模块接口都是面对 ORB，而不是 N 个现存的软件部件，所以集成一个新的软件模块的过程就大为简化。CORBA IDL 提供了丰富的技术基础，为软件无线电找到了 COTS 无线电基础机构与某确定功能的部件间接口定义的灵活方法。功能部件间的水平接口及抽象层之间的垂直接口，将软件无线电划分为可管理部件的矩阵，可以集成这些部件来产生一个具有期望性能的系统。

14.1.3 基于中间件的软件通信体系结构实现

Software Communication Architecture(SCA)提供了一种标准、开放、可互操作的软件平台，实现应用软件的可移植性和可重用性。SCA 是一个层次化的体系结构，从下到上由总线驱动层、网络和串行接口服务、操作系统层、中间件、核心框架以及应用层组成。SCA 体系结构带来的好处有：最大限度地使用商用协议和产品；通过层次化的开放的软件基础结构把应用程序与底层的硬件分离开；通过使用 CORBA 分布式环境使得应用程序具有可移植性、可重用性和可伸缩性。

SCA 实现了核心框架的三大接口和域配置文件将在下面列举。

基本应用接口(Base Application Interface)：包括端口(Port)、生命周期(LifeCycle)、可测试对象(TestableObject)、属性集(PropertySet)、端口供应者(PortSupplier)、资源工厂(ResourceFactory)、资源(Resource)。这些用 IDL 语言表示的基本接口被所有的应用程序使用，使得具有不同功能的应用软件能提供统一的接口形式。在实现基本接口的时候，根据基本接口的基本目标，进行了灵活的处理，使得用户既可以方便地继承基本实现，又可以增加自己的应用逻辑，方便扩展，适合不同的应用场合。为了达到较好的性能，对基本接口的处理过程进行了优化，充分利用 CORBA 的零复制技术，最大程度减少重复操作和复制所需要的开销。应用开发者可以利用基本接口快速高效地开发和增加自己所需要的基本功能。

框架控制接口(Framework Control Interface)：包括应用程序(Application)、应用程序工厂(ApplicationFactory)、域管理器(DomainManager)、设备(Device)、可加载设备(LoadableDevice)、可运行设备(ExecutableDevice)、集合设备(AggregateDevice)，设备管理器(DeviceManager)。通过这些接口，可以对所有应用程序进行控制和管理。应用开发者可以通过应用和应用工厂创建应用，通过域管理器对整个无线电台域进行管理。通过设备管理器应用开发者可以管理一系列的设备。通过设备及其相关接口，应用开发者可以用对象的方式管理硬件设备。每一个硬件设备都被抽象成为逻辑设备进行管理，其信息描述在域配置文件中。

框架服务接口(Framework Service Interface)：包括文件(File)、文件管理器(FileManager)、文件系统(FileSystem)、计时器(Timer)，这些接口为应用程序提供服务。通过文件系统接口，可以实现分布式文件系统访问，为开发分布式应用程序的文件操作提供了强大的支持。

域配置文件(Domain Profile)：描述系统中的硬件设备和软件组件的属性。所有的域配置文件都是以 XML 文件的形式来表示的。XML 文件必须遵循在 SCA V2.2 的附录 D 中规定的 DTD(文档类型定义)文件格式。通过域配置文件，应用开发者可以动态地改变设备和各种硬软件组件的配置，而不用重新启动设备和组件，最大程度地实现了灵活性和可配置性。实现的时候，根据具体的需要提供了一套完整的参考实现，并且为了方便嵌入式系统的运行监视，实现了可选的日志服务 LogService(通过此服务，可以完全监视到系统的运行情况，方便了调试和监控)。

考虑到使用 CORBA 中间件的效率问题，在每个模块中都考虑了优化内存使用(使用 C++优化技术)，并及时释放不需要的内存块，以防止内存漏洞和节省空间，在取得分布式开发高效率的同时达到了较好的性能要求和可维护性。使用基于 CORBA 的 SCA CF 实现，可以快速开发 SCA 应用，具有可维护性、高可靠性的优点。由于 CORBA 的稳定和高效，可以看到 SCA 实现的可用性非常好。

14.1.4　一个基于核心框架的 DEMO 介绍

为了便于理解，这里将展示基于核心框架的一个 DEMO，该 DEMO 基本展示了核心框架的所有接口的使用。在这个 DEMO 的基础上讨论核心框架的原理及其实现，重点分析基本接口、域管理器和设备管理器以及日志服务。

该 DEMO 的结构如图 14-2 所示。

该 DEMO 展示的是三个结点共同完成的一个分布式应用。

该 DEMO 有两个控制界面(即图中的人机界面)。界面 1 负责访问 DomainManager 域管理器，对 DomainManager 的各种功能进行验证。界面 2 负责访问分布在三个结点上的三个日志服务 LogService，向控制者展示日志中存储的内容以及存入取出日志等。

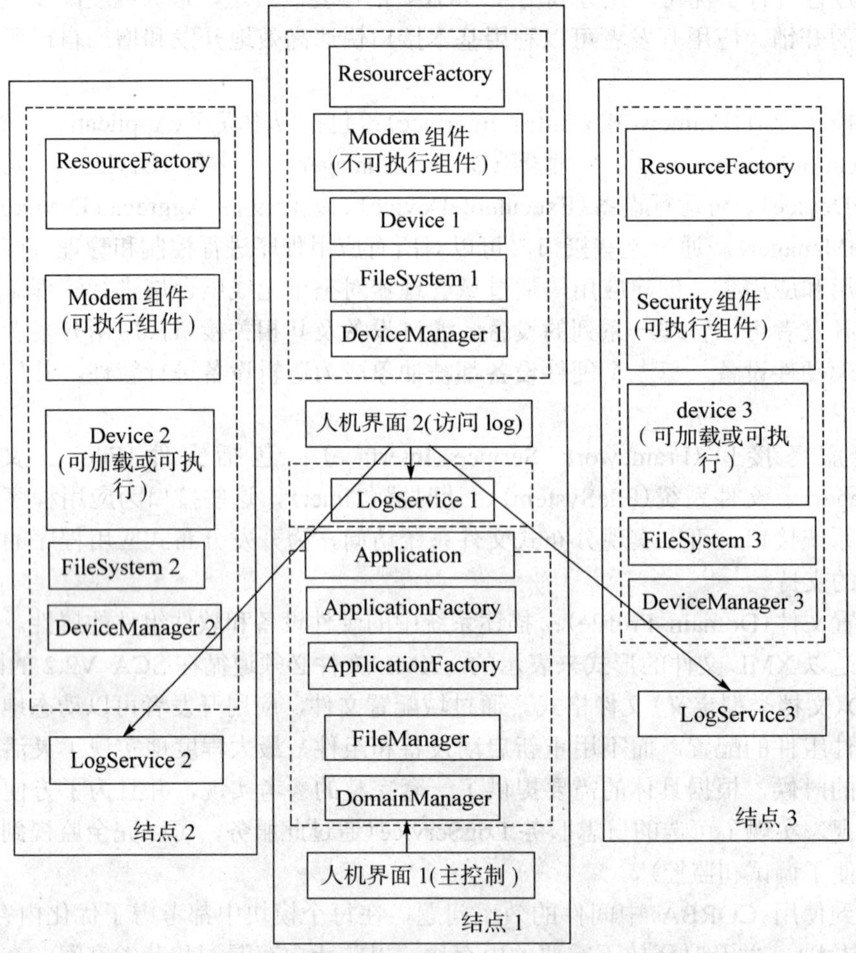

图 14-2 DEMO 的结构

结点 1 和结点 3 组成 SCA 中第一个应用(Application)，结点 2 和结点 3 组成第二个应用。

◆ 服务端程序

- 结点一：首先在一个服务端程序上启动域管理器和相关服务：FileService(必须)、LogService(可选)；再在另一个服务端程序上启动该设备的设备管理器和位于这个设备上的资源工厂和一个 dmport 端口组件，以及设备 Router。
- 结点二：启动设备的设备管理器和位于这个设备上的资源工厂和一个 modemuses 端口组件，可选的 LogService。
- 结点三：启动设备的设备管理器和位于这个设备上的资源工厂和一个 securityuses 端口组件，可选的 LogService。
- 人机界面：在结点一上有三个人机界面(客户端程序)

◆ 主控制界面

主控制界面主要负责控制域管理器，生成应用工厂，创建、控制应用。

- 访问 log 界面：访问各个结点上生成的可选的 LogService，获取程序执行过程中产生的日志信息。

- 访问设备管理器(DeviceManager)界面：访问各个结点的设备管理器的对象，注册注销设备和服务等。

14.2　CORBA 在电信网管中的应用

14.2.1　CORBA 为什么适合电信应用

CORBA 技术适合电信级应用主要是由于 CORBA 的技术特点决定的。目前电信部门在设计它的 IT 系统时所面临的主要问题是电信业务的分布性和大规模扩展能力。为提供远距离或全球范围的通信，电信部门之间必须进行有效的集成和互操作。另外，电信公司还需要不断地提供新的服务，如视频会议、Internet 技术、点播服务或交互式服务等，同时保护原有系统的投资(原有数据、应用等)。CORBA 之所以非常适合电信领域，主要有两方面的因素：一是 CORBA 的技术特点，如采用先进的软总线/软构件的层次结构和面向对象技术，容易实现遗留系统的集成，符合标准的处理流程，系统的开放性适应新技术、新业务的发展；二是电信领域的需求特点，即超强的分布处理需求，而这正是 CORBA 的优势所在。应该说 CORBA 技术对于 NGN，尤其在网络服务层(Network Service Layer)提供了一种理想的解决方案，同时在提供标准应用接口上(API)也提供了一种很好的选择。CORBA 技术采用层次化的系统结构，可以使应用系统的结构更加清晰，便于实现和维护。采用基于软构件的技术，可以进行应用的快速构造，提高系统的可靠性及快速开发能力。采用软总线结构，不仅能够支持应用集成框架的建立，满足协同工作的需求，而且建立了多层次的软构件技术，更加便于应用领域框架及领域构件的开发，从而满足电信综合业务的快速构造和灵活部署，真正做到“即插即用”。同时，基于 CORBA 技术可以方便地实现系统的可移植性、互操作性和分布透明性，方便地进行系统的扩展和升级。

14.2.2　CORBA 在电信网管系统中的应用

在电信运营体系中，网管系统一直是网络维护工作的重点。随着电信运营商网络规模的不断扩大，多厂商设备环境下的网络管理是网络管理研究和网管系统建设中的难点。CORBA 技术在标准性、规范性、开放性方面的优势，为我国的网管应用水平的提高提供了一个很好的思路。从目前来看，TMN 和 CORBA 技术结合的方式是目前构建网管系统最为理想的一种解决方案。

在探讨 CORBA 在电信网管系统中的应用时，一般认为 CORBA 技术可以在以下三个方面发挥优势：

- 在开发网管系统的运行系统(OS)时，CORBA 可以为组成 OS 的内部功能单元间交互提供通信的方式，即利用 CORBA 软构件技术来构建网管功能服务对象，来满足网管应用的需要。同时，利用 CORBA 软总线技术达到不同构件之间的协同工作。
- 在不同系统之间的互操作时，CORBA 作为标准的中间件，支持与编程语言无关的接口定义。由于 OMG IDL 具有标准的语言映射和有多厂商支持的特性，因此非常适合不同系统之间的互操作。

- CORBA 作为管理系统和被管资源间的通信接口，即在 OMC 层次上提供标准的 CORBA 接口，满足了上层规范化管理的需要。

目前，作为设备厂商提供的网管接口(OMC 层次上)存在着很大的私有性和混乱性，究其原因，很大程度上是缺少多厂商共同遵循的规范。而目前各电信运营商在构建其网管系统时，也意识到了存在着这些异构性的问题，因此也在积极地推进标准规范的制定和发展，并且也取得了很大的成果。比较统一的意见是，从长远角度来看，选用一种独立于具体厂家的技术，来开发多厂家环境下的网管系统是非常合理的。而 CORBA 在标准性、规范性、开放性方面的优势，为我国的网管建设提供了很好的解决方案，并且 CORBA 技术已经得到了国际电信联盟电信标准部(ITU-T)的充分认可，并制定了相关的规范，这些规范表明 CORBA 在网管中应用的基础标准化工作已经完成。在密切跟踪国际进展的同时，国内对在 TMN 中引入 CORBA 技术的准备工作已经开展了多年，并积累了丰富的实际经验，而且有些成果已经达到世界先进水平，为国内网管建设过程中采用 CORBA 技术铺平了道路。中国电信运营商及相关研究机构也根据 ITU 相关规范，制定了针对中国设备供应商所应提供的 CORBA 接口，为中国电信设备接口规范化、网管系统标准化打下了基础。

14.3 CORBA 在软交换中的应用

目前关于 CORBA 技术在软交换系统中的研究主要集中在控制层和业务/应用层上，这也是根据 CORBA 技术的特点决定的。

基于软交换的 NGN 为下一代的业务提供与快速部署提供了一个很好的基础设施。为了能够更好地发挥软交换带来的优势，必须在服务提供商、服务使用者、网络运营商之间提供开放性的接口，从而可以更好地集成第三方的应用或服务，这样才能够真正实现业务开放性。通过第三方业务接口，运营商可以向专业的软件开发商开放底层网络，由软件开发商开发出各种新业务、新功能，这些业务功能可以由专门的业务运营商来运营。目前 PARLAY 作为 softswitch(软交换)业务开放接口已经达成了业界共识。

如前所述，作为 OMG 组织倡导的 CORBA 技术，正在电信行业逐渐形成业界的标准。CORBA 技术在开放性、标准化和规范性方面具有的优势是其他技术所无法比拟的，因此可以在标准应用接口(API)发挥出其具有的优势。目前 Parlay 在这方面做了很多工作，并取得了很好的效果。

14.3.1 基于 CORBA 的业务开发平台 PARLAY

业务开发平台建设中最主要和关键的部分就是提供开放的 API，以利于第三方业务的集成。目前 PARLAY 作为 softswitch(软交换)业务开放接口已经达成了业界共识。PARLAY 在高层上使用 UML 统一建模语言定义了很好的 API 定义，虽然没有具体规定应使用何种实现技术，但是 CORBA 应该是 PARLAY 推荐的一种实现技术，同时 PARLAY 规定的 API 接口模型，已经利用 CORBA IDL 进行了详细的描述。

14.3.2　PARLAY 的技术路线

Parlay 致力于在开放性的电信网络体系架构建设，目前很多知名厂商都是该组织的成员。Parlay 主要规定了开放性的 API，代表 3rd party 第三方开发商和 Application Server 应用服务器之间的编程通信协议，从而利于第三方工具的集成。通过 Parlay GW 封装网络能力，提供多种 Parlay API，使第三方业务开发商可以迅速地为网络提供丰富的业务，构建全新的 NGN 网络价值链。

PARLAY 在高层上使用 UML 统一建模语言定义了很好的 API 定义，并且采用 CORBA IDL 进行描述。PARLAY API 规定了在应用层/服务网络（application layer/service network）和核心网络（core network）之间的接口。应用可以逻辑地部署在服务网络中，并且独立于物理的核心网络或用户接入网络，这意味着通过 PARLAY API 可以实现从原有的网络依赖性的应用可以转化到网络无关性的层次。这也是目前软交换在业务层的主要研究方向之一。

Parlay/OSA API 是由 Service Capability Servers（SCSs）提供，应用通过这些标准的 API 来进行网络或业务的访问。这种“开放网络”的概念使得电信网能力可以被广泛的开发群体所利用，包括第三方的应用提供商。这样网络运营商就可以扩展其电信网的业务和内容。开放网络的 API 自然构成了被应用层（业务网络）和核心网之间的接口。应用在逻辑上位于业务网络中，开发的方式与核心网和接入网无关。这种把业务层和网络层分离的垂直方法，将使运营商、业务提供商和最终用户受益匪浅。

PARLAY 的宗旨是发展独立于网络的 API，使企业拥有可以访问核心网络的能力，并且支持核心网技术的演进，使得应用可以方便地转移到其他网络中。目前 PARLAY 规范已经发展到 PARLAY3.0 规范，整个规范分为 12 个部分，如表 14-1 所示。通过 PARLAY API 定义的标准接口，业务提供商可以快速地开发基于标准的应用服务供用户使用。PARLAY 规范，针对每一个部分，都定义了基于 CORBA IDL 的开放 API 信息模型。

表 14-1　OSA/PARLAY 规范列表

序号	SCF	描述
1	概述	包含介绍和使用的方法
2	通用数据	其他部分使用的共同数据定义
3	框架	定义了基础性能力，例如鉴权、SCF 发现、SCF 注册、出错管理等
4	呼叫控制	定义了呼叫控制族，能力范围从建立基本呼叫到管理多媒体会议等
5	用户交互	从最终用户获得相关信息，执行宣告、发送短文本信息等
6	用户位置/状态	获得用户的位置和状态信息
7	终端能力	获得最终用户终端的能力
8	数据会话控制	影响数据会话
9	通用消息	接入邮箱
10	连接管理	规定 Qos
11	账号管理	接入最终用户的账号
12	计费	根据应用和数据的使用向用户收费

14.3.3 PARLAY 的逻辑结构

Parlay 规定了服务访问的几个实体，如应用(Applications)、应用服务器(Application Servers)、服务使能服务器(Server Capability Servers/SCSs)、Parlay/OSA 框架(Framework)和核心网元(core network elements)。

Applications 部署在应用服务器上，可以基于任何标准的 IT 平台，使用 SCSs 提供的标准接口 API，用它来进行核心服务的访问。其中，在标准接口 API 的服务端实现 SCS 功能，在客户端实现应用 application。Application 与 SCS 之间的通信，可以使用标准的、开放性的中间件，如通过 CORBA 技术进行。

SCSs 实际上是负责 API 具体实现的功能实体，即实现服务使能特性(Service Capability Features/SCFs)的接口类。SCS 与核心网络元素进行交互，如 HLR、MSC、SSP 等。这样，一个 SCS 服务伺服程序就相当于进入核心网络的一个代理或一个网关。

Parlay API 规定了两大类接口：框架接口(framework interface)和业务接口(service interface)，并都用 CORBA IDL 进行了模型的定义。具体描述如下。

- 框架接口：框架接口提供了支持应用利用服务接口访问网络服务的一些必需的功能，提供业务接口安全、管理性所必需的支持能力。如 AAA 认证、安全、服务注册、检测等功能。
- 业务接口：提供应用访问网络能力和信息的接口。业务接口提供途径使应用可访问传统网络能力，如呼叫管理、消息、用户交互等，业务接口也包括减轻通信应用程序的应用的通用应用接口。

在应用和 SCS 之间的通信是使用标准的 IT 中间件机制，如 CORBA 技术来实现的。这样，SCS 是实现 API 的逻辑实体(即业务能力特性的接口类)，它可能与核心网员进行交互。这些实体可能包含在归属位置寄存器(HLR)、移动交换中心(MSC)、业务交换点(SSP)中，所以 SCS 服务器可以看做是核心网络代理或者网关。一个 SCS 可以同时实现多个 SCF。由于 SCS 是逻辑实体，因此它的实现不必一定是独立的单元。例如，基于内容计费 SCF 很可能由计费(Charging)和账务(Billing)管理服务器提供。

PARLAY 框架接口为应用提供了框架的能力，该实体是实现开放性的关键所在，它使得在传统 IN 范围之外实现开放、发现和集成新的业务特性成为可能。

PARLAY 框架提供了到业务能力特性(SCF)的基本接入能力，它结合分布技术可以支持应用的位置信息和各种业务情景。而且，框架允许多方提供业务，甚至包括非标准化的 SCF，而这些业务能力是业务创新和区分的关键。框架由三大类不同的特性组成，它们分别是：可信度和安全管理、业务注册和检索功能以及完整性管理。其核心部分包括：信任和安全管理(鉴权)、SCF 注册(新的 SCF 在框架中进行注册)、SCF 工厂(创建新的 SCF 实例)、SCF 发现(发现由运营商提供的 SCF)。

14.3.4 PARLAY 的工作流程

要理解 PARLAY 的工作流程，可以参考 SCS 的安装过程和应用使用 SCS 中提供的能力的流程，如图 14-3 所示。假定 SCS 实现了多方呼叫 SCF，其实现过程主要分为以下三步：

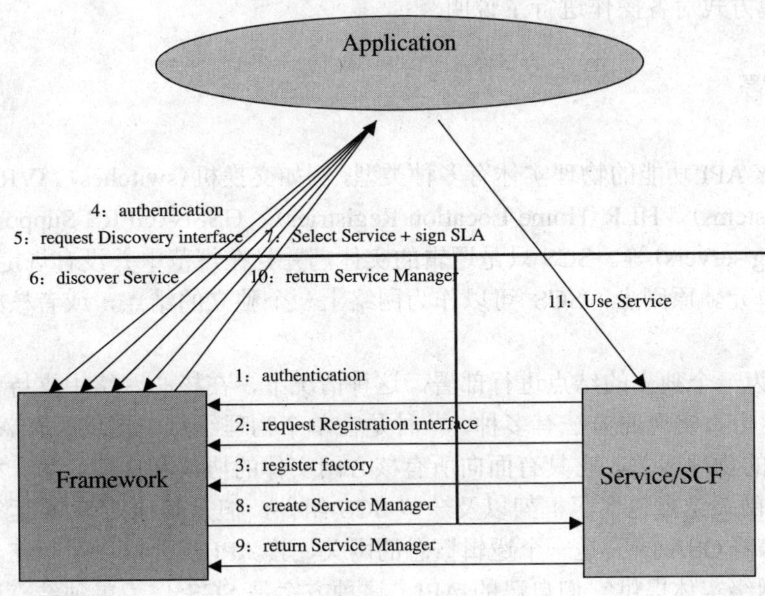

图 14-3　流程

(1) 注册新的 SCF(Registration)。首先，SCF 向框架请求注册接口(Registration interface)，框架将返回该接口的引用(图 14-3 中的步骤 1~2)；接下来，多方呼叫控制 SCS 使用得到的该接口发布 SCF 的类型；而后，SCS 将通过注册接口向框架提供自己的引用(称为业务工厂 service factory)(图 14-3 中的步骤 3)。这时，框架和 SCS 就互相了解了对方。

(2) 建立该业务协定(Setup of Service Agreement)。该步骤将建立允许应用使用 SCS 的环境。这里的条件之一是应用只允许使用最多有四方参与的呼叫，这些条件信息在“业务协定”(Service Agreement)中进行描述。

(3) 建立通信。该步骤建立应用和 SCS 之间的通信连接。

应用接触框架后可以使用发现接口(Discovery interface)来查找可用的 SCF 实现(图 14-3 中的步骤 4~6)。假定这里应用想使用多方呼叫控制 SCF，并且想使用最多有四方参与的呼叫。因此，应用将通过发现接口(Discovery interface)向框架发送请求，要求返回所有可以满足要求的多方呼叫的 SCF 实现，然后框架将通过业务协定(Service Agreement)确认是否可以使用。如果满足条件，框架将返回这些 SCF 的列表。例如现在有两个呼叫控制的 SCS，其中一个能够一次处理八方呼叫，一个可以一次处理六方呼叫。这样，应用可以从中选择处理六方呼叫的 SCF(图 14-3 中的步骤 7)，因为比较便宜。然后，框架将通过业务工厂接口(Service Factory interface)要求具体的 SCS 创建可用的 SCF 实例；同时框架也将发送 SCF 使用条件信息，例如这里要求每次呼叫最多四方参与(图 14-3 中的步骤 8)。这时 SCS 将创建 SCF 实例并且向应用返回框架的索引(图 14-3 中的步骤 9、10)。这样，应用就可以开始使用多方呼叫控制 SCF。

在应用使用每个 SCF 的时候都必须重复图 14-3 中的步骤 6~10。要注意的是 PARLAY 支持的鉴权(图 14-3 中的步骤 1、4)在相同的域内可以忽略。例如运营商为其框架添加新的 SCS，或者应用在与框架、SCS 相同的域中。

PARLAY 规范为每一个操作都定义了相应的 CORBA IDL 描述，并通过序列图、class、view 等 UML 建模方式对各操作进行了说明。

14.3.5 物理部署

提供 PARLAY API 功能的物理实体有多种类型，例如交换机（switches）、IVR（Interactive Voice Response systems）、HLR（Home Location Registries）、GSSN（GPRS Support Nodes）、计费服务器（billing servers）等。SCS 只是逻辑的实体，并且在规范中并没有规定 SCSs 是否是网络中的独立单元。原则上，SCS 可以作为网络上一个独立的结点，或者核心网络结点进行部署。

如果 SCS 作为一个独立的结点进行部署，这种情况下，在核心网络中支持业务的物理的子层可以明显区分。实现的方法有多种，一种是在单个物理结点中提供所有 API 的实现，通常被称为 OSA 的物理网关，它具有面向所有核心网实体的协议和接口；另一种是分布式方案，其中 OSA 网关结点包含了框架以及一些 SCS 组件，但是其他的 SCS 运行在不同的结点上。这就意味着 OSA 网关是一个逻辑概念的网关，其 API 实现可以运行在分布式的结点上，即不同的网络实体提供它们自己的 API。这种方案是 SCS 作为单独结点以及核心网络提供 SCF 实现的混合。

原则上，如果在不同结点之间的中间件基础上开发，所有的开发都是可能的。然而，有时可能不希望直接在核心网结点上开发 SCS 软件，尤其在最终用户的触发要根据用户位置、信令或者处理负荷来动态存储的情况下。此时，为了能够在用户启动它所感兴趣的事件时触发，用户触发可能位于的网络所有可能的结点应该能够建立和应用的通信。例如，一个移动用户可能根据位置来附着到移动网络中的任何业务交换机上。

由此可见，事实上可能有各种混合的实现情况。最可能的情况是：一个网关结点提供 PARLAY 框架，其中包括 SCF 的注册以及其他一些核心的 SCS；其他的 SCS 分布在不同的结点上，在框架中进行注册。由于框架是关键的实体，因此实现框架的结点能够提供一般电信承载的性能，比如要求达到 99.999%的可用性。

而采用 CORBA 技术，对于应用部署的灵活性都是非常适合的。并且通过 CORBA 中间件，可以屏蔽低层的异构性和分布性，以一种统一的方式来进行低层的访问及控制，并且可以通过软总线机制构建起服务器之间的集群平台。

14.3.6 应用服务器（Application Server）

如前所述，基于 PARLAY 的体系架构如图 14-4 所示。

Applications 部署在应用服务器上，可以基于标准的 IT 平台。服务使能服务器（Service Capability Servers）向应用提供标准的 PARLAY API 接口。应用服务器使用 SCSs 提供的标准接口 API 进行核心网络的访问，如 HLR、MSC、SSP 等。其中在标准接口 API 的服务端实现 SCS 功能，在客户端实现应用 application。应用服务器和服务使能服务器（SCSs）可以在同一个业务域或不同的业务域内。Application 与 SCS 之间的通信，可以使用标准、开放性的中间件，如通过 CORBA 技术进行。

从图 14-4 中的图示可以看出，SCSs 的部署很可能是分布的，因此像 CORBA 这样的技术是非常适合的，在这之上构建应用服务器。通过应用服务器，可以隐藏低层的分布细节，同时向应用开发者提供标准的编程环境，并可以选择熟悉的语言。而 CORBA 的技术特点，非常适合应用服务器的构建，并可以通过组件封装继承的机制，向应用开发者提供更快速有效的开发方式。

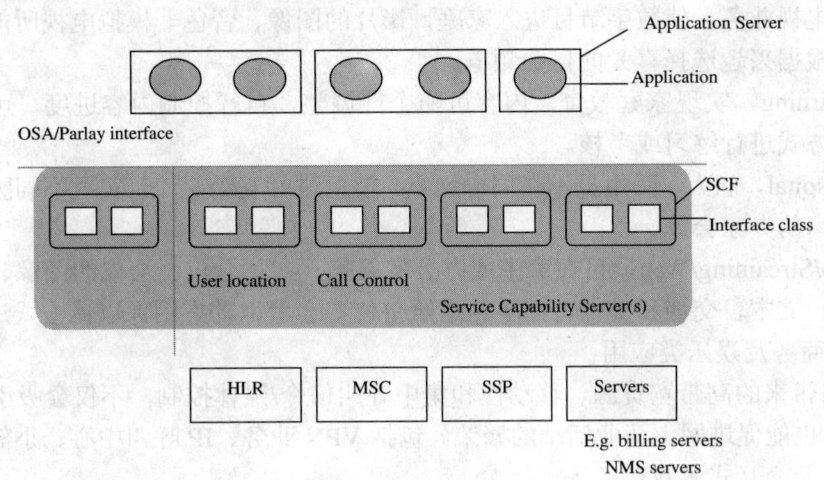

图 14-4 应用服务器

14.3.7 可开展的典型业务

目前，利用中间件及其业务平台，可开展以下几大类下一代网络业务。

◆ 分组话音和增强特性业务

实现传统交换机基本语音业务和增值业务，同时具备更具性价比的 IP 特性。包括 IP Centrex、呼叫等待、呼叫转移、会议呼叫和个人呼叫管理。

◆ 协同工作、融合业务

NGN 将数据、语音、视频融为一体，因此多种媒体协同工作业务是 NGN 的天然产物。包括：统一消息(Unified Messaging)、即时消息(Instant Messaging)、点击拨号(Click to Dial)、点击传真(Click to Fax)以及各种基于位置信息的业务等。

- 统一消息业务，它将人们以前通过电话网、寻呼网、移动网与互联网的各种信息服务融合起来，将语音、传真、寻呼、移动短消息、电子邮件和多媒体数据等所有信息在同一位置存储和管理。用户可随时随地通过电话、传真、手机、呼机、掌上电脑 PDA 等任何一种通信设备发送与接收信息，而通过灵活智能的信息管理方式，可使得信息服务更加个性化和智能化。
- 即时消息业务，充分利用了网络融合的优势，使得 PC 终端和手机终端直接互相能够发送消息。通过与移动通信运营商和已有的即时消息服务提供商的合作，可以实现 PC 终端和手机终端间以文本消息，甚至多媒体消息的方式通信。
- 点击拨号业务，用户通过在一个 web 会话中单击按钮的方式来发起呼叫，被叫地址可以是电话号码，也可以是 IP 地址。它可使 PC 成为无处不在的通信工具。Phone to

PC、PC to Phone、PC to PC 将成为人们熟悉的通信方式。

◆ 视频流媒体业务

NGN 使传统电话网上无法实时传送的图像、流媒体业务的实现成为可能。包括：在线点播(VOD)、付费电视(Pay TV)、E-Learning、E-Hospital、Video/Streaming/Web 等多种形式。

- VOD 业务，可实现网上查询、浏览、播放影片。
- 付费电视业务，使数字节目进入家庭，影片的图像、音色非模拟电视所能比拟，用户可根据兴趣选择喜爱的付费频道。
- E-Learning，实现家庭教育，内容可随个性调整，自行控制内容进度，可以语音或文本方式进行练习或考核。
- E-Hospital，病人、医生虽不在同一地点，但可进行互动交流，实现不同医院甚至不同国家的专家会诊。
- Video/Streaming/Web，可在家中或办公室召集、参加会议。会议的图像、声音、幻灯片、文本、交谈和文件可同步传送给每位参会者，动态图像以流方式进行传递。

◆ 电子商务及娱乐类应用

融合网络带来的高带宽资源、移动性和集中呼叫信令/媒体控制，不仅会吸引客户停留在网上，同时也能促进网上商业活动的繁荣。包括 VPN 业务、IP 呼叫中心、小额支付、移动电子商务以及交互式游戏业务等。

- VPN 业务，VPN 将从 CPE 模式过渡到 IP VPN。分布于不同地点的商业客户分支机构如同存在于一个安全的网络之中，但客户不需购置、建设、管理和维护任何互联网络设备。
- IP 呼叫中心业务，高带宽和集中呼叫信令/媒体控制使 NGN 网络成为 IP 呼叫中心的最佳承载体，无需硬件排队机，视频话务员则又成为增强的特性。
- 移动电子商务，该业务主要包括实现电子商务、移动购物、移动网上银行、网上证券、外币买卖、保险理财等，提供一种与网络类型和终端设备独立的移动增值业务。

14.4 小　结

中间件技术的互操作、分布性、开发方便性特别适合于一些大型分布式计算的需求，本章重点介绍了中间件在软件无线电通信平台、电信网管系统和软交换网络业务平台中的应用。

14.5 习　题

1. 阐述中间件特点及其应用优势。
2. 阐述中间件在软件无线电中的应用。
3. 阐述中间件在电信网管系统中的应用。
4. 阐述中间件在软交换网络的应用。
5. 简述中间件还有哪些典型应用。

附录 1　常见中间件平台比较

1．ORB 核心特征的比较

Y 表示支持，-表示不支持，？表示不明白。

IDL：OMG 接口(界面)定义语言

C++：C++语言绑定

St：Smalltalk 语言绑定

Ada：Ada 语言绑定

Java：Java 语言绑定

COM：与 COM 集成

CBL：COBOL 语言绑定

IIOP：Internet 互操作协议(必须实现)

DCE：DCE ESIOP(可选)

DII：动态调用接口(可选)

DSI：动态框架接口(可选)

IFR：interface repository(可选)

◆　商业 CORBA

各系统的比较如表附录 1-1 所示。

附表 1-1　各系统核心特征比较表

Vendor		Language bindings					Protocols		Core						
	IDL	C	St	Ada	Java	COM	CBL	IIOP	DCE	DII	DSI	IFR	BOA	POA	OBV
Expersoft	Y	Y	Y	-	Y	Y	-	Y	-	Y	Y	Y	Y	-	-
Sun	Y	Y	-	-	Y	Y	-	Y	-	Y	Y	Y	Y	-	-
IONA	Y	Y	-	Y	Y	Y	Y	Y	-	Y	Y	Y	2.x	Y	Y
Visibroker	Y	Y	Y	-	Y	?	Y	Y	-	Y	Y	Y	3.x	4.x	4.x
BEA	Y	?	-	?	Y	Y	-	Y	Y	Y	Y	Y	Y	Y	-
PeerLogic	Y	Y	-	-	Y	Y	Y	Y	-	Y	Y	Y	Y	Y	-
HP	Y	Y	Y	-	Y	Y	-	Y	Y	Y	Y	Y	Y	-	-
IBM	Y	Y	Y	Y	Y	Y	Y	Y	?	Y	Y	Y	Y	-	-
Chorus	Y	Y	-	-	-	?	-	Y	-	Y	Y	Y	Y	-	-
OOT	Y	Y	-	-	-	-	?	+	-	Y	-	-	Y	-	-
DNS	Y	-	Y	-	-	?	-	Y	?	?	?	?	Y	-	-
Prism	Y	Y	?	?	?	?	?	?	Y	?	?	?	Y	-	-

续表

Vendor		Language bindings					Protocols		Core						
	IDL	C	St	Ada	Java	COM	CBL	IIOP	DCE	DII	DSI	IFR	BOA	POA	OBV
ParcPlace	Y	-	Y	-	+	-	-	Y	-	Y	?	Y	Y	-	-
TIBCO	Y	Y	-	-	Y	-	-	Y	-	Y	Y	Y	Y	-	-
Suite	Y	Y	?	?	?	?	Y	Y	?	Y	Y	Y	Y	-	-
Fujitsu	Y	Y	?	?	Y	Y	?	Y	?	?	?	?	Y	-	-
BBN	Y	Y	?	?	?	?	?	?	?	Y	?	Y	Y	-	-
ANSA	Y	?	?	?	?	?	?	?	?	?	?	?	Y	-	-
Super-Nova	?	?	?	?	?	?	?	?	?	?	?	?	?	?	-
Camros	Y	Y	-	-	Y	-	-	Y	-	Y	Y	Y	Y	-	-
OIS	Y	Y	-	Y	-	-	-	Y	-	?	?	?	?	?	-
Nortel	Y	Y	Y	-	-	-	-	Y	-	-	-	-	Y	-	-
Nouveau	Y	Y	-	-	Y	Y	-	Y	-	?	?	?	-	Y	?
ORBacus	Y	Y	-	-	Y	-	?	Y	-	Y	Y	Y	-	Y	Y

◆ 免费 CORBA

各系统的比较如表附录 1-2 所示。

附表 1-2 各系统核心特征比较表

Vendor		Language bindings						Protocols		Core						
	IDL	C++	C	St	Ada	Java	COM	COBOL	IIOP	DCE	DII	DSI	IFR	BOA	POA	OBV
Electra	Y	Y	-	-	-	Y	-	?	Y	-	Y	-	-	Y	-	-
U Colorado	Y	Y	Y	-	Y	Y	-	?	Y	-	-	-	-	Y	-	-
Xerox	Y	Y	Y	-	-	Y	-	?	Y	-	-	-	-	Y	-	?
JacORB	Y	-	-	-	-	Y	-	-	Y	-	Y	Y	Y	-	Y	-
TAO	Y	Y	-	-	-	-	-	-	Y	-	Y	Y	-	-	Y	Y
Jorba	Y	-	-	-	-	Y	-	-	+	-	Y	Y	Y	Y	-	-
OmniORB	Y	Y	-	-	Y	-	-	-	Y	-	Y	Y	-	Y	Y	Y
Mico	Y	Y	-	-	-	-	-	-	Y	-	Y	Y	Y	Y	Y	Y
Arachne	Y	Y	-	-	-	-	-	-	Y	-	Y	Y	Y	Y	-	-
ORBit	Y	-	Y	-	Y	-	-	-	Y	-	+	+	+	-	Y	-

2. CORBA 服务支持的比较

Y 表示支持，#表示非标准实现，-表示不支持，？表示不明白。

Nm：名字(命名)服务

Lf：生命周期服务

Ev：事件服务

Tr：交易器服务

Cc：并发服务

Ex：外部服务

Po：持久性服务

Tx：交易服务

Qr：查询服务

Cl：集合服务

Tm：时间服务

Pr：属性服务

Cm：配置管理服务

Sc：安全服务

Li：许可证服务

Av：Audio/Video 流服务

各系统的比较如表附录 1-3 所示。

附表 1-3　各系统服务支持的比较表

Vendor	Nm	Lf	Ev	Tr	Cc	Ex	Po	Tx	Qr	Tm	Pr	Sc	Li	Av
Expersoft	Y	#	Y				#							
Sun	Y	Y	Y				#				Y			
IONA	Y	?	Y	Y	?		?	Y				Y		
Visibroker	Y	?	Y		?		?	Y				Y		
BEA		Y	Y					Y				Y		
PeerLogic	Y	Y	Y	Y	?		?	Y				Y		
HP	Y	Y	Y	Y				Y				?		
IBM	Y					Y								
Chorus	#													
OOT	Y	Y				Y						#		
DNS	Y	Y						Y	Y					
Prism	Y	Y	Y	Y						Y	Y			
Electra	Y	Y	Y											
U Colorado														
Xerox	#	#												
BBN	Y	Y					Y							
SNI	Y	Y	Y								Y			
TRW	Y													
ParcPlace	Y	Y,#	Y		Y	#	#	Y			#	#		
TIBCO	Y		Y											

续表

Vendor	Nm	Lf	Ev	Tr	Cc	Ex	Po	Tx	Qr	Tm	Pr	Sc	Li	Av
Suite	Y	Y	Y	Y		Y	Y			Y	Y	Y		
B&W													Y	
Fujitsu	Y	Y	Y		Y	Y	Y	Y	Y	Y	Y	Y	Y	
Nortel	Y	Y	Y											
Camros	Y		Y											
TAO	Y	Y	Y	Y	Y					Y	Y			Y
JacORB	Y		Y	Y	Y			Y				Y		

3. 系统支持的平台比较

Y 表示支持，-表示不支持，？表示不明白。

其他支持的平台分别如下：

IONA - SunOS、Win3.1、VxWorks、QNX、LynxOS、Sinix、Unixware、Ultrix

Inprise - SunOS

PeerLogic - SunOS、Win3.1、SCO Unix、OS/2、Unixware、OpenVME、Stratus VOS

IBM - Tandem、OS/400

Chorus - CHORUS/ClassiX、CHORUS/Fusion、SunOS、SCO OpenServer

OOT - several RTOSs、DOS、Win3.1

Xerox - SunOS、Win3.1

TRW - Rational Apex、R1000、SCO UNIX、embedded（68k）

ParcPlace - SunOS、Win3.1

Suite - NeXT

Nortel - VxWorks、HPRT

Camros - NeXTSTEP 3.3、NeXTSTEP 4.2、Rhapsody

TAO - VxWorks、LynxOS、Chorus/COOL 以及 pSoS

各系统支持平台的比较如表附录 1-4 所示。

附表 1-4 各系统支持平台的比较表

Vendor	Sol	HPUX	AIX	DEC	Linux	SGI	NT	W95	OS/2	Mac	VMS	MVS	other
Expersoft	Y	Y	Y	Y			Y	Y					
Sun	Y						Y	Y					
IONA	Y	Y	Y	Y	Y	Y	Y	Y	Y	Y	Y	Y	Y
Visibroker	Y	Y	Y	Y	Y	Y	Y	Y					Y
BEA	Y	Y	Y	Y			Y	Y			Y	Y	
PeerLogic	Y	Y	Y	Y		Y	Y	Y	Y		Y		Y
HP	Y	Y					Y						
IBM			Y				Y	Y	Y			Y	Y

续表

Vendor	Sol	HPUX	AIX	DEC	Linux	SGI	NT	W95	OS/2	Mac	VMS	MVS	other
Chorus	Y		Y		Y		Y	Y					Y
OOT	Y	Y	Y	Y	Y	Y	Y	Y	Y		Y		Y
DNS									Y				
Prism													
Electra													
U Colorado	Y	Y		Y		Y							
Xerox	Y	Y	Y	Y	Y	Y	Y	Y					Y
BBN	Y	Y											
SNI	Y						Y	Y					
TRW	Y	Y	Y	Y		Y					Y		Y
ParcPlace	Y	Y	Y	Y		Y	Y	Y	Y	Y			Y
TIBCO	Y	Y		Y			Y				Y		
Suite	?	?	?	?		?	Y	Y			Y		Y
OIS	Y	Y	Y	Y		Y	Y				Y		
Nortel	Y	Y	Y				Y						Y
Camros	Y	Y			Y		Y			Y			Y
TAO	Y	Y	Y	Y	Y	Y	Y	Y				Y	Y

附录2 名词术语

ACID	Atomicity, Consistency, Isolation, Durability
ACL	Agent Communication Language
AF	Assured Forward
AS	Assured Service
ASPCP	Affected Set Priority Ceiling Protocol
ATP	Agent Transfer Protocol
BES	Best Effort Service
BOA	Basic Object Adapter
CBR	Constrained-Based Routing
CDR	Common Data Representation
CLS	Controlled Load Service
COTS	Commercial-Off-The-Shelf
CORBA	Common Object Request Broker Architecture
C/S	Client/Server
DASPCP	Distributed Affected Set Priority Ceiling Protocol
DCE	Distributer Computing Environment
DCOM	Distributed Component Object Model
DiffServ	Differentiated Service Architecture
DII	Dynamic Invocation Interface
DM	Deadline Monotonic
DPCP	Distributed Priority Ceiling Protocol
DS	Direct Synchronization
DSI	Dynamic Skeleton Interface
DSP	Digital Signal Processor
DOC	Distributed Object Computing
EDF	Earliest Deadline First
EES	End-to-End System
EER	End-to-End Response
EF	Expedited Forwarding
EPD	Early Packet Discard
GIOP	General Inter-Orb Protocol
GS	Guaranteed Service
FIPA	Foundation of Physical Intelligent Agent
IDL	Interface Definition Language

IIOP	Internet Inter-Orb Protocol
IntServ	Integrated Service Architecture
IOR	Interoperable Object Reference
KQML	Knowledge Query and Manipulation Language
KSE	Knowledge Share Effort
MASIF	Mobile Agent System Interoperability Function
MLF	Maximum Laxity First
MOM	Message-Oriented Middleware
MPM	Modified Phase Modification Synchronization
MUF	Maximum Urgency First
OCI	Open Communication Interface
OMA	Object Management Architecture
OMG	Object Management Group
PERTS	Prototyping Environment for Real-Time Systems
PLC	Programmable Logic Controller
PM	Phase Modification Synchronization
POA	Portable Object Adapter
POSIX	Portable Operating System Interface for Unix
QoS	Quality of Service
RFP	Request For Proposal
RG	Release Guard
RM	Rate Monotonic
RMI	Remote Method Interface
RM-ODP	Open Distributed Processing Reference Model
RPC	Remote Procedure Call
RTOS	Real-Time Operating System
RTSS	Real-Time Scheduling Service

附录 3　常用资源链接

OMG：http://www.omg.org
FIPA：http://www.fipa.org
Aglet：http://www.trl.ibm.com/aglets
无线 CORBA：http://www.cs.helsinki.fi/u/jkangash/miwco/
rofes：http://www.lfbs.rwth-aachen.de/users/stefan/rofes/
TAO: http://www.cs.wustl.edu/~schmidt/TAO.html
AdaBroker：http://adabroker.eu.org/
ChorusOS（Chorus/COOL）：http://sun.com/chorusos/
dynamicTAO ：http://choices.cs.uiuc.edu/2k/dynamicTAO/
e*ORB ：http://www.vertel.com/corba/default.asp
GNACK ：http://www.adapower.com/gnack/
HARDPack ：http://www.hardpackorb.com/
JacORB ：http://www.inf.fu-berlin.de/~brose/jacorb/
Jumping Beans ：http://www.jumpingbeans.com/
MICO：http://www.mico.org/
MICO/E ：http://www.math.uni-goettingen.de/micoe/
omniORB2 ：http://www.uk.research.att.com/omniORB/omniORB.html
OpenCorba ：http://www.emn.fr/cs/object/tools.html
OpenORB ：http://www.comp.lancs.ac.uk/computing/research/mpg/reflection/
ORBacus ：http://www.ooc.com/ob/
ORBexpress：http://www.ois.com/Products/
ORBit：http://www.labs.redhat.com/orbit/
Orbix：http://www.iona.com/
ROBIN：http://www-b0.fnal.gov:8000/ROBIN/
VisiBroker：http://www.inprise.com/visibroker/
Voyager：http://www.objectspace.com/Voyager/
CORBA 规范：http://www.omg.org/corba/corbiiop.htm
OMG FTP 站点：ftp://ftp.omg.org/
CORBA 入门站点：http://www.omg.org/corba/beginners.html
CORBA 任务小组：http://www.omg.org/techprocess/sigs.html
CORBA 规范进展状态：http://www.omg.org/techprocess/meetings/schedule/techtab.html
OMG 会员服务站点：http://www.omg.org/members/

参考文献

[1] 刘锦德. 对开放系统内涵的澄清. 计算机应用. 1997, 17(6): 1~4

[2] 刘锦德，唐雪飞. 开放系统中互操作技术的发展和前景. 计算机科学. Vol.27, No.10, P27-31, 2000

[3] W. Rosenberg and Denney. Understanding DCE. Open System Foundation, 1992

[4] G. Blair, J.-B. Stefani. Open DIstributed Processing and Multimedia. Addison-Wesley, 1998

[5] ISO/IEC IS 10746-1| ITU-T X.901, ODP-RM Part1:Overview, 1995

[6] ISO/IEC IS 10746-2| ITU-T X.902, ODP-RM Part2: Foundation, 1995

[7] ISO/IEC IS 10746-3| ITU-T X.903, ODP-RM Part3: Architecture, 1995

[8] ISO/IEC IS 10746-4| ITU-T X.904, ODP-RM Part4: Architecture Semantics, 1995

[9] ISO/IEC JTC 1/SC21, Quality of service in ODP-Attachment 1, January 1997. (3)

[10] M. Horstmann and M. Kirtland. DCOM Architecture. White Paper, Microsoft Corporation, Jul. 1997

[11] E. Gamma, R. Helm, R. Johnson, and J. Vlissides. Design Patterns: Elements of Reusable Object-Oriented Software. Reading, MA: Addison-Wesley, 1995

[12] R. Guerraoui and M. E. Fayad. OO Distributed Programming Is Not Distributed OO Programming. Communications of the ACM, Vol. 42, No. 4, Apr. 1999

[13] R. Guerraoui and M. E. Fayad. Object-Oriented Abstractions for Distributed Programming. Communications of the ACM, Vol. 42, No. 8, Aug. 1999

[14] Microsoft Microsoft Component Services—A Technology Overview 1998

[15] Microsoft Com Specification 1998

[16] Microsoft http://www.microsoft.com/china/net Microsoft 的.Net 技术站点

[17] Sun Microsystems. Java Core Reflection. Available at http://java.sun.com/products/jdk/1.2/docs/guide/reflection/index.html

[18] Sun Microsystems. Java Method Invocation-Distributed Computing for Java. White Paper, Nov. 1999. Available at http://java.sun.com/products/jdk/rmi/

[19] Sun Microsystems. Java Language Specification. 2001

[20] A.Wollrath96, R. Riggs, and J. Waldo. A Distributed Object Model for the Java System. In Proceedings of the USENIX 1996, Conference on Object-Oriented Technologies, Toronto, Ontario, Canada, Jun. 1996

[21] Distributed System Group. CORBA Comparison Report. 2000, http://nenya.ms.mff. cuni.cz/thegroup/COMP/Report_0899.pdf

[22] A. Gokhale and D. C. Schmidt. Measuring and Optimizing CORBA Latency and Scalability Over High-speed Networks. Transactions on Computing, 1998, 47(4)

[23] Object Management Group. Realtime CORBA 1.0 Request for Proposals. OMG Document

orbos/97-09-31 ed., Sept. 1997

[24] Object Management Group. CORBA Messaging Specification. OMG Document orbos/98-05-05 ed., May 1998

[25] Object Management Group. Revised version of the AT&T/TelTec/GMD Fokus IN/CORBA submission. 1998 OMG document number: telecom/98-06-03, 1998

[26] Object Management Group. Real-Time CORBA. OMG Document orbos/99-02-12 ed., March 1999

[27] Object Management Group. Dynamic Scheduling RFP. OMG Document orbos/99-03-32 , March, 1999

[28] Object Management Group. The Common Object Request Broker:Architecture and Specification, OMG Document , 2.3 ed., June 1999

[29] Object Management Group. Minimum CORBA. OMG Document , Otc. 2000

[30] ORBacus ORB. Object Oriented Concepts, http://www.ooc.com

[31] MQSeries System Admin，IBM 培训教材

[32] MQSeries Application Development，IBM 培训教材

[33] MQSeries Introduction, available via http://www.verhoef.com/mvs/mqsi.asp

[34] MQSeries application programming workshop,available via http://www.disc.drake.edu / Verhoef/mq_series_application_programming.htm

[35] MQSeries, Message Oriented Middleware, available via http://www-4.ibm.com/software/ts/mqseries/library/whitepapers/mqover/

[36] Andreas Polze, Janek Schwarz, Kristopher Wehner, Lui Sha. Integration of CORBA Services with a Dynamic Real-time Architecture. Proceedings of Real-Time Technology and Applications Symposium（RTAS'2000）, Washington, DC, May 2000: 198-207

[37] K. Kim and E. Shokri. Two CORBA Services Enabling TMO Network Programming. Proceedings of the 4th International Workshop on Object-Oriented, Real-Time Dependable Systems, 1999

[38] T. H. Harrison, D. L. Levine, and D. C. Schmidt. The Design and Performance of a Real-time CORBA Event Service. Proceedings of OOPSLA '97,（Atlanta, GA）, ACM, Oct. 1997

[39] X/Open. Distributed Transaction Processing: The XA Specification. 1991

[40] X/Open. Distributed TP: The XA+ Specification, Version 2. 1994

[41] Sybase Corporation. XA Interface Integration Guide for CICS, Encina, and TUXEDO. October 1999

[42] Sybase Corporation. Using Adaptive Server Distributed Transaction Management Features. October 1999

[43] Reisslein M, Ross K W, Rajagopal S. Guaranteeing statistical QoS to regulated traffic: the single node case. In: Proceedings of the 18th Annual Joint Conference of the IEEE Computer and Communications Societies（IEEE INFOCOM'99）. New York: IEEE Computer Society, 1999. 1601~1072

[44] Braden R, Zhang L, Berson S et al. Resource ReSerVation Protocol（RSVP）（Version 1）:

Function Specification. IETF RFC 2205, September 1997

[45] Orda A. Routing with end to end QoS guarantees in broadband networks. In: Proceedings of the 17th Annual Joint Conference of the IEEE Computer and Communications Societies（IEEE INFOCOM'98）. San Francisco, CA: IEEE Computer Society, 1998. 27~34

[46] ISO/IEC JTC 1/SC21,Quality of service in ODP-Attachment 1, January 1997

[47] ISO/ITU. ODP Trading Function-part 1: Specification, ISO/IEC IS 13235-1, ITU/T Draft Rec X950-1,1997

[48] Sun Jun. Fixed-Priority End-to-End Scheduling in Distributed Real-Time Systems. PhD thesis, University of Illinois at Urbana-Champaign, 1997

[49] Sun Jun. Bounding the End-to-End Reponse Times of Tasks in a Distributed Real-Time System Using the Direct Synchronization Protocol. Technical Report, University of Illinois at Urbana-Champaign, 1997

[50] S. Wang, Y.-C. Wang, and K.-J. Lin. A General Scheduling Framework for Real-Time Systems. Proceedings of IEEE Real-Time Technology and Applications Symposium, IEEE, June 1999

[51] OMG, Wireless Access and Terminal Mobility in CORBA, Revised Submission, OMG Document telecom/2001-01-1

[52] OMG, OMG Agent Standards-MASIF and what's next?,available via http://www.fokus.gmd.de/research/cc/ecco/climate/industrial-agent-workshop/contrib/covaci- CLIMATE_WKSH.pdf, 1999

[53] Mobile Agent Standard, available via http://www.stud.ifi.uio.no/~sverreh/oppgave/node56.html,Nov,1999

[54] Nicholas R. Jennings. On Agent-based Software Engineering. Artificial Intelligence ,2000 vol.117 :277-296

[55] RM'2000—Workshop on Reflective Middleware, in the IFIP/ACM international Conference on Distributed Systems Platforms and Open Distributed Processing（Middleware' 2000）, Apr. 2000. Available at http://www.comp.lancs.ac.uk/computing/RM2000

[56] G. Blair and G. Coulson. The Case for Reflective Middleware. Internal report number MPG-98-38, Distributed Multimedia Research Group, Computing Department, Lancaster University, 1998

[57] D. G. Bobrow, L. G. DeMichiel, R. P. Gabriel, S. Keene, G. Kiczales, and D. A. Moon. Common Lisp Object System Specification. SIGPLAN Notices, Vol. 23, special issue, Sep. 1988

[58] E. Bruneton and M. Riveill. Reflective Implementation of non-functional Properties with the JavaPod Component Platform. In Walter Cazzola, Shigeru Chiba, and Thomas Ledoux, editors, On-Line Proceedings of ECOOP'2000 Workshop on Reflection and Metalevel Architectures, Jun. 2000

[59] Burstall, R. and Darlington, J. A transformation system for developing recursive programs. Journal of the Association for Computing Machinery 24（1）:44-67, 1977

[60] W. Cazzola. Communication-Oriented Reflection: a Way to Open Up the RMI Mechanism. PhD Thesis, Institute of Information Science and Electronics, University of Tsukuba, Japan, Nov. 2000

[61] Java Q&A Experts. An in-depth look at RMI callbacks. April 20,1999
http://www.javaworld.com/javaqa/1999-04/05-rmicallback.html
[62] Sun Microsystems, Dynamic Code Downloading using RMI
http://java.sun.com/products/jdk/1.2/docs/guide/rmi/codebase.html
[63] Frank Sommers. Object Mobility in the Jini Environment
http://www.artima.com/jini/jiniology/objmob.html
[64] Sun Microsystems. Java Remote Method Invocation (RMI) Specification
http://java.sun.com/products/jdk/1.2/docs/guide/rmi/spec/rmiTOC.doc.html
[65] Jim Waldo. The Jini Architecture for Network-centric computing. Communication of the ACM. Vol.42, No.7, Jul, 1999
[66] W.Keith Edwards. Core Jini, 2nd edittion, Prentice Hall, 2001
[67] Sun Microsystems, Inc. Jini Technology Core Platform Specification, Version 1.1
http://wwws.sun.com/software/jini/specs/index.html. October 2000
[68] Sun Microsystems, Inc. Jini Architecture Specification, Version 1.1,
http://wwws.sun.com/software/jini/specs/index.html. October 2000
[69] Sun Microsystems, Inc. Jini Device Architecture Specification, Version 1.1,
http://wwws.sun.com/software/jini/specs/index.html. October 2000
[70] Sun Microsystems, Inc. JavaSpaceses Services Specification, Version 1.2.1,
http://wwws.sun.com/software/jini/specs/index.html. October 2000
[71] Bill Venners, The Jini Vision
http://www.javaworld.com/jw-08-1999/jw-08-jiniology.html?072799txt, Aug 1999
[72] Sun Microsystems Inc. Why Jini Technology Now? Revision 1.0, January 1999
http://wwws.sun.com/software/jini/whitepapers/whyjininow.html
[73] Sun Microsystems Inc. Jini Network Technology—An Executive Overview
http://wwws.sun.com/software/jini/whitepapers/jini-execoverview.pdf
[74] Bill Venners, Objects, the Network, and Jini
http://www.artima.com/jini/jiniology/intro.html.October 20, 2002
[75] Specifications, the Parlay Group; http://www.parlay.org/specs/index.asp
[76] Parlay Web Services - Overview, version 1.0
[77] Parlay Web Services - Business Models, version 1.0
[78] Parlay We b Services - Architecture Comparison, version 1.0
[79] Parlay Web Services - Application Deployment Infrastructure, version 1.0
[80] Parlay Web Services-WSDL Style Guide, version 1.0
[81] Parlay X White Paper, Version 1.0: http://parlay.org/specs/library/index.asp
[82] Web Services Description Language (WSDL) 1.1
[83] Hubaux. The Impact of the Internet on telecommunication architecture. Computer Networks, 1999, (31):257~273
[84] OMG, CORBA 3. Specification, http://www.omg.org/, 2002
[85] Parlay Group, Parlay 4.1 Specification, http://www.parlay.org/, 2002

[86] B. Aitken et al., Network Policy and Services: A Report of a Workshop on Middleware, RFC 2768, February 2000

[87] WAP Forum, Wireless Application Environment, WAP Specification WAE

[88] K. Raatikainen, Functionality Needed in Middleware for Future Mobile Computing Platforms, Proc. ACM Advanced Topic Workshop: Middleware for Mobile Computing November 16, 2001, Heidelberg, Germany

[89] Kurt Geihs, Middleware Challenges Ahead, IEEE Computer, June 2001

[90] M.Weiser. The computer for the twenty-first century. Scientific American, 265(3):94-104, Sept.1991

[91] K.Amold, B.O'Sullivan, R.Scheifler, J.Waldo, A.Wollrath. The Jini Specification. Addison-Wesley,1999

[92] Wang, Z, Garlan, D. Task-Driven Computing Technical Report, CMU-CS-00-154, School of Computer Science, Carnegie Mellon University, May 2000

[93] Sousa, J.P., Garlan, D. Aura: an Architectural Framework for User Mobility in Ubiquitous Computing Environments Proceedings of the 3rd Working IEEE/IFIP Conference on Software Architecture 2002, Montreal, August 25-31, 2002

[94] J.Gosling, B.Joy, G.Steele. The Java Language Specification. Addison-Wesley, 1996

[95] Robert Grimm et al Systems Directions for Pervasive Computing Proceedings of the 8th Workshop on Hot Topics in Operating Systems (HotOS-VIII), pages 128-132, Elmau, Germany, May 2001

[96] Parlay Group, Parlay 4.1 Specification, http://www.parlay.org/

[97] Menelaos K. Perdikeas, et.al. Parlay-based service engineering in a converged Internet-PSTN environment, Computer Networks 35(2001), pp.565-578

[98] IN Forum—API Work Group, Introduction to Standardised Communication APIs, December 2000

[99] ETSI Standard. Open Service Access; Application Programming Interface; Part 4: Call Control; Sub-part 1: Call Control Common Definitions. Draft ETSI ES 202 915-4-1 V0.0.3 (2002-07), http://www.parlay.org

[100] ETSI Standard. Open Service Access; Application Programming Interface; Part 3: Framework. Draft ETSI ES 202 915-3 V0.0.3 (2002-07), http://www.parlay.org